実務者のための
地下水環境
モデリング

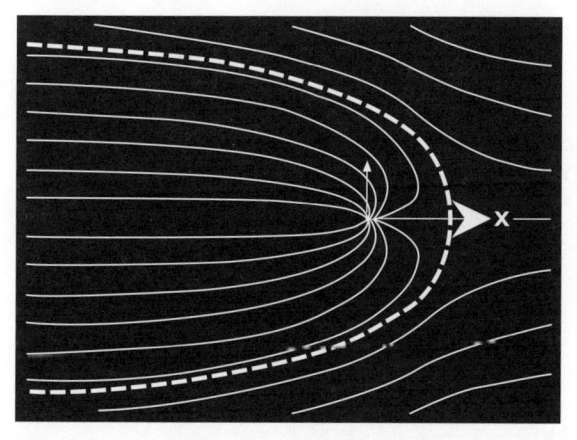

Karlheinz Spitz and Joanna Moreno 著

岡山地下水研究会 訳

技報堂出版

A PRACTICAL GUIDE TO GROUNDWATER AND SOLUTE TRANSPORT MODELING

Karlheinz Spitz
Dames & Moore, Jakarta, Indonesia

Joanna Moreno
Dames & Moore, Denver, Colorado

A WILEY-INTERSCIENCE PUBLICATION
JOHN WILEY & SONS, INC.
New York • Chichester • Brisbane • Toronto • Singapore

A Practical Guide To Groundwater and Solute Transport Modeling by Karlheinz Spitz and Joanna Moreno
Copyright ©1996 by John Wiley & Sons. Inc.
All Rights Reserved. Published simulataneously in Canada.
Authorized translation from the English language edition published by John Wiley & Sons, Inc.
Translation copyright ©2003 Gihodo Shuppan
Japanese translation rights arranged with John Wiley & Sons International Rights, Inc., New York
through Tuttle–Mori Agency, Inc., Tokyo

はしがき

　本を出版するために執筆するということに挑戦するにはかなりのモチベーションが必要です．私達のテキストは，現在の地下水のモデリングに関する大部分のテキストが主に数学を取り扱っているという批判から生まれてきたものです．このテーマはそれ自身でも面白いものではありますが，このような数学的な観点だけでは数値モデルを適用する際に遭遇する難問に対する十分な解答を与えていません．人間によって数学は正確になっていますが自然界は複雑です．したがって定量的な評価をうまく行うためには，これら二つの明白な矛盾点をモデルによって埋めなければなりません．実際，この確立された数学と自然のでたらめさを埋め合わせるという仕事が，科学です．

　私達の出版物の日本語訳に比べれば，私たちの出版に費やした努力というものは微々たるものと思います．校正のために長時間費やされたということは触れられていませんが，このように努力されたことを十分に理解しております．私達は心からこの日本語版を可能にした日本の友人と出版社に感謝しています．

　私達はいくつかのモデルへの入力データを選定するために示した付録に記されている情報の最新版をこの機会にいくつか更新したいと思っています．最近では下記のウェブサイトにて役立つ情報を得ることができます．

- Current drinking water standards (U.S) :
    http://www.epa.gov/safewater/mcl.html
- Chemical properties database :
    http://www.epa.gov/superfund/resources/soil/attachc.pdf
    and
    http://www.epa.gov/superfund/resources/soil/part_5.pdf
- Glossary of hydrologic terms :
    http://oregon.usgs.gov/projs_dir/willgw/glossary.html

　私達専門家が出版したものに対して常に改善しようと考えていますので，hubungi@attglobal.ne (Karlheinz Spitz) または Joanna_Moreno@urscorp.com に読者の方々からの意見をお寄せいただくことを願っております．

2003年2月

Karlheintz Spitz
Joanna Moreno

謝　　辞

　本解説書は，私たちの先生や同僚，そして学生たちのアイディアや意見，考え方を反映したもので，これらの専門家の皆さんに大変感謝しております．なかでも，私たちのかつての先生である，Helmut Kobus 教授と Emil O. Frind 教授，Bernard Johns 博士，そして Devraj Sharma 博士には，地下水の水理とモデリングについて初歩から教えていただいたこと，また Wolfgang Kinzlbach 教授には，Random walk モデルに関する知識を教授していただいたことに心より感謝しています．

　私たちはさまざまな機関，特にインドネシアのバンドンの Directorate of Environmental Geology，マレーシアの Ipoh の Geological Survey，そして Dames & Moore の私たちの学生たちの間接的な援助にも謝意を表します．これらの場所での地下水のモデリングを教える経験から，私たちは実際の地下水のモデルの表現に対して多くのアイディアを得ました．

　原稿の手直しにあたって Peter Sinton 氏と Diane Germain さんらに支援していただきました．

　Theresa Daus-Weber さんには私たちの原稿を編集し，私たちの英語を修正してくださったことに，Frank Hanstein 氏にはコンピュータによりすばらしい図を描いてくださったことに，そして Sue Taylor さんには原稿のすばらしいタイピングをしてくださったことに感謝の意を表します．

　最後に，私たちがこの解説書を書くことに費やした時間は，家族とともに過ごす時間を犠牲にしたものです．私たちの家族，Lucy と Clarissa，Peter，Ross，Malcolm，Amanda，そして Natalie には，感謝の気持ちで一杯です．

序　　論

　数値モデルは，地下水問題に対して最も応用範囲の広い手法である点で，その他の地下水モデルよりもはるかに優れている．そのことを裏付けるように数値モデルはよく使われているが，その可能性が過大評価されてしまうことがある．地下水システムは，それを詳細に評価しようとする我々の能力以上に複雑なものである．

　実際の調査において地下水問題を理解する際，仮定と単純化が必要とされる．モデルがいかに精巧なものであっても，モデルシミュレーションが実際の物理学的なプロセスから逸脱せずに観測下の地下水システムを説明できることなどあり得ない．しかし，結果として，原位置での調査に数値モデルを応用する際には，モデルユーザーは常に仮定の単純化を行う必要がある．

　数値モデルは地下水問題を解くための道具であり，それ自身が解ではない．不的確に定義された問題に対して，数値モデルは正確な解を出してはくれない．数値モデルは魔法の道具ではない．よってモデルユーザーには，地下水システムを注意深く研究しなければならないという義務がある．したがって，数値モデル化とは，主に数値解析技術上の問題でなく，モデルの適用を理解する問題である．

　本書は，地下水の数値モデル化に対する非数学的な方法を提示するために企画されたものである．主に地下水問題に対するモデルの適用に興味を持つユーザーのために書かれたものであり，基本的な数学に関する講釈は省いている．本書はモデルの適用を理解するもので，モデルの理論を学ぶものではない．言うまでもないが地下水モデルを応用する上で，モデルユーザーは地質学，水理学，地下水学を十分に理解しておかなくてはならない．

　理論を理解することは，地下水システムのモデル化の際に役立つが，理論が必ずしもコンピュータプログラムの現場の問題への適用に役に立つとは限らない．モデルを応用する際，モデルユーザーは理論モデルよりも，むしろモデルの使用段階で生ずる問題に直面している場合が多い．すなわち，現象にフィットするモデル領域や境界を定義すること，コンピュータモデルの入力データを収集すること，そしてモデルのキャリブレーションを行うこと等の問題への対応を余儀なくされている．モデルユーザーは，おそらくモデルが役に立つことを信じてはいるが，同時に地下水システムの変化の影響による予測の困難さも知っている．彼らは文献からのサポートがほとんどない状態で，それぞれモデルについて上述したような問題に取り組んでいる．本書は，こういった問題に直面しているモデルユーザー用に編集されてい

る．また本書には，長年にわたるこれまでのモデル化研究とモデル化の講義の蓄積も収められている．

本書の構成からもわかるように，地質学，水理学，地下水学の基礎的な法則を理解することが，地下水のモデル化にきわめて重要である．以下に本書の構成を簡単に紹介しておく．

第1章の「地下水のモデル化」では，様々なモデルを参考にして地下水のモデル化の基礎的な手法や概念を述べる．物理学のアナログ（相似）を用いたモデルの知識は，場合によってはモデルユーザーが物理学の用語で数学的なモデル化の効果を想像できるので，便利である．

第2章の「地下水浸透の数学モデルの概要」では，地下水移動の物理現象を取り扱い，モデルユーザーの視点から地下水流の数学モデルを紹介している．第2章では主に，地下水システムをどのように概念化するのか，また，実際の現象とフィットする境界条件をどのように定義するのかといった流れの問題に焦点を当てている．

第3章の「輸送の数学モデルの概要」では，溶質の輸送の支配的なメカニズムや数学公式をモデルユーザーの視点からまとめている．また，溶質輸送に関わる情報をわかりやすく紹介している．

第4章の「理想的な流れと輸送問題に対する解析モデルの利用」では，より具体的に数値モデル化を紹介している．読者の解析解に対する理解を手助けするような内容になっているので，未経験のモデルユーザーには特に熟読していただきたい．この章では，概念モデルの開発や，数値モデルのキャリブレーションのようなモデル化における重要な点を理解するために，解析モデルと数学モデルの間でアナログ理論を用いている．さらに，多くの実際問題に対して，モデルユーザーが精巧な数値モデルを応用しなくとも解を見つけることができるということを説明している．

第5章の「数値流れモデル」では，地下水流モデルと数学に関する基礎的な話題を提供している．ここで最も重要な点は，数値的流れモデル表現の可能性や，限界を理解することである．簡単な差分モデルが，数値モデルの適用とモデルの開発の相違を示すために紹介されている．

第6章の「物質輸送数値モデル」では，差分法，有限要素法，そしてランダムウォークモデルなど，それぞれの手法の特徴に基づいてモデルを詳しく見直している．この章の目的は，モデルユーザーがそれぞれのモデルの利点を正しく評価しその限界を理解するために，それぞれのモデルに関する基本理論の十分な説明を行うことである．

第7章の「流れ場と物質輸送場の次元」では，ケーススタディを引用し，モデル研究で考慮する次元数をどのように，そしてどんな場合に減少させるのかを説明す

る．これは，モデル化の最も重要な特徴の一つである．3次元モデルの利用は，モデル化に要する労力や入力に必要となる膨大な数のモデルデータのため，数少ない原位置調査に限定される．

　第8章の「数値モデルへの適用」では，データ編集からモデルの修正まで，モデル解析でのすべての過程について議論している．ここで選ばれた現場での利用に対する数値的な説明によって，実務でのモデル適用を説明できる．ここでは，実験や，研究目的でのモデル解析の使い方ではなく，むしろ，実務上において，日常的な個々のモデルの利用に力点をおいた．

　第9章の「特殊な話題」では，モデルユーザーに直ちに関係はしないが，ほとんどのモデルの適用にはみられないさらに高度なモデル化の特徴について言及する．

　それぞれの章や節は，できる限り独立させている．したがって，地下水学や汚染問題の経験がある読者は，第2章と第3章は飛ばしてそれより後の章の議論を理解してもらいたい．モデルユーザーの経験がある読者は，第7章から第9章を中心にして，それより前の章は復習に使っていただきたい．

　構成上，ケーススタディはまとめて付録Aに添付している．ケーススタディでは，広範囲のモデルの適用を紹介し，モデル化に含まれる話題も提供している．

　水文地質学上のパラメータに関するデータや，汚染の特徴を表すデータは，付録B，CおよびDに添付されている．リストは決して完全なものではないが，対象とするサイトの原位置データがすぐに利用できない場合に参照できる．

　地下水システムのモデル化において，正確な知識や経験を詳細に述べることは物理的にも不可能ではあるが，本書は数値モデルの適用においてモデルユーザーのガイドになるであろう．以下のような適用が本書では紹介されている．

(1) 地質学と水文学における膨大なデータが存在する場合，数値モデルは利用可能なデータを編集・解説し，表現するのに役立つ．他のモデルとは違って，数値モデルはすべての利用可能な原位置データを組み合わせ，注意深い適用を前提として，欠けているデータの評価を可能にする．このような場合，数値モデルは利用可能なデータの実用性を増加させる．

(2) 原位置のデータがまばらにしかない場合，概念モデルが作成される．その目的は現地の条件を基にして立てた異なる仮説の妥当性を調べ，それを前提とした地下水流れ条件を評価し比較することである．

(3) 将来の地下水の活動を計画する上で，数値モデルは流れシステムの反応と他に考えられる活動とを比較するのに適している．絶対値よりもむしろ相対値が観測される場合，数値モデルは適当であり適用範囲が広い．

(4) 地下水を揚水あるいは涵養している状態で流れシステムの動きを評価する場合，

数値モデルは大きな障害なしに流れのシステムを解くことができる．水を管理する問題では，数値モデルは人為的な地下水位の変化の予測に広く用いられる．溶質の輸送問題においては，数値モデルは，過去からの汚染の進展状況だけでなく，汚染物質の今後の広がりを推定するのに用いられる．数値モデルはモニタリングネットワークの評価や，浄化工法の選定にも適している．

(5) 感度解析という意味において，数値モデルは流れや輸送の条件に最も影響する原位置のパラメータを特定するのに用いられる．さらに数値モデルは，既存のデータベースの不備を把握するのに役立つ．

(6) 数値モデルは，塩水くさびや熱の輸送，地盤沈下，非混合性流体の移動，あるいは亀裂岩盤での溶質輸送のような様々な地下水問題の研究に広く応用される．

(7) 一度実用的なモデルが準備されると，さらに汚染源の責任分担や洗浄のコストに基づく責任の評価，管理会社や一般社会との交渉に焦点を当てるといった地下水管理の意志決定をサポートするものとして用いられる．

モデルによる予測は将来の観測，あるいは制御の最適化に用いられるので，モデルの出来いかんによって，その後の作業のコストに大きく影響する．

目　次

記　号 xii

第 1 章　地下水のモデル化 1
1.1　地下水モデルの概要 3
　　1.1.1　解析モデル 3
　　1.1.2　多孔質モデル 4
　　1.1.3　粘性流体モデル 6
　　1.1.4　メンブランモデル 8
　　1.1.5　電気アナログモデル 9
　　1.1.6　経験モデル 10
　　1.1.7　質量平衡モデル 11
　　1.1.8　数値モデル 11
1.2　数値モデルの設計 12
　　1.2.1　原位置データの編集と解釈 13
　　1.2.2　自然システムの理解 13
　　1.2.3　自然システムの概念 14
　　1.2.4　数値モデルの選択 16
　　1.2.5　モデルの検定と実証 16
　　1.2.6　モデルの応用 17
　　1.2.7　結果の表示 18

第 2 章　地下水浸透の数学モデルの概要 19
2.1　地下水と帯水層 19
　　2.1.1　地中水の定義 19
　　2.1.2　土と岩の空隙分類 20
　　2.1.3　水文学的構成単位 22
2.2　ダルシー則 24
　　2.2.1　ダルシーの実験 24

	2.2.2	ダルシー則の一般化	26
	2.2.3	ダルシー則の仮定	27
	2.2.4	土と岩の透水係数のまとめ	27
2.3	一般的な流れの方程式の定式化		29
2.4	境界および初期条件		31
	2.4.1	既知水頭境界	31
	2.4.2	既知フラックス境界	33
	2.4.3	半透水性境界	36
	2.4.4	初期条件	37
2.5	多相流のモデル化		37

第3章 輸送の数学モデルの概要 ... 41

3.1	地下水汚染の類似性		41
	3.1.1	自然状態での地下水の水質の分析	41
	3.1.2	地下水汚染源の識別	44
	3.1.3	輸送挙動による汚染物質の分類	45
3.2	輸送メカニズムの概要		49
	3.2.1	移流	51
	3.2.2	拡散	52
	3.2.3	分散の重要性	53
	3.2.4	吸着効果	59
	3.2.5	崩壊	63
	3.2.6	加水分解，揮発，生体内変化	64
	3.2.7	顕著な二重透水性構造を持つ帯水層での輸送	65
3.3	一般的な輸送方程式の定式化		66
3.4	境界条件・初期条件		68
3.5	地質学上異なる状況での輸送		70

第4章 理想的な流れと輸送問題に対する解析モデルの利用 ... 73

4.1	地下水流への予測モデルの応用		74
	4.1.1	1次元平面対称定常流	74
	4.1.2	1次元放射状収束流	76
	4.1.3	被圧帯水層の群井による流れの解法	81
4.2	地下水輸送のための予測モデルの適用		82

		4.2.1 井戸による移流輸送 82
		4.2.2 一様流中の分散輸送 89
	4.3	揚水試験 95
		4.3.1 揚水試験の逆問題の解法 95
		4.3.2 分散試験の輸送問題の逆解析 97

第 5 章　数値流れモデル 101
- 5.1　単一セルモデルの流れへの適用 102
  - 5.1.1　単一セルモデルに関する要因の確認 103
  - 5.1.2　貯留項の計算 104
  - 5.1.3　自然地下水の涵養・排水の評価 105
  - 5.1.4　地表水の地下水への置換量の近似化 107
  - 5.1.5　地中の流入・流出の定量化 108
  - 5.1.6　隣接する帯水層での相互影響の評価 109
  - 5.1.7　局所的浸透・浸出のまとめ 110
- 5.2　差分モデル 110
  - 5.2.1　差分近似の誘導 110
  - 5.2.2　差分近似の数値解法 113
- 5.3　有限要素モデル 120
  - 5.3.1　有限要素近似 120
  - 5.3.2　未知水頭値の決定 122

第 6 章　物質輸送数値モデル 125
- 6.1　物質輸送単一セルモデル 127
- 6.2　差分法における計算誤差 130
  - 6.2.1　数値誤差の種類 130
  - 6.2.2　数値誤差の原因 133
  - 6.2.3　誤差制御 134
- 6.3　有限要素モデルの長所 136
- 6.4　特性曲線法 138
- 6.5　ランダムウォークモデル 140
- 6.6　確率輸送モデル 144

第 7 章　流れ場と物質輸送場の次元 147
- 7.1　モデル化対象問題の簡略化に関する必要事項 147
- 7.2　原位置条件の近似 151
  - 7.2.1　ブラックボックスモデル 151
  - 7.2.2　深度方向積分モデル 152
  - 7.2.3　鉛直断面モデル 156
  - 7.2.4　多層モデル 159
  - 7.2.5　3次元モデル 161
  - 7.2.6　段階的修正モデル 162
  - 7.2.7　モデルの組合せ 167
- 7.3　輸送モデルにおける簡略化の影響 169

第 8 章　数値モデルへの適用 171
- 8.1　データ編集 171
- 8.2　概念モデルの開発 177
- 8.3　モデルコードの選択 181
  - 8.3.1　モデル目的の定義 181
  - 8.3.2　技術的基準に基づくモデル選択 182
  - 8.3.3　モデル計算の実施 182
- 8.4　モデルの設定 183
  - 8.4.1　モデル領域の選択 183
  - 8.4.2　空間と時間によるモデルの分割 184
  - 8.4.3　モデルの境界条件の定義 193
  - 8.4.4　初期条件の設定 196
  - 8.4.5　モデル入力データの準備 198
- 8.5　モデルのキャリブレーション 204
- 8.6　モデル誤差の解析 208
- 8.7　モデルの検証 211
- 8.8　モデルの感度解析の実行 215
- 8.9　モデル予測の実行 219
- 8.10　結果の表現方法 219
- 8.11　モデルの審査 226
- 8.12　一般的なモデリングエラーの防止策 226

第 9 章　特殊な話題 229
- 9.1　モデルの品質保証 229
- 9.2　訴訟に使用されるモデル 231
- 9.3　モデリングの不確実性とリスク 232
- 9.4　法規制環境下におけるモデルの役割 235
- 9.5　モデルユーザーのトレーニング 235
- 9.6　地下水モデルへのアクセス 236
- 9.7　モデリングの報告書 250
- 9.8　モデル研究のレビュー 252
- 9.9　地下水モデリングの将来の傾向 255

付　録
- A　地下水モデル解析事例 257
- B　水理地質学上のパラメータの代表的な値 291
- C　EPA の重要な汚染物質 305
- D　代表的輸送パラメータ 317
- E　EPA 飲料水規準 353

用　語　集 357
文　　　献 371
索　　　引 385
訳者あとがき 391
「岡山地下水研究会」訳者プロフィール 393

記　　号

$a\,[L]$：平板間の距離
$A\,[L^2]$：面積
$c\,[T^{-1}]$：漏水層での漏水係数
$c\,[M/L^3]$：濃度
$c_a\,[M/L^3]$：吸着濃度
$c_B\,[M/L^3]$：境界フラックスでの水溶液の濃度
$c_L\,[M/L^3]$：漏水フラックスでの水溶液の濃度
$c_N\,[M/L^3]$：地下水涵養における水溶液の濃度
$c_0\,[M/L^3]$：初期および水源の濃度
$Co\,[無次元]$：Courant 数（クーラン数）
$c_R\,[M/L^3]$：表面水からの地下水涵養中の水溶液の濃度
$c_s\,[M/L^3]$：土中の濃度
$c_W\,[M/L^3]$：井戸涵養中の水溶液の濃度
$c_w\,[M/L^3]$：地下水中の濃度
$d\,[L]$：地表水の厚さ
$d\,[L]$：半透水性層の厚さ
$D\,[L^2/T]$：拡散係数
$D_L\,[L^2/T]$：縦方向拡散係数
$D_0\,[L^2/T]$：分散係数
$D_T\,[L^2/T]$：横方向拡散係数
$erf(x)\,[無次元]$：誤差関数
$erfc(x)\,[無次元]$：余誤差関数
$E\,[V]$：電圧
$f_{oc}\,[無次元]$：土中の有機炭素留分
$g\,[L/T^2]$：重力加速度
$\hat{h}\,[L]$：近似水頭
$h\,[L]$：水頭
$h_B\,[L]$：地表水底の高さ

記　号　xiii

$h_0\,[L]$：揚水前の水位の高さ
$h_R\,[L]$：地表水の高さ
$H\,[L]$：地表水位
$i\,[無次元]$：動水勾配
$I\,[A]$：電流
$k\,[L^2]$：多孔質媒体の透過係数
$K\,[L/T]$：透水係数
$K\,[無次元]$：第2種および無次元の変形ベッセル関数
$K_d\,[L^3/M]$：分配係数
$K_H\,[\text{atm}.L^3/\text{mol}]$：ヘンリー則定数
$K_{\text{oc}}\,[L^3/M]$：オクタノール–汚染物質分離係数
$K_{\text{ow}}\,[L^3/M]$：オクタノール–水分離係数
$k_1\,[L^3/\Omega]$：水量/抵抗
$k_2\,[L/V]$：水頭/電圧
$k_3\,[L/T, A]$：フラックス/電流
$k_4\,[無次元]$：時間$_n$/時間$_m$
$L\,[L]$：長さ
$m\,[無次元]$：モデルのサブスクリプト
$m\,[L]$：飽和帯水層の厚さ
$M\,[M]$：質量
$M_s\,[M]$：土中の汚染物質の質量
$M_w\,[M]$：地下水中の汚染物質の質量
$n\,[無次元]$：数値の番号
$n\,[無次元]$：自然地下水を表すサブスクリプト
$n\,[無次元]$：総間隙率
$N\,[L/T]$：単位面積当たりの地下水涵養
$n_e\,[無次元]$：有効間隙率
$p\,[M/LT^2]$：圧力
$p\,[M/LT^2]$：蒸気圧
$Pe\,[無次元]$：Peclet数（ペクレ数）
$q\,[L/T]$：ダルシーフラックス
$Q\,[L^3/T]$：局地的な汚染源と吸い込み
$Q\,[L^3/T]$：井戸排水または涵養

$Q\,[L^3/T]$: 総フラックス

$q_B\,[L^2/T]$: 境界の単位長さ当たりの境界フラックス

$Q_B\,[L^3/T]$: 境界を越える土中流れ

$q_L\,[L/T]$: 単位面積当たりの漏水フラックス

$Q_L\,[L^3/T]$: 隣接帯水層からの漏水成分

$Q_N\,[L^3/T]$: 自然地下水涵養と排水

$q_0\,[L/T]$: 一様地下水流

$q_0\,[L/T]$: 分散フラックス

$q_R\,[L]$: 単位面積当たりの地表水浸透または浸出量

$Q_R\,[L^3/T]$: 地表水の水交換

$Q_S\,[L^3/T]$: 地下水量

$Q_W\,[L^3/T]$: 局地的な浸透または浸出

$r\,[無次元]$: 自然モデル帯水層比を表すサブスクリプト

$r\,[L]$: 影響半径

$R\,[\Omega\text{-}L]$: 電気抵抗

$R\,[無次元]$: 減速要因

$s\,[L]$: 水位低下

$s\,[L]$: 距離

$S_s\,[L^{-1}]$: 比貯留係数

$S\,[無次元]$: 貯留係数

$S\,[M/L^3]$: 溶解度

$S\,[M/L^3T]$: 汚染物質の発生源または吸い込み

$t\,[T]$: 時間

$\bar{t}\,[T]$: 平均入れ替え時間

$T\,[L^2/T]$: 透過率

$T_m\,[M/L]$: 一様メンブレン

$T_{1/2}\,[T]$: 半減期

$v\,[L/T]$: 移流輸送速度

$V\,[L^3]$: 帯水層の体積

$v_{x,y}$: x,y 方向での流れの速度

$W_m\,[M/L^2]$: 単位面積あたりのメンブレンの重量

$W(u)\,[無次元]$: 井戸関数

$W(y, r/\lambda)\,[無次元]$: 2つのパラメータに関して積分された井戸関数の類似関数

$x\,[L]$：x 方向の空間座標

$y\,[L]$：y 方向の空間座標

$z\,[L]$：z 方向の空間座標

$z\,[L]$：メンブラン表面の高さ

$Z_1, Z_2\,[無次元]$：乱数

$\alpha\,[L]$：拡散

$\alpha\,[T^{-1}]$：係数

$\alpha\,[度]$：基礎流れの方向と x 軸の間の角度

$\alpha_L\,[L]$：縦方向拡散

$\alpha_T\,[L]$：横方向拡散

$\beta\,[度]$：井戸どうしを結ぶ線と x 軸の間の角度

$\theta\,[度,\ \mathrm{Kelvin}]$：温度

$\theta\,[無次元]$：体積含水率

$\theta\,[無次元]$：重みファクター

$\sigma\,[\Omega/L]$：電導係数

$\sigma\,[—]$：標準偏差

第1章 地下水のモデル化

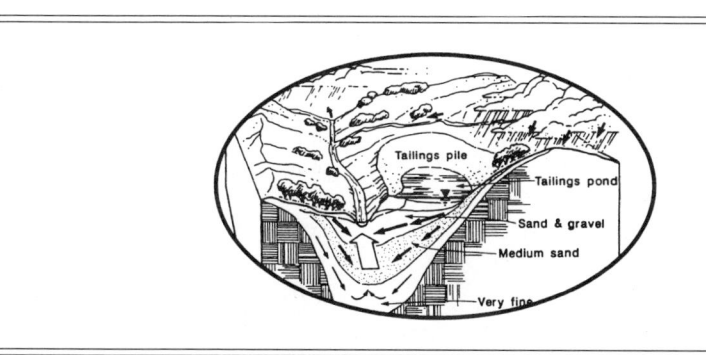

一般に地下水を観測する場合，あらゆる点での地下水の流れや溶質の分布の様子を観察しようとすることは現実的でない．観測地点の間やその外側，そして将来に関する情報は，現地を理解する上で，また決定段階において必要となる．原位置で繰り返し利用される地下水モデルは，地下水の流れや輸送を評価し予測する室内での研究やモニタリングを補完するのに用いられる．しかしながら，信頼できるモデルは，正確な原位置データに基づくものである．

地下水モデルの設計において，モデルユーザーはモデル化に必要な多くの構成要素を組み合わせる．これらの構成要素を表 1.1 に示す．
(1) モデルが設計される自然システムを表現する概念モデル．
(2) 自然システムを理想的に表現する概念モデル．
(3) 数学項において支配的なメカニズムを表現する数学モデル．
(4) 数学モデルの解．
(5) 観測された自然システムの反応とシミュレーションによって得られた反応を調整することによる解の検定．
(6) モデルの予測精度の実証．
(7) 概念モデルによって検定された解に基づくシミュレーション．

表に示すように"モデル"という用語は異なった意味を持つ．"地下水モデル"は通常すべてのモデル要素の組合せを表すが，"モデル"はさらに様々な解法という意味で用いられる．

1.1 節では，異なる解法やモデルを復習する．モデルの再検討の価値は，数値モデル化の理解を深めることにある．複雑な地下水システムに対して最も応用範囲の広

表 1.1 モデル化の構成要素

構成要素	主な要素	例
自然システム	幾何形状	水平方向の広がり，厚さ，汚染源の体積
	次元	1次元，2次元，3次元
	状態	軸対称，定常
	水文地質学	
	材質特性	間隙率，透水係数，分散係数，貯留係数，化学的性質
	観測された応答	地下水位，濃度
	地下水問題	抽出，汚染
概念モデル	理想システム	
	関連する構成単位	帯水層，半透水層，難透水層
	境界および初期条件	初期条件
	制御過程	流れ，毛管力，重力，輸送，化学反応
数学モデル	物理法則	質量保存則
		連続式
		つり合い式
		構造関係
		材質関係
	微分式	ラプラス公式
	境界条件	1種条件
		2種条件
		3種条件
	初期条件	水頭，あるいは濃度条件
解法	解析モデル	
	多孔質（基準スケール）モデル	
	アナログモデル	粘性流体モデル
		メンブランモデル
		電気アナログモデル
	平衡モデル	
	質量平衡（シングルセル）モデル	
	数値モデル	差分法
		有限要素法
		ランダムウォークモデル
		特性曲線法
		境界要素法
検定	解と観測値との関係	
	モデルの入力データの適合	
実証	検定を使用しない予測値と観測値の関係のモデル試験	
シミュレーション	パラメータの感度解析	
	予測的なシミュレーション	
	不確定解析	

い数値モデルは，他のあらゆるモデルより優れている．1.2 節では，モデル化の構成要素別に数値モデル設計の各段階を紹介する．

1.1 地下水モデルの概要

　地下水の流れや輸送に関する研究における地下水モデルの役割は，長い間地球科学者にとって興味深い話題であった．多くのモデルの発展がなされた中で，以下の 8 つのモデルを挙げる．
　(1) 解析モデル
　(2) 多孔質モデル
　(3) 粘性流体モデル
　(4) メンブランモデル
　(5) 電気アナログモデル
　(6) 経験モデル
　(7) 質量平衡モデル
　(8) 数値モデル
以下の項では，それぞれのモデルの長所と短所に関して簡単に議論する．

1.1.1　解析モデル
　実際の現象に対して厳密な単純化が要求されるため，従来の解析解法の利用は制限される．しかしながら観測された地下水問題に対して解析解法が存在する場合，常に解析解は他のモデルよりも効率的である．個々のパラメータの影響がわずかな労力で研究され，またその方法は一般に簡易な場合が多く，時間が節約できる．従来の解析解法は揚水試験 (Kruseman and de Ridder 1970) の解析に広く用いられていた．解析解法はさらに均一，または一様な流れシステムにおける 2 次元定常流を説明するのに広く応用されている．数学・物理分野で最も研究されている微分方程式が，支配流方程式であるラプラスの式であるという事実の恩恵をモデルユーザーはこうむる．同じ微分方程式に関連する他の工学で起こった問題から導かれた解法は，地下水問題に容易に応用できる．固体内での熱伝導に関する式を地下水流れに応用する場合が，その具体例としてあげられる．固体内の熱伝導に関する非常に便利な数値解法は，Carslaw and Jaeger (1959) の報告の中で組み合わされる．地下水流の式の解法については，Polubarinova-Kochina (1952) と Strack (1989) の報告を参照していただきたい．
　輸送問題において解析解法は，しばしば非常に複雑かつ扱いにくくなり，簡単な

数値解法に対する解析解法の長所は減少する．広く応用されている比較的簡単な解析解法の例としては，Ogata and Banks (1961) が示した縦輸送の 1 次元解法や Harleman and Rumer (1963) が示した輸送の広がりの 1 次元解法がある．他の便利な解法は，Bear (1972)，および Freeze and Cherry (1979) の報告の中で述べられている．

1.1.2　多孔質モデル

多孔質モデルやベンチスケールモデルは，浸透工学で広く用いられている浸透モデルのグループに属するものである．地下水システムは，図 1.1 で 1 次元流れとして示される境界条件を含んだ室内試験において，適切なスケールで表される．図 1.1 はまた，のちに議論する粘性流体，メンブラン，電気アナログ，質量平衡，数値モデルの例を掲載している．多孔質モデルにおいて，浸透特性は自然システムに依存して空間的，量的に分布する．そして，多孔質モデルは操作され，流れの反応が記録され，実際のシステムの挙動に関する洞察が得られる．不圧地下水流の研究では，原位置での状態と比べてモデルでは不均衡が大きくなるために毛管上昇に伴う補正が必要である．流線は染料の注入により作成される．

実際の現象とモデルシステムとの類似性は以下のパラメータによって定義される．
形状（直径スケール比 L_r）：

$$L_r = \frac{L_n}{L_m} \tag{1.1}$$

面積（A_r）：

$$A_r = L_r^2 \tag{1.2}$$

比揚水量（ダルシーフラックス q_r）：

$$q_r = K_r i_r \tag{1.3}$$

合計フラックス（Q_r）：

$$Q_r = K_r i_r L_r^2 \tag{1.4}$$

時間（t_r）：

$$t_r = \frac{n_e L_r}{K_r i_r} \tag{1.5}$$

1.1 地下水モデルの概要　5

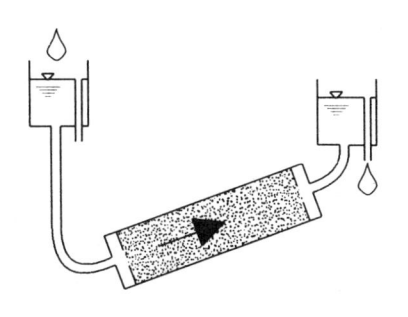

多孔質モデル

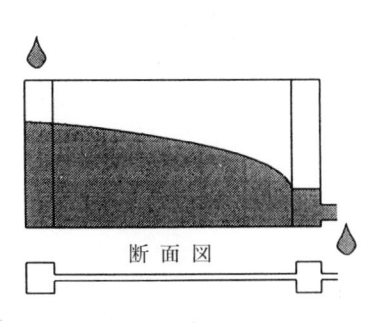

粘性流体モデル

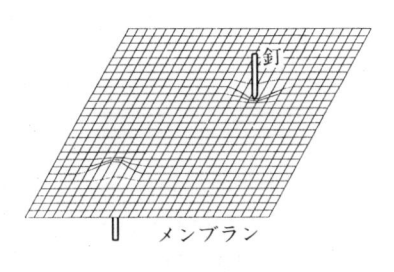

断面図

メンブランモデル

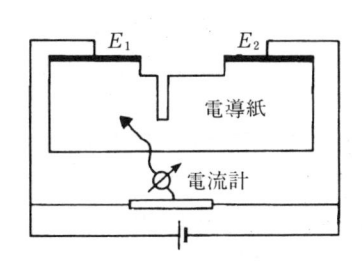

電気アナログモデル

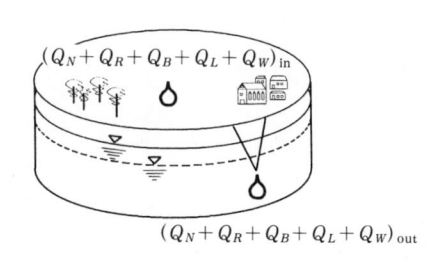

E_1　E_2
電導紙
電流計

$(Q_N + Q_R + Q_B + Q_L + Q_W)_{in}$

$(Q_N + Q_R + Q_B + Q_L + Q_W)_{out}$

質量平衡モデル

数値モデル

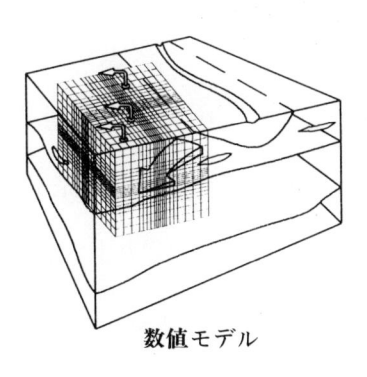

図 **1.1**　地下水モデルの例

ここで，n：自然地下水システムを表す添字
　　　　m：地下水モデルを表す添字
　　　　r：自然とモデルの比を表す添字
　　　　L：長さ $[L]$
　　　　K：透水係数 $[L/T]$
　　　　i：動水勾配 [無次元]
　　　　n_e：有効間隙率 [無次元]

　Darcy (1856) の研究は，地下水モデルを取り扱ったものとしては最初の研究である．砂のモデルのような多孔質モデルは，研究でなお広く用いられている．多孔質モデルは，ほぼ自然条件下で特殊な様相を示す地下水流れや輸送の研究を可能にしている．大きなスケールでの物理モデルは，複雑な地質条件や多層の輸送における観測井の3次元流れのような実際の流れや輸送を評価するのに用いられる．一方で，多孔質モデルは学生に研究用の道具としてのみ使用されている．原位置問題の研究において，多孔質モデルは数値モデルにとって代わられている．

1.1.3　粘性流体モデル

　Hele-Shaw モデルや平衡平板モデルは，粘性流体モデルに属する．図1.1にはHele-Shaw モデルの概略図を示した．Hele-Shaw モデルは2つの狭いプレートの間にあるグリセリンや2次元地下水流のような，粘性流体の移動の類似に用いられる．同様の類似には電気分野のオームの法則や熱分野での Fourier 法則がある．この種の式で最も有名なものは，運動のニュートン則である．図1.2ではアナログモデルでの他の近似点を示している．

　粘性流体モデルでの比流量 q は Poiseuille の式によって与えられる．

$$q_m = -\frac{ga^2}{12\nu_m} i_m \tag{1.6}$$

式 (1.6) は地下水の流れを示すダルシー則 (2.2節参照) に類似している．

$$q_n = -\frac{\rho_n g}{\mu_n} k i_n = -\frac{g}{\nu_n} k i_n \tag{1.7}$$

ここで，n：地下水流システムを表す添字
　　　　m：粘性流体システムを表す添字
　　　　g：重力加速度 $[L/T^2]$
　　　　ρ：密度 $[M/L^3]$
　　　　μ：動粘性係数 $[M/LT]$

モデルタイプ / モデル対象	多孔質モデル	数値モデル	粘性流体モデル	電気アナログモデル		メンブランモデル
				電気タンク	抵抗容量ネットワーク	
次元性						
二次元	●	●	●	●	●	●
三次元	●	●	○	●	●	○
流れの問題						
定常	●	●	●	●	●	●
非定常	●	●	●	○	●	○
粘土質	●	●	◎	◎	○	○
異方性	●	●	●	●	●	●
不均質	●	●	●	●	●	○
不飽和	●	●	◎	○	○	○
輸送問題						
流線	●	●	●	○	○	○
移流	●	●	●	○	○	○
分散	●	●	○	○	○	○
吸着	●	●	○	○	○	○
崩壊／反応	●	●	○	○	○	○

● Yes　◎制約あり　○ No

図 1.2　モデルの応用性と相似性

ν：動粘性率 $[L^2/T]$
i：動水勾配 [無次元]
k：多孔質媒体の透水係数 $[L^2]$
a：平板距離 $[L]$

補正比率要素は，
形状（直径スケール比 L_r）：

$$L_r = \frac{L_n}{L_m} \tag{1.8}$$

フラックス（q）：

$$q_r = \frac{12k}{\nu_r a^2} i_r \tag{1.9}$$

時間（t）：

$$t_r = \frac{L_r}{q_r} \tag{1.10}$$

ここで，r は自然とモデルの比を表す記号である．したがって，平板間隔と流体は，必要とする透水係数と一致するように選ばれる．

粘性流体モデルは水平あるいは鉛直方向とも可能であるが，後者の方に多く応用されている．Hele-Shaw モデルは，ダムの浸透，塩水遡上，あるいは他の現象の研究に導入されている．亀裂性岩盤での地下水流や物質輸送には Schwille (1988) が Hele-Shaw モデルを応用している．Hele-Shaw モデルの大きな利点は，定常状態および非定常流での浸潤面を考慮する問題を解くことができるという点である．境界で粘性流体に染料が投入される場合に流線が描かれ，地下水面が観測される．粘性流体モデルで表される透水係数は等方性である．しかし，透水係数の位置的な変化は，接触面での広がりの変化，または内部の障害によって発生する．貯留は内部スペースの小さな貯留リザーバーの接続によってシミュレートされる．数値モデルは，Hele-Shaw モデルの重要度を減少させてきた．しかしながら，Hele-Shaw モデルは非常に説明的であるので，なお実用的に用いられている．

1.1.4 メンブランモデル

メンブランモデルは，コンピュータが利用される以前に実験室において用いられてきた方法である．メンブランモデルは枠に被せたメンブランを下方に押す原理から作られた方法であり，正確な変位測定が必要である．例えば，1つの井戸を表すために 1 本の釘がある不連続な点でメンブランを押し下げるのに使われる．井戸の強度は釘を押すまたは引くことで調整できる．揚水井ではメンブランの上部が押さえられ，一方注入井の場合，釘はメンブランの下に位置し，図 1.1 に示すようにメンブランを上方に押し上げる．くぼみと線源や面積源は，線荷重や面荷重によってメンブランを押すことで表現される．メンブランの変形は，地下水水理学の既知式と直接的に関係している．Hansen (1949) は，井戸の揚水による地下水位の変化とある不連続点での鉛直方向の変位に伴うわずかなたわみとの類似性を示した．伸縮性を持つ薄いメンブランのたわみを示す式は次式である．

$$\frac{d^2 z}{dr^2} + \frac{1}{r}\frac{dz}{dr} = -\frac{W_m}{T_m} \tag{1.11}$$

ここで，z：メンブランの表面からの高さ $[L]$
　　　　r：座標の原点からの半径 $[L]$
　　　　W_m：単位面積当たりのメンブランの重量 $[M/L^2]$
　　　　T_m：メンブランの引張強さ $[M/L]$

均質，等方性の地下水システムでの定常軸対称流を表す式は次式である．

$$\frac{d^2 h}{dr^2} + \frac{1}{r}\frac{dh}{dr} = -\frac{N}{Kh} \tag{1.12}$$

ここで，h：地下水面の高さ $[L]$
　　　　N：単位面積当たりの揚水量 $[L/T]$
　　　　K：透水係数 $[L/T]$

その類似性は，メンブランの重量が非常に小さい場合に，自然涵養のない地下水流に対して確実なものになる．

今日メンブランモデルの価値は，実際の現地での解よりはむしろ井戸近傍の地下水面のたわみを示すことにある．しかしながら，それは地下水の応力を視覚化する安価な道具であり，未経験の地球科学者が地下水水理学を理解するのに役立つものである．

1.1.5 電気アナログモデル

数値モデルが支配的になる以前，アナログモデルの中で電気の流れと地下水の流れとの類似性に基づく種類のモデルは非常に一般的なものであった．電気抵抗媒体において流れは電導紙，電気タンクや抵抗-容量ネットワーク (RC) で示される．電導紙は 2 次元の地下水流をシミュレートするための簡単な道具である．その紙は観測される地下水システムの形に切断される．切断した壁のある透水機構の下で地下水流をシミュレートする簡単なモデルは図 1.1 に示されている．電導紙の自由端は不透水境界を示している．電導紙の相対的な端に電圧を制御する銅線を取り付け，等価電圧 E が規定された水頭値に基づいて境界にかけられている．等ポテンシャル線は等水頭線を表し，その容易な計測が可能である．透水係数の異なる領域は，異なる種類の電導紙や穴のあいた紙によって表される．RC ネットワークで地下水システムは電気要素で示される．どの要素も地下水システムの比体積 (密度の逆数) を表現している．要素は節点で連結され，複雑な 3 次元システムも構築されることがある．電圧測定装置は，ネットワーク内の電圧の分布を評価し，上述の方法で得られるシミュレートされた地下水システムでの水頭の分布を示す．

Walton (1970) によると，4 つのスケール要素がアナログモデルに関連する電気単位と地下水システムに関係する浸透単位の関係を示している．Walton (1970) によって示されたスケーリング要素は，以下に表されている．

$$k_1 = \frac{水の量 (ガロン)}{抵抗 (クーロン)} \tag{1.13}$$

$$k_2 = \frac{水頭 (ft)}{電圧 (V)} \tag{1.14}$$

$$k_3 = \frac{フラックス (ガロン/日)}{電流 (A)} \tag{1.15}$$

$$k_4 = \frac{時間_n(日)}{時間_m(秒)} \tag{1.16}$$

ここで,

$$k_1 = k_3 k_4 \tag{1.17}$$

透水係数 K と電気電導率 σ (抵抗 R の逆数と等しい) の関係は, 4つのスケーリング要素でオームの法則とダルシー則を代入することによって計算される. この関係の計算式は次式で示される.

$$\sigma = \frac{1}{R} = \frac{k_2}{k_3} K \tag{1.18}$$

不連続なアナログモデル (ネットワーク) については, 式 (1.18) の透水係数は地下水システムの体積の透水量係数で置き換えられ, モデルにおいては電気抵抗で表される.

1.1.6 経験モデル

ランプドパラメータモデルとしても言及される経験モデルは, 一般化, 単一化, あるいはスケールがプロセスそれ自体の変化より大きい場合において, 物理的あるいは生物科学的変化を表現するのに用いられている. これらのモデルは, 簡易な解析モデルとより精巧な解析モデルとの空白を有効に埋めている. 経験モデルには2つの種類があり, 個々の変化またはメカニズムを表現するモデルと, 地下水問題全体を表現するモデルである.

最初のモデルの例としては, 2.2節で述べられるダルシー則, 3.2.3項のFickの法則や, 3.2.4項で述べる等温線での吸着作用がある. これらの経験モデルは, 解析モデルと数値モデルにも組み込まれており, モデル予測の精度に強い影響を与えている. この方法は詳細な原位置データが欠如している場合や適当なスケールの変化をシミュレートできていない場合に用いられる. かかわっている過程の理解が不足している場合に, このタイプの経験モデルは解析の手助けとなる一時的な解法である.

すべての地下水問題を表現する経験モデルは, 関連する流路を表すために, 一連の物理法則や経験則そして保守的な前提を引用する. それぞれのモデルに対する例として, 有機浸出水モデル (51 Fed. Reg. 21,653, 1986), 盛土解析モデル HELP (Schroeder 1994), 露出評価モデル MULTIMED (USEPA) がある. これらのモデルは, 簡単に用いることができるため, 誤用されたり誤解される恐れがある. つまり, 経験モデルは制限された状況下でのみ適用でき, またそれらは組み合わせて用いられることによって, その限界を覆い隠している.

1.1.7 質量平衡モデル

質量平衡モデルは，ブラックボックスあるいはシングルセルモデルとして知られており，数値モデルの最も簡単な形としても知られている．図 1.1 で地下水（水収支）あるいはある成分（溶質収支）かどちらか一方の物質フラックスは，大きな体積でバランスが保たれている．この図では，不透水境界で仕切られた水平面積 A の地下水盆を考えている．地下水の涵養は，自然補給 N からなされ，地下水の浸出は全揚水率 Q の揚水井から行われる．一定期間での N と Q の合計の差は，セルの平均地下水位上昇あるいは低下を生じる．ここでは地下水位の平均値のみ計算され，地下水システム内の地下水位の変動は計算されない．ブラックボックスの簡易化のため，原位置データの評価はシステム内を出入りするフラックスのみ考慮する．ここでは貯留性を除いて，その他の地下水システムの特徴を考慮する必要はない．したがって全体領域の平均化は，特に溶質のバランスに対しては不完全な近似となる．このことは，例えば様々な汚染源が地下水システムに溶質を分布させており，すべてのシステム内部で溶質の完全な混和が起こっていることを意味している．

単純化されたものであるにもかかわらず，ブラックボックスは全体的な質量平衡の検証につながるので便利である．数値モデル化では，シングルセルモデルはモデル化努力を補完し，計算の初期段階で質量平衡の比較を与えている．シングルセルモデルは，後の第 5 章と第 6 章で議論する．

1.1.8 数値モデル

これまでに議論したすべての地下水モデルは，モデルの役割や種類を比較した表 1.2 に示されているように，その応用の範囲が大きく限定される．解析解法や電導紙モデルを除いて，議論された地下水モデルは簡単に応用できるものではない．例えば与えられたシナリオに対する RC ネットワークの構築は，多くの時間を費やす．またハードウェアモデルは，量的に膨大である．そして，結果を解釈する上でさらなる経験を必要とする異なるシナリオでの広範囲シミュレーションに行き着く．

地下水流および輸送の数値モデルによるシミュレートは，1970 年代初期の比較的近年に発展した手法である．今日，数値モデルは複雑な地下水問題の研究を支配している．数値モデルは基本的に多くのシングルセルモデルの集合を表現したものである．コンピュータ技術の大いなる発展によって，地下水流と物質輸送問題の解法の手法として数値モデルは標準的なものとなった．最も一般的な流れと輸送に対するコンピュータプログラムが利用可能であり，モデルユーザーはコンピュータコードを書き換えることなしに観測された条件に対して，適切なコンピュータプログラムを応用することができる．

表 1.2　物理学の相似

物理現象	法則		保存則	量	ポテンシャル	比例要素
地下水流	ダルシー	(Darcy)	$q = -K\nabla h$	$\nabla^2 h = 0$	ダルシーフラックス q	水頭 h	透水係数 K
粘性流体モデル	ポイズ	(Poiseuille)	$v = -f_r \nabla h$	$\nabla^2 h = 0$	流速 v	水頭 h	亀裂透過率 f_r
電流	オーム	(Ohm)	$I = -\sigma E$	$\nabla^2 E = 0$	電流 I	電圧 E	電導係数 σ
熱流	フーリエ	(Fourier)	$Q_\theta = -\lambda \nabla \theta$	$\nabla^2 \theta = 0$	熱流 Q_θ	温度 θ	温度電導率 λ
力場	ニュートン	(Newton)	$f = m\nabla U$	$\nabla^2 U = 0$	力 f	ポテンシャル U	容積 m
拡散	フィック	(Fick)	$q_0 = -D_0 \nabla c$	$\nabla^2 c = 0$	拡散フラックス q_0	濃度 c	拡散係数 D_0
無摩擦流体の非圧縮流			$v = -\nabla \phi$	$\nabla^2 \phi = 0$	流速 v	流速ポテンシャル ϕ	無次元

　数値モデルは簡単な問題から複雑な問題まで解くことができる．理論的には，数値モデルは境界の種類，初期条件，地下水システムの特徴，観測された溶質の種類に限定されることはない．一度数値モデルを完成させると，超過作業なしに様々な条件を理解することができる．数値モデルの支配により，数値モデルに相当する言葉として"地下水モデル"という用語が一般的に用いられている．

　以下のテキストでは地下水の数値モデル化に言及する．「地下水モデル」という用語は数学的記述と数値コンピュタコードを組み合わせ，特に地下水問題に対して応用される「数値モデル」と等しく用いられている．「地下水のモデル化」を議論する際にも同様の意味で用いられている．

　数値コンピュータコードは，流れや輸送の支配方程式を解く道具である．数値コンピュータコードは，特定位置の形状，境界条件の具体化，実際の流れおよび輸送パラメータの導入，またモデル検定および実証によって地下水モデルに変換される．

1.2　数値モデルの設計

　偏微分方程式を解くための様々な数値理論は，異なる種類の数値モデルを生み出したが，それぞれの間で基本的な違いはない．表 1.1 に示したモデル化の要素は，モデルの設計において次に示す主な段階から結果的に生じている．

- 原位置データの編集と解釈
- 自然システムの理解
- 自然システムの概念
- 数値モデルの選択

・モデルの検定と実証
・モデルの応用
・結果の表示

この節では，数値モデルの設計にあたって，それぞれの段階での前置きに当たる情報を示す．詳細は次章で議論する．

1.2.1 原位置データの編集と解釈

原位置データは，観測された地下水問題を具体的に述べ，コンピュータコードの選択を容易にし，またモデルの入力データを導き，自然システムを理解するために必要不可欠なものである．数値モデルのコンピュータコードは，流れや輸送の支配方程式を解くための道具である．流れや輸送がコンピュータコードで近似される数学的モデルに従う限りは，どのモデル研究に対してもコンピュータコードを用いることが可能である．数値モデルは実際の原位置パラメータが割り当てられたとき，特定の地下水モデルに発展する．モデル化の結果の精度は，主として数値コードの精巧さや計算時間の長短，優れた離散化，あるいは膨大なメモリーの必要性などを問題としない．シミュレーションの質はモデルの物理学の有効性や入力データの質に大部分を依存している．「不要情報の入力，不要情報の出力」の gigo 則は，地下水モデルにも適用される．

一般に原位置データは，透水量係数やモデル内部の地下水涵養量などといったモデルに必要となるパラメータを直接的に与えるものではない．モデルパラメータは原位置データによって導かれる．ここで，揚水試験を考えてみる．測定される原位置データは井戸の揚水量と時間および水位低下であり，計算されるパラメータは透水量係数と貯留係数である．さらに同じ領域でのパラメータがそれぞれのモデルセグメントに対して割り当てられなければならない．モデル研究に必要な時間は，その大部分をモデルの入力データの収集と準備に要する時間が占める．

多くの地下水研究において，最初に膨大な量の地下水データを評価して地下水モデルを設計することは好ましくない．原位置データと合わせたモデルの長所によって，地下水モデルは新しく意味のあるデータの評価の手引きとなる．

1.2.2 自然システムの理解

正確なモデル化を保証するため，モデルユーザーは自然システムを正しく認識しなければならない．これがモデル設計における次の段階である．地質別のパラメータの分布や境界条件は図 1.3 のように表される．流れや輸送問題の明確な定義を用いることが重要である．限られたわずかな場合にのみモデルユーザーは，詳細な流れ

や輸送のシミュレートに一般的な地下水モデルを応用できる．ほとんどの場合（ただし問題によるが），単純化された最も適当なモデルが受け入れられる．問題が明確化されることが非常に重要である．ほとんどの場合，問題が明確化されれば，モデルユーザーは良好に定義された課題に対する個々の解法で，複雑な地下水システムの解析を成し遂げることができる．これらの課題は独自に単純化された形を仮定することで解かれる（3次元に代わる2次元，数値的に代わる解析的手法）．地下水問題の解法は究極に精巧なモデルを必要としているわけではない．どの場合においても最も適切なモデルは，実際のシステムを表現するのに最低限必要な努力で観測された問題を具現化する．モデルは，モデルの効果を促進させるに十分単純化されるべきではあるが，調査の対象となる地下水問題を支配している特徴まで取り除いてしまうほど単純化されるべきではない．概して自然システムは，モデルを発展・検証するためのデータの利用可能度，コスト，ニーズに関して最も適したモデルを設計するために，よく理解されねばならない．

1.2.3　自然システムの概念

どのモデル研究においても，自然システムは図 1.3 に示されているように近似解法で応用される概念モデルによって表現される．等価でかつ単純化されたモデルを設計および作成するために，広範囲の情報が自然システムに要求される．実際の領域を等価なモデルシステムに変換することで，既存のプログラムコードを用いてシステムを解くことを可能にする．これが地下水のモデル化において最も重要な段階である．概念モデルにおける誤差は，主要な部分の修正を除いて，モデルの検定や後のモデル研究の段階で修正することはできない．

適切な概念モデルの重要性を示すために，部分貫入井近傍の流れのような顕著な3次元流れに関する問題を考えてみる．水平2次元モデルのような深さ積分を伴うモデルでの流れの場が，井戸に近い場合の近似において，現実とシミュレートされた地下水流れの大きな相違が予想される．

実現象の近似に関する問題は輸送問題において顕著になる．流れを単純化することに加えて溶質の輸送過程は，支配的な少数の輸送メカニズムに凝縮される．溶質の輸送では過程を制御しているメカニズムが多く複雑であるため，一般に輸送のモデル化は流れのモデルと比較して非常に困難であり，特にモデル化の段階で適切な自然の輸送過程の完全な理解が必要とされる．数値モデルは，前提が整っている場合，または概念モデルが存在するときにのみ有効である．

1.2 数値モデルの設計 15

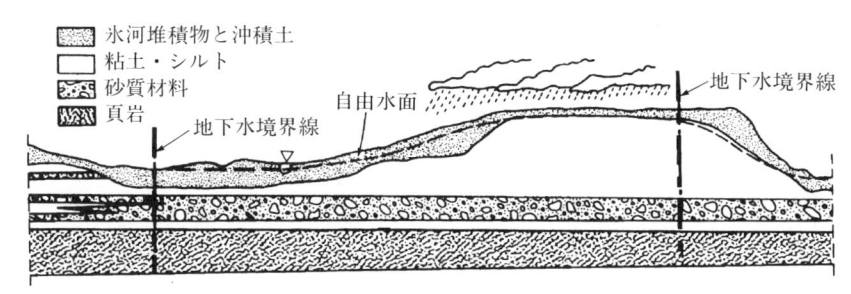

凡例:
- 氷河堆積物と沖積土
- 粘土・シルト
- 砂質材料
- 頁岩

地下水境界線　自由水面　地下水境界線

自然システム

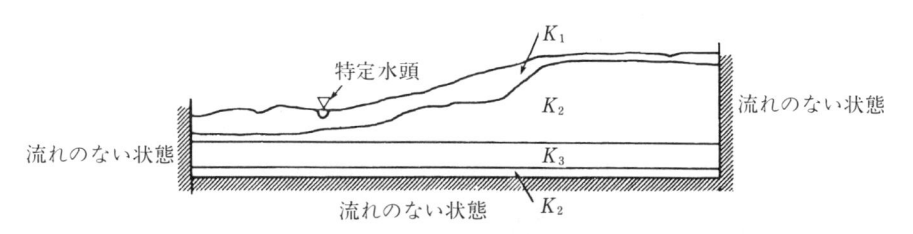

K_1　特定水頭　K_2　流れのない状態
流れのない状態　　　K_3
　　　流れのない状態　K_2

自然システムの概念化

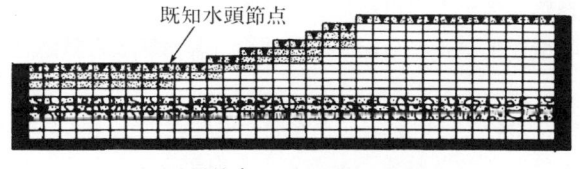

既知水頭節点

境界接点
- ● 既知水頭
- ▼ 既知フラックス
- ■ 非フラックス境界

数値モデルの選択

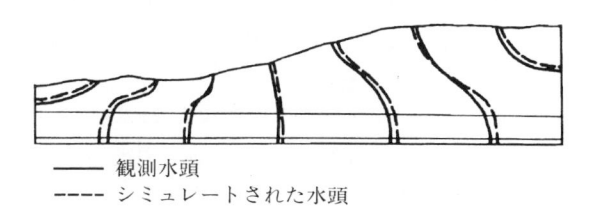

—— 観測水頭
---- シミュレートされた水頭

モデルの応用

図 **1.3** モデル設計での主要フェイス例

1.2.4 数値モデルの選択

　数値モデルを解析解法と同様に考えてみる．両方ともに良好に定義された問題にのみ意味のある結果を示す．あらゆる種類の流れや輸送問題に応用できるモデルは存在しない．結果として，モデル研究でのこの段階において，モデルユーザーはどのコンピュータコードを個々の地下水問題の計算に用いることができるかを決定しなければならない．モデルユーザーはどのモデルが利用可能か判断できない場合がある．地下水モデルの資料は第9章を参照してもらいたい．

　ほとんどの数値モデルは図1.3に示すように観測領域を長方形，あるいは変則的な多角形の部分に細分化する．入力および出力データの扱いは前処理と後処理として表されるか，それらはコンピュータコードが「ユーザーフレンドリー」であるかどうかを決定するものである．

　今日，好まれ，そして良好に実行されるあらゆるプログラムは，応用範囲に対して似たような精度で結果を示している．有限要素法に基づくようなモデルはより有効である．どのモデルにおいても領域と時間の分割の仕方が，基本的にコンピュータの計算精度を支配する．

1.2.5 モデルの検定と実証

　モデルの検定と実証には入力データの欠如の克服が要求されるが，さらにモデルの対象となる自然システムの単純化の調整も必要である．検定や実証は，自然システムの重要な特徴がモデルから除かれる場合，無意味または誤り，あるいは不適切になる．

　モデルの検定において，ポテンシャル面や濃度のようにシミュレートされる値は，原位置での測定値と比較される．モデルの入力データはシミュレートされた値と観測値が許容誤差に収まるように手直しされる．入力データとシミュレート値および観測値との比較は手動（試行錯誤の調整）か自動（逆解析あるいはパラメータ推定問題）のどちらかによってなされる．定量的な評価に対するモデル検定が準備されねばならない．より説得力のある過程を踏めばモデルの実証性はより上がる．実際にモデルの検定は多くの時間を費やし，全体の研究に対して要求される時間の半分を使ってしまうこともある．

　モデルの検定は，地下水のモデル化において重大な段階である．モデルの検定は，あらかじめ設定された場所で地下水モデルが，観測された自然システムの反応を再現できるかどうか検証する．自然システムで観測される反応や地下水環境における特定の溶質の挙動がモデルとは異なる場合が生じることがある．流線の屈曲は，例えば，透水係数の値が部分的に異なっていたり，あるいは部分的な注水や揚水によって

生じているのかもしれない．輸送問題において関係はより複雑である．濃度の減少は汚染源強度の変動，分散，核種崩壊によって発生しているのかもしれない．試行錯誤の調整または逆問題によって検定することで，モデルユーザーは調査対象となる問題の理解に基づいて検定されたデータが自然システムを表現しているかどうかを判断しなければならない．非現実的なデータに基づく地質データの適合は間違っているだけでなく，同じモデルが予測に応用される場合誤った結果を招くことになる．

モデルの実証性は，用いる人が違うと異なった意味を持ってくる．モデルは任意の入力パラメータに基づき多くの観測条件により何度も検定される．モデルの実証性にはモデルが確かな予測を行うのに用いることができるという証明が要求される．現在では，モデルの精度を証明する方法に関して標準的な基準はなく，原位置観測におけるデータ収集には限界があり，近い将来，基準を簡単に設定することもできない．一度だけ計算値と測定値が一致しても，それは精度の保証にはならない．大部分のモデル研究において，わずかな原位置データと比べて調整値は非常に多い．一般にモデルの実証性を計る際には，モデルの検定で使用されなかったデータでモデルの比較がなされる．この方法は，シミュレートされる条件が検定に用いられた条件と大きく異なる場合により便利である．検定される地下水モデルがモデルの実証性に関して正確な結果を出力できない場合，モデルデータは両方のデータの設定を用いて再検定される．そして他の実証性検証法が用いられるべきである．検定および実証は，すべてが既知で利用可能な地下水の仮説が，モデルに供給される地質の物性や帯水層の特性を変化させることなしに，モデルにより再生される場合に完成する．モデルの検定と実証は，モデルの応用以前の2つの重要な段階であり，第8章でより詳細に議論する．

1.2.6　モデルの応用

モデルの応用は，数値モデルが他のモデルよりも優れていることを証明する根拠の一部となっている．それは数値モデルが対象領域に対する仮説の選択肢を効率的に評価できるという点である．予測において数値モデルを応用する際，どの方法でもモデルの応用の限界が存在している．絶対的な自然の予測よりも相対的な自然の予測の方が，多くの場合より便利である．数値モデルの成果は批判的に再吟味されるべきである．

モデルユーザーが地下水位または濃度について，1週間後または数年後の予測のどちらを行うかで予測の差が生じる．より遠い時間の予測は一般により不確実になる．定常状態では，従来，観測時間が長時間であれば，外挿はより精度を増す．地質学では「過去は未来の手がかりである」と言われている．過去の「鍵」が大きく

なればなるほど未来への応用がよりよいものとなる．2週間以内に観測された原位置データで検定された地下水モデルが，100年後またはそれより先の予測にフィットするわけがない．

地下水システムでの反応の予測に関して，他の限界も存在している．予測が行われている間の流れや輸送の条件が，（モデルの検定や実証に対して無関係な）システムのパラメータに影響を与えている．定常状態で計算されたモデルが非定常状態での挙動の予測に応用されると仮定する．定常状態では比産出量，あるいは貯留係数は考慮されていなかったであろう．予測は最適に推測された値に基づくものであり，モデルの結果は注意深く再検討されねばならない．したがって感度解析が重要となってくる．感度解析はモデルの予測に影響を及ぼす度合いによって入力データを整理し，また「もしこうだったら？」という問題に解を与える．感度解析はさらに未来に起こりうる地下水の影響評価を可能にする．将来の土地利用によって，地下水の涵養の変化が自然に発生するかもしれない．

1.2.7　結果の表示

モデル化の結果を再検討するとき，表現してくれたことに感謝はするが，信じるのは数字である．数値モデルの出力は，与えられた時間領域内での不連続点における水頭値のような数字である．モデルの出力は，モデルの非使用者にも理解できるような出力に加工する後処理がなされる．必要ではあるが，ポストプロセッサーはモデル化の経験のない者には取り扱えるものではなく加工が必要である．プロットソフトウェアのパッケージや，またコマーシャルあるいはインハウスコードのような近代のポストプロセッサーは，図式的に，そして有効にモデル化の結果を表現するのに便利な道具である．しかしながら，誤用や誤った説明がなされる場合がある．出力されるモデルデータの専門的な表示は，見えない精度を推定している．データの説明を容易にするためのデータの内挿および外挿法は必要であるが，モデル結果の不確実性を補うために，出力データを細工してはならない．図式的に出力を表現する内挿プログラムは，データ表示の精度を劣らせる．等線として表現されるポテンシャル面の測定値のプロットは，内挿法を使って番号と観測点を含むべきである．8.10節ではモデル化の結果についての話題にふれる．

第2章 地下水浸透の数学モデルの概要

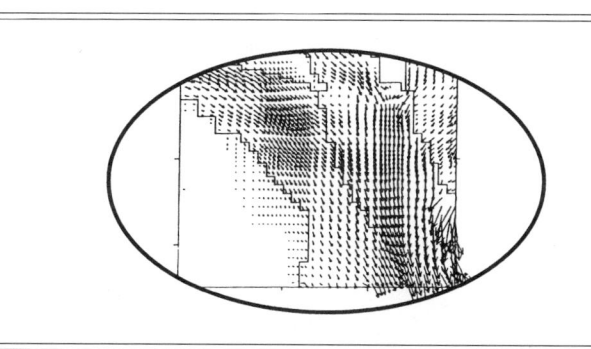

　本章では地下水の流れを解説する．モデルユーザーの観点から，地下水流れモデルの適用と地下水移動による溶質輸送をよりよく理解できるような話題を示す．土中水と多孔質体の紹介の後，地下水流れを表現する数学モデルに焦点を当てて解説する．すなわち，ダルシー則，水収支方程式，適切な水理地質学的境界条件の定義である．地下水モデルでますますその重要性が認められる多相流を 2.5 節で若干議論する．

2.1 　地下水と帯水層

　モデルを利用するには，地下に水が存在するいくつかの形態と水が移動できる土や岩の様々な空隙を理解しなければならない．モデルユーザーも地下水システム特有の領域を認識できなければならない．以下の節では次のような話題に触れる．
(1) 地下水の定義
(2) 土と岩の中の空隙の分類
(3) 水理学的構成単位と帯水層の区別

2.1.1 　地中水の定義
　地中水は以下のいくつかの形態で存在する．
(1) 移動性水：相互連結した空隙空間内の水．この水は岩や土の空隙，あるいは岩盤亀裂内を自由に移動する．
(2) 非移動性水：鉱物内に含まれる結晶水．このような吸着水は吸湿水と呼ばれ，

粒子間の静電気力およびファンデルワールス力によって結合していたり，あるいは単に連結していない単一の空隙内の水を指す．
  (3) 蒸気水：不飽和地下水中に分布するガス状水．

モデルユーザーは移動性水に特に関心がある．しかし，例外として，移動性と非移動性水間の拡散による質量変換によって，非移動性水が着目している溶質の輸送挙動に関係する輸送問題のシミュレーションがある．

十分な水平水流れを認めるには，飽和帯と呼ばれる1つの連続した水塊を形成する全空隙体積内を地下水が占有しなければならない．飽和帯は，水と空気で満たされた不飽和領域との境界面となる自由水面によって分けられている．自由水面は飽和帯の表面として定義されている．厳密な関係がないが，自由水面はしばしば地表面形状よりも平らになる．もし上端部の不透水層によって地下水の移動可能領域が制限されるなら，上記の意味合いでの自由水面は存在しない．そのような地下水の移動は，被圧状態にあり，被圧や半被圧地下水帯にボーリングしたときの水の上昇するポテンシャル面と呼ばれる仮想面を定義することで説明できる．

不飽和帯では，重力が鉛直流の主たる要因であり，流れの駆動力となり，結果的に輸送は鉛直方向に生ずる．本書では，モデル検討は鉛直方向の水圧分布に限定しない飽和帯の流れと輸送問題に主として焦点を当てる．特定の地下水問題での不飽和帯の流れと輸送問題の重要性には簡単に触れることとする．

2.1.2 土と岩の空隙分類

土と岩の空隙は基本的な水文学的パラメータである．土および岩の空隙の比率は間隙率で示され，土や岩の総体積に対する空隙体積で定義される．空隙体積のほとんどない土や岩は水を保持する能力もほとんどない．固体の開口部は水の移動を許すために必要となる．モデルユーザーは土と岩の空隙を図2.1に示すような4つのグループに分類する．
 (1) 基質間隙：土と岩は粒状であり，粒子間に空隙を形成する (礫，砂，シルト，粘土，砂岩など)．岩や土粒子はそれ自身が多孔体であったり (より大きな総空隙となる)，集積した空隙は空隙内に鉱物が堆積して小さくなることもある．
 (2) 亀裂性空隙：岩が亀裂を規則的あるいは不規則に含むこともある．
 (3) カルスト性亀裂および溶解性空洞：岩は明瞭な溶解性空洞によって区別できる．
 (4) 亀裂および基質空隙 (二重空隙)：このような地層は粘土や砂岩といった構成単位といった粒状多孔質性の構成単位であるが，同時に亀裂も含んでいる．

図2.2は種々の地層の空隙の標準的な分布範囲を示している．さらに，種々の土と岩の間隙率を付録B.1にとりまとめた．間隙は地下水流れに支配的であるけれど

基質間隙 **カルスト性亀裂および溶解性空洞**

亀裂および基質空隙 **亀裂性空隙**

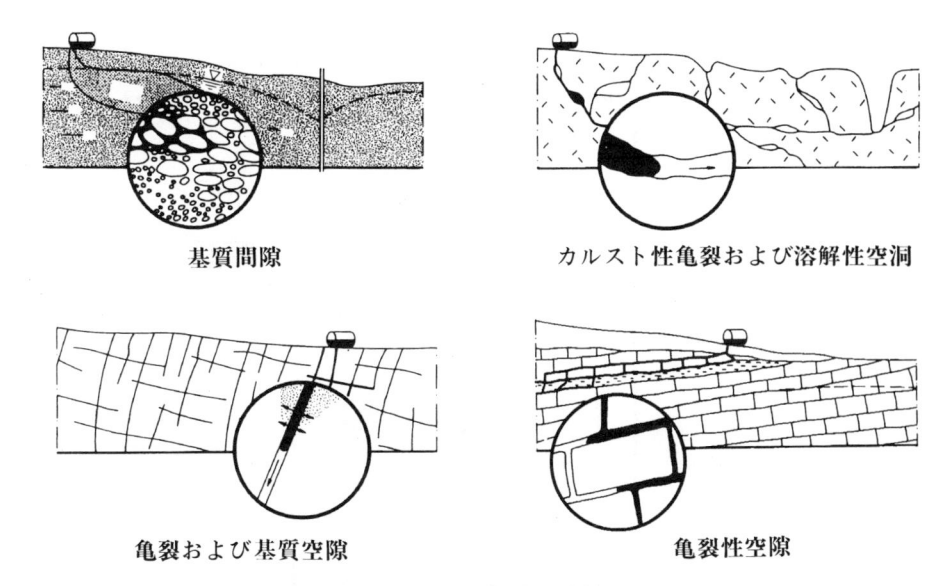

図 **2.1**　間隙のタイプによる土および岩の分類

も，土や岩の水を運ぶ能力というものは間隙の関数だけではなく空隙形状と内力の関数でもある (2.2.4 項参照)．実用的な目的では，浸透に貢献する空隙体積の割合 (有効間隙率と呼ばれる) は，比産出量に等しい．この産出量は単位高さの自由水面降下によって，単位体積当たりの飽和土や岩鉱物から排水される水の体積である．比産出量あるいは有効間隙率は図 2.2 で説明したような総間隙率よりも常に小さい．比産出量値のとりまとめは付録 B.2 を参照されたい．

　伝統的な地下水の数学理論や数値モデルは基質間隙あるいは砂や礫内における流れや輸送の説明に焦点を当ててきた．しばしば，粒状タイプではなく，他の地下水システムの地下水問題を調査しているモデルユーザーは，粒状媒体流れと輸送に対してするこれらの解法を彼らの問題にも適用しようとする．これは，どの程度うまくいくか不明なままに現実を近似する仮定であり，場合場合で確認されるべきである．もしモデル計算要素が多くのよく連結した亀裂を含みかつ大スケールの不連続性を示さないなら，多孔質媒体的挙動の仮定は受け入れられるだろう．

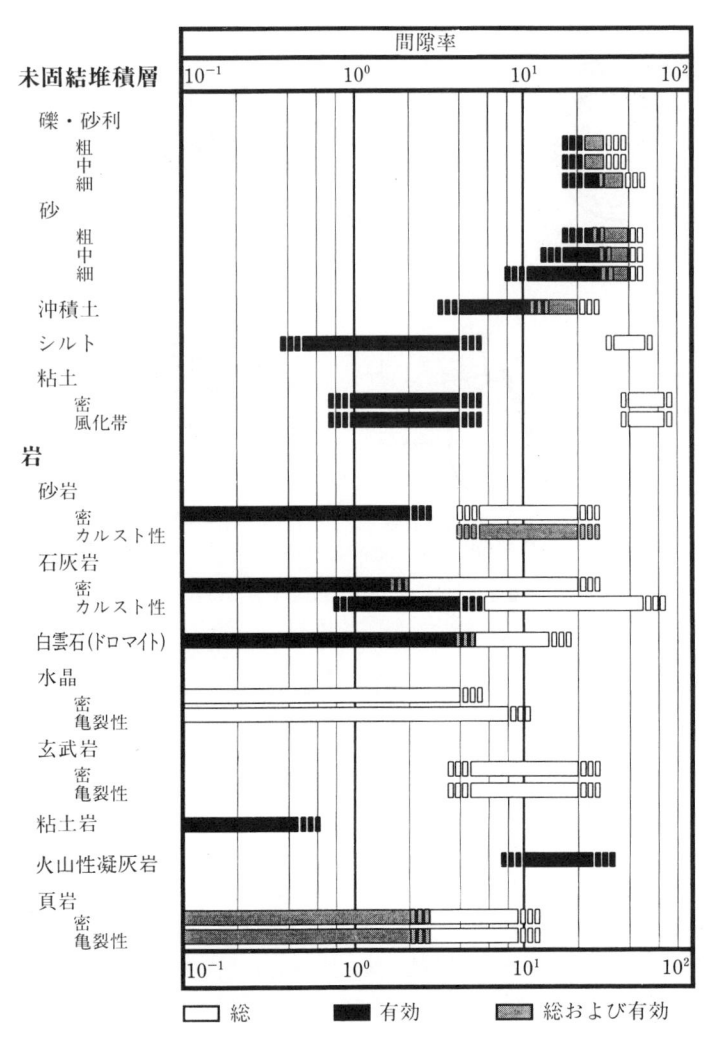

図 2.2　地層の間隙の範囲

2.1.3　水文学的構成単位

　地下水のモデル化とは自然特性や観察結果を近似することである．地下水システムは詳細にではなく類似特性を持つ構成単位として説明される．主な水文学的構成単位を識別する能力が地下水システムの概念化では必須である．水文学的構成単位は以下の3グループになる．

(1) 帯水層：井戸を掘削すると，利用可能な水量を産出できる透水性の構成単位．一般的な帯水層は未固結砂および未固結礫あるいは亀裂性岩盤であり地質学的構成単位である．
(2) 難透水性層：水を自由に移動させない非常に透水性の低い構成単位．難透水性層では，しばしば地下水流れは無いと仮定される．しかしながら，溶質輸送では無いとは言えない．一般的な難透水性層は厚い粘性土層や連続性岩盤である．
(3) 半透水性層：帯水層と難透水性層の間に位置する透水性の低い構成単位．水は経済的に利用できるほどは生じないが，隣接する帯水層に補給するに十分な量の流れがある．半透水性層の地下水流は主に鉛直方向であると一般には仮定されている．一般的な半透水性層は粘性土層である．

図 2.3 にモデルユーザーが主な水文学的構成単位を認識することで地下水システムを概念モデルに簡素化できるやり方の事例を示す．ケルンのライン渓谷断面はモデル検討に関連した個々の特性を図解的に区別したものである．岩や砂層は総間隙率，比産出量，透水係数によってグループ (帯水層，難透水性層，半透水性層) に分類されている．

半透水性層では流れ，そして輸送も場合によっては地下水検討の課題になることもあるが，帯水層のモデル化では，流れに主な関心がある．それらの水理学的挙動を見ると，帯水層は図 2.3 に示す 3 つのタイプに分類できる．

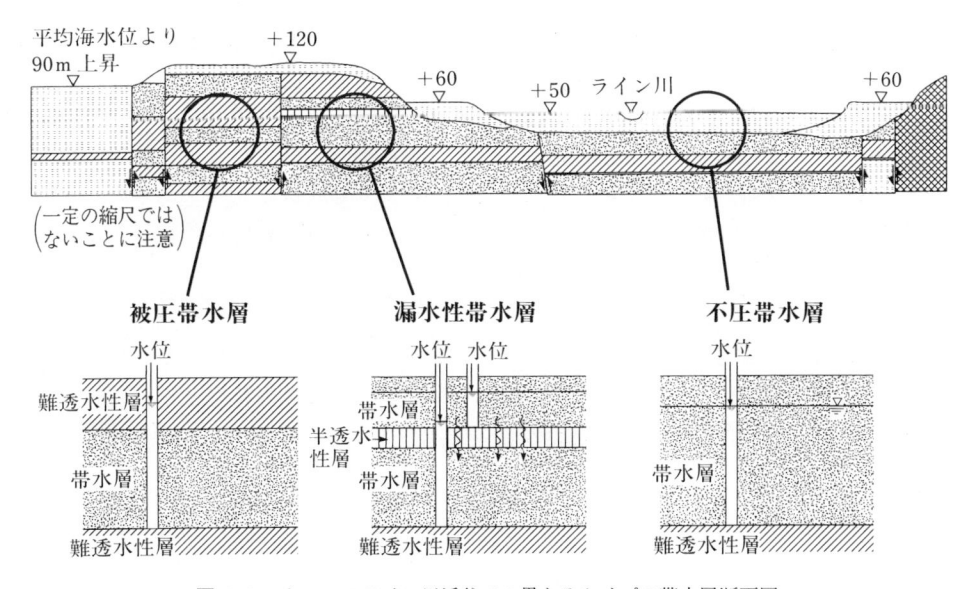

図 2.3　ケルンのライン川渓谷での異なるタイプの帯水層断面図

(1) 被圧帯水層：帯水層は上下端で被圧され，定常状態の水理学的挙動は，管路に相当する．フラックスや境界条件は，帯水層が不圧に至る原因とならないうちは，飽和層厚に依存しない．
(2) 漏水性あるいは半被圧帯水層：帯水層は半透水性層を通じて隣接する帯水層から水を受けたり与えたりする．上部に位置する半透水性層の場合には，半透水性層は部分的にわずかに不飽和状態であることもある．多くの場合，漏水性帯水層は多孔質な壁のある管路を思い浮かべるとよい．
(3) 不圧帯水層あるいは自由水面帯水層：不圧帯水層は自由水面を有する．フラックスの変化は飽和層厚の変化に依存する．流れはしばしば開水路の流れに相当する．漏水は自由水面帯水層の底部を通過して生じることがあったりなかったりする．

2.2 ダルシー則

ダルシー則により，我々は図式的，理論的，数値的なモデルを用いて地下水流れを評価できる．以下の節ではダルシーの実験とダルシー則の一般形を議論する．

2.2.1 ダルシーの実験

1856年にフランスの水理工学者 Henry Darcy によって多孔質媒体モデルである最初の地下水モデルが科学的な適用に対して開発された (Darcy, 1856)．図 2.4 はダルシーの最初のモデルの仕様およびいくつかの方向での流れを検討するための模式図を示したものである．ダルシーはフランスの Dijon における給水施設を拡張し，近代化した．砂フィルターを設計する際に，既存情報にはみられない多孔質媒体を通過する流れの物理現象に関する問題に直面した．多孔質媒体内での空隙スケールの流れの詳細な説明は実用に供するにはあまりにも複雑であった．地下水流れの情報を得るために，ダルシーは多孔質媒体モデルを構築した．

ダルシーの実験では，多孔質媒体を充填した鉛直実験用タンクを通過する完全飽和流は，モデルの流入口および流出口で異なる圧力を掛けると生じる．最も簡単な形のダルシー則はフラックス，圧力勾配そして多孔質材料の特性と水の特性に依存する透水係数と呼ばれる経験係数の関係を示したものである．この関係は式 (2.1) に示す．

$$q = -K\frac{\Delta h}{\Delta s} = -Ki \tag{2.1}$$

ここで，q：ダルシーフラックスあるいは比排出量 $[L/T]$

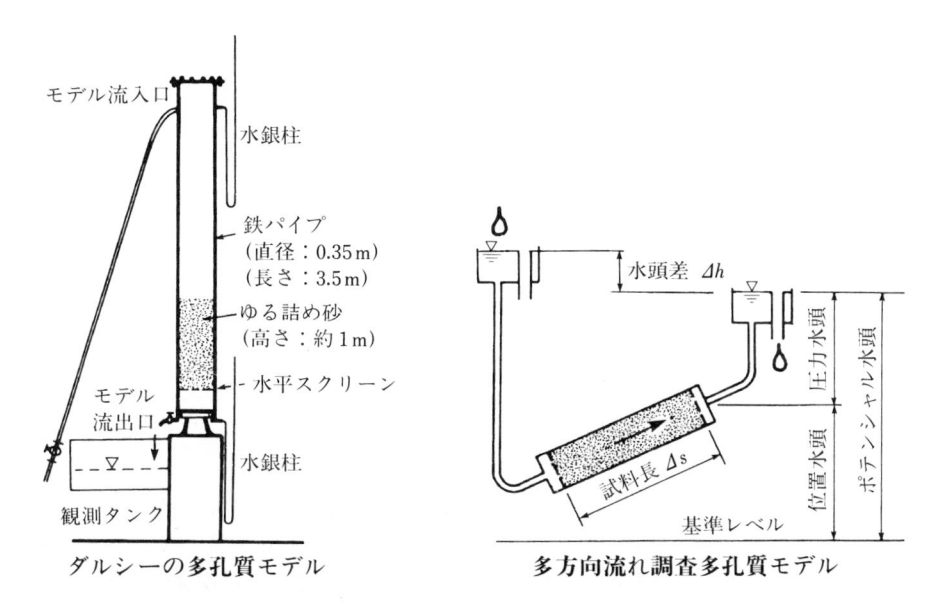

図 2.4 最初の地下水モデル：ダルシーの法則によって詳述された多孔質媒体モデル

K：透水係数 $[L/T]$
Δh：水頭差 $[L]$
Δs：試料長 $[L]$
i：動水勾配 [無次元]

透水係数は多孔質媒体の水を運ぶ能力の指標である．動水勾配が無次元量なので，K は速度の次元である．フラックスは動水勾配に比例する．例えば，この簡単な関係は動水勾配が 2 倍になったりあるいは透水係数が 2 倍になったりすると，フラックスも 2 倍になることを示している．

文献では，ダルシーフラックス q はしばしばダルシー流速と呼ばれる．流速は流れ方向に垂直な単位断面積を通過する流量である．しかしながら，地下水流では，帯水層の単位断面のほんの一部分が水を流す能力を有しており，残りの部分は固体材質である．それゆえに，流速という用語は誤解を招いている．ダルシー流速は水分子の流速を表しているのではない．本来，水量に関心のある地下水流の検討では，不規則な空隙内の水の実流速は対象としない．対して，溶質を水が運ぶ実流速は溶質輸送の検討では必要となる．このため，輸送問題のモデル化では，既知ダルシー流速に基づく真の流速の近似化の問題が浮上する．これは 3.2.1 項で詳細に議論する．

2.2.2 ダルシー則の一般化

透水係数 K は多孔質媒体の透過係数 k と流体の物理特性である密度 ρ, 動粘性係数 μ, 粘性係数 ν に依存する．

$$K = \frac{\rho g}{\mu} k = \frac{g}{\nu} k \tag{2.2}$$

ここで，K：透水係数 $[L/T]$
　　　　k：透過係数 $[L^2]$
　　　　ρ：密度 $[M/L^3]$
　　　　g：重力加速度 $[L/T^2]$
　　　　μ：動粘性係数 $[M/LT]$
　　　　ν：粘性係数 $[L^2/T]$

ほとんどの場合，透過係数 k は帯水層の地点ごとに変化する．これを不均質という．さらに，透過係数が観測方向にも依存するなら，帯水層は異方性と呼ばれる．k が観測地点に依存しないなら，帯水層は均質と呼ばれる．k が調査帯水層の任意地点で観測方向に依存しないなら，帯水層は等方性と呼ばれる．数学的に言えば，透過係数あるいは透水係数はそれぞれ9つの成分をもつ2階のテンソルである．

式 (2.2) をダルシー則に代入し，高さと圧力の成分を用いて動水勾配を表すと，一般化されたダルシー則が以下のように表される．

$$q_i = -\frac{k_{ij}}{\mu}\left(\frac{\partial p}{\partial x_j} + \rho g \delta_j\right) \tag{2.3}$$

ここで，i,j：1, 2, 3 (主透水座標方向)
　　　　q：ダルシーフラックス $[L/T]$
　　　　p：圧力 $[M/LT^2]$
　　　　x：空間座標 $[L]$
　　　　$\delta_j = 0$：水平流れ方向
　　　　$\delta_j = 1$：鉛直流れ方向

式 (2.3) では，またこれ以後，二重添字によって総和を表す (アインシュタインの総和規約)．

時間や空間で変化する水の特性のモデル検討では (塩水遡上, 高濃度汚染地下水の移動, 温水注入など), 地下水の数値定式は一般化されたダルシー則に基づかなければならない．水の特性に依存しない一般化された流れ方程式の唯一残りのパラメータが透過係数で，これは流れが生じている水みち形状を特徴づけるものである．

2.2.3 ダルシー則の仮定

ダルシー則は様々な砂と礫の実験によって形成されたものである．ダルシー的手法は，微視的スケールでの流れを説明するために，巨視的法則を用いることができるように代表的な連続体で，実際の帯水層を置き換えるものである (Bear 1972)．地下水流れは簡単な関係によって表現すると空隙スケールでの複雑な流れ状況を無視できる．適用されるスケールが流れの系内の個々の亀裂の領域をも無視できるほど十分大きいと仮定するなら，巨視的方程式は亀裂性やカルスト性材質にも適用可能である．この制限は，亀裂内やカルスト性帯水層内の流れを説明するときには重要である．数多くの実験から，ある程度の距離にわたって平均化しさえすれば，ダルシーの関係は未固結媒体に対して有効である一方，亀裂性層やカルスト性層に対しては同様の法則は存在しないことが説明されている．このような材質には調査対象である帯水層のサイズを超える数 km におよぶ距離の平均化が必要となるだろう．

2.2.4 土と岩の透水係数のまとめ

ダルシーによる最初の実験 (1856) 以降，自然岩盤と未固結堆積層の透水係数を図解するためにたくさんの室内外検討が実施され，帯水層の透水係数の推定が容易になった．図 2.5 は様々な地層の透水係数の範囲を示したものである．透水係数に関連したデータのとりまとめを付録 B.3 と B.4 に示す．

地下水問題を解く場合には，透水係数は重要な要因である．理論的に透水係数値を推定するために数多くの近似公式があるが，計算よりも正確な現地計測に依存することが常に望ましい．地域規模でモデル化する場合には，より長い距離にわたって平均化された透水係数を与える揚水試験がスラグテストのような部分的な点計測よりもずっと役に立つ透水係数の推定値を与える．未固結材料の透水係数はほとんどの岩の透水係数よりかなり大きなものである．岩盤に関しては，K は岩の 2 次的な空隙 (亀裂，風化帯) によく依存する，あるいは，砂岩の場合には，空隙の接合の程度に依存する．カルスト系のような高い間隙率の下では高い透水係数を示す (あくまでも，ダルシー則の下で)．一般に，砂質帯水層での水平方向透水係数は鉛直方向の透水係数に比べて 10 から 100 倍大きい範囲にある．水平方向の透水係数が大きくなる理由は，帯水層の地質学的成層過程での粒子の層理化にある．

非常に間隙率の小さい岩が低い透水係数を有するという事実があるにもかかわらず，間隙と透水係数の厳密な関係は存在していない．しかしながら，このような相関は大きな間隙率を有する材料という反対のケースで必ずしも正しいとも言えない．空隙の総量に加えて，透水係数は開口部や空隙形状に依存する．粘性土はその間隙率が大きいにもかかわらず，一般に不透水性であると考えられている．粘性土では，

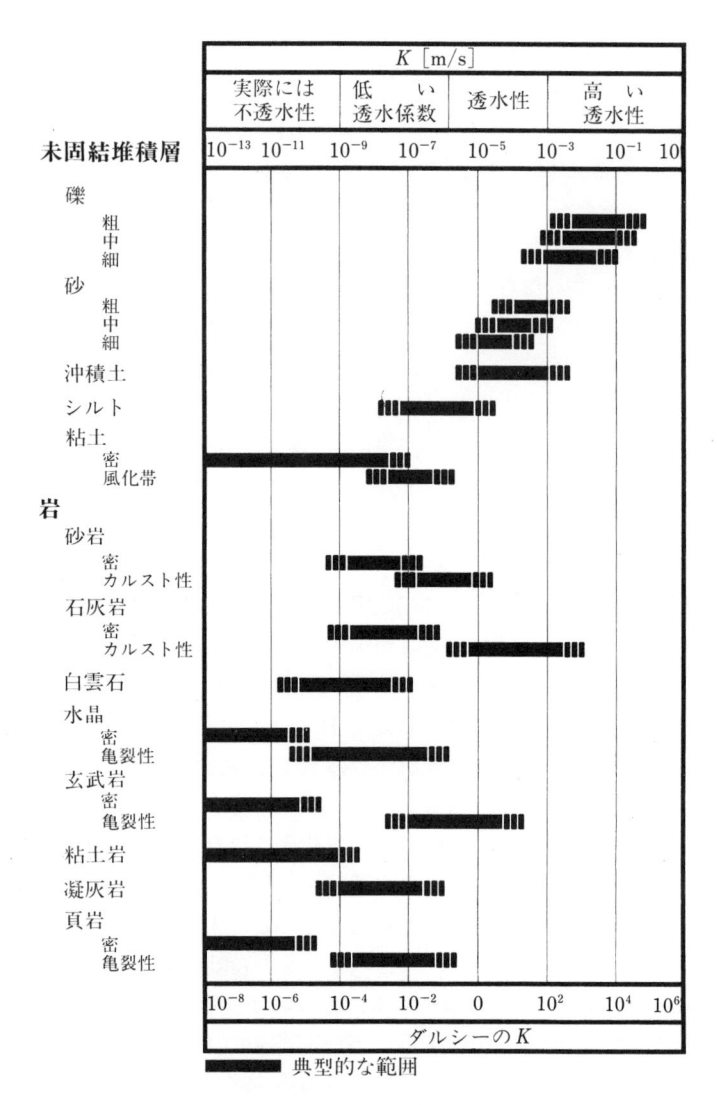

図 **2.5** 地質学的構成物の透水係数のレンジ

相互連結している管状の水みちが小さく，固体材料の分子引力の影響を受け透水係数は，小さい．礫，あるいはかなり粗い堆積岩では，水と土粒子間の分子引力は広い空隙開口を取り囲んだりあるいは橋状の壁を作ったりすることがなく，水はポテンシャルの差に反応して自由に移動する．分子引力の影響が2次的な影響である限

りは，未固結堆積岩と砂岩の透水係数は間隙率との関係に依存する．図 2.2 と図 2.5 の比較からみられるように，透水係数は間隙率の増加に伴って増加する．

石灰岩は砂岩に似た特性を示す．密な石灰岩は小さい間隙率と低い透水係数を有する．しかしながら，亀裂に沿った溶解性石灰岩層 (カルスト質石灰岩) は大量の水を運ぶことがある．カルスト系での流速は表流水でみられる流速のオーダー程度になることもある．

2.3　一般的な流れの方程式の定式化

検討中の全流れ系内の水頭分布が観測されないなら，ダルシー則だけによる地下水流の説明は十分でない．しかしながら，地下水流をモデル化する場合，その目的は様々な地下水負荷状況下での水頭分布の予測である．事前にわかる水頭分布は非定常地下水検討での初期条件として用いられる．

飽和地下水流れの一般化された流れの方程式は Bear (1972) のような数多くの優れた教科書で誘導されている．ほとんどの解析では，一般化された流れの方程式は，流れ領域内にある帯水層のコントロールボリュームにおける質量保存則を適用することで定式化される．この体積に流入する正味の流量は調査対象の体積内で水が累積される率に等しくなければならず，次式で誘導されるものである．

$$\frac{\partial}{\partial x_i}\left(K_{ij}\frac{\partial h}{\partial x_j}\right) = S_s\frac{\partial h}{\partial t} + Q \tag{2.4}$$

ここで，$i, j : 1, 2, 3$ (主透水座標方向)

K：透水係数 $[L/T]$

h：水頭 $[L]$

S_s：比貯留係数 $[L^{-1}]$

Q：単位体積当たりの部分的な注水あるいは吸い込み $[1/T]$

x：空間座標 $[L]$

t：時間 $[T]$

ダルシー則は 3 方向の流れに対して 3 つの方程式を与える．流れ方程式は 4 つの未知量に対するので，4 つ目の方程式を与える．つまり，3 方向成分の地下水フラックスと水頭である．式 (2.4) 中の比貯留性あるいは比貯留係数 S_s は単位水頭変化に対して帯水層内の単位体積当たりに貯留から解放あるいは貯留される水量を表している．不圧条件下では，実用上，この係数は比産出率に等しい．被圧条件下では，水と土粒子マトリックスの圧縮性によって水は貯留あるいは解放される．10^{-1} のオー

ダーである比産出率の値と比較すると，この貯留係数は小さく 10^{-4} のオーダー範囲である (付録 B.5 も参照されたい).

比貯留性は非定常流れに対してのみ考慮されるべきである．このとき，水頭低下に伴う帯水層からの水の解放は一般に瞬間的であると仮定される．しかしながら，帯水層の反応はこのモデル上の仮定とは異なる場合もある (Boulton 1963). 細かい粒状帯水層では，排水は遅く，長い時間にわたって漏水性帯水層に似た挙動を示す．亀裂性砂岩のような間隙率と透水性に関して明瞭に異なる 2 つの領域をもつ帯水層では，貯留からの初期解放は相対的に速いが，時間とともに減少する．水の解放や貯留に関心がある場合には常にモデルユーザーはこの影響を把握していなければならない．

式 (2.4) で Q で表される項は水の注水あるいは吸い込みを表す．部分的な注水および吸い込みはしばしば揚水あるいは復水の井戸を表す．降雨による自然地下水の涵養や蒸発による損失は広域的な注水あるいは吸い込みの例もある．地下水位高さにかかわらないなら，河川からの漏水は線状水源と近似できる.

2, 3 の流れ条件のもとでのみ，一般化された流れの方程式を解かれる．流れの問題によって，式 (2.4) は 1 次元あるいは 2 次元の定常あるいは非定常に対して解くように簡略化できる．水平流れ成分が鉛直方向よりも卓越する地下水流れ領域を考えてみる．鉛直流れ成分を無視し，深さ方向に平均したフラックスを考えると，2 次元水平とした地下水流れに近似できる (7.3 節参照)．被圧流れに対応する流れ方程式は以下である．

$$\frac{\partial}{\partial x_i}\left(T_{ij}\frac{\partial h}{\partial x_j}\right) = S\frac{\partial h}{\partial t} + Q \tag{2.5}$$

ここで，$(i = 1, 2,\ j = 1, 2)$. T は帯水層の透水量係数と呼ばれ，透水係数と飽和厚さの積で計算される．それゆえに，T は L^2/T の次元を有し，不圧条件では自由水面高さに依存する．S は貯留係数で，比貯留係数に深さをかけたもので表される．貯留係数は無次元である．Q は深さにわたって積分された部分注水および吸い込みを表す．7 章で地下水問題の次元の簡略化の方法と場合に関する多くの事例を示す.

与えられた流れ問題に対する流れ方程式の解を得るために，方程式にない付加的な情報を定義する必要がある．数学的に言えば，流れ方程式は境界値問題に属するものである．

モデルユーザーは，調査領域を定義すること，関連する境界および初期条件を見つけること (後者は非定常流れのみ)，そして透水係数のような水理地質学的パラメータの空間分布の実際の値を見つけること，によってこの付加条件の定義に目を向け

る．モデルユーザーの主な仕事は，これらの情報を数値コードに翻訳してサイト固有のモデルに組み込むことである．

2.4 境界および初期条件

地下水のモデル化で最初に強く要求される仕事の1つが，モデル領域とその境界を認識することである．モデル領域を認識する際，モデルユーザーは隣接する地下水システムと調査領域を区別する．結果として，モデル境界はモデル領域と周辺環境間の境界面になる．しかしながら，この境界における条件が規定をしなければならない．境界は，モデル領域の外周縁および河川，井戸，漏水のあるため池といった外的影響が表現される地点にみられる．

水理境界条件を選択する決定基準は主に，地形，水理，地質的な特徴である．地形，地質あるいはその両方が，不透水層や表面水を制御するポテンシャル面境界，あるいは山岳地域に沿う流入境界といった復水／排水領域を生ずることもある．流れのシステムでは自然境界が随分離れている（無限領域帯水層と呼ばれるが）状況下の境界を規定する．

境界条件は全境界に対して規定されるべきで，すべての条件は時間とともに変動する可能性がある．与えられた境界区間では，一種類の条件だけが指定できる．簡単な例として，同じ境界区間に地下水フラックスと地下水水頭を同時に規定することはできない．

境界条件は以下の3つの数学的境界タイプに分類される．
(1) 水圧や水頭の既知境界：これはモデル解を強制的に支配する条件で，それゆえに最も簡単に解ける境界条件である．
(2) 地下水の既知フラックス境界：これは，モデル解を最低限制御し，それゆえに解くことも非常に困難である境界条件である．
(3) 半透水あるいは水頭依存フラックス境界

図 2.6 は自然の特性が対応する境界をどのように認識するかを示したものである．異なる境界条件が以下の項および 8.4.3 項でも議論される．また，非定常流れを解く際に必要な初期条件に言及する．

2.4.1 既知水頭境界

最も一般的な境界条件は，水頭が不飽和なら水圧が固定される境界タイプである．解かれるべきパラメータである地下水水頭が与えられるので，この境界はしばしば第1種境界と呼ばれる．Dirichlet (ディリクレ) 条件はこの境界タイプの数学用語

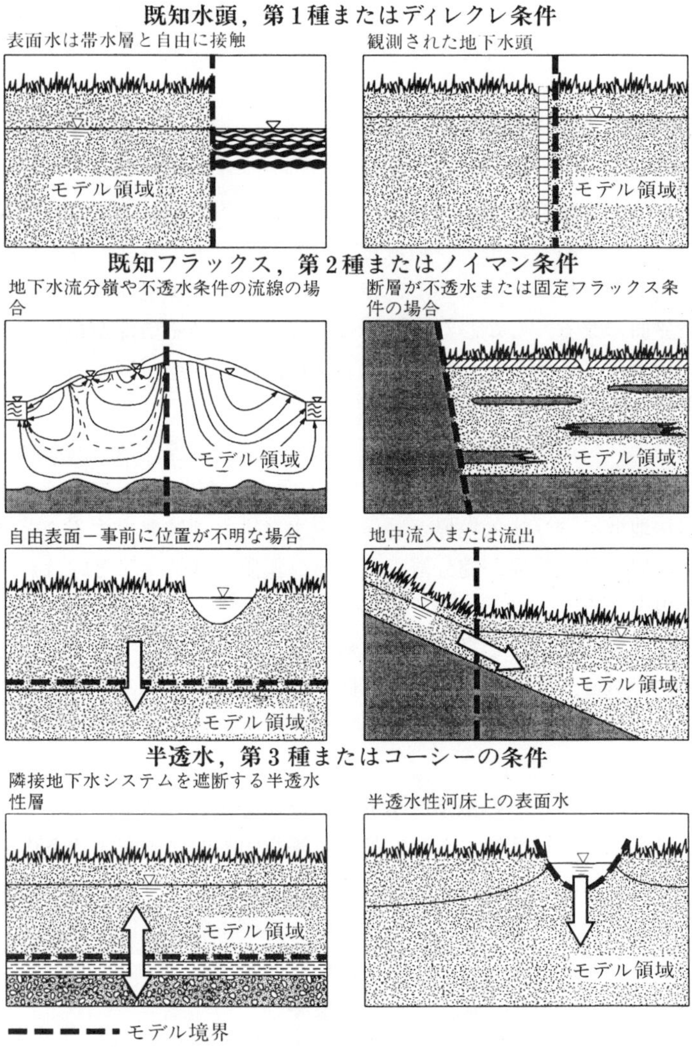
既知水頭，第 1 種またはディレクレ条件
表面水は帯水層と自由に接触
観測された地下水頭
モデル領域
モデル領域
既知フラックス，第 2 種またはノイマン条件
地下水流分嶺や不透水条件の流線の場合
断層が不透水または固定フラックス条件の場合
モデル領域
モデル領域
自由表面－事前に位置が不明な場合
地中流入または流出
モデル領域
モデル領域
半透水，第 3 種またはコーシーの条件
隣接地下水システムを遮断する半透水性層
半透水性河床上の表面水
モデル領域
モデル領域
モデル境界

図 **2.6**　流れモデルにおける境界条件

である．混乱を招くが，復水境界という用語を用いる人もいる．しかしながら，後者の表現は既知フラックス境界の方がより一般的である．モデル化された地下水システムでは地下水条件の変化を予測するが，既知水頭境界に沿っては水頭は変化がないとする．これは，ポテンシャル面が時間が経過しても一定であることを必ずしも意味するものではない．例えば，表面水位の水位変動によってあるいは事前に定

義した方法で影響する水頭要因によって，この境界での既知水頭は時間とともに変化することもある．

既知水頭境界は，図 2.6 で示されるように，河川，湖沼，運河，海岸，水たまり，排水層といった表面水が帯水層と自由に接触するときにみられる．表面水高さは自由水面高さに等しいと仮定される．本来，表面水は帯水層の全体層厚を通じて縁が切れることはほとんどなく，また帯水層と水理的に完全に自由に連結していることもほとんどない．標準的には，川や湖沼は帯水層に部分的に貫入している．さらに，シルトおよび粘性土層が表面水と地下水の自由な行き来を抑制しているので，しばしばモデルでこの境界条件を正確に表現することは困難である．

これらの境界条件がシミュレーション中にモデル領域内外の負荷による影響を受けないなら，モデルユーザーはしばしば既知水頭境界として観測された地下水頭（非自然境界とも呼ばれる）の外挿を選ぶこともある．これは境界上のフラックスを記録しチェックして適切に管理される．計算されたフラックスが妥当でモデルシミュレーションに影響されないかどうかをモデルユーザーは判断しなければならない．調査帯水層での自然境界が，モデル化という目的からみて，遠方過ぎるほど広域におよぶものなら，既知水頭境界として観測された地下水水頭を用いる必要性が出てくる．

モデルの結果を解釈する際，等方性かつ均質帯水層では流線とポテンシャル線が互いに直交するということを確認する．結果的に，モデルにより作られる流線は既知一定水頭境界に垂直になる．いくつかの既知水頭境界の利用が望ましい．なぜなら，これらの境界は流れの数値解の収束を容易にするからである．

定常地下水流のモデル化では，ポテンシャル面はモデル領域内の少なくとも 1 点で既定されなければならない．さもなくば，解析領域の各点ではある一定水頭分だけ互いに異なる水頭分布の無限の組合せが認められることになるだろう．すなわち，定常解は基準あるいはそれぞれの検討作業ごとの基準点が必要である．非定常解は基準に対する初期条件が必要である．水頭分布を既定するために，モデルユーザーは通常，モデル境界に沿った少なくとも一点の既知水頭境界を適用する．代わりになるものとしては，半透水性境界が基準として有用である．この場合，数値的困難さが劇的に増加し，安定した解が得られることは必ずしも確約されていない．

2.4.2 既知フラックス境界

境界上の地下水フラックスが既知であるところでは様々な物理的機構が存在する．これらの境界は既知フラックス境界，第 2 種境界，Neumann（ノイマン）境界，復水境界とも呼ばれる．仮に帯水層が不透水材料を端部境界にもつなら，この境界上

のフラックスは0になる．非フラックス境界は既知フラックス境界の特別形で，ゼロフラックス，不透水，反射，バリアー境界とも呼ばれる．地下水流は非フラックス境界と平行になる．モデル結果の評価では，非フラックス境界は流線に一致することを確かめる．このために，モデルはしばしば自然地下水境界線や図 2.6 に示されるように非フラックス境界としての流線を示す．地下水境界や流線は非自然境界である．モデルユーザーは，モデルシミュレーション中に選ばれた境界が計算の影響を受けないことを確かめなければならない．これは以下の現地ケースで解説される (Spitz 1989)．この現地ケースでも現地適用における境界条件の定義の方法を説明する．

調査領域はインドネシアのセマラン市の中心である (図 2.7)．北部ではジャワ海が調査地下水盆の自然境界を形成し，ポテンシャル面を既定する (A-B 断面)．モデル領域の南部の境界は丘陵地域の境界線に一致する (C-D 断面)．フラックス境界は山岳地帯からの復水を示す．西部に向かって境界は自然地下水流条件下で推定流線に沿って広がる．ゼロフラックス境界が周辺環境とモデル領域を分けている (D-A 断面)．この検討で東部の適切な境界を選択できるほどの有効なデータはほんのわずかしかない (B-C 断面)．地中排水は表面排水系に一致すると仮定する．よって，

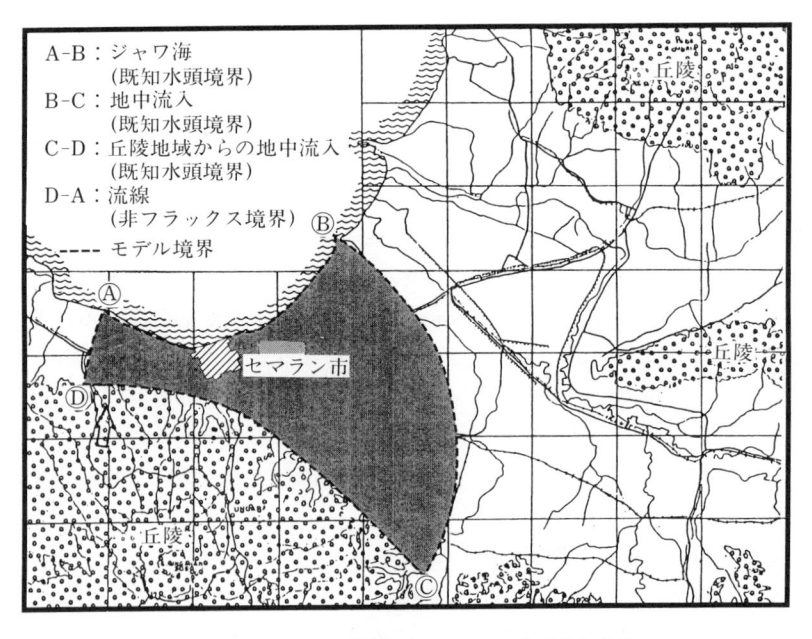

図 **2.7** セマラン堆積盆地のモデルの境界条件定義

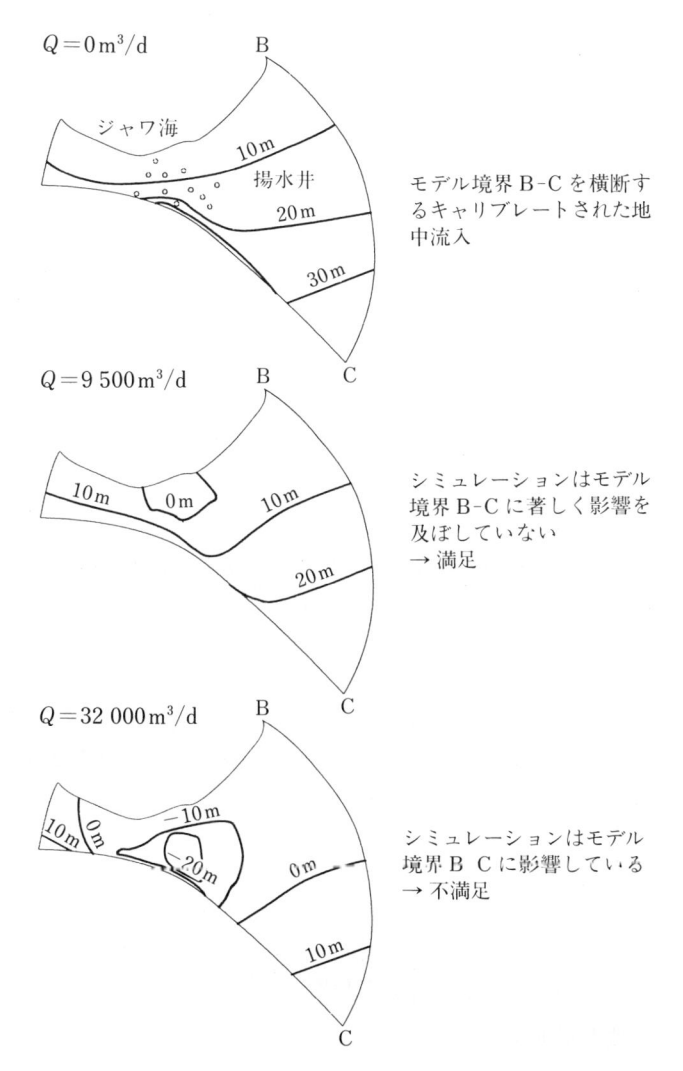

図 2.8 非自然モデル境界とそのモデルシミュレーションへの依存性（セマラン現場でのモデル）

この領域内の主な河川に沿ってフラックス境界が選ばれ，この境界は予測対象地域から十分に離れている．図 2.8 は自然流れ条件に対する結果と 1 日当たりの揚水量 $Q = 9\,500\,\mathrm{m^3/d}$ および $Q = 32\,000\,\mathrm{m^3/d}$ による総地下水排出を想定したとき，流れのシミュレーションを比較している．揚水量 $Q = 9\,500\,\mathrm{m^3/d}$ による水位低下コーンは東部境界でモデルのキャリブレーションで推定した既知フラックスに大きくは

影響していない. しかしながら, 1日当たりの揚水量 $Q = 32\,000\,\mathrm{m^3/d}$ がシステム内に入ると, 東部境界に沿って相当の水位低下を生じる. モデル領域の地下水水頭はモデル検討で説明されない地下水環境と互いに影響し合う. よって, モデルユーザーはモデル領域を拡張すること, または, この相互作用がどのようにモデル結果に影響するか推定することが必至となる.

一般には, モデルの目的に依存しない表面水や不透水境界といった自然流れ境界はむしろ非自然境界とする.

2.4.3 半透水性境界

半透水性境界は, 帯水層と表面水の間で水が表面水と地下水間の水頭差に依存して移動する境界である (流量あるいは水頭が前もって既定できない). この境界は表面水域からの漏水を表現するために一般に用いられる. このような流れ条件は, 川床が河川と帯水層間で半不透水性メンブランとして作用する場合に生じる. いくつかの同義語が半透水性境界に共有されている. すなわち, 第3種, 混合, コーシー, フーリエ条件, 水頭依存境界などとしばしば呼ばれる.

漏水原理を用いるモデルでは半透水性境界を導入すると便利である. 流量はダルシー則を適用することで近似される. 動水勾配は半透水性境界河床厚さ間の水頭差である. 河床の透水係数 K と層厚 d がほとんどの現地検討ではどちらも未知量なので, 両パラメータは漏水層の漏水抵抗 (c, leakance) と呼ばれる1つのパラメータに一般に統合される.

$$c = \frac{K}{d} \tag{2.6}$$

ここで, c は次元 $[T^{-1}]$ で示される. こうして, 半透水性境界は以下の形になる.

$$K\frac{\partial h}{\partial x} - c(h - H) = 0 \tag{2.7}$$

ここで, h: 地下水水頭 $[L]$
H: 表面水高さ $[L]$
K: 帯水層の透水係数 $[L/T]$

半透水性境界では境界における地下水水頭と地下水流量に線形関係がある. もし漏水性帯水層の抵抗が無限大に近づけば, 明らかに表面水と地下水間の水頭差は, 有限フラックスを許すように, 0に近づかなければならない. よって, 非常に大きな c の値を選ぶときには, 半透水性境界は既知水頭境界として作用する. 反対に, もし c が0に近づくと, 表面水は地下水系から全く分離される. つまり, この間に相互作用は起こらないということである.

2.4.4 初期条件

初期条件は非定常流れ問題では必須である．初期条件は全領域に対して既定されなければならない．初期条件は，ある初期時間でのモデル内の水頭分布であり，通常，時間 $t = 0$ のものである．一般に，観測された水頭分布が初期条件として与えられる．地下水水頭の情報が得られていない領域では，モデルユーザーは推測に頼る．

モデルユーザーは，定常流れ問題を解くために初期定常水頭分布も必要である．ここでは，初期水頭分布は数値計算の開始時の分布として作用する．定常時の良好な解を推定値として用いると不飽和流問題での解の収束は速くなる．しかしながら，非定常流れに対する初期条件とは異なり，初期定常状態条件は数値解析上の必要条件であるが物理的には必要条件ではない．

2.5 多相流のモデル化

ほとんどのモデルユーザーは飽和ゾーンでの流れや物質輸送を検討するためにモデルを適用する．このモデルでは水が移動する唯一の相となる．しかし，水と空気が 2 つの区別された相を形成して空隙を満たすという不飽和ゾーンに関連した多くの問題が存在する．不飽和領域での流れは，多孔質媒体を通過する多相流の特別なケースであり，石油工学では多相流に対する研究が精力的になされている (油，ガス，水が同時に存在する流れ)．非混合性炭化水素化合物や塩素化合物溶質の拡大予測のための汚染物質の輸送問題において，多相流に焦点を当てたモデル化の研究の需要が増加している．図 2.9 は標準的な多相流の状況を説明したものである．

多相流のモデル化は，飽和地下水流れのモデル化より必要とされている．事実，透水係数のヒステリシスを考慮した流れの支配方程式は強い非線形の条件では厳密な解析解を実際上得ることは困難である．この事実が，空気流れよりも水の液体相の輸送に精力を注ぐ多くの数値モデルの開発を触発してきた (Pinder and Gray 1977)．石油工学での適用を除くと，多相流のモデル化は地下水文学では幼年期にあると言え，大部分は研究段階である (Kueper and Frind 1991a, b)．図 1.2 に列挙したモデルのうち，ほとんど例外なく，多孔質媒体かつ数値モデルだけが多相流に適応できる．しかしながら，スケーリングの問題によって，多孔質媒体モデルは実際の研究への適用ではうまくいかないが，それらのモデルは多相流の研究においては最も重要な道具である．この節は多相流のモデル化で遭遇する特別な特性および困難さを明確にするために，不飽和流を説明する．多相流に対する適正な手法は，一般的な教科書を参照されたい (Muskat 1949; Bear 1972)．

飽和地下水流に対しては，水 (あるいは他の液体流れでも) の運動を説明するため

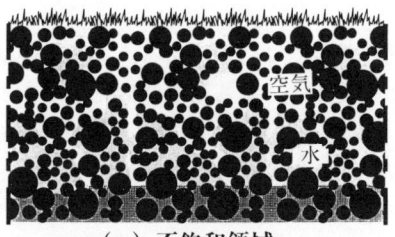

（a）不飽和領域

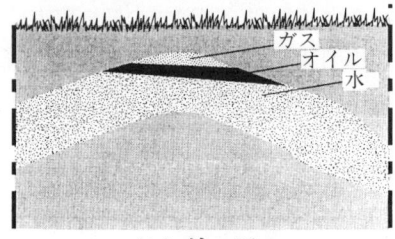

（b）油田

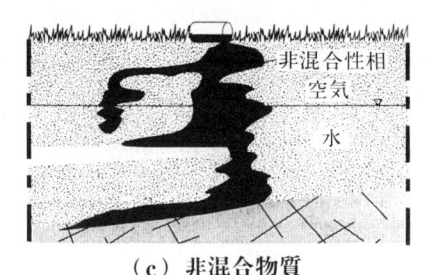

（c）非混合物質

図 2.9　多相流の例

にダルシー則が適用される．しかしながら，ここでは透水係数は飽和度あるいは体積含水率 (θ) に依存する．ここで，飽和度は単位帯水層体積における総空隙体積内の水の体積で定義される．

$$q_i = -\frac{k_{ij}(\theta)}{\mu}\left(\frac{\partial p}{\partial x_j} + \rho g \delta_j\right) \tag{2.8}$$

ここで，i, j：1, 2, 3 (主透水座標方向)，q：ダルシーフラックス $[L/T]$，μ：動粘性係数 $[M/LT]$，ρ：密度 $[M/L^3]$，k：不飽和条件に対する比透過係数 $[L^2]$，p：水圧 $[M/LT^2]$，g：重力加速度 $[L/T^2]$，θ：体積含水率 [無次元]，x：空間座標 $[L]$，$\delta_j = 0$：水平流れ方向，$\delta_j = 1$：鉛直流れ方向．

不飽和流のモデル化では，主な未知量は不飽和透水係数である．一般的な不飽和透水係数の関係は付録 A.6 に示す．飽和流では，θ が間隙率 n に等しくなる．図 2.4 に説明されるように，水頭 h は 2 つの成分を有する，すなわち，位置水頭 (計測点の高さ z) と圧力水頭 ($p/\rho g$) である．不飽和領域でも，全水頭はやはり位置と圧力水頭の代数和になる．しかしながら，ここでは圧力水頭は 0 より小さい．圧力水頭と飽和度は互いに独立ではなく，一般的な関数関係に従う．透水係数は飽和度の関数であるので，ここでは同様に計算結果の圧力水頭に関係するが，非線形性が流れ方程式に入って来る．このことはモデル化の労力を一層増加させる．圧力水頭と飽和度の標準的な関係の分類については付録 B.7 を参照されたい．

多相流の説明ではもう 1 つの困難がある．2 つの非混合性相があるとき，流れは他相を押しのけるか否かがどちらか一方の相に依存する．水-空気 (あるいは一般的には，流体-流体) の内部境界面が前進するときと後退するときでは，内部境界面張力とぬれ特性 (wettability) が異なる．この現象はヒステリシスと呼ばれ，乾燥や浸潤過程の透水係数と飽和度の間に 2 つの異なる関数関係が現れる．より複雑なことに，ぬれない (nonwetting) 流体 (例えば，不飽和領域の空気) は水充填空隙に入り込むためには，過剰圧力 (excess pressure) と呼ばれるある圧力水頭を必要とする．

飽和地下水流と同様に，モデルユーザーは与えられた多相流問題を解くために初期および境界条件が必要である．しかしながら，透水係数はヒステリシスに支配されるので，さらには単相流で既定される境界条件も追加して，浸潤過程や乾燥過程が境界に沿って生じるかどうかを述べる必要がある．

ここ数年の間，我々の社会は環境保全に適切な配慮もなく工業的成長を推進してきた．この産業成長の結果の 1 つがすぐには顕著になっていないが地下水の水質の低下である．地下水水質の低下の理由は以下のものである．
(1) 環境に対して有害とみなされるたくさんの (工業) 製品の継続的な利用
(2) 生産から最終廃棄へ至る製品の適切な取扱いにかかる高い費用
(3) 地下水保護法制の欠如
(4) 既存法規の強化の欠如

第3章 輸送の数学モデルの概要

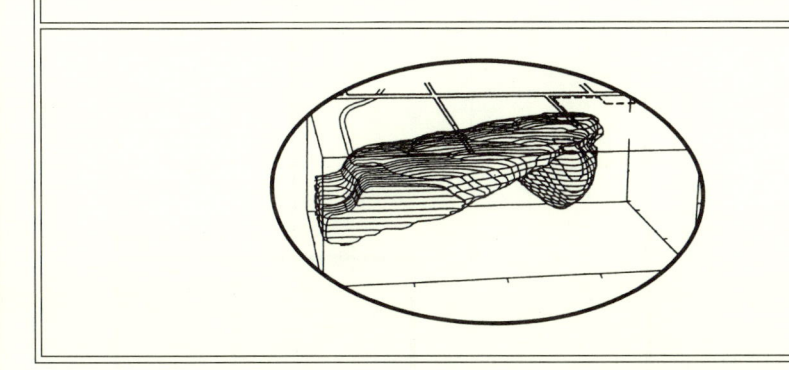

3章では,モデルユーザーの視点から地下水汚染問題を紹介する.多孔質体の帯水層における汚染物質輸送を,輸送モデル化の基礎的数学モデルとして簡単に検討する.汚染物質輸送の数学モデルは,数学上の深い知識がなくても使えるが,物理的現象の理解がさらに必要である.

3.1 地下水汚染の類似性

この節では,地下水汚染について述べる.自然状態の地下水の水質は,水質に与える人間の影響を評価するために分析される.また,この節では,地下水汚染を起こす汚染源についても分類する.最後の項では,輸送形態により汚染物質を分類する.

3.1.1 自然状態での地下水の水質の分析

地下水は純粋な水ではなく,溶解成分や浮遊粒子を含んでいる.水質も,バクテリア,ウイルス,ガス等に影響されており,溶解成分のタイプや濃度は,地下水の流れが発生する場所の岩種の化学的構成や,水の移動時間に依存する.もし,地下水の流れが非常に遅く,鉱物が比較的溶けやすければ,溶解プロセスは最終的に水と鉱物の化学的平衡状態に達する.このため,地下水の化学的構成の範囲は,図 3.1 に示すように非常に広い範囲になる.図 3.1 は 2.7g の角砂糖を溶かした場合で濃度を比較している.ボトルの水 (2.7l) に溶かした場合,濃度は 10^3 mg/l となり,タンクローリーに溶かした場合 1 mg/l,タンカーに溶かした場合 10^{-3} mg/l,湖に溶かした場合 10^{-6} mg/l となる.地下水中の化学組成について,より包括的な話を

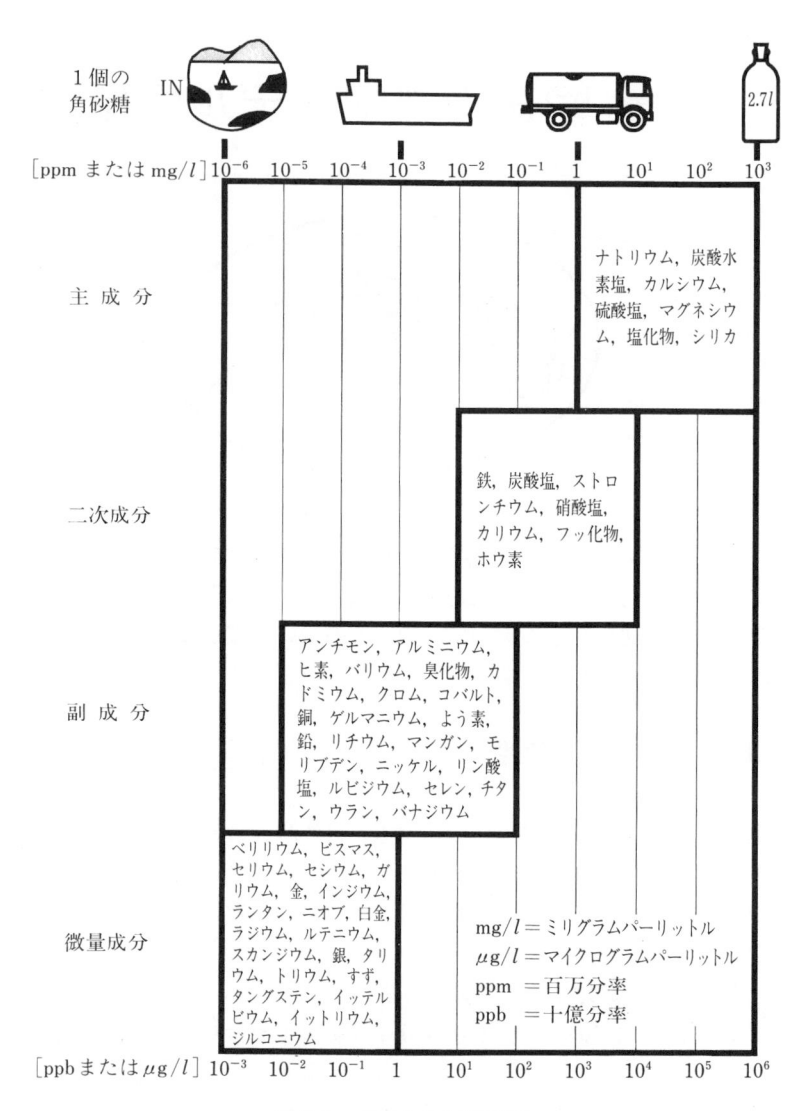

	1個の角砂糖										2.7*l*
[ppm または mg/*l*]	10^{-6}	10^{-5}	10^{-4}	10^{-3}	10^{-2}	10^{-1}	1	10^1	10^2	10^3	

主成分: ナトリウム，炭酸水素塩，カルシウム，硫酸塩，マグネシウム，塩化物，シリカ

二次成分: 鉄，炭酸塩，ストロンチウム，硝酸塩，カリウム，フッ化物，ホウ素

副成分: アンチモン，アルミニウム，ヒ素，バリウム，臭化物，カドミウム，クロム，コバルト，銅，ゲルマニウム，よう素，鉛，リチウム，マンガン，モリブデン，ニッケル，リン酸塩，ルビジウム，セレン，チタン，ウラン，バナジウム

微量成分: ベリリウム，ビスマス，セリウム，セシウム，ガリウム，金，インジウム，ランタン，ニオブ，白金，ラジウム，ルテニウム，スカンジウム，銀，タリウム，トリウム，すず，タングステン，イッテルビウム，イットリウム，ジルコニウム

mg/*l* ＝ミリグラムパーリットル
μg/*l* ＝マイクログラムパーリットル
ppm ＝百万分率
ppb ＝十億分率

[ppb または μg/*l*] 10^{-3} 10^{-2} 10^{-1} 1 10^1 10^2 10^3 10^4 10^5 10^6

図 3.1 地下水中の溶解成分

Hem (1970) が示している．

多くの場合，モデルユーザーは，地下水の汚染や汚濁の評価に関心を持つが，両方の言葉は，一般的に人間活動の直接，間接的な影響に関連した地下水水質の悪化を示している．しかし，自然の地下水の水質の情報で重要なのは，自然の地下水水質に対する人間の影響を定量化することである．例を挙げると，オーストラリア西

3.1 地下水汚染の類似性

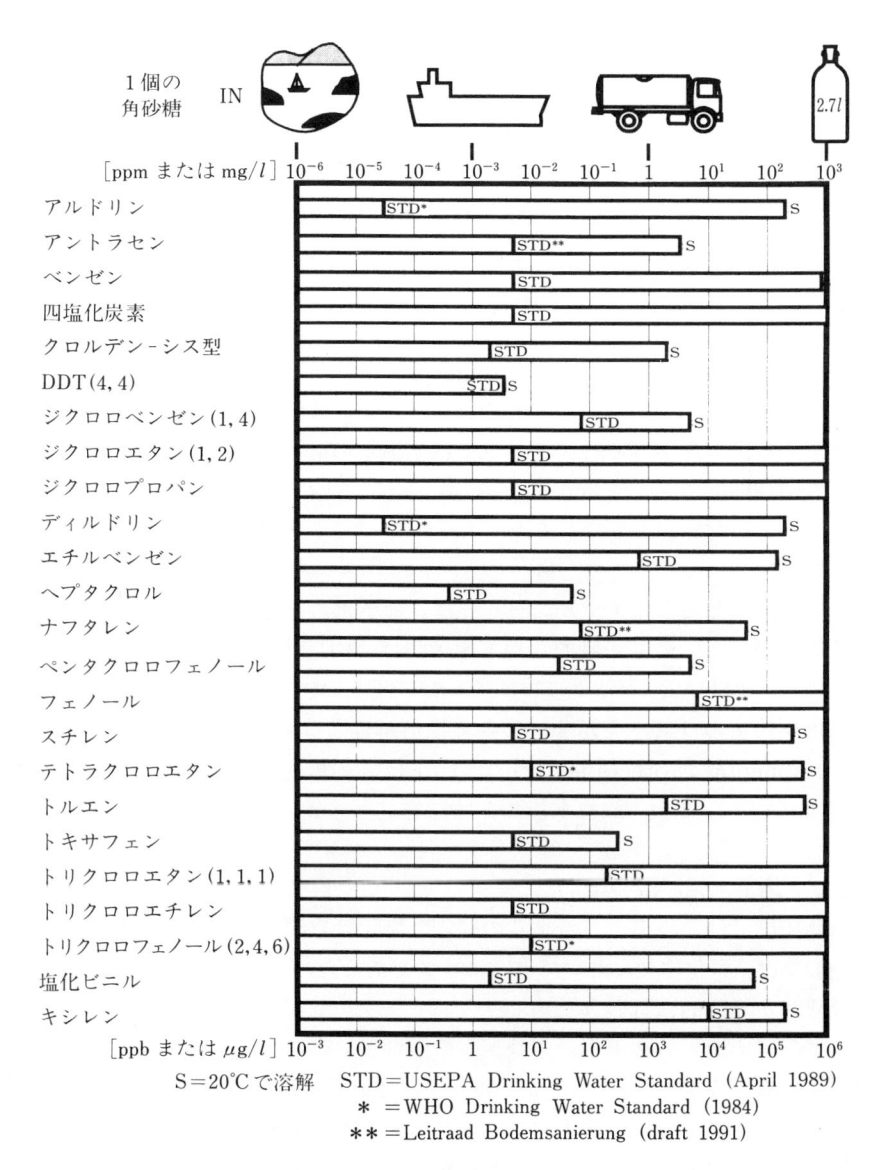

物質	濃度範囲
アルドリン	STD* ～ S
アントラセン	STD** ～ S
ベンゼン	STD
四塩化炭素	STD
クロルデン-シス型	STD ～ S
DDT(4,4)	STD
ジクロロベンゼン(1,4)	STD ～ S
ジクロロエタン(1,2)	STD
ジクロロプロパン	STD
ディルドリン	STD* ～ S
エチルベンゼン	STD
ヘプタクロル	STD ～ S
ナフタレン	STD** ～ S
ペンタクロロフェノール	STD ～ S
フェノール	STD**
スチレン	STD ～ S
テトラクロロエタン	STD* ～ S
トルエン	STD
トキサフェン	STD ～ S
トリクロロエタン(1,1,1)	STD
トリクロロエチレン	STD
トリクロロフェノール(2,4,6)	STD*
塩化ビニル	STD ～ S
キシレン	STD ～ S

[ppm または mg/l] 10^{-6}　10^{-5}　10^{-4}　10^{-3}　10^{-2}　10^{-1}　1　10^1　10^2　10^3

[ppb または μg/l] 10^{-3}　10^{-2}　10^{-1}　1　10^1　10^2　10^3　10^4　10^5　10^6

S＝20℃で溶解　　STD＝USEPA Drinking Water Standard (April 1989)
＊＝WHO Drinking Water Standard (1984)
＊＊＝Leitraad Bodemsanierung (draft 1991)

図 3.2　一般的な有機地下水汚染

部の内陸部では，自然状態で硝酸塩濃度が高く，一般的に 80 mg/l を超えている．これは，汚染とか汚濁と言わない．同様に，放射能濃度，塩分濃度，重金属濃度等が高いという現象も自然に起こりえるものである．

地下水の揚水により塩水遡上が起こった場合，地下水の水質は塩を含み塩辛くな

る．これを地下水汚染とするかどうかは未解決であるが，付録 A.4 で議論されているように，多数のモデル研究がこの問題に取り組んでいる．

地下水の汚染は家庭での水の利用に適さないほどの汚染ではないが，好ましくない地下水水質の変化であると定義する．仮に老化したタンクから廃液が流出し，地下水の硝酸塩濃度が World Health Organization (WHO) の飲料水の最大許容値 $45\,\mathrm{mg}/l$ 以下の $20\,\mathrm{mg}/l$ であったとしても，これは地下水汚染である．しかし，仮に硝酸塩濃度が，$45\,\mathrm{mg}/l$ を超えると，地下水は飲料に適さなくなり，この地下水は汚染されたと分類される．

このため汚染や汚濁という言葉は恣意的であり，流出，しみ出し，漏れの率が増加したり，より厳しい基準が導入されると，今日は汚染でも，明日には汚濁になることがある．例を挙げると，ドイツでは硝酸塩の許容量が 1980 年には $80\,\mathrm{mg}/l$ であったが，European Economic Community (EEC) の基準では許容値は $50\,\mathrm{mg}/l$ である．このため，一夜にして地下水源の 5~8% が汚染されていることになってしまった．

一般に，ほとんどのモデルユーザーは，地下水汚染を化学的な原因によるものとして取り扱うが，最も一般的な地下水汚染は，四塩化炭素 (CTET)，1,1,1-トリクロロエタン (TCA)，トリクロロエチレン (TCE) である．図 3.2 に一般的な有機地下水汚染物質のリストを示す．ここでは溶解性と飲料水基準を表している．U. S. Environmental Protection Agency (USEPA) の優先汚染物質とその主な特徴を付録 C.1 に示す．また，飲料水基準を付録 E に示す．

3.1.2 地下水汚染源の識別

西側諸国では，汚染された地盤の評価と浄化は重要な環境課題である．地下水の汚染形態は，浄化作業において非常に重要であるため，この 10 年間に輸送のモデル化の研究が飛躍的に行われた．

家庭のゴミからの地下水汚染は，人の活動と同時に始まっている．しかし表層土が非常に有効なフィルターとして働き，また地下水流れの流速が比較的遅いため，ウィルスやバクテリアは汚染源からそれほど遠くへは移動しなかった．このため家庭排水からの地下水汚染は，地下水汚染と理解されていなかった．たとえ，汚水と井戸が隣接していて，数年にわたり多数の人が死んだり，病気になっていても，家庭汚水と汚染地下水の関係については，ほとんど気づかれていなかった．

地下水汚染の性質と程度は，化学・毒性廃棄物の発生により急激に変化した．これは，18 世紀のイギリスにおける産業革命から現在までの 200 年間衰えることなく続いている．初期の産業汚染の例をいくつかあげる．

(1) ガス製造工場がイングランドの Norwich に 1815 年に建設され，1830 年に閉鎖された．プラントで使われていた鯨の油を起源とした石炭酸化合物が，石灰岩基盤層に浸透し，1950 年に掘られた井戸で発見された．

(2) オハイオ州 Harberton のソーダ灰，苛性ソーダ，塩素の工場は 1890 年代に操業され，カルシウムと塩化ナトリウム廃棄物が，近隣の川や池に放出された．これらの廃棄物は Harberton から下流 300 km 以上にわたる川の周辺地下水を汚染している．井戸水を利用していた一部の町では，非常に高い塩化物濃度のために，1926 年には井戸を放棄せざるを得なくなった．

(3) 第 1 次世界大戦中のロンドン北部テームズ川に近い火薬工場からの廃棄物が，石灰岩炭坑の廃坑に廃棄された．1920 年代初頭，近隣の井戸水から火薬工場の過程で用いられるピクリン酸による黄色の水が検出されたと報告された．1942 年までに，この汚染は汚染源から 1.5 km 以上も広がった．

地下水汚染に関する同様の例は無数にあり，地下水汚染では残留時間が長いのが特徴である．アメリカでは，1988 年までに危険と見なされる廃棄物処分サイトは 20 万を超えている．カナダとアメリカを併せると，危険な廃棄物と見なされる化学物質は現在 3 500 種ほど使われている．

今日では，似たような土壌汚染の規制が多数の国にあるが，実際的には工業化された地域はすべて地下水へ汚染物質を投入している可能性がある．図 3.3 は一般的な汚染源の形態を汚染源の形態に基づいて整理した．

形態による汚染源の分類は，汚染源の形状がプルーム進行に著しく影響するので有益である．一般的に汚染源は，調査エリアの大きさに対する汚染源の大きさの比と汚染源形態により，点，線，領域 (non point) に分類される．汚染源の形態は，1，2，3 次元のいずれかの次元での必須のプルーム評価に影響を与え，さらに汚染された帯水層の体積，希釈の程度，帯水層の生物分解能力，改善基準に影響を与える．汚染源の形状分類は，汚染源を特徴づける試みであり，分類は柔軟なものである．例を挙げると，特有の状況に依存するため，農地でも点源や線源になる可能性がある．

3.1.3 輸送挙動による汚染物質の分類

たび重なる地下水汚染の発生により，地下水中の汚染物質の輸送挙動を理解する必要性がでてきた．図 3.4 に示すように，汚染物質の密度，粘性，溶解性，化学的安定性やその他の特性が，地表下の汚染の拡大に影響を与える．この特徴は，汚染物質の分類と適切なモデルの選択に役立つ．

汚染物質は，水に溶解する (混合できる) か，あるいは水に混合せず液体相のまま

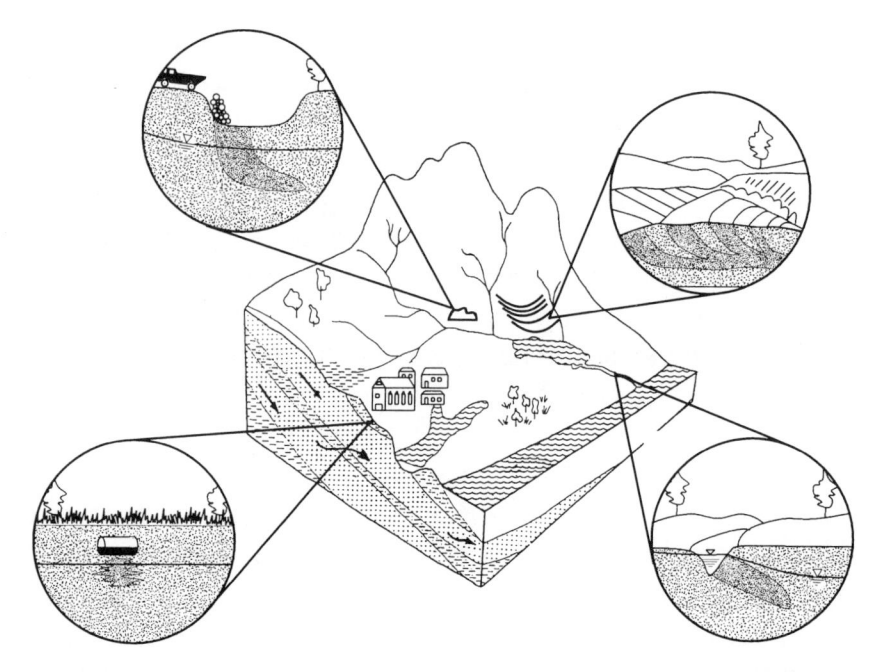

点源
- 地下貯留施設
- 埋立地・有害廃棄物処理場
- 表面貯水池
- 廃棄物または有害化学物質の違法投棄
- 産業領域
- 浄化槽
- 輸送溢流と事故
- 注入井とボアホール
- 都市部での集中豪雨
- 栓のない石油井・ガス井

線源
- 地下パイプライン
- 下水路
- 表面水(河川)
- 道路
- 鉄道線路

領域源
- 都市領域
- 産業領域
- 農業領域
- 鉱業廃棄物
- 大気成分

図 3.3　汚染源の形態による汚染物質の分類

で地下水に到達する．重金属等の汚染物質は，微粒子に吸着され，浮遊物として輸送される．粒子のサイズに依存するが，この浮遊粒子の輸送は，溶解した汚染物質の輸送と同じであると見なせる．混合性液体（あるいは溶解性汚染物質）の帯水層中の移動は，非混合性液体と異なる．溶解性の液体と自然の地下水が1つの相をなし，その移動は，ダルシー則（単相流）で表現される．非混合性液体は，別々の相で，間隙空間を流れる(多相流)．多相流のモデル化は単相流のシミュレーションよりも非常に難しい．例を挙げると，多相流は，不飽和帯(空気と水の流れ)，炭化水素や塩化溶剤の流出(炭化水素と水，塩化溶剤と水の各相)で発生する．

　溶質が地下水中でも安定で物理的，生物的，化学的プロセスに対して変化しない場合，保存性と表される．保存性の溶質として典型的なものにフローレッセン—移

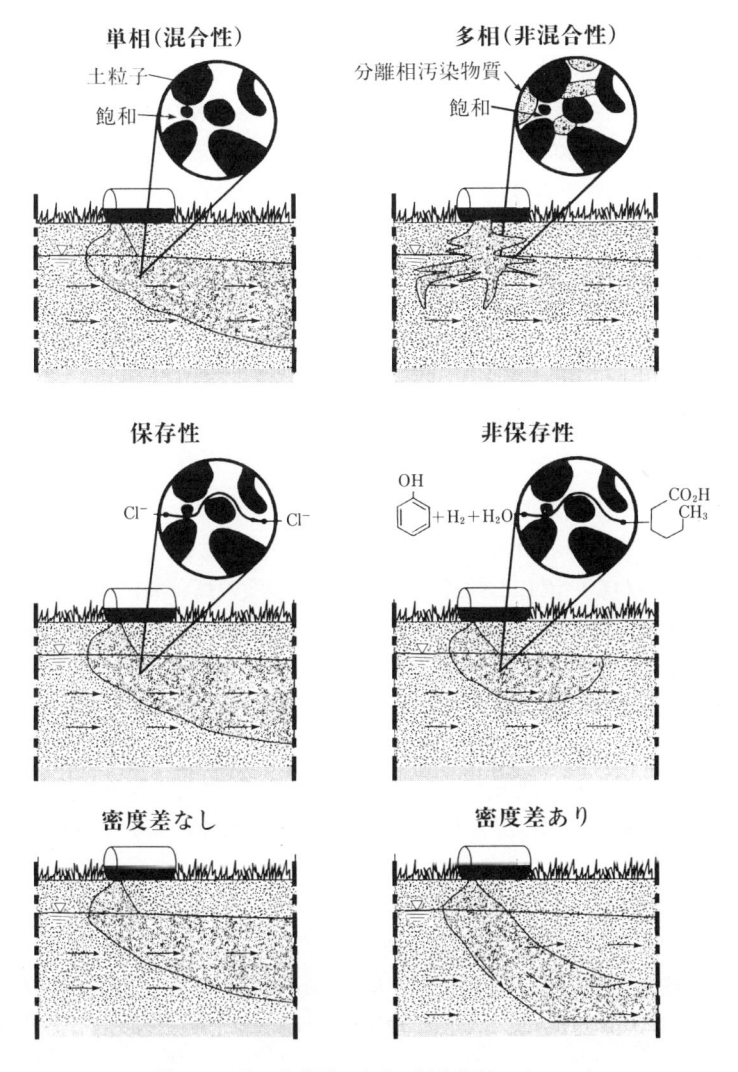

図 3.4 　流れと輸送における汚染物質のグループ

行試験（訳注：一般にトレーサー試験）に広く用いられる——，と塩素がある．特定の成分を保存性と表現するかどうかは，反応時間に対する移動率に依存する．例を挙げると，反応や変化が遅い汚染物質が，非常に速く帯水層を移動した場合，保存性と考えられる．

　粘性や水の密度に大きな影響を与えない保存性の溶質は，トレーサーとして用い

ることができる．移行試験におけるトレーサーは，帯水層の分散特性だけでなく，平均的輸送方向や流速の決定にも用いられる．通常，トレーサーの濃度は，溶質が水の物理特性を変化させるかどうかで決定される．地下水の流れに影響を与える溶質の最も良い例は，真水と海水の遷移領域における塩分である．

地下水汚染のプルームは，一般に非常に多くの汚染物質を含んでいる．プルーム内の各汚染物質は，それぞれ異なった移動となり，一部は互いに反応する．輸送の予測では，輸送問題の調査において最も重要とみなされた汚染物質に着目する．プルームの最も広がった場合を予測する必要がある場合，塩化物のような保存性の汚染物質は，最も広い範囲を与えるため，汚染物質の指標として用いることができる．しかしながら，最大浄化時間は，汚染物質の土粒子への吸着に依存する．

輸送問題は次の6つに分類される．
① 熱輸送
② トレーサーの輸送：自然に移動するフローレッセンや低濃度の塩化物のように保存性で地下水の流れに影響を与えない汚染物質
③ 反応を伴わない流れと輸送の連成問題：濃度の高い塩化物のように（例えば塩水遡上）保存性であるが自然な地下水の流れに影響を与える汚染物質
④ 反応を伴う輸送：低濃度のトリクロロエチレンのように化学・生物学的に反応するが地下水の流れに影響を与えない汚染物質
⑤ 反応を伴った流れと輸送の連成問題：アンモニウム硝酸塩のように化学・生物学的に反応し，地下水の粘性や密度を著しく変化させる汚染物質
⑥ 多相流と輸送：水と油もしくは不飽和帯中の輸送のように非混合性流体

すべての問題について適用可能な数値輸送モデルは存在しない．数値モデルは，それぞれのグループの輸送モデルを解くためにプログラムされている．このため，数値モデルを適用するモデルユーザーは，汚染物質の輸送を支配するプロセスを理解しなければならない．ほとんどの輸送モデルの研究が，線形の平衡吸着や1次の崩壊によって近似された反応を示す汚染物質の輸送に着目している．反応速度モデル (kinetic reaction) や溶液の化学反応 (hydrochemical) のモデルのような複雑な輸送モデルは，必要とされる入力データの不足と，支配方程式の解法時の数値的困難さのために，モデルの精度に限界がみられる．

大部分のモデルの適用において，汚染物質の輸送を制御すると考えられる物理的，化学的，生物学的プロセスは次の節で述べる．

3.2 輸送メカニズムの概要

輸送方程式のメカニズムを検討する目的は，飽和流の多孔質帯水層において，溶解した汚染物質の移動に最も強く影響するプロセスを理解することである．溶解性汚染物質は，一般に数億リットルにも及ぶ大量の水に影響を与え，高い流動性を示すため着目されている．輸送のメカニズムは，以下である．

ⓐ 移流，ⓑ 拡散，ⓒ 分散，ⓓ 吸着，ⓔ 崩壊，ⓕ 加水分解，揮発，生物化学的変質，ⓖ 透水性が明瞭な二重（訳注：二重空隙のような）分布を示す帯水層内の輸送．

汚染物質の輸送における移流，分散，吸着，生物学的減衰の影響を可視化するために，カナダ Borden の砂質帯水層で実施された2つの原位置試験を考える．両方の試験において，連続的に広範囲のモニタリングが行われ，正確な溶質の分布が得られている．この濃度分布と溶質の移動範囲をプルームと呼ぶ．分散試験では (Mackay et al. 1985; Freyberg 1986; Roberts et al. 1986)，多数の物質を含んだ約 $12\,\mathrm{m}^3$ の試験水が注入された．溶質濃度は，自然流の状況を変えないように，十分に薄くした．プルームの広がりは，約2年にわたり観測された．図3.5は塩化物イオン (Cl^-)，四塩化炭素 (CTET)，テトラクロロエチレン (PCE) のプルームの観測結果である．別の試験では (Barker et al. 1987)，ベンゼン，トルエン，エチレンを含んだ約 $1.8\,\mathrm{m}^3$ の地下水を，生物分解を調査するために同じ帯水層に注入した．トルエンの広がりも図3.5に示す．それぞれのプルームの成長を検討する．

① Cl^- は安定で，物理的，生物学的，化学的プロセスにより変化しない汚染物質である．移流による流速が塩化物を移送する．実際にはありえないことであるが，移流が唯一の輸送プロセスならば，Cl^- のプルームの形と濃度は変化しないはずである．しかし，実際には分散により初期のプルームよりも広がっている．分散により，流れの主方向に対して垂直方向の広がりも示しており，分散なしでは到達しない地点まで Cl^- が運ばれている．流れ方向およびそれに垂直な方向への分散による広がりは，プルーム中心の Cl^- の濃度を減少させる．このため濃度は時間と共に減少する．

② CTET は吸着に支配される汚染物質である．輸送プロセスに線形吸着がみられると移流や分散が遅れ，図3.5のようになる．どんな時間でも明らかに Cl^- は CTET より動く．これは何種類かの汚染物質を含む初期プルームの分離の結果であり，現象はクロマトグラフ効果と呼ばれる．

③ PCE は強い吸着性を持つ汚染物質である．このため，PCE プルームの進展は CTET の進展よりも遅い．Cl^- と比較すると，PCE の輸送速度は1/5程

塩化物
移流と分散

1日　85日　　　　462日　　　　647日

四塩化炭素
移流，分散，吸着

16日　380日　633日

テトラクロロエチレン
移流，分散，吸着

16日　380日　633日

トルエン
移流，分散，吸着，生物分解

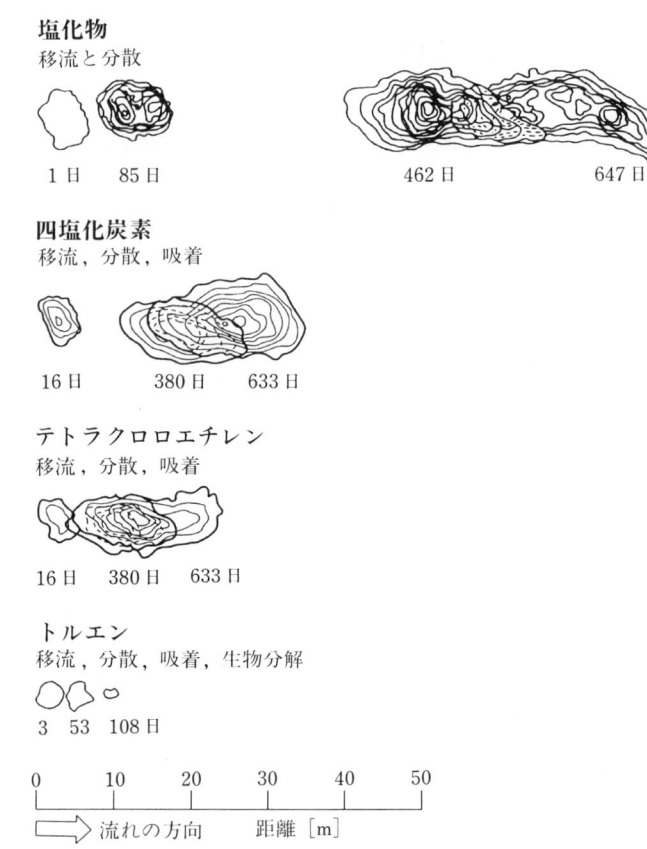

3　53　108日

0　10　20　30　40　50
⇒ 流れの方向　　距離 [m]

図 3.5　オンタリオ州 Border の砂帯水層における移流，分散，吸着，生物化学的減衰の複合効果（引用元：Roberts et al. 1986 and Barker et al. 1987）

度である．

④ トルエンは水に溶け可動性のガソリン成分を持ち，生物分解を受ける．生物分解によって汚染物質の質量と濃度を減少する．Borden においてサンプリングされたトルエンの質量は，投入されたものよりもかなり少ない．108 日にはトルエンはほとんど観測されなかった．

輸送形態の単純な線形的な組合せは，実際の複雑な流れの様相と必ずしも一致しない．例を挙げると，MacQuarrie and Sudicky (1990) は，高い分散性は自然の水との混合の促進によって，生物分解を促進させると結論づけている．

続く 3.2.1～3.2.7 項では，Borden での実験による輸送プロセスの観測結果を議論するとともに，汚染物質の輸送においてよく遭遇する一般的プロセスを述べる．付録 C.2 は，これまで研究されてきた汚染物質に関する主な輸送メカニズムの特徴を

表す地下環境での優先汚染物質の挙動に関する情報を示している．

3.2.1 移流

移流は地下水流による物質の移動であり，その推進力は動水勾配である．平均の輸送速度 v はダルシー流速 q を有効間隙率 n_e で割ることにより計算される．

$$v = \frac{q}{n_e} \tag{3.1}$$

間隙空間内の実際の輸送速度は未知である．ほとんどのプルームの進展において，移流は非常に重要な輸送メカニズムである．このため，モデルユーザーは，輸送のシミュレーションにおいて地下水流を正確に予測しなければならない．

もし，移流が唯一の輸送形態であるならば，時間がたてばコントロールボリューム内での濃度の変化は，移流による流入と流出の差と等しくなる必要がある．次の方程式は，最も簡単な1次元の輸送方程式である．ここで帯水層は均質を仮定している．

$$\underbrace{\frac{\partial c}{\partial t}}_{\text{貯留の変化}} = \underbrace{-v\frac{\partial c}{\partial x}}_{\text{移流による流入出の変化}} \tag{3.2}$$

ここに，x：流れ方向 $[L]$，t：時間 $[T]$，c：濃度 $[M/L^3]$，v：移流の輸送流速 $[L/T]$．

礫や砂のような非常に高透水性の材料では，移流は非常に重要な輸送プロセスであり，輸送予測は前述した流れの予測にほぼ等しい．地下水と地下水に伴って発生する汚染物質の流出点への輸送経路は，地質的な状況や与えられた境界によって生ずる動水勾配に制御される．水は最も抵抗の少ない経路を流れる．一般に位相学的には，強い流入や流出がなければ，動水勾配は地形に従うと考えられる．これらの条件のもとでは，典型的な勾配は数十分の1パーセントである．砂や礫の帯水層の透水係数を考えると，代表的な地下水流速は，1～1000 m/年であり，最も一般的な流速は10～100 m/年である．

石灰岩質層や亀裂を有する帯水層での地下水流れと，それに伴う汚染物質の輸送では，その支配要因は多孔質の帯水層を支配するものとは異なる．大きなスケールでは，未知の選択経路があるため輸送の予測は困難である．このような直接観測できない問題に関して，数値解法による地下水モデル適用は，上述したような帯水層では限界がある．

溶質の濃度により地下水の密度・粘性が変化する場合，移流は非常に複雑になる．水に比べて密度の高い溶液は，鉛直方向成分の移動を発生する．汚染の程度に依存

するが，汚染物質が自然の地下水流れと反対に流れることもある．また上に向かって流れることもある．流れ場における帯水層の不均質性の影響は，密度依存性の地下水流では一層大きくなる．

3.2.2 拡散

拡散は高い濃度から低い濃度領域への溶質の移動である．拡散は溶液の大きな移動に依存しない．推進力はブラウン運動と呼ばれる運動の影響である．すなわちイオンや分子構成物の不規則な移動である．拡散は不可逆性である．一度 2 種類の溶質がある自然条件下で混合されると，それらは混じりあった 1 つの別の溶液になる．濃度勾配に対する溶質の拡散現象は，Fick の法則で表現される．

$$\underbrace{q_0}_{\text{拡散フラックス}} = -D_0 \underbrace{\frac{\partial c}{\partial x}}_{\text{濃度勾配}} \tag{3.3}$$

Fick の法則は，濃度勾配と拡散係数と呼ばれる係数 $D_0[L^2/T]$ の積として，拡散の質量フラックス q_0 を単純に表している．一般の溶液の拡散係数の代表的な値は，10^{-9} m^2/s のオーダーである．付録 D.1 に拡散係数の一覧表を示す．この係数（訳注：D.1 の表上段の D_0 は水中の拡散係数値）は土粒子が存在するために多孔質媒体では少し小さい値となる．多孔質媒体の拡散係数は有効拡散係数と呼ばれ，自由水中で計測された拡散係数と区別される．

1 次元の輸送方程式 (3.2) に拡散による汚染物質輸送を加えると，次式となる．

$$\underbrace{\frac{\partial c}{\partial t}}_{\text{貯留の変化}} = - \underbrace{v\frac{\partial c}{\partial x}}_{\text{移流による流入出}} + \underbrace{D_0\frac{\partial^2 c}{\partial x^2}}_{\text{拡散フラックス}} \tag{3.4}$$

拡散現象は，比較的遅い輸送プロセスである．このことは，粘土中での拡散による質量輸送を取り扱った次の例 (Freeze and Cherry 1979) で示されている．この例では移流による地下水流れはなく，有効拡散係数は 5×10^{-9} m^2/s，粘土層との境層に定濃度の汚染源があるとした場合，汚染源から 10 m 離れた地点の濃度は 500 年後に，汚染源濃度の 10％ となる．このため，拡散の効果は地下水の流速が早い場合，一般的に移流の効果により隠されてしまう．しかしながら，地質年代のレベルで考えると拡散の影響は重要である．亀裂を有する多孔質媒体での汚染物質の輸送に関する研究では，これらの地層中での拡散が，汚染物質の挙動に重要な影響を与えることは 3.5 節で示す．

3.2.3 分散の重要性

汚染物質の輸送を取り扱う際に，最も重要となるのが分散による広がりの予測である．流れの主方向に対する縦および横方向の分散による広がりは，汚染プルームを徐々に希釈させる．場合によっては，人に対して有害となる濃度以下に汚染濃度が低下するため，分散は有益である．しかし，多くの場合，分散は汚染物質が早く広がり，汚染された地下水の量を増加させるという好ましくない現象を起こす．分散は輸送の平均流速によって，移流プルームの輸送範囲を超えた部分にまで汚染物質を運ぶ．分散による広がりは，距離に応じてプルームの広がりを増加させる．

帯水層内における分散に関しては，かなりの研究が行われており，文献も多数発表されている．この節では，分散に関して以下を解説する．

① 分散と解釈されるような要因を識別する．
② 分散を表すために概念理論である Fick の法則を示す．
③ 分散のスケール依存性を説明する．
④ 分散を定量化する方法を調査する．

濃度パターンの現地観測を解釈する際には，汚染物質の輸送に影響を与える多数の要因に注意しなければならない．発生率が変化する未知汚染源からの汚染物の放出だけでなく，地層，密度効果，時間的な流動場の変化による様々な移流輸送が分散と解釈されやすい．図 3.6 に示すように，それぞれの要因は，観測井において帯水層の分散特性の影響と解釈され，破過曲線が描かれる．データが不十分な場合には，原位置での計測データの欠如が支配輸送方程式の分散項の中に入れられてしまう．しかしながら，分散は主に帯水層の不均質性に基づいている．

地下水の輸送モデルは（土中の微小な）間隙中の流れと輸送を直接解くことができない．その代わりに実際には，動水勾配のような計測可能な現象学的な係数を導入したもっと大きなスケールに移し替えている．連続体のアプローチ (Bachmat and Bear 1964) では，代表要素体積 (REV) の概念が用いられている．これは，流れと輸送パラメータの代表値を，適切なボリュームにわたって平均化した理論的アプローチである．平均的フラックスにより個々の粒子のランダムな運動を集約する Fick の法則に類似した拡散を用いれば，間隙-粒子構造体を通過する汚染物質の未知の分散移動は Fick の法則で表される．ダルシー則が，平均的流速を平均の動水勾配と透水係数の積で表すのに対し，Fick の法則は平均的分散量を，現象学的係数である平均濃度勾配と平均分散係数の積で表している．こうして，よく知られた移流分散方程式が誘導され，ここでは拡散と帯水層の不均質性による流れ方向における分散の効果を合成した新しい係数 D_L を用いる以外は，移流拡散方程式 (3.4) と同じである．

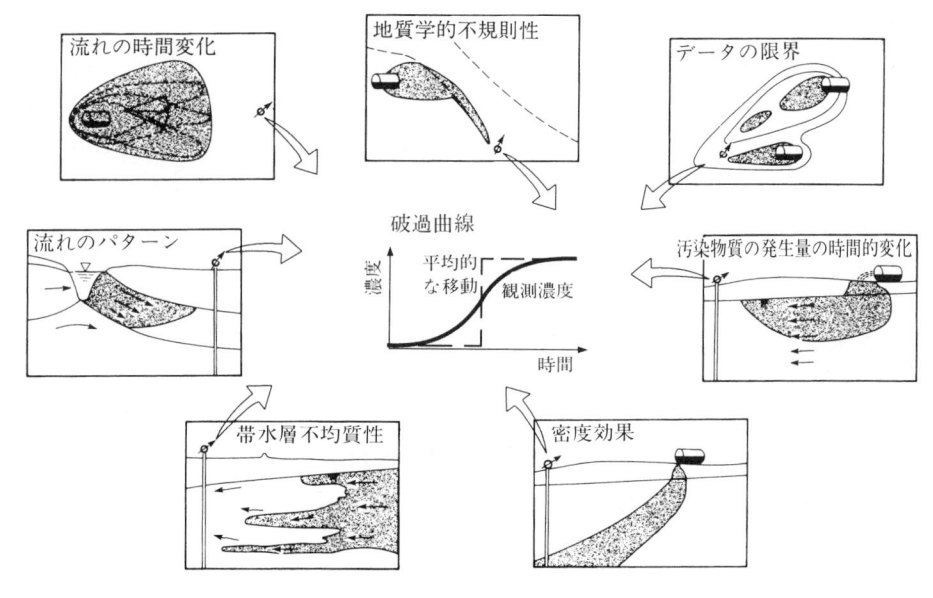

図 3.6　分散と解釈されやすい要因

結果として 1 次元輸送における移流分散方程式は次のように表される．

$$\underbrace{\frac{\partial c}{\partial t}}_{\text{貯留の変化}} = -\underbrace{v\frac{\partial c}{\partial x}}_{\text{移流による流入出}} + \underbrace{D_L\frac{\partial^2 c}{\partial x^2}}_{\text{拡散と分散のフラックス}} \qquad (3.5)$$

帯水層の不均質性の異なる大きさに基づいて，分散はいくつかのスケールで発生しているようにイメージされる．これらのスケールを図 3.7 に示す．

間隙と粒子のスケールでは（1 次の不均質性），汚染物質は力学的分散により広がる．間隙内での拡散，間隙の経路における流速の変動，間隙の連結部での混合，および輸送中に間隙内で発生する同様のメカニズムが，マイクロスケールでの分散による広がりに影響する．

間隙とマトリックスのスケールでは，間隙マトリックス内でのより大きなスケールの不均質（2 次の不均質性）が分散による広がりに影響する．間隙マトリックス内での透水性の違いは，3 次元で複雑かつ不規則な流速を持つ流速場を発生させる．透水性の高い部分においては，流れは平均流速よりも速い速度で汚染物質を運び，間隙ネットワークの汚染物質と同様な分散的な広がりが発生する．

フィールドスケールでは，一般に遭遇する地質構造が汚染物質の輸送に多大な影

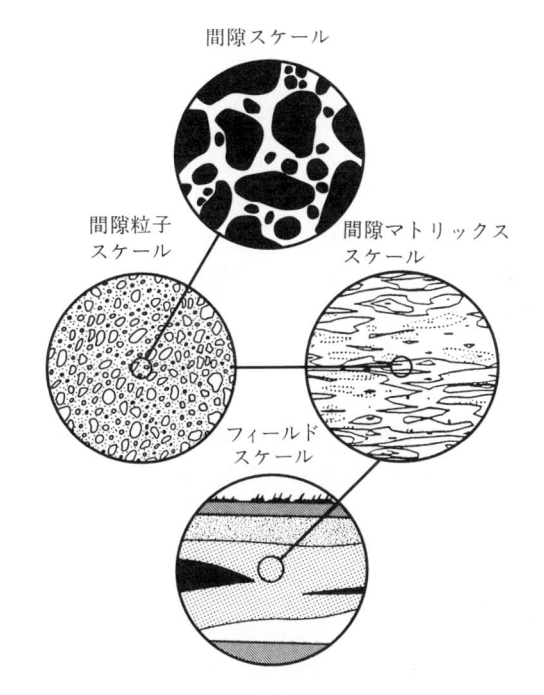

図 3.7 帯水層の不均質性のスケール

響を与える．地質構造が輸送形態を支配するかどうかは，主に，地質的不均質性の大きさと比較した汚染帯水層の大きさに依存する．フィールドスケールにおける分散輸送の予測は難しい．地質学的に広いスケールでの不均質が存在する場合，間隙と粒子，間隙とマトリックススケールにおいて移流によるフラックスはまだ不規則であるが，正確なフィールドデータが不足している場合，大きなスケールにおける平均ダルシーフラックスは，それぞれの地質構造の透水係数に依存する．また，フィールドスケールにおける分散による広がりは Fick の法則で近似されるが，分散係数は間隙と粒子スケールで表された力学的分散に比べて数オーダー大きくなる．

　分散による広がりを予測するためには，分散係数は既知の帯水層および流体のパラメータと定量的に関連づけられねばならない．分散係数を定量化するという試みは次のように分類できる．

① 幾何学モデル
② 統計モデル
③ 水理モデル
④ 確率論 (stochastic) 解析

幾何学モデルを用いた分散係数の定量化

分散の初期の研究は，チューブ内の輸送 (Taylor 1954; Aris 1956) のような幾何学モデルを用いた分散係数の定量化を目的としていた．しかしながら，幾何学モデルは，自然状態での分散を評価する際に簡単に拡張することはできないため，自然条件下での分散係数を近似するためのかわりの研究が同時になされている．

統計モデルを用いた分散の定量化

統計理論は，帯水層の特性と分散値との関数的な関係を与えるものではないが，それは一般的な分散理論の枠組みを作っている．統計理論は，分散による広がりを発生する物理プロセスから直接発展させている．これは，ランダムウォーク理論に基づいており，これは，ブラウン運動の説明と地下水のモデル化における理論的な枠組みを与えており，これが，ランダムウォークの基礎である (6.5節を参照)．Scheiddegger (1954) は統計モデルを発展させ，媒体分散性と呼ばれる分散の定数を導いた．

$$D = \alpha v \tag{3.6}$$

ここに，D：分散係数 $[L^2/T]$
α：分散長 $[L]$
v：輸送速度 $[L/T]$

力学的分散係数は，輸送速度と分散長と呼ばれる多孔質媒体の特性に，線形的に依存している．方向に対して依存しないランダムステップを仮定したため，Scheiddegger のモデルでの分散係数はスカラー量と考えられている．De Josselin de Jong (1958) と Saffman (1960) は，力学的分散は，横方向よりも縦方向でより顕著であることを示した．両方向に対する分散係数は次式で定義される．

縦分散係数は

$$D_L = \alpha_L v \tag{3.7}$$

横分散係数は

$$D_T = \alpha_T v \tag{3.8}$$

ここで，α_L：縦分散長 $[L]$
α_T：横分散長 $[L]$

Bear (1961b) と Scheiddegger (1961) による一般的な分散理論は，4次の分散長テンソルに対応する2次のテンソルとして分散係数を表現している．等方性の媒体

では分散係数は2次に減らすことができ,

$$D_{xx} = \frac{\alpha_L v_x^2}{v} + \frac{\alpha_T v_y^2}{v} \qquad (3.9)$$

$$D_{yy} = \frac{\alpha_T v_x^2}{v} + \frac{\alpha_L v_y^2}{v} \qquad (3.10)$$

$$D_{xy} = D_{yx} = \frac{[\alpha_L - \alpha_T]v_x v_y}{v} \qquad (3.11)$$

ここで,

$$v = \sqrt{v_x^2 + v_y^2} \qquad (3.12)$$

　拡散は一般的にテンソルの対角項として考慮される．流れ方向に対して座標系を回転すれば，係数は縦方向と横方向の分散だけに減少する．このため，不均質媒体に対する実際的な分散長テンソルの決定方法はなく (多数の成分と流れ方向が点から点で変わるため), フィールドでは分散に関する等方性の仮定が，移流分散方程式に一般的に適用されている．

水理モデルによる分散の定量化

　均質の砂における分散長の大きさは，伝統的に移流分散方程式の近似解と観測された濃度の曲線のフィッティングによる水理モデルから得られる．分散の実験に関する全般的な調査結果を Spitz (1985; 付録 D.2) が与えている．分散長の代表的な値は，間隙−粒子スケールにおいて次のように示される．

$$\alpha_L \approx 平均粒径 \qquad (3.13)$$

$$\alpha_T \approx \frac{1}{10}\alpha_L \qquad (3.14)$$

確率解析による分散の定量化

　確率解析は，間隙マトリックスのスケールにおける分散係数の大きさが, 任意に分布する帯水層の不均質性の統計的特性に限定されることを示す (Gelhar and Axness 1983; Dagan 1982; Sudicky 1986).

　巨視的分散の確率解析は，間隙マトリックススケールでの輸送を評価する最も一般的なアプローチとして，広く受け入れられている．局所的な透水係数は，点から点で変化するが，広く見れば帯水層は (確率的に) 均質と仮定される．確率論的アプ

ローチは，基本的に間隙-粒子のスケールで用いられた平均化の手順と同じである．不均質な各点での個々のダルシーフラックスが全くわからないので，間隙マトリックスのスケールでの輸送は，間隙-粒子のような小さいスケールでの変動効果を含んだ平均的帯水層特性を定義することでる（例えば，巨視的透水係数もしくは巨視的分散）大まかな輸送説明に置き換えられ．確率解析においては，複雑な帯水層の構造は，帯水層パラメータの統計的特性として表される．

Dagan (1982) や Gelhar and Axness (1983) によれば，巨視的パラメータは，帯水層の不均質特性の異なった形で計算される．力学的分散特性は，確率論から得られた値に付け加えられる．理論は，大きなスケールでの横分散は，力学的混合に支配されていることを示している．これは砂や礫の帯水層における現地での研究と一致する．縦方向と横方向の分散長の比率は，普通は 10～100 の範囲である．

確率理論は説得力があるにもかかわらず，既存の研究のなされていないフィールドに対しては分散の大きさを予測する方法ではない．一般的には，自然状態での分散による広がりは，室内水理タンク実験や理論計算よりも明らかに大きい値が観測される．分散係数は，力学的分散よりも数オーダー大きく計算される (制御された原位置試験では $\alpha_L \leq 20$ m，現地のプルームの調査から得られた値は $\alpha_L \leq 100$ m；Gelhar et al. 1992)．これは，フィールドスケールにおける帯水層の不均質性とそれによる流速の変動が，より大きいスケールで発生しているためであり驚くことではない．加えて，フィールド調査では，統計学的に均質な帯水層で確率理論によって予測される以上に，プルーム進展に影響するほどの大きなスケールの不均質場にプルームは広がることがよくある．

また，実際の帯水層においては，拡散プロセスと分散による広がりの類似性は，厳密にはみられない．フィールドスケールでの流速はランダムではないが，広域の不均質と関連づけられている．分散による広がりに Fick の法則を用いる場合，時間依存性，あるいは経路や距離にそれぞれ依存した分散係数を導入することが必要とされる (Naff 1984)．付録 D.3 に取りまとめた文献にあるデータでは，経験に基づく指標として，縦分散長が輸送距離 (L) の 0.1 であると提示されている．

$$\alpha_L \approx L/10 \tag{3.15}$$

しかしながら，実際の値はこの簡単な近似式の値とは明らかに異なる．

結論として，フィールドでの研究の前に推定される分散は，不確実性が非常に高い特徴がある．分散長は，ほとんどのモデルの適用に適合する値である．入力データの不足よりも，まず帯水層の分散特性を近似する分散長を得るために，流れ場の

様相や汚染源強度の知識といったものを得ようとする．式 (3.15) はフィールドにおいて，最初に分散長を推定しようとする際に用いられる．

3.2.4 吸着効果

収着 (sorption) には，吸着 (adsorption) と脱着 (desorption) がある．吸着は，帯水層の粒子の表面に分子もしくはイオンが付着することを示す．粒子表面から離れることを脱着と呼ぶ．吸着は溶液相の濃度減少と，水の動きに対する汚染物質の遅延を引き起こす．吸着の程度は，濃度，汚染物質の特性，土のタイプと組成，水のpH 値，他の溶質の存在等，多数の要因に依存する．これらの要因は，時間と場所により変化するため，自然環境下で遅延の変化を起こす．流入出項 S は，溶解相の溶質質量の増減率を表しており (単位時間，単位体積当たりの溶質の質量)，収着を表現するために輸送方程式に導入される．

$$\underbrace{\frac{\partial c}{\partial t}}_{\text{貯留の変化}} = -\underbrace{v\frac{\partial c}{\partial x}}_{\text{移流による流入出}} + \underbrace{D_L\frac{\partial^2 c}{\partial x^2}}_{\text{分散，拡散}} - \underbrace{S}_{\substack{\text{収着や崩壊による}\\\text{供給／吸い込み}}} \qquad (3.16)$$

式 (3.16) は均質媒体に対する 1 次元移流分散方程式であり，収着を考慮するために修正されている．このように表現すれば，この方程式は地下水中における，汚染物質の変質を含むいかなる化学的・生物的反応も表せる．モデルを実際に適用する際には，流入出項はより具体的な形で表現される必要がある．次に収着，崩壊に対する反応項を示す．

地下水中の濃度に関連する固体材料への吸着率は，吸着反応速度論により表現される．どの反応速度論が適合するか，つまりどういうやり方で吸着が流入出項に組み込まれるかは，流れの代表的時間スケールに対する吸着反応の時間の比に依存する．もし吸着のプロセスが移流による汚染物質の輸送時間と比べて比較的早ければ，吸着濃度 c_a と溶解濃度 c は平衡状態であると仮定される (吸着平衡)．平衡状態にある吸着相の濃度と液相の濃度の関係は以下の吸着等温式 (adsorption isotherm) で表される．

$$c_a = f(c) \qquad (3.17)$$

輸送問題における濃度が比較的薄いときに起こる最も単純な平衡関係は，以下の線形等温式 (linear isotherm) で表される．

$$c_a = K_d c \qquad (3.18)$$

ここで，c_a：土粒子材料の単位乾燥質量当たりの吸着汚染物質の質量 [無次元]
c：溶液単位体積当たりの溶解汚染物質の質量 $[M/L^3]$
K_d：分配係数 $[L^3/M]$

分配係数 K_d は一般的には $0 \sim 30\,000\,\mathrm{m}l/\mathrm{kg}$ の範囲である．付録 D.4，D.5 は金属と有機物それぞれに対する K_d を編集したものである．しかしながら，実際の値はサイト特性に依存し，多くの場合は，局所的な pH に依存する．

S を算定するためにコントロールボリュームの質量保存則をたてると，帯水層の単位体積における総汚染物質質量は次のように与えられる．

$$\Delta M = cn + c_a(1-n)\rho_s \tag{3.19}$$

ここに，ΔM：帯水層単位体積当たりの総汚染物質質量 $[M/L^3]$
n：総間隙率 [無次元]
ρ_s：土粒子の乾燥密度 $[M/L^3]$
c：溶解汚染物質濃度 $[M/L^3]$
c_a：吸着汚染物質濃度 [無次元]

与えられた時間内に帯水層体積中の質量が一定と仮定すると，溶解相から吸着相への移動質量は，

$$\frac{\partial c}{\partial t} = -\frac{(1-n)\rho_s}{n}\frac{\partial c_a}{\partial t} = S \tag{3.20}$$

式 (3.18) の c_a を代入すると，次のようになる．

$$S = \frac{(1-n)\rho_s}{n}K_d\frac{\partial c}{\partial t} \tag{3.21}$$

より複雑な等温式を表す際に c_a は他の表現も用いられる．

線形等温式に対して流入出項 S を若干整理すると，移流分散方程式に相当する 1 次元輸送方程式は次式になる．

$$\underbrace{\frac{\partial c}{\partial t}}_{\text{貯留の変化}} = -\underbrace{\frac{v}{R}\frac{\partial c}{\partial x}}_{\text{遅延のある移流による流入出}} + \underbrace{\frac{D_L}{R}\frac{\partial^2 c}{\partial x^2}}_{\text{遅延を受けた分散と拡散}} \tag{3.22}$$

このため，線形等温式により表された平衡吸着は，平均的な輸送速度を持つ移流輸送と比較して汚染物質の移動の遅延を引き起こしている．このような遅延を無次元の遅延係数 R と定義し，次のように表される．

$$R = 1 + \frac{(1-n)\rho_s}{n}K_d \tag{3.23}$$

また，R は次のようにも与えられる．

$$R = 1 + \frac{\rho_b}{n} K_d \tag{3.24}$$

ここで，ρ_b は土塊マトリックスの乾燥密度であり，

$$\rho_b = (1-n)\rho_s \tag{3.25}$$

もし，線形，可逆性，平衡吸着を仮定し，有効輸送速度が移流による全体の移動より小さいことを除くと，次式を用いれば，この輸送はトレーサー (例えば，低濃度の塩化物) と同じ輸送問題となる．

$$v_{溶質} = \frac{1}{R} v_{水} \tag{3.26}$$

このように，汚染物質の移動は，たぶん地下水の移動よりも小さいと考えられる．

K_d モデルは，イオン交換性や疎水性収着を伴う輸送を表すために適用されるが，疎水性収着はまだよくわかっていない．実験によれば帯水層の有機物含有量が多ければ多いほど，収着能力は上昇する．水溶性溶質内の疎水性有機物が，土中に含まれる際，優先して固体有機相として存在するために，液相から離れる．水溶性もしくはその代わりとなるオクタノール-水の分配係数 K_{ow} が，優先性の尺度である．付録 C.1 には溶解性と K_{ow} 値をまとめた．

K_d を評価するいくつかの方法がある．疎水性の有機物に対しては，相関式で K_d のオーダーを決定する．固体相内の有機物の割合は，土中の有機性炭素含有量に比例して増加することがわかっている．

$$K_d = K_{oc} f_{oc} \tag{3.27}$$

ここで，K_d：分配係数 $[L^3/M]$

K_{oc}：有機溶質に対する有機性炭素分配係数 $[L^3/M]$

f_{oc}：土中の有機性炭素の重量比

有機性炭素の重量比は，普通小さい値であるため，正確に計測することが困難である．標準的には 0.01 から 0.001 の間で変動する．付録 D.6 に f_{oc} の値をまとめている．有機性炭素分配係数 K_{oc} は，環境的に重要な有機化合物に関してまとめられており，次の関係式を用いてオクタノール-水分配係数 K_{ow} から計算される．

$$\log K_{oc} = a + b \log K_{ow} \tag{3.28}$$

ここで，a と b は定数である (Karickhoff et al. 1979; Schwarzenbach and Westfall 1981)．K_ow と有機物に関して次のように近似され，溶解度にも相関関係が存在する．

$$\log K_\text{ow} = 5 - 0.67 \log S \tag{3.29}$$

ここで，S は $[\text{mmol}/l]$ で表される (Chiou et al. 1979)．このため，K_ow は溶解性と相関関係にあり，その関係は式 (3.28) と同様で，K_oc と溶解度の関係は次のように表される．

$$\log K_\text{oc} = a + b \log S \tag{3.30}$$

式 (3.28)，(3.30) の基となる K_oc の実験的関係をあわせて付録 D.7 に示す．多くの有機物では，明らかに K_oc，K_ow と溶解度に普遍的な関係が存在しない．

K_d モデルを適用する際には，常に式 (3.23)，(3.24) で定義した遅延係数を介して収着プロセスが輸送方程式に導入される．汚染物質の収着性の割合が高ければ高いほど輸送は遅れる．遅延係数は，汚染物質にもよるが，10^4 オーダーを超えることもあり，1 より少し大きいところから，10 000 を超す程度の範囲である．図 3.8 は有機物の遅延係数の予測を示す．Karickhoff et al. (1979) の公式が，これらの図表を作成するために用いられている．ここでは，土塊密度は $2.65\,\text{g/cm}^3$，間隙率は 0.2 とした．図 3.8 はクロロホルムよりも溶解度の小さいすべての汚染物質は，$f_\text{oc} = 0.001$ の条件では，遅延が著しいことを示している．同じ土質で塩化ビニルは係数 10 で遅延するのに対して，ヘプタクロルでは係数 1 000 で遅延される．

多くの吸着性汚染物質では，線形吸着等温式は適用されない．しかしながら，ほとんどの可逆的等温式は，以下のより一般的な Freundlich 型の式に適合する．

$$c_a = K c^\alpha \tag{3.31}$$

ここで，α は経験定数である (線形等温式の場合 $\alpha = 1$)．係数 K が定義されておらず，この輸送方程式は従来の移流分散方程式に変換できない．非線形等温式は，プルーム移動の遅延を発生するだけでなく，濃度分布に非対称性を生み出す．破過曲線のテーリング (tailing) は物理的 (不動水) もしくは化学的な反応速度現象だけでなく，非線形吸着等温の現象も示している．汚染物質の移動予測は，他の輸送パラメータ (例えば，間隙全体に対する不動水の割合等) が決められなければならないため，より複雑になる．

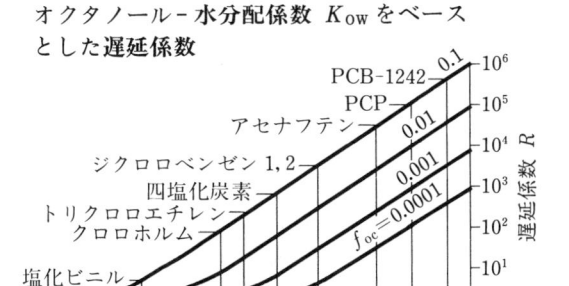

オクタノール−水分配係数 K_{ow} をベースとした遅延係数

(グラフ: 横軸 $\log(K_{ow})$ 0〜6, 縦軸 遅延係数 R 10^0〜10^6. 曲線 $f_{oc} = 0.0001, 0.001, 0.01, 0.1$. 物質名: 塩化ビニル, クロロホルム, トリクロロエチレン, 四塩化炭素, ジクロロベンゼン 1, 2, アセナフテン, PCP, PCB-1242)

有機物の溶解性をベースにした遅延係数

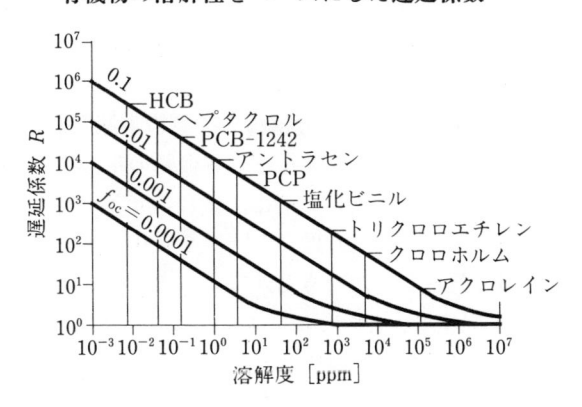

(グラフ: 横軸 溶解度 [ppm] 10^{-3}〜10^7, 縦軸 遅延係数 R 10^0〜10^7. 曲線 $f_{oc} = 0.0001, 0.001, 0.01, 0.1$. 物質名: HCB, ヘプタクロル, PCB-1242, アントラセン, PCP, 塩化ビニル, トリクロロエチレン, クロロホルム, アクロレイン)

図 **3.8** 遅延係数の一般的予測値 ($\rho_s = 2.65\,\text{g/cm}^3, n = 0.2$)

3.2.5 崩壊

すべての吸着・脱着される汚染物質が，高速反応の原理に従うわけではない．汚染物質の平均的輸送時間に比べて比較的遅い反応は反応速度論により表される．1次の反応は次のような関係で表される．

$$\frac{\partial c}{\partial t} = -\lambda c \tag{3.32}$$

ここで，λ は崩壊定数 $[T^{-1}]$ である．

上記の方程式は，式 (3.16) の流入出項と同一である．このため，1次反応を含む

1次元の輸送方程式は次のように表される．

$$\underbrace{\frac{\partial c}{\partial t}}_{\text{貯留の変化}} = -\underbrace{\frac{v}{R}\frac{\partial c}{\partial x}}_{\text{遅延のある移流の流入出}} + \underbrace{\frac{D_L}{R}\frac{\partial^2 c}{\partial x^2}}_{\text{遅延のある分散と拡散}} - \underbrace{\lambda c}_{\substack{\text{崩壊}\\\text{または分解}}} \quad (3.33)$$

1次反応は，次式によって放射性核種崩壊もしくは分解過程として取り扱われる．

$$c = c_0 e^{-\lambda t} \quad (3.34)$$

ここで，

$$\lambda = \frac{\ln 2}{T_{1/2}} \quad (3.35)$$

また，c：時間 t での濃度 $[M/L^3]$
　　　c_0：時間 $t=0$ での濃度 (初期濃度，汚染源の濃度)$[M/L^3]$
　　　λ：崩壊を特徴づける反応定数 $[T^{-1}]$
　　　$T_{1/2}$：放射性同位体もしくは分解汚染物質の半減期 $[T]$

付録 D.8，D.9 は概算された放射性物質と有機物の半減期のリストである．有機物の半減期は概算値である．実際の分解は，多数のサイト特性要因に依存する．

1次の反応は線形であり，輸送方程式の特性を変化させないので，簡単に輸送シミュレーションに取り込むことができる．このときの濃度値は崩壊を考えない濃度値に $\exp(-\lambda/t)$ を単純に掛け合わせればよく，ここで t は濃度が計算された際の時間である．減衰の過程では汚染物質のソースも時間と共に減衰する．

3.2.6　加水分解，揮発，生体内変化

ここまでで，移流，拡散，分散，吸着，崩壊を簡単に復習した．汚染物質の挙動に影響を与える補足的な物理，化学，生物学的過程は多数ある．これらのプロセスは，例を挙げると溶解，分解，濾過，光分解，加水分解，酸化，他の物質との化学的反応，揮発，生体内蓄積，生体内変化，生物分解を含む．地下水汚染の主原因となるこれらの多くの輸送プロセスは，いまだにあまりよく理解されていない．次の項では，これらのプロセスの一部について少しふれる．文献から利用できる情報の不足と限界，複雑な輸送シミュレーションへのモデルの適用が明らかにされる．

加水分解は水中での汚染物質の反応であり，一般には水酸基 (OH^-) グループが汚染物質の化学的構造に取り込まれイオンを失う．この反応率は，金属，酸化物，塩基，微生物による "触媒反応" であるかもしれない．また，加水分解は pH に依存す

ることも報告されている (Mabey and Mill 1978). 加水分解は汚染物質の半減期を擬似的な 1 次反応として理解することもできる. このため, 崩壊と同様にモデル化される.

水から大気への有機化学物質の揮発は, 蒸気圧が高い場合, 非常に重要な経路となる. 実際, 土や水の通気層における空気抽出による浄化対策は, 液相中よりもガス相に溶解する多くの汚染物質に対して有効である. ガス相中の蒸気濃度を制御する要素は, 調査対象の汚染物質の蒸気圧 (気圧) と Henry の法則での定数 K_H (atm·m^3/mol) である.

$$p = K_H c \tag{3.36}$$

ここで c は液相の汚染物質濃度 (mol/m^3) である. 平衡状態を仮定すると, ガス相が汚染された液相と接していれば, 式 (3.36) はガス相の汚染物質濃度を与える. ここに, Henry 定数は水と水蒸気相関の平衡分配 (equilibrium partitioning) を表す.

$$K_H = \frac{\text{ガス相での濃度}}{\text{液相での濃度}} \tag{3.37}$$

蒸気圧は, 汚染物質の気化率を評価するのにも有益である. 蒸気圧が高ければ高いほど, 汚染物質の揮発率はより高くなる. Henry の定数 K_H をまとめたものを付録 C.1 に示す.

生体内変化および生物分解は, 汚染物質の酵素-触媒成分置換に起因する. 生体内変化は主に微生物により生じるので, 生体内変化の速度は調査水域環境における微生物の質量の関数である. 水中および土中のバクテリアの個体群は一般に多様であり, 汚染物質がすべての微生物に対して毒性を有することは非常にまれである. また, 汚染物質に対して原生のバクテリアがすぐ順応するのが普通である. この観点から, すべての有機汚染物質は, 最終的にはどこかで生体内変化や生物分解を受ける. 最終的に残る問題は, いつ生体内変化が発生するかということである. 自然環境中では, 生物量が比較的多く, 汚染物質の濃度が低ければ分解は擬似 1 次反応となる. もし, 微生物の量が明らかに変化するならば, モデルの予測は明らかにより複雑になる.

3.2.7　顕著な二重透水性構造を持つ帯水層での輸送

一部の地下水システム (粒子の整った層からなる未固結帯水層, カルスト層, 亀裂性粘土) は, 水もしくは汚染物質に対して非常に大きな貯留能力を持っているが, 流れと輸送に実際に関係する間隙の体積は小さい. このため, フィールドにおいて

観測される濃度のパターンは予測値と異なる．輸送のモデル化において，帯水層の間隙体積は多いが，水を輸送する能力がほとんどない帯水層は，汚染物質を蓄えたり放出したりするような貯留槽のように振る舞う．間隙率や透水係数が二重の分布を持つ地下水システムにおいては，非定常流れおよび輸送のシミュレーションを正確に行うためには，次の2つのアプローチが一般的である．

① 輸送流域全体で，等価な間隙システムを考慮する．透水性の低い領域での汚染物質の貯留と解放を考慮した Coats and Smith (1964) の二重空隙モデルを導入し，輸送に対する支配方程式を拡張する．

② 汚染物質の輸送は従来の輸送方程式を用いて解くが (3.3節の式 (3.38))，明確にそれぞれの帯水層領域の輸送を説明する．亀裂性岩盤の汚染物質の輸送に対してはこのアプローチが推薦される．地下水のシステムにおいて亀裂には移流による輸送がみられる．加えて汚染物質は拡散によって岩盤内に広がる．亀裂を有する多孔質岩盤における汚染物質輸送モデルの研究では，岩盤内での拡散は明らかでありモデル化の過程で無視できないことを示している．亀裂を有する多孔質岩盤での輸送の詳細な説明については Germain (1988) を参照のこと．

3.3 一般的な輸送方程式の定式化

この節では，地下水システムにおける汚染物質の1次元の移動を支配する方程式を，一般的な3次元の輸送領域に拡張する．汚染物質の輸送を表す2次の偏微分方程式は以下である．

$$\underbrace{\frac{\partial c}{\partial t}}_{\text{液相中の質量の時間的変化}} + \underbrace{\frac{(1-n)}{n}\rho_S\frac{\partial c_a}{\partial t}}_{\text{吸着質量の時間的変化}}$$

$$= \underbrace{-\frac{\partial}{\partial x_i}(v_i c)}_{\text{移流による流入出量}} + \underbrace{\frac{\partial}{\partial x_i}\left(D_{ij}\frac{\partial c}{\partial x_j}\right)}_{\text{拡散と分散による流入出量}} \underbrace{-\lambda c}_{\text{崩壊による損失}} \underbrace{-\sum Q c_{in}}_{\text{その他のソースと吸い込み}} \quad (3.38)$$

地下水システムでの汚染物質輸送の研究を可能にする微分方程式には，3タイプの式を組み合わせたものがある．

(1) 地下水流方程式 (2.4)，
(2) 汚染物質輸送方程式 (3.38)，
(3) 汚染物質の濃度に対する地下水の物理特性に関係する式 (3.39) や (3.40) のような補助方程式．

地下水の流れは解析的に解かれたり，広範なフィールド調査により事前に明らかになることがある．後者の場合，地下水に関するフィールドデータは，汚染物質輸送を予測するためのインプットデータとして直接利用できる．より一般的に，溶質輸送をシミュレートするための数値モデルは，地下水流を計算する流れのモデルを含み，そして水質モデルで地下水流速を活用する．

塩水遡上を評価する過程では，流れと質量輸送のシミュレーションは互いに影響する．海水の高い塩分濃度は，地下水の密度や粘性に影響を与え，流れの様相にも影響を与える．塩化物では，密度 ρ と粘性 η は濃度とほぼ線形の関係にある．

$$\rho(c) = \rho_0 + \frac{\rho_{\max} - \rho_0}{c_{\max}} c \tag{3.39}$$

$$\eta(c) = \eta_0 + \frac{\eta_{\max} - \eta_0}{c_{\max}} c \tag{3.40}$$

ここで，添え字の 0 は濃度 ($c = 0$) における密度と粘性を表し，また，"max" は飽和濃度に対する密度と粘性を表す．塩水の移動および広がりの予測においては，流れと水質の補助的モデルを連成し相互に作用させる必要がある．密度に依存する輸送モデルは，よく塩水遡上問題に適用される．しかし，流れと輸送が相互に作用しあう現象は，汚染物質の研究では一般的である．地下水の流れは，密度の差が1%程度でも敏感であり (List 1965)，溶質の高濃度差や温度差で発生する．

数値的には，流れと輸送を相互に作用させる連成問題は大きな問題ではなく，それは時間分割の数値的近似に直接依存する．各タイムステップにおいて，初期のタイムステップは濃度を既知として圧力分布が求められる．その後地下水流速を圧力分布から求め，それらを溶質輸送計算の入力データとして用いる．新しく得られた濃度は流れと輸送シミュレーションを繰り返すのに用いられる．これらの計算は最終的な解が得られるまで繰り返される．

地下水の流れと輸送の連成問題は，数値科学 (numerics) より物理学がモデル化の成功を支配しているという一例である（数値コードに誤差がないと仮定して）．ある数値コードを 2 つの密度依存性の地下水流問題に適用する．

まず，地下水システム上部の地下水の密度を，高い濃度の浸出液で増加させたケースを考える．汚染された水と自然の水の境界は不安定となり，複雑な流れの形態を引き起こす．これを図 3.9 に示す．これは地下水の流れが密度に依存する問題の簡単な実験を数値計算したものである．この帯水層モデルは等方性であり，淡水の上部に塩水が満たされている．この濃度差が指の形（フィンガリング）をした塩水の鉛直方向の動きを起こす．図 3.9 の矢印が示すように，回転の流れ場が大きくなってくる．矢印の長さは流速の大きさの指標であり，矢印の方向は流速の方向を示し

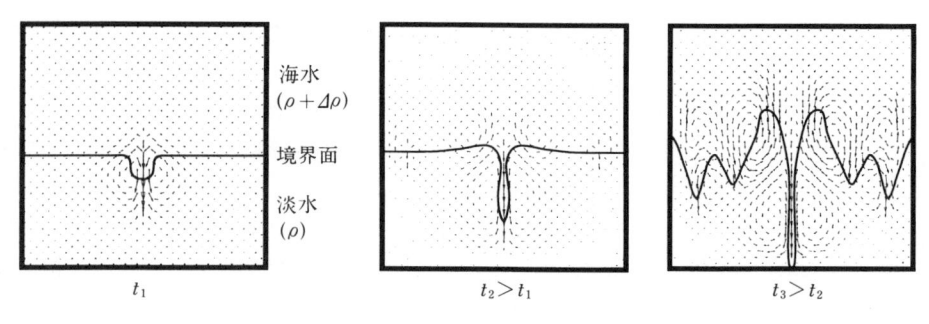

図 3.9 単純化されたシステムの密度依存性地下水流の数値シミュレーション

ている．時間がたつと，流れ場はいっそう複雑になる．塩水の動きは，いくつかの地点で下を向き，淡水を上へ移動させる．このような不安定な地下水状態のモデル化には，大変な努力が必要である．

次に，数値コードを，海面の変動により海水境界が移動する海岸部の地下水システムのシミュレーションに適用する．流れは，密度で層化され安定であり，計算はそれほど大変ではない．まとめると，密度依存の流れは鉛直方向の流れが支配的になる．このため鉛直方向を無視したモデルの簡素化は実用的でない．

3.4　境界条件・初期条件

流れの方程式においては，初期条件・境界条件が輸送方程式の解を得るために必要とされる．初期条件はシミュレーションを開始する際の濃度条件である．これは既存の汚染物質のプルームが広範にわたり調査され，その大きさと濃度がシミュレーションの前に既知であることを意味している．

流れの問題においては，境界条件は，既知濃度 (第 1 種)，既知濃度勾配 (第 2 種)，そして両者の線形重ね合わせ (第 3 種) の 3 つに分類される．図 3.10 は，一般的にみられる漏洩構造，非溶解性汚染物質のソース，地下水の涵養と湧出，注入井そして地表水を含む化学種の境界を示している．

一般的には，流出境界の濃度が未知であるために，輸送問題の境界に流出量の境界条件を適用するのは困難である．モデルの領域を十分に大きくとり，汚染物質が流出境界に到達しないようにし，境界における分散フラックスがなくなるようにするのが一般的である．

第 1 種の境界条件は，ディレクレ (Dirichlet) 条件であり境界の濃度を指定する．これはまた濃度既知境界として用いられる．ゴミの埋立地，池，排水設備，浸透層

平面図

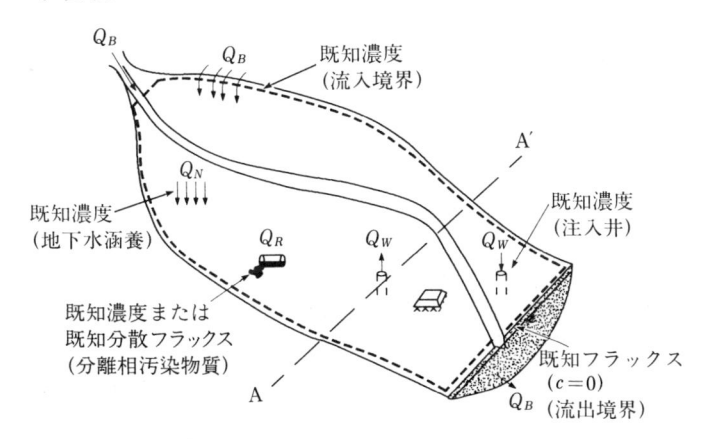

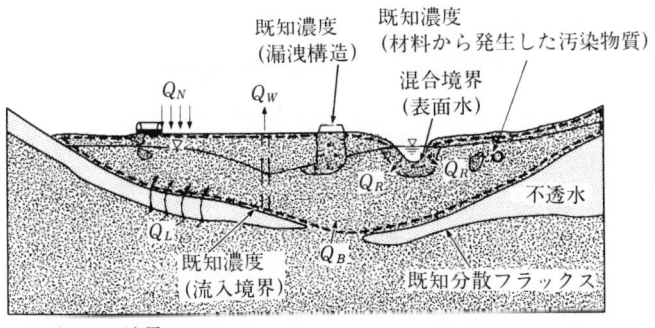

図 3.10 輸送モデル化における境界条件の例

$Q_N =$ 自然地下水涵養または湧出
$Q_R =$ 表面水との交換
$Q_B =$ 境界を越える地中流れ
$Q_L =$ 隣接帯水層から来る漏洩要素
$Q_W =$ 部分的浸出または浸透

のような漏水構造は，輸送モデルにおいて関連する化学種濃度の条件とともに，流れのモデルに関する流量既知境界によって表すことができる．注入井も同様に表すことができる．第1種の条件は，濃度（訳注：濃度は既知ではない）溶液のある既知涵養量を表すために（移流フラックス），モデルの流入端で適用されるのが一般的である．この観点から，山からの鉱床，地熱湧昇，農業による灌漑，家庭，工業地域からの排水等の地下水涵養は，輸送モデル化において関連する既知化学種濃度を伴

い，流れのモデル化に関してはフラックス既知境界によって表現される．モデル領域内の固定濃度は，汚染物質原液溜まり周辺の汚染水濃度を近似するのに用いられる．一般に汚染物質が地表水へ流出し希釈される場合，地表水に沿った境界の濃度はゼロと与えられる．

第2種の境界条件，Neumann境界は境界線分に沿った濃度勾配を指定し，分散フラックスを規定する．流れの問題における第2種の境界とは反対に，これは質量フラックス（移流と分散のフラックスを組み合わせたもの）を規定するものでもなく，移流フラックスだけを規定するものでもないため，この条件は輸送問題では制限が少ない．分散フラックスをゼロとすると，第2種の境界条件はモデル領域内で不透水境界もしくは濃度がゼロとなる流出境界に適用される．第3種は，Cauchy条件であり，混合もしくはフラックスタイプ条件と呼ばれ，濃度（移流）と境界に沿った濃度勾配（分散）の線形組合せによる総汚染物質フラックスを規定する．流入境界での質量保存則は以下となる．

$$\underbrace{vc_0}_{\text{モデル領域に入る フラックス}} = \underbrace{vc - D\frac{\partial c}{\partial n}}_{\text{モデル境界の内側の 移流分散フラックス}} \tag{3.41}$$

式の左辺はモデル領域に入ってくるフラックスを示し，右辺は境界内側の質量フラックスを与えている．

この第3種の境界条件は，モデル境界外側付近で濃度が完全に混合されている場合（例えば地表水）には妥当である．この場合，流入境界での濃度は不連続になり第1種の境界とは対照的である．もし，境界の外側にも多孔質媒体があれば，その側の分散フラックスも考慮すべきである．しかし，これは境界を横切る分散フラックスが事前に知られていなければならないという問題がある．このため，分散による流入は，普通無視されている．多くの場合（境界の向こう側で混合が発生している場合），濃度勾配もしくは分散フラックスは減少し，第3種の境界は第1種の境界に近づく．また，移流が0の場合，境界条件は第2種へと変わる．第3種の境界条件は，初期のシャープな濃度前線が存在しないので，数値的に解くことが容易である．初期の前線形状がシャープな場合，数値解のオーバーシュートを起こすことがある．

3.5 地質学上異なる状況での輸送

輸送モデル化のための数学モデルは，流れのモデル化よりも多くを要求する．プルームの広がりの中での物理的プロセスには，移流，分散，分子拡散，濾過現象，揮

発，ガス相 (不飽和帯) がある．崩壊，分解，吸着，生物分解，生体内変化といった汚染物質の輸送に関係する多くの化学的，生物化学的プロセスや生物学的プロセスとともに，これらの過程の複雑さゆえに，ほんのわずかの現地調査に対しての実汚染問題の評価しかできない．

幸いにも輸送問題や地質の種類により，モデルユーザーは，プルーム移動全般にインパクトを与えない輸送要素を無視することができ，数学モデルを解きやすくなる．物理的輸送過程は図 2.1 に示す異なる地質状態により，異なる重みを持っている．拡散は，亀裂のない粘土においては支配的な輸送メカニズムであるが，一般に礫質帯水層など速い輸送流速には無視できる．しかしながら，物理的輸送過程がプルームの広がりを制御する特定の条件を決定する一般的なルールは存在しない．次のような一般的見解が重要である．

① 多孔質 (粒状) 地下水システム：砂や礫の帯水層で地下水が十分存在している場合，プルームの挙動は移流によって支配される．分散の役割は流速が減少するにつれて大きくなる．分散はプルームの希釈を生じさせる．移流流速の未知変動は帯水層の不均質性による分散として解釈される．

② 亀裂やカルストの地下水システム：汚染物質は亀裂や透水層に沿って移動する．もし亀裂が規則的に分布していれば，連続体のアプローチを用いた相応なモデル化により平均化した移流輸送による理論的な評価が可能である．粒状地下水システムにおける物質輸送シミュレーションの適用が可能である数値モデルが近似として用いられる．拡散，分散の効果も評価することはできる．不規則な亀裂を有するシステム (カルスト系) においては，輸送は一般によく知られていない限られた流路に依存する．移流による輸送に支配されているが評価は困難である．分散の影響は 2 次的である．非常に亀裂の多いシステムでは，乱流が発生することがある (ダルシー則には従わない)．

③ 亀裂のない，低透水性地下水システム：汚染物質移動は少ない．拡散が汚染物質の輸送を支配する．分散的汚染物質の輸送は小さい，しかし，汚染物質の毒性が高い場合，重要となる．

④ 亀裂-多孔質地下水システム：一部のゴミ処理場は厚い粘土層に囲まれているのに，汚染物質は拡散だけでは到達できないような深さで検出されたことがあった．この予期しない移動の原因は，粘土層の亀裂による．亀裂-多孔質媒体では亀裂における移流と多孔質媒体における拡散の相互関係が，汚染物質移動の予測において重要になる．亀裂のある多孔質媒体での輸送を表現するための研究は，近年になってなされているが，現在のところ地下水システムにおけるプルームの進展をシミュレートする標準的モデルは存在しない．

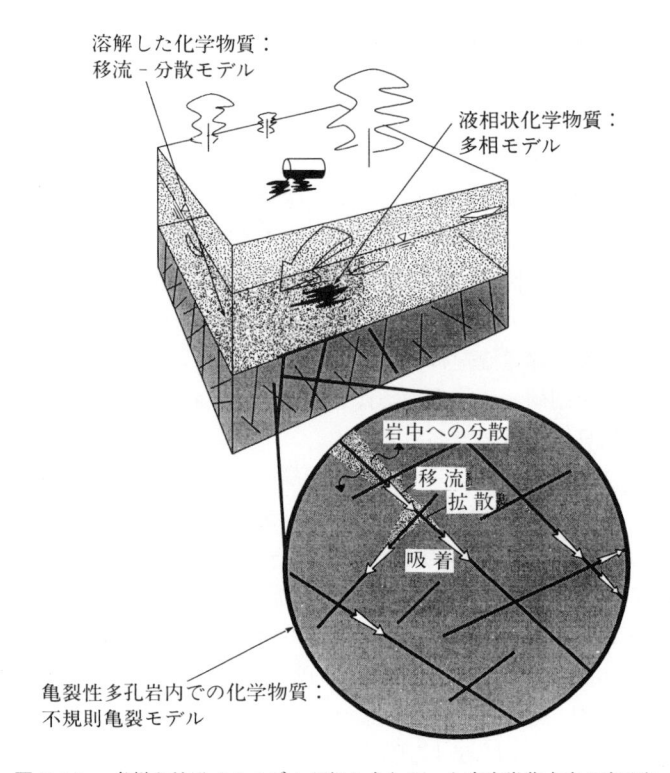

図 3.11 多様な輸送メカニズムが組み合わさった高密炭化水素の広がり

⑤ 不飽和帯：移流と分散の両方による鉛直方向の移動が支配的プロセスである．このゾーンは，緩衝材 (汚染物質を吸着，分散，揮発) または遅延要因 (徐々に蓄えた汚染物質を放出) のように振る舞う．飽和度に依存する係数 (透水係数，分散表)，ヒステリシス，ひび割れ土 (fissured soil) の問題は不飽和帯の輸送の評価を複雑にしている．

　一般に地下水システムは，異なったタイプの帯水層により形成される．汚染物質の輸送は各帯水層で異なる．例として，亀裂を有する基岩上に透水層がある場合の高密度の炭化水素汚染物質移動の概念図を図 3.11 に示す．炭化水素は，不飽和帯そして飽和帯を通り，砂礫質の帯水層底部へと移動する．溶解した炭化水素は，地下水と共に運ばれ，汚染物質のプルームを形成する．同時に，炭化水素は亀裂のネットワークを通って基岩に侵入する．実際の状況にも依存するが，亀裂を有する基岩内の汚染物質は，砂や礫の帯水層を移行するプルームより関心がもたれている．汚染物質の広がりのモデル化では，モデルユーザーは，発生源での輸送，地下水中の輸送，亀裂ネットワーク内の輸送という 3 つの異なるモデルを表現せざるをえない．

第4章 理想的な流れと輸送問題に対する解析モデルの利用

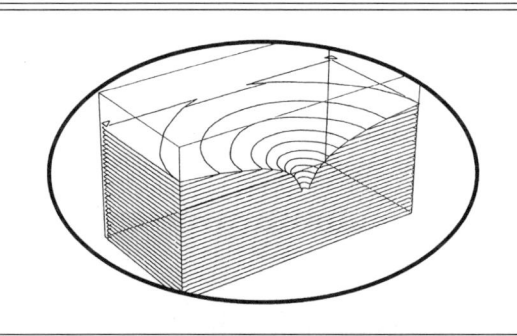

　解析モデル化は，数学モデルの解を除いて数値モデル化と同様のアプローチで行う．モデルユーザーは，解析モデルを熟知していれば，数値モデルを取り扱う際にそれが役立つことになる．4章では，揚水試験の解析モデルはもちろん，地下水の流れと輸送の解析的な予測モデルの概要について述べる．これにより，次章以降で述べる難解な数値モデル化の理解を補完すると考えられる．

　解析解に関する Polubarinova-Kochina (1952), Bear (1972) といった専門的な文献もあることなので，ここでは詳細な説明していない．モデルユーザーは，流れおよび拡散と類似する他の物理現象分野 (Calslaw and Jaeger 1959; Crank 1956) で確立された解を引用すると便利である．定常地下水流の数学的な説明は，Strack (1989) によってなされた．揚水試験結果の解析の全般的でわかりやすい文献は Krusemann and de Ridder (1970) によって書かれている．Walton (1970) は揚水試験に関する多数の実例をまとめた．揚水試験結果の解析と井戸理論の実務的な見地についても，Driscoll (1986) がまとめている．揚水試験を解析するコンピュータプログラムは，Boonstra (1989) など，いくつか入手先がある．解析解を基礎としたモデルについては図9.5にも挙げられている．複雑な流れおよび輸送の解析解は，しばしば複雑で扱いにくくなり，単純な問題なら数値解をしのぐという解析解の長所を減少させるほどである．無限級数を含む解析解は著しいプログラミング作業と計算機労力を必要とするであろう．

　本章は3つの節で構成されている．4.1節は1次元平面対称流または放射状流に関するものである．また，ここでは井戸の重ね合わせについても紹介する．4.2節

では一様流れ内での井戸と分散輸送による移流輸送の解について述べる．4.3 節では簡単な揚水試験結果の解析による地下水モデルの適用事例を示す．これによりモデルユーザーが揚水試験問題に慣れてもらうことが目的である．また，分散試験解析のための解析手法についても簡単に述べる．

モデルユーザーは，可能な限り数値モデル化よりも解析解を選択することになるだろう．多くの地下水問題は，それほど正確さを失うことなく，かなり単純化され解析的に解くことができる．与えられた地下水問題の単純化したり，適切な解析解を選択したりするための系統だったアプローチは存在しない．実際，もし選択した解析方法が水文地質学的支配に矛盾しなければ，選択されるべき解法は，調査する問題の予想と専門的な判断をするモデルユーザーの能力によって決定される．実現象と概念モデルの差が見られ，その違いとなる要因が適切に評価されるのであれば，解析解は有益なものとなる．

4.1 地下水流への予測モデルの応用

自然界では，地下水流は被圧 (confined)，半被圧 (semiconfined)，不圧 (unconfined) 状態にある．漏水性帯水層と呼ばれている半被圧流は，完全被圧や不圧流よりも一般的である．本節では，これらの 3 つの条件の 1 次元地下水流を対象としている．一般解は平面対称および放射状の定常地下水流を対象とし，無限に広がる帯水層に応用可能な非定常解は放射流に関してのみ示す．群井を表現するために単一井戸揚水の解の線形重ね合わせをどのように応用するかという議論についても，本節の最後で触れる．

4.1.1　1 次元平面対称定常流

1 次元平面対称流を理解するために，図 4.1 に示す断面図について検討する．断面図に示されている以外の方向への地下水流は存在しないものと仮定する．図 4.1 で表されている層内の流れは 3 種類の異なる流れになる．
  (1) 左側は帯水層が被圧されている場合
  (2) 中央は漏水している場合．帯水層は半被圧帯水層
  (3) 右側は帯水層が不圧の場合

主に 1 次元流であると仮定することにより，それぞれ流れ領域における地下水流の一般解は，

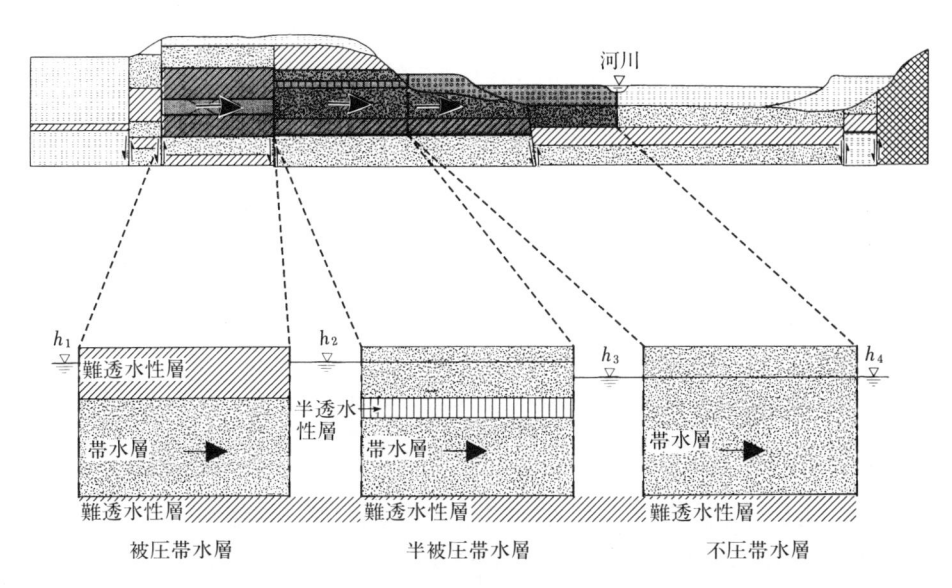

図 4.1 仮想流れ問題への部分的手法の応用

被圧帯水層
$$h = Ax + B \tag{4.1}$$

半被圧帯水層
$$h = Ae^{x/\lambda} + Be^{-x/\lambda} \tag{4.2}$$

不圧帯水層
$$h^2 = -\frac{N}{K}x^2 + Ax + B \tag{4.3}$$

ここで, h：距離 x での全水頭 $[L]$
x：距離 $[L]$
K：透水係数 $[L/T]$
λ：漏水因子 $[L]$
N：自然地下水涵養量 $[L/T]$
A, B：境界条件から決まる定数

漏水因子 λ の定義を以下に示す.

$$\lambda = \sqrt{T\frac{d}{K'}} = \sqrt{\frac{T}{c}} \tag{4.4}$$

ここで，T は帯水層の透水量係数 (transmissivity) で，c は式 (2.6) で定義した半透水性帯水層の水理抵抗 (hydraulic leakance) である．漏水因子は帯水層への漏水量の程度を示している．大きな λ の値は帯水層自身の抵抗と比較して半透水層 (semipermeable layer) の抵抗が大きいことを示している．

式 (4.1) から式 (4.3) に異なる組合せの境界条件を適用すると，様々な 1 次元平面対称流ケースの水頭分布が求められる (Cohen and Miller 1983)．これらのケースで用いられている制限された仮定を，ほとんどの流れの問題は満たさない．しかし，複雑な流れの問題を解くためには，調査した流れが図 4.1 に示したどの流れに支配されるかを考えて細分化しなければならない．式 (4.1) から式 (4.3) を用いることにより，各々の流れ場の地下水位および地下水流量が求められるが，異なる 2 つの流れ場の内部境界における地下水位またはフラックスは未知である．このアプローチは未知量と同数の式をつくりだすので，さらに複雑な地下水流の問題も，式 (4.1) から式 (4.3) で与えられた基本的な解を使用して解くことができる．

フラグメント法 (method of fragments) と呼ばれるこの方法は，1935 年に Paulousky によって与えられた (Paulousky 1956)．この方法は，流れの様々な臨界部での等ポテンシャル線はほとんど直線であるという仮定により，鉛直および平面 2 次元流にも適用できる．これらの線は流れのシステムを個々の断面に細分化するのに役立つ．

4.1.2　1 次元放射状収束流

1906 年に Thiem は揚水井戸近傍の地下水位の変化を予測する式を初めて発表した．井戸に向かう流れの説明は，地下水の調査および開発において非常に重要な役割を持つために多くの科学者の興味を引き，以下に示す被圧帯水層・半被圧帯水層・不圧帯水層での放射流の定常状態での流れの一般解が導かれた．

被圧帯水層

$$h = \frac{Q}{2\pi T} \ln r + C \tag{4.5}$$

半被圧帯水層

$$h - h_0 = AI_0\left(\frac{r}{\lambda}\right) + BK_0\left(\frac{r}{\lambda}\right) \tag{4.6}$$

不圧帯水層

$$h^2 = \frac{Q}{\pi K} \ln r + C \tag{4.7}$$

ここで，Q：井戸の揚水量または注水量 $[L^3/T]$
　　　　T：透水量係数 $[L^2/T]$
　　　　K：透水係数 $[L/T]$
　　　　r：井戸からの距離 $[L]$
　　　　h：距離 r における水頭 $[L]$
　　　　h_0：隣接帯水層の一定水頭 $[L]$
　　　　λ：式 (4.4) で示した漏水因子 $[L]$
　　　　I_0：第 1 種零次修正ベッセル関数
　　　　K_0：第 2 種零次修正ベッセル関数
　　　　A, B, C：境界条件から決まる定数

一連の展開式とベッセル関数の表については "Handbook of Mathematical Functions" を参照のこと．

井戸に向かって流れる定常流の一般的な条件下の解は以下の式で計算できる．

被圧帯水層

$$h - h_1 = \frac{Q}{2\pi T} \ln\left(\frac{r}{r_1}\right) \tag{4.8}$$

半被圧帯水層

$$h - h_0 = \frac{Q}{2\pi T} K_0\left(\frac{r}{\lambda}\right) \tag{4.9}$$

不圧帯水層

$$h^2 - h_1^2 = \frac{Q}{\pi K} \ln\left(\frac{r}{r_1}\right) \tag{4.10}$$

ここに，h_1 は井戸からの距離 r_1 における地下水位として知られており，式 (4.9) 内の h_0 は隣接する帯水層での地下水位である．$r \to \infty$ では揚水している半被圧帯水層の地下水位は h_0 と等しくなる．

式 (4.8) は Thiem (1906) によって発表され，ティエムの式と呼ばれている．DeGlee (1930, 1951) は漏水帯水層の定常解を解いた (式 (4.9))．式 (4.10) はデュピーの式 (Depuit quation) として知られている (Dupuit 1863)．この式は帯水層の各鉛直断面では地下水の流れは水平であるという仮定のもとに導かれている．この仮定はデュピーの仮定として知られている．

非定常井戸の解は，非定常地下水流のために用いられる一般的な条件下の解である．これらの解は揚水または注水時の地下水位の変化を予測し，揚水流量の記録と

水位の測定が可能な場合には透水量係数と貯留係数を求めることができる．後者の適用は 4.3 節の揚水試験の項で説明する．無限に広がる帯水層での井戸による流れの非定常解を以下に示す．

被圧帯水層

$$s = h - h_0 = \frac{Q}{4\pi T}\int_u^\infty \frac{e^{-y}dy}{y} = \frac{Q}{4\pi T}W(u) \tag{4.11}$$

半被圧帯水層

$$s = h - h_0 = \frac{Q}{4\pi T}\int_u^\infty \frac{1}{y}\exp\left(-y - \frac{r^2}{4\lambda^2 y}\right)dy = \frac{Q}{4\pi T}W\left(u, \frac{r}{\lambda}\right) \tag{4.12}$$

上述の式の s は地下水位低下量で，距離 r，時間 t における地下水位 h と揚水前の水位 h_0 との差で表され，S は貯留係数，λ は漏水因子である．半被圧帯水層の場合には，h_0 は隣接した帯水層の地下水頭と等しく，隣接した帯水層の地下水は揚水によって影響を受けないと仮定する．

式 (4.11) において井戸関数 (well function) と呼ばれている $W(u)$ は次式で表される．

$$u = \frac{S}{4T}\left(\frac{r^2}{t}\right) \tag{4.13}$$

式 (4.12) 中の $W(u, r/\lambda)$ は，ハンタッシュ (Hantush) の井戸関数と呼ばれている．この関数は井戸関数と類似しているが，積分内で 2 つのパラメータがある．これらの関数表は井戸理論関連の書物に収められている．

不圧帯水層における地下水位の変化の予測では，水位低下量が飽和帯水層厚に比べて小さく，地下水が遅れることなく排水する場合に限り，式 (4.11) が適用可能である．地下水面の低下による瞬時の排水（訳注：上記の仮定から式 (4.11) による予測結果）は，不圧帯水層での観測結果とかなり異なっている．遅れ排水を取り入れた不圧帯水層の解は，Boulton (1954) が述べた複雑な微分方程式で求められる．

式 (4.11)，式 (4.12) と遅れ排水を伴う不圧帯水層の非定常井戸流の帯水層モデル化と水位低下特性を図 4.2 に示した．図中のグラフは，揚水によって生じる任意の距離での地下水頭の低下量を示している．揚水試験結果の解析では，対数スケールで時間と水位低下を表す．被圧と不圧帯水層での流れの場合には，既知水頭境界や自然の涵養源が存在しなければ，水位低下量は際限なく増加していくだろう．もし水位低下が既知水頭境界に到達すれば，水位の低下は図 4.2 に示したようにほとんど定常状態になるであろう．不透水境界がある場合には水位低下量が増加していく．

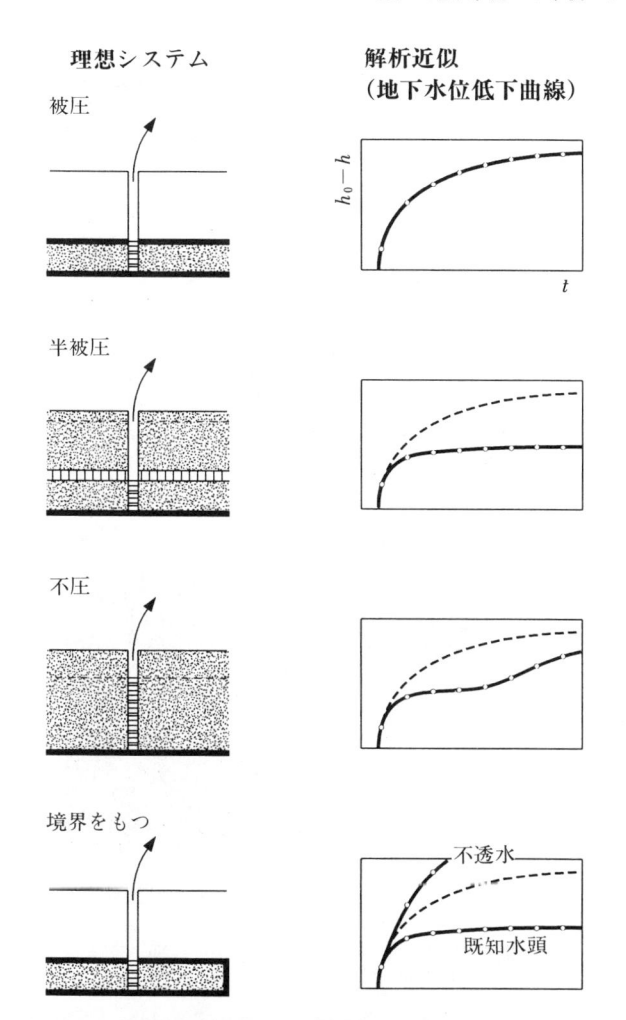

図 4.2 各理想システムでの $h_0 - h$ と t の両対数軸上の整理 (Freeze and Cherry 1979)

半被圧帯水層の場合には，水位低下の範囲は隣接した帯水層からの漏水によるが有限である．

　井戸による流れの解析解は，ほとんど揚水試験結果の解析と揚水計画時の水位低下予測に適用される．より複雑な地下水システムにおいて，地下水の揚水および涵養の効果を概算するのにも役立つ．これについては図 4.3 に示した．このフィールドスタディでは，地下水位高さにある浸透ピットの効果を検討するために 2 次元数値解析モデルを使用した．人工浸透は，自然涵養の少ない乾期における過剰な揚水

モデル領域

―――― 数値解析によって求めた人工涵養開始から2年後の地下水位上昇量
- - - - 式(4.11)の解析解から求めた地下水位上昇量

図 **4.3** 解析解と数値解析結果の比較

を補うためのものである．図4.3の実線は数値解析によって求めた人工涵養開始から2年後の地下水位の上昇量を示している．浸透流量は1270万 m^3/年である．また，図中の点線は式(4.11)による解析解から求めた注水による地下水位の盛り上がりを示している．解析シミュレーションでは，浸透ピットの中央の井戸からの局所的な浸透を仮定した．実線と点線の比較または数値解と解析解の比較から，単純な解析解を用いることにより人工地下水涵養の効果を適切に示唆することが可能であることがわかる．複雑なフィールドスタディに解析解法を適用することにより，今回の例でも，調査段階での地下水問題の明確化と単純化の重要性を強調している．

必要性・費用・地下水システムの複雑さに依存し，モデル化における重要な特徴を予測できるように単純な地下水モデルの設計をすることが可能となるだろう．解析モデルでは短時間で概略の解を得ることができるが，数値解析では数週間から数か月を要する．

4.1.3 被圧帯水層の群井による流れの解法

定常2次元被圧流を表す微分方程式は，ラプラス (Laplace) の式である．2種類の異なる関数がラプラス式の解である場合に両関数の和もラプラス式の解となる．式 (4.5) で示した各々の単井の解はラプラス式の解であるので，線形重ね合わせの法則が被圧帯水層における群井による流れの解に適用できる．不圧帯水層の場合には，水位低下が帯水層の飽和部分の厚さに比べて小さい場合に限り，重ね合わせは近似値として適用できる．

鏡像法 (method of images) として知られている重ね合わせ法と対称法の併用は，種々の流れ領域に境界条件の導入を可能にする (例えば，Bear 1972)．流線は不透水境界として取り扱うこともでき，地下水頭の等ポテンシャル線は定水頭境界となる．Walton (1970) は，現地に対する鏡像法の多くの適用例を示した．ここでは2つの現場適用例を図 4.4 に示す．北京の現場事例での揚水井戸は，透水量係数が周

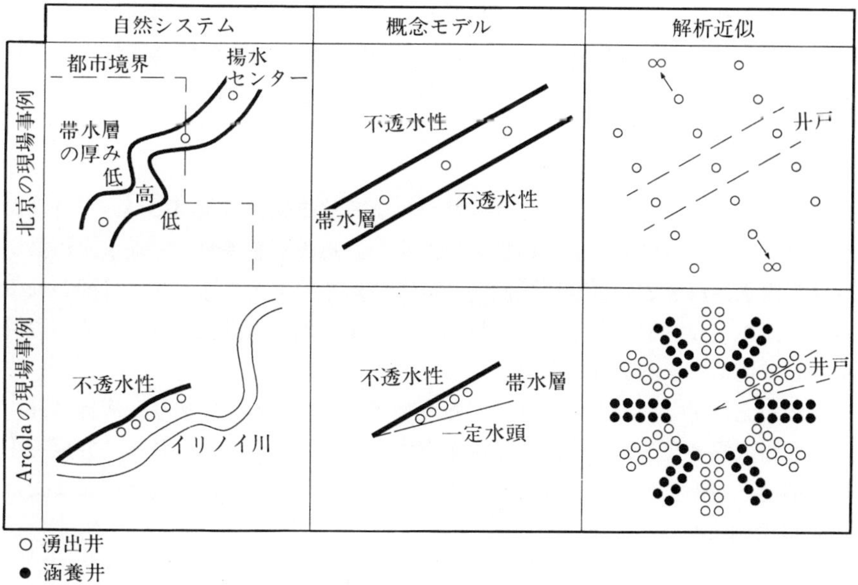

図 4.4 重ね合わせ法の応用 (Walton 1970)

辺の帯水層よりも大きい河川の堆積物に沿って配置している．概念モデルでは，帯水層は解析モデルを用いて地下水位の上昇を決定できる2つの不透水境界を持つ帯状の範囲として表される．Arcolaの現場事例では，埋もれた谷が帯水層を構成している．その端部では，帯水層の厚さは減少し，下部に位置する基盤岩が不透水境界となっている．イリノイ川は沖積地盤を形成している．揚水試験は川と地下水の妥当な結合を示した．以上から概念モデルは地下水位上昇の解析的近似を可能にするといえる．

鏡像法は主として直線状の境界に適用されるが，円状の境界をシミュレートすることもできる．透水量係数の急な変化を伴う帯水層のシミュレートもまた可能である (Bear 1972)．次の節では被圧井戸流れのための基礎的な解 (式 (4.5)) を用いて，群井を含む実践的な輸送問題の解についても述べる．

4.2 地下水輸送のための予測モデルの適用

汚染物質の輸送問題のための解析解は流れの問題ほど一般的ではない．平均的な汚染物質の移動と移動時間は，分散の影響を無視して解析解を使用することにより概算することができるだろう．実際問題として地下水保護領域の設計と水理的浄化工の浄化井戸の設計を行う場合，この近似で解くことができる．溶質移動の次の段階では地下水の流れを一様と仮定して分散を解くものである．空間に依存した移流輸送速度 (advective transport velocities) の解析解は，支配輸送方程式が非線形であるため導くことが最も困難なものである．

4.2.1 井戸による移流輸送

地下水浄化に関連した設計では，井戸による移流輸送の説明について特別な注意が必要である．汚染プルームの拡大を防止し，地下水を揚水して地下水汚染を減少させる揚水井戸をどのように配置すればよいかを，モデルユーザーは問われる．そのため，単純な解析的そして半解析的なモデルが地下水浄化対策のための設計ツールとして使用できるように開発された．

自然の流れがない場合の単井に向かう地下水流は放射状であり，流線は井戸に端点をもつ直線となる．流速は連続性を考慮することにより得られる．井戸を中心とした半径 r，厚さ m の円筒に流れ込む水の流量は，次式に示す揚水流量または注水流量 Q と等しい．

$$v(r) = \pm \frac{1}{n}\frac{Q}{2\pi m r} \tag{4.14}$$

平均移流流速はダルシー流速を間隙率 n で割ることにより導かれる．同じ時間で揚水井に到達するあるいは復水井から到達する地点を結んだ線は次式の半径で示す円となる．

$$r = \left(\frac{Q}{\pi mn}t\right)^{\frac{1}{2}} \tag{4.15}$$

重ね合わせ法は地下水の流れを決定するのに使用され，さらに群井による流れにおける移動時間をも決定する．一様な地下水流は無限の揚水量・注水量を持った無限の距離にある揚水井と注水井によるものと解釈できるので，一様流もまた重ね合わせることができる．

図 4.5 に井戸近傍の典型的な流れ場を示した．自然の流れの勾配があり，これにより自然の地下水流が存在している．乱れのない流れはほとんど変化しない．そして，このシステムは一様な地下水流量 (q_0) が仮定できると理想化する．流線と移動時間は解析的に表現でき (Bear 1972)，無次元化して表される．したがって，図 4.5 で示されているような無次元化されたグラフが，一様流の中に 1 本の揚水井が存在する流れの問題についても適用できる．サイトの実測座標と移動時間は，流量・帯水層厚などの実際の値を，無次元化した時間と距離の式に代入することにより得られる．

群井における流れ場を決定するための簡単な方法は，重ね合わせ法から導かれる．流速は各井戸での流速の和として計算でき，4.1 節で述べたすべての仮定がここでも適用できる．流速の計算式は以下のとおりである．

$$v_x = \sum_{i=1}^{k} \frac{Q_i}{2\pi mn} \frac{\cos\beta}{\sqrt{(x_i-x)^2+(y_i-y)^2}} + \frac{q_0}{n}\cos\alpha \tag{4.16}$$

$$v_y = \sum_{i=1}^{k} \frac{Q_i}{2\pi mn} \frac{\sin\beta}{\sqrt{(x_i-x)^2+(y_i-y)^2}} + \frac{q_0}{n}\sin\alpha \tag{4.17}$$

ここで，β：井戸 i と任意の点 (x,y) を結ぶ直線と x 軸との反時計回りの角度
　　　　α：流れの主方向と x 軸との角度

流線に沿って点 (x_1,y_1) から点 (x_2,y_2) へ移動する時間は次式で表される．

$$t = \int_{x_1}^{x_2}\frac{dx}{v_x} = \int_{y_1}^{y_2}\frac{dy}{v_y} \tag{4.18}$$

実際，流線と移動時間のための厳密解は，2 本の井戸による流れに限定される (詳細は Muskat 1949; Bear 1972; Dacosta and Bennett 1960; Mehlhorn et al. 1981

自然システム

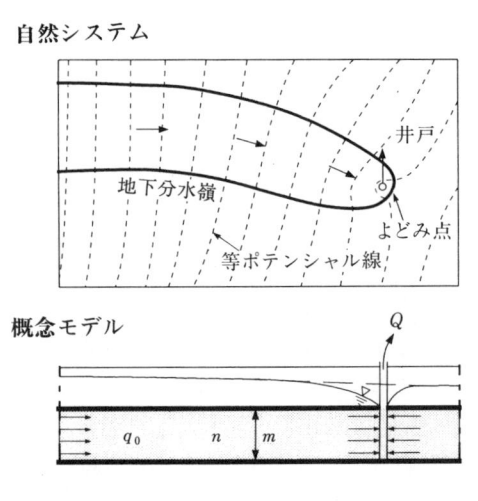

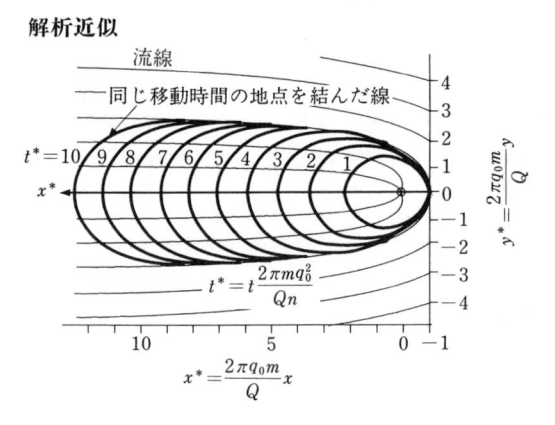

概念モデル

解析近似

図 4.5 一様流中の井戸

を参照のこと).2本の井戸の解を基に単純化された流れと移動時間については,図4.6に示されている.2本の井戸の解もまた鏡像法により,地表水付近の1本の井戸を表すことが可能である.これについては図4.6で流線網の対称部分の破線によって表示している.

群井の厳密解は浄化工法の設計の際に特に役立つものである.図4.7に示すように,これらは数値モデルの予測をサポートすることもできる.ここで,等しい揚水流量 Q の井戸間における回収問題について検討する.井戸を結ぶ直線は自然地下水流量 q_0 の流れと垂直に交わっている.群井の閉じた形式の解によって,地下水が井戸間を通り抜ける寸前状態にある 2, 3, 4, 5 本の井戸間のそれぞれの最大限界距

4.2 地下水輸送のための予測モデルの適用

	流れ場	移動時間（x軸方向）
一様流中の井戸		$t^* = x^* - \ln(x^* + 1)$ ここで $x^* = \dfrac{2\pi q_0 m}{Q} x$ $t^* = \dfrac{2\pi m q_0}{Q} t$
涵養と揚水		井戸間 $t = \dfrac{2}{3} \dfrac{2\pi m a^2 n}{Q}$ ここで $a =$ 井戸間隔の半分
涵養および揚水 x方向での一様流		井戸間 $t^* = \sqrt{2a^* + a^{*2}} \ln \dfrac{\sqrt{2a^* + a^{*2}} + a^*}{\sqrt{2a^* + a^{*2}} - a^*}$ ここで $a^* = \dfrac{2\pi q_0 m}{Q} a$
涵養および揚水 xとは逆方向での一様流		井戸間 $t^* = 2\left[\dfrac{2a^*}{\sqrt{2a^* - a^{*2}}} \arctan \dfrac{a^*}{\sqrt{2a^* - a^{*2}}} \right]$

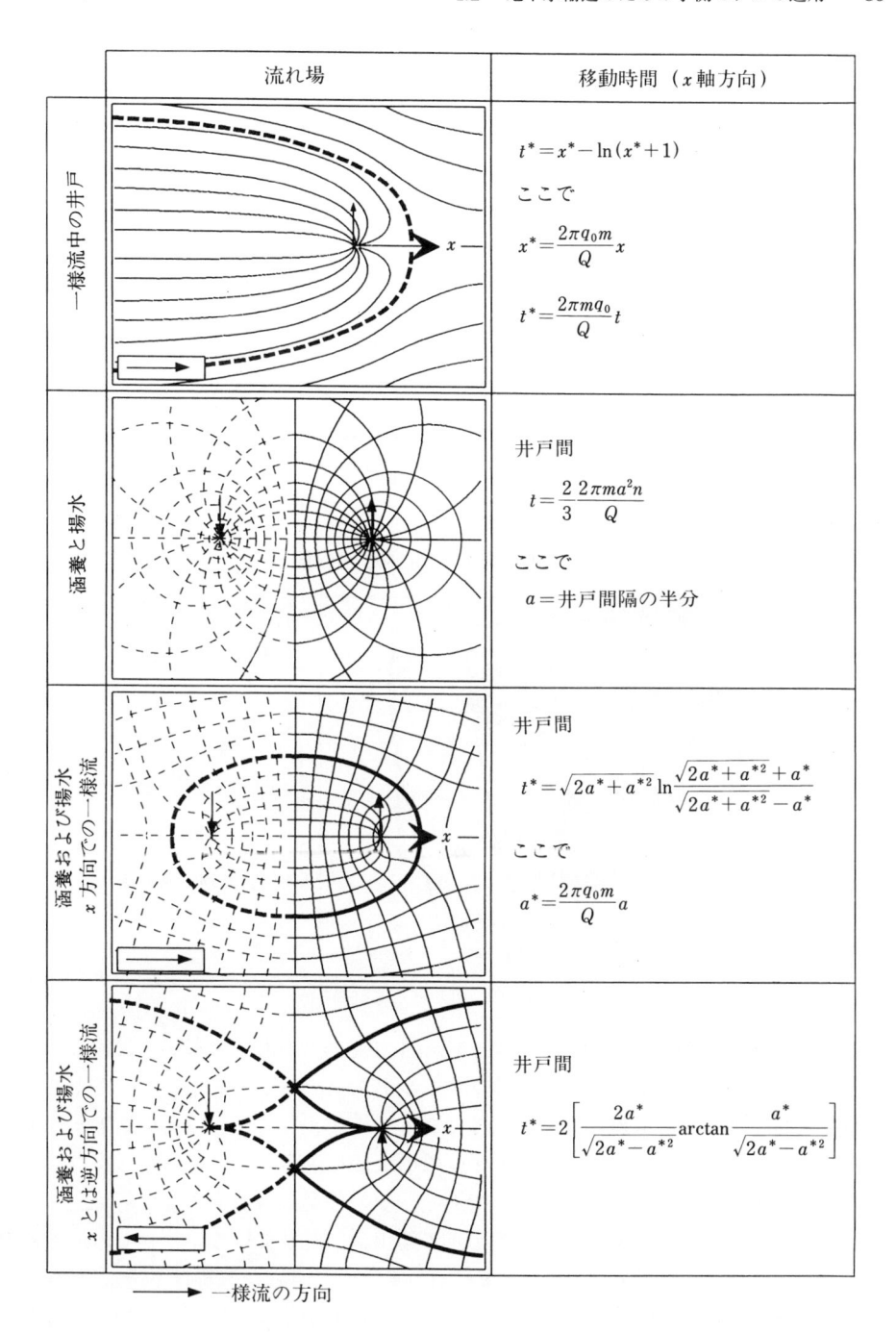

⟶ 一様流の方向

図 4.6　2本井戸の解：流れ場と x 軸に沿った移動時間

井戸間での回収流れ − 井戸間の(最大)限界距離

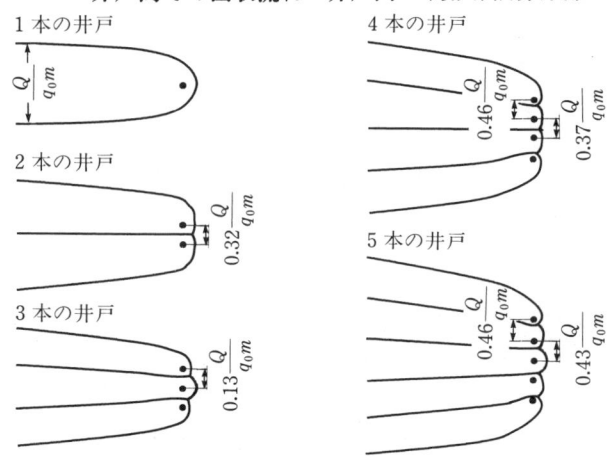

1 本の井戸 : $\dfrac{Q}{q_0 m}$

2 本の井戸 : $0.32 \dfrac{Q}{q_0 m}$

3 本の井戸 : $0.13 \dfrac{Q}{q_0 m}$

4 本の井戸 : $0.46 \dfrac{Q}{q_0 m}$, $0.37 \dfrac{Q}{q_0 m}$

5 本の井戸 : $0.46 \dfrac{Q}{q_0 m}$, $0.43 \dfrac{Q}{q_0 m}$

ケーススタディ：2 本の井戸を用いた回収流れ

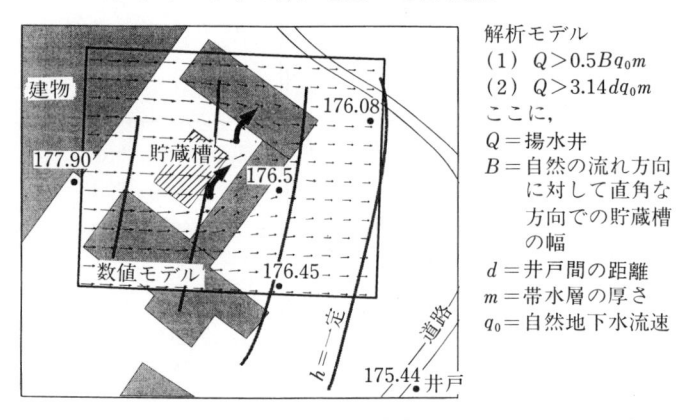

解析モデル
(1) $Q > 0.5 B q_0 m$
(2) $Q > 3.14 d q_0 m$

ここに，
$Q =$ 揚水井
$B =$ 自然の流れ方向に対して直角な方向での貯蔵槽の幅
$d =$ 井戸間の距離
$m =$ 帯水層の厚さ
$q_0 =$ 自然地下水流速

図 4.7　井戸間の遮断流れ

離を求めることができる (Bear 1972; Kauch 1982). これらについては図 4.7 の上の段に示した. 図 4.7 の下の段にはフィールドスタディへの適用を示した. ここで地下水汚染の原因は貯蔵槽からの漏洩である. モデルユーザーは汚染地下水が下流側に流出しないように，2 本の揚水井戸の揚水量を決定しなければならない. 両井戸の揚水量は等しく，最少とすべきである. その作業は数値的そして解析的に解かれる. この工学的な目的に対するモデルの適用は，乱れていない状態での地下水の基本的な流れは一様であるため，容易に行うことができる. 流線は不透水境界とし，測定した地下水頭は既知水頭境界とする. 以下に示す 2 つの揚水量の制限を考慮し

4.2 地下水輸送のための予測モデルの適用

概念モデル

配 置 図

（汚染源, 55 000 [mg/m³], 7 500, 3 750, 1 750, 750, 300, 75, T_1, 透水量係数の変化, $T_2 > T_1$, プルーム, 浄水場の揚水井 WW1, WW2, WW3, WW4, WW5, WW6）

半解析近似

2本の揚水井による浄化
流線と等移動時間線

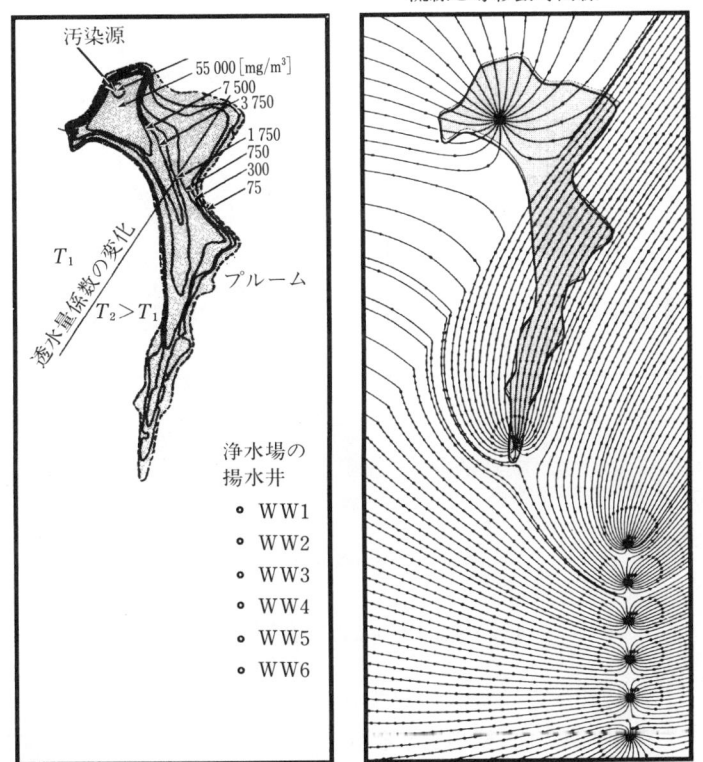

図 4.8 分散のない（移流のみの）シミュレーション：重ね合わせ法の群井戸流れへの応用 (Herr 1985)

て，数値モデルの結果と解析モデルの結果との比較を明確にしなければならない．

(1) 両井戸によって合成される集水エリアは，貯蔵槽の範囲を含まなければならない．集水エリア幅の漸近線が貯蔵槽の最大幅と等しいと仮定することにより，Q に対する最初の条件を導くことができる．

(2) Q に対する2番目の条件は2本の井戸の限界井戸間隔から得られる．

半解析モデル (Javandel et al. 1984) は，式 (4.16) と式 (4.17) を用いて流速は任意の点で既知であることを利用する．流線と移動時間は流れ場にセットされた粒子の移動を追跡すれば，数値的に求められる．時間ステップ dt 後の粒子の位置は，次式で計算できる．

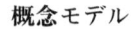

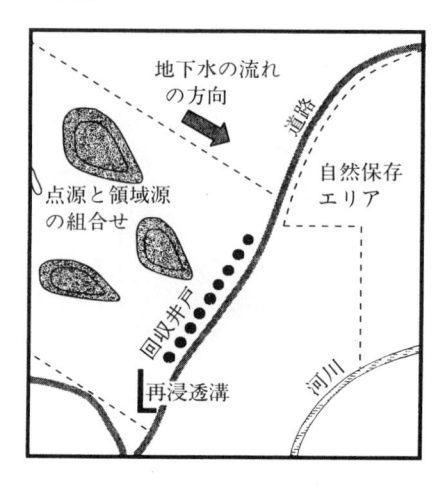

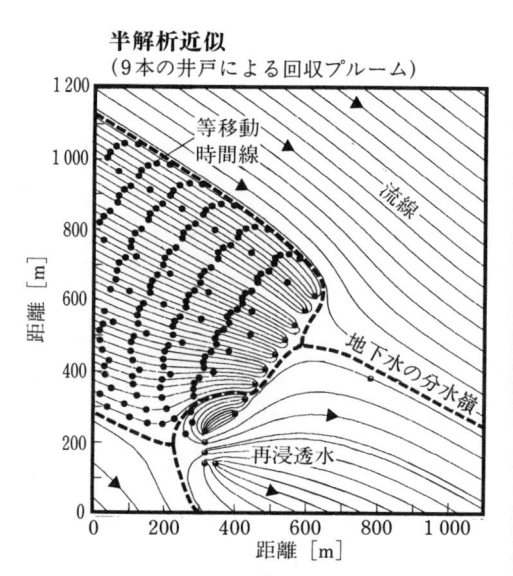

図 4.9　分散のない（移流のみの）シミュレーション：9つの回収井戸による浄化計画への重ね合わせの適用

$$x_{\text{new}} = x_{\text{old}} + \int_{t_{\text{old}}}^{t_{\text{new}}} v_x dt \tag{4.19}$$

$$y_{\text{new}} = y_{\text{old}} + \int_{t_{\text{old}}}^{t_{\text{new}}} v_y dt \tag{4.20}$$

流線の計算における誤差は，時間ステップを小さくすると小さくなる．数値積分の正確さはRunge-Kutta式のような積分法の適用によって改良することができる(Hornbeck 1975)．等移動時間線は粒子の移動が始まると同時に時間ステップの記録を保持することにより容易に導かれる．

半解析モデルは，浄化計画の設計に適用できる有力な方法である．図4.8および図4.9に2つの現場適用例を示した．図4.8では浄水所の揚水井戸に接近してきた汚染プルームに浄化計画を適用した例を示す．移流輸送(流線と移動時間)は式(4.16)から式(4.20)を用いて半解析的に解くことができる．調査した帯水層において，厚さと透水量係数がそれぞれ断層によって急激に変化しており，図中の左上での流線のカーブがそのことを表している．透水量係数の変化は，鏡像法の適用により取り扱うことができる．わかりやすい流れの様相を得るために，流線粒子のリリースポイントは井戸周囲に等間隔で配置し，上流側から追跡した．

図4.9には，モデルユーザーが汚染プルームの広がりを防ぐために工場下流側で浄化井戸を配置する場合についての現場適用例を示している．この場合，汚染源は

比較的広い範囲に散らばっている．揚水した地下水は処理後，再び注水されている．流れの詳細な評価については数値解析により求められた．半解析モデルにより，ほとんど労せずして，予想した流れと輸送場での信頼できる情報を得ることができた．

4.2.2 一様流中の分散輸送

移流分散方程式 (advection-dispersion equation) は数少ない輸送問題に対して解析的に解くことができる．解析モデルは単純な形状と単純な初期および境界条件に限定される．次のケースでは，一様流を仮定して，移流分散の 4 つの基本的な解について簡単に説明する．

(1) 永久点源
(2) 瞬間点源
(3) 半無限カラムのトレーサーの 1 次元移動
(4) 平面における初期段階に極端な濃度が分布する 1 次元横方向への広がり

Case 1.　永久点源

拡散または分散の過程に関する解析解の標準的な形態を具体化するためには，統計学的経験則が有効である．この実験では，図 4.10 に示されているように，ランダムな過程の例として，ボールを釘を打った垂直の板の上から落下させるケースを取

$$f(y) = \frac{1}{\sigma\sqrt{2\pi}} e^{\frac{-y^2}{2\sigma^2}}$$

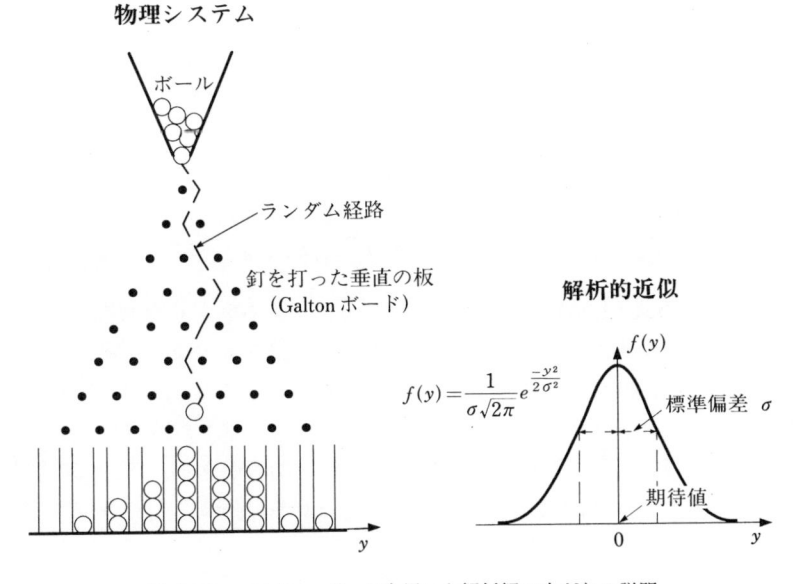

図 **4.10**　Galton ボードを用いた解析解の広がりの説明

り上げる (Galton ボードと呼ばれる，Galton, 1822-1911)．釘を打った垂直の板の底部には，ボールを集めるための箱が用意されている．十分な試行回数が確保できる実験であり，ボールを通す多数の釘の経路が存在すると仮定すると，ボールの分布は次式に示すガウス関数に従うだろう．

$$f(y) = \frac{1}{\sigma\sqrt{2\pi}}\exp\left(-\frac{y^2}{2\sigma^2}\right) \tag{4.21}$$

ここで，σ は板の釘の配置による横方向 (y 方向) の広がりと釘の数の影響を示している．

ここで，ボールを汚染物質，釘打ち板は帯水層，釘は土粒子と想定すると，一様な地下水流における連続した点源の場合の汚染分布が上式により予想できる．実際に定常解は次のように近似される (Sayre 1968)．

$$\frac{c}{c_0} = \frac{1}{2\sqrt{\pi\alpha_T x}} e^{\left(\frac{-y^2}{4\alpha_T x}\right)} \tag{4.22}$$

ここで，x：地下水の流れ方向の距離 [L]
　　　　y：地下水の流れと直角方向の距離 [L]
　　　　c：濃度 [M/L^3]
　　　　c_0：汚染源での濃度 [M/L^3]
　　　　α_T：横方向分散長 [L]

予想したように，標準偏差 σ は分散による広がりの評価になるため，濃度分布はガウス分布である．最大の濃度は $y=0$ に対称な軸に沿って生じ，以下のように計算できる．

$$\frac{c_{\max}}{c_0} = \frac{1}{2\sqrt{\pi\alpha_T x}} \tag{4.23}$$

式 (4.21) から式 (4.23) では，流れ方向の分散による広がりを無視している．流れ方向の濃度勾配が小さいため，これにより生じた誤差は少なくなる．一様流における，縦方向と横方向の分散を合わせた永久点源の分散による広がりを考慮し，かつ時間に依存した非定常解については，Kinzelbach (1986) を参照のこと．

移流分散方程式の解析解法には，一般にガウス関数が含まれる．この関数は，次式で定義する誤差関数内にも含まれている場合が多い．

$$erf(x) = \frac{2}{\sqrt{\pi}}\int_0^x e^{-\zeta^2} d\zeta = 1 - erfc(x) \tag{4.24}$$

上式中の $erfc(x)$ は余誤差関数である．ガウス関数は誤差関数および余誤差関数と同様に "Handbook of Mathematical Functions" に数表で示されている (Abramowitz and Stegun 1970)．

Case 2. 瞬間点源

図 4.11 と図 4.12 (a) に示したように，縦方向と横方向の分散を合わせた解が，一様流における瞬間点源の解として導かれる．解は偶然の漏洩によって生じる汚染の広がりを近似している．質量 M が点源に加わり，時間が経過してもシステムの境

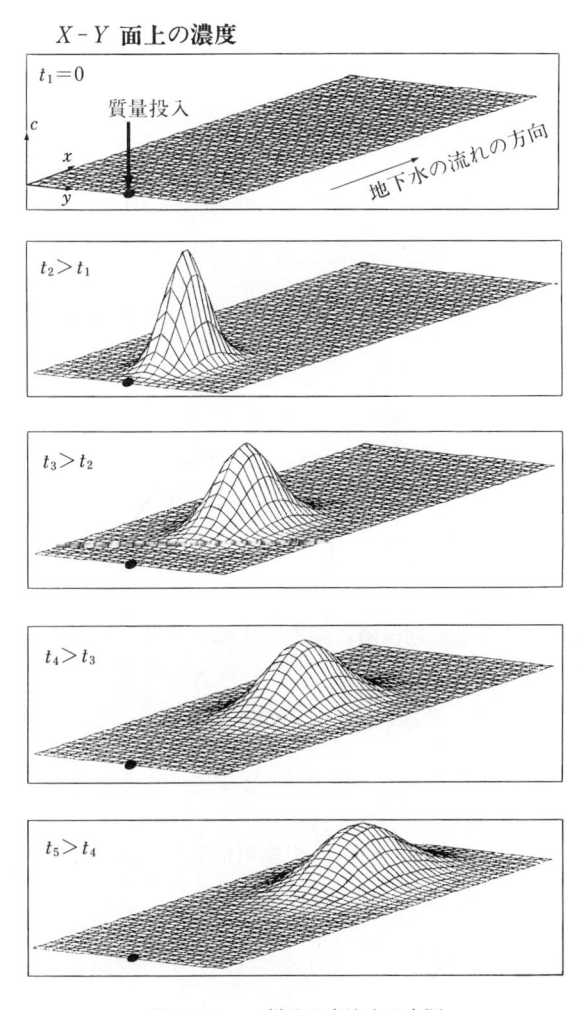

図 **4.11** 一様地下水流中の点源

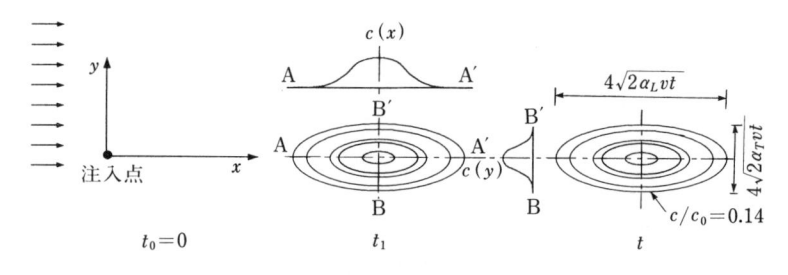

(a) 瞬間点源

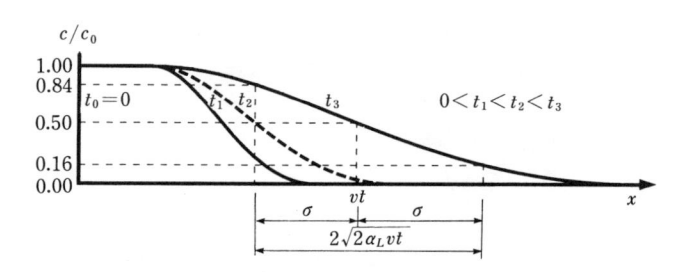

(b) 半無限カラムのトレーサーの1次元縦方向移動

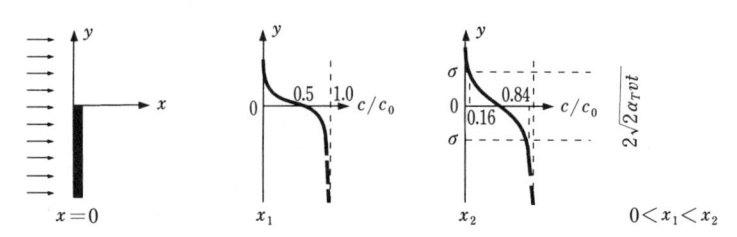

(c) 平面における初期段階に濃度の極端に分布する1次元横方向への広がり

図 **4.12** 一様流の分散広がり

界で濃度が 0 のままである汚染の負荷は，3 次元で次のように表すことができる．

$$c(x,y,z) = \frac{M}{n}\delta(x)\delta(y)\delta(z), \quad t=0 \tag{4.25}$$

$$c(\pm\infty, \pm\infty, \pm\infty) = 0, \qquad t \geq 0 \tag{4.26}$$

ここで，$\delta(x), \delta(y), \delta(z)$ はディラク関数（単位ステップ関数）である．濃度分布の解は以下のとおりである．

1次元 (Bear 1972)

$$c(x,t) = \frac{M/n}{\sqrt{4\pi\alpha_L vt}} \exp\left[-\frac{(x-vt)^2}{4\alpha_L vt}\right] \tag{4.27}$$

2次元 (De Josselin de Jong 1958)

$$c(x,y,t) = \frac{M/n}{4\pi m v_x t \sqrt{\alpha_L \alpha_T}} \exp\left[-\frac{(x-v_x t)^2}{4\alpha_L v_x t} - \frac{y^2}{4\alpha_T v_x t}\right] \tag{4.28}$$

3次元 (Baetsle 1969)

$$c(x,y,z,t) = \frac{M}{8(\pi v_x t)^{\frac{3}{2}}\sqrt{\alpha_x \alpha_y \alpha_z}} \exp\left[\frac{(x-v_x t)^2}{4\alpha_x v_x t} - \frac{y^2}{4\alpha_y z_x t} - \frac{z^2}{4\alpha_z v_x t}\right] \tag{4.29}$$

この2次元と3次元の解は式 (4.22) と式 (4.27) に類似した1次元の解から得られる．濃度分布は流れ方向に対して大きな広がりを持つガウス分布である．ここでも標準偏差が広がりから求められ，2次元では以下のようになる．

$$\sigma_L = \sqrt{2\alpha_L v_x t} \tag{4.30}$$

$$\sigma_T = \sqrt{2\alpha_T v_x t} \tag{4.31}$$

最大濃度は $x = v_x t$ であるプルーム中央で発生し，2次元では次式で表される．

$$c_{\max} = \frac{\Delta M}{4\pi n m v_x t \sqrt{\alpha_L \alpha_T}} \tag{4.32}$$

式 (4.27) から式 (4.29) では，汚染物質の入力データは質量として与えられる．汚染濃度が汚染源の項として明記されるため，広い範囲の解が存在する．このタイプの境界条件は既知濃度境界である．

Case 3 と Case 4 には一様流中で既知濃度境界条件下での縦方向と横方向の分散の例を示す．

Case 3. 半無限カラムのトレーサーの1次元移動

半無限カラムでのトレーサー移動の1次元の解が，Ogata and Banks (1961) によって示された．初期および境界条件は以下のとおりである．

$$c = 0, \quad t \leq 0, x \geq 0 \tag{4.33}$$

$$c = c_0, \quad t > 0, x = 0 \tag{4.34}$$

$$c = 0, \quad t > 0, x \to \infty \tag{4.35}$$

濃度分布は以下となる．

$$\frac{c}{c_0} = \frac{1}{2}\left[erfc\left(\frac{x-vt}{2\sqrt{\alpha_L vt}}\right) + \exp\left(\frac{x}{\alpha_L}\right)erfc\left(\frac{x+vt}{2\sqrt{\alpha_L vt}}\right)\right] \quad (4.36)$$

x/α_L の値が大きい ($x/\alpha_L > 300$) 場合には，第2項は無視でき，以下の近似式となる．

$$\frac{c}{c_0} = \frac{1}{2}erfc\frac{x-vt}{2\sqrt{\alpha_L vt}} \quad (4.37)$$

式 (4.33) から式 (4.35) の境界条件は第1種の境界で，濃度の段差のある変化を示している．自然界では漏洩した汚染水が地下水に浸入することがないかぎり，濃度の急激な変化はまれである．Sauty (1980) は濃度が連続して供給される第2種の境界条件の下の解を導いた．この解は第2項を加えるのではなく引くことを除けば式 (4.36) と等しい．第2項は第1項と比較して非常に小さいので，汚染源から離れたところでは，式 (4.37) に示す解は，実務上，どちらの境界条件の場合にも適用することができる．

1次元分散の式 (4.36) と式 (4.37) は地下水流れ方向の広がりを評価するのに役立つことを示している．濃度前線を c/c_0 値 16%（ガウス関数の1標準偏差分）の位置と定義すると，分散による広がりの幅は，次のように近似される．

$$\sigma_L = \sqrt{2\alpha_L vt} \quad (4.38)$$

距離 σ_L の式は，帯水層の分散長が既知であると仮定したときの分散の効果に関する一般的な関係を提供する．混合ゾーンの σ_L の長さから測定可能な実際の濃度前線は得られない．汚染物質は流れ方向に低い濃度で広範囲に分散するであろう．図 4.12(b) に示されているように，流れ方向で汚染の分布が3倍になっている．

Case 4. 平面における初期段階に濃度の極端に分布する1次元横方向への広がり

横方向の広がりの解は，Harleman and Rumer (1963) によって導かれた．図 4.12 (c) に輸送の形態が表されている．

$$c(0,y) = c_0, \quad -\infty < y \leq 0 \quad (4.39)$$

$$c(0,y) = 0, \quad 0 < y < +\infty \quad (4.40)$$

$$\frac{\partial c}{\partial y} = 0, \quad y \to \pm\infty \text{ すべての } x \text{ に関して} \quad (4.41)$$

上記の式を用いて，平面における一様流中の分散を考慮した定常解は次式のようになる．

$$\frac{c}{c_0} = \frac{1}{2} erfc \frac{y}{2\sqrt{\alpha_T x}} \tag{4.42}$$

縦方向の分散の効果は流れ方向の動水勾配が小さいため無視することができる．濃度が16%と50%の線間の距離から，分散による広がりから次式のように求められる．

$$\sigma_T = \sqrt{2\alpha_T x} \tag{4.43}$$

4.3 揚水試験

　本書で紹介しているモデルの適用範囲は，揚水試験結果の解析について議論する上で重要である．モデル化の1つの目的は，わからない帯水層定数を明らかにすることであり，たいていにおいてこの値は貯留係数と透水量係数である．この問題は，既知の行為(例えば揚水)による既知の帯水層の反応(例えば水位低下)モデルの入力データとして使用される逆問題(inverse problem)である．帯水層定数が既知であり，帯水層に特別な操作を施したときの解あるいはその反応を探し求めると，予測モデルの適用の相違は明確になる．

　地下水モデルの特殊なタイプである解析解に関して，揚水試験は数値解析の検証手順と等しい．その結果，帯水層テスト解析は，1.2節でまとめたモデル化設計のほとんどの段階が同じであるが，揚水試験結果の整理にはわかりにくい．これに関して以下の項で説明する．

4.3.1　揚水試験の逆問題の解法

　解析解および解析モデルを用いた揚水試験は，数値モデルよりかなり前から水文地質学の分野に取り入れられている．これらは地下水開発の一般的な方法となっている．モデル化のステップは以下に示すとおりである．

　概念モデルの開発
　概念モデルを開発するため，水理学的背景に関する条件を理解しておかなければならない．数値解析のモデル化および揚水試験でも，試験サイトの水理学的背景の評価と理解が必要である．適当な条件を以下に示す．
　(1) 帯水層：位置・深さ・厚さ・層構成
　(2) 周囲の特徴：地表水・自然帯水層境界

(3) 揚水井・観測井：施工の詳細
(4) 現地計測：水位の経時変化・揚水量・計測深さ

　実際の帯水層の形状と層構成に関する情報は入手できるが，モデルユーザーには自然の帯水層状況を非常に単純化して解析解を適用することも可能である．これには，限られた揚水期間と時間に伴う水位低下の減少速度の両者によってその妥当性を確認しなければならない．とはいうものの，地下水問題に対する解析解の適用では，常に自然条件を徹底的に単純化している．

モデルの選択

　揚水試験ごとの仕様に合わせて，適切なモデルおよび方程式を選択することは困難である．最も一般的な式を用いると自然状況の単純化の過程で柔軟性を欠くので，我々は直接または間接的に利用可能な解を使用することになる．式 (4.11) に示したタイスの式 (Theis's equation) が最も頻繁に用いられる．数値モデル化と異なり，タイスの式では任意の位置および時間においても，帯水層の反応および揚水による水頭の変化を予測することができる．

モデルの検証

　揚水期間中に観測した水頭は，モデルの検証に使用する水理学的記録である．タイスの式の適用により透水量係数・貯留係数などの未知の帯水層定数を得ることができる．数値解析値と観測値調整のための試行錯誤を繰り返さなければならない複雑な地下水環境のモデルスタディと異なり，解析解ではパラメータをモデルユーザーが直接同定することができる．式 (4.11) では T と S の明確な解が得られないので，現在では広く用いられている簡単な適用法が，この問題を回避するために開発された (Theis 1935; Cooper and Jacob 1946; Jacob 1950; Chow 1952)．

　このパラメータを明らかにする直接法により井戸近傍の帯水層定数を求めることができる．理論的にはこの方法の適用と帯水層評価は比較的容易である．実際には，解析をする上で水理学的に正しく理解することが必要とされる．この理由は多数あるが，モデル化でもみられる共通の問題と密接に関連している．これらについて次に示す．

モデル誤差の分析

　数値解析モデルでは，計算機の精度が限られているので，数値近似自身の有する生来の誤差が生じる．さらに自然システムの単純化によっても誤差が生じる．解析解ではモデルの誤差は実世界の徹底した単純化によってのみ生じる．

　適用される仮定を詳しくみてみると，要求されている徹底した単純化と完全に一致する帯水層は存在しないというのに，解析モデルからしばしば良い結果が得られることに驚くことがある．これについてはモデルユーザーは理論と現場観測間の差

と単純化解析と自然状態との差の関係を明確にしておかなければならない．次に示す揚水試験に対する2つの所見，またはモデルの検証が重要である．

(1) 特殊な理論曲線によってマッチングされた揚水試験データは，その解が唯一であることを保証することはできない．これは予測問題では見られない逆問題特有の難解な点である．他にもあるが，唯一でない解が得られる主な理由は，現実の表現の不完全さである．未知の要因は，現場観測に組み込まれてしまう．例えば，帯水層の単純化をにより，実際には未知の供給境界，または不圧帯水層の影響のためだとしても，頭打ちになった水位低下を漏水の結果と解釈することもある．

(2) 揚水試験は通常井戸近傍に着目する．ほとんどの解析解は水位低下が放射状であると仮定した揚水試験を適用している．しかし，地質的な例外が揚水試験の影響範囲内に存在するかもしれない．そして，これは放射流との重大な差を引き起こすこともある．水位低下の円錐が境界に到達したときにこの差が生じる．もし，放射流の概念モデルが誤っていれば，すべての点での観測した水位低下と計算した水位低下の適切なマッチングはできないであろう．モデルのキャリブレーションでは概念モデルの誤差を埋め合わせることはできない．

図4.13に現場事例を示した．多層地盤における揚水試験データは，80時間の観測によって得られたものである．試験サイトから約700 m離れた位置に海がある．被圧帯水層と無限に広がる帯水層を考慮したタイスの式の適用は，長期間の解析結果と観測した水位低下の著しい不一致を招いた．一方，半被圧条件を用いると，ほとんどの観測結果とよく一致させることができた．同様の結果が境界を持つ帯水層の仮定でも得られた．図4.13では明確ではないが，長期間にわたる水位低下実験において，観測された水位低下の周期的な変動は，最終的には地下水システムへの潮位による影響であることが示された．

4.3.2 分散試験の輸送問題の逆解析

現場分散試験により，大きなスケールでの分散に関する知見が深まってきている．分散試験の基になっている基本的な考え方は，揚水試験と同様に単純である．実験においては，トレーサーが流れ場に投入される．その後，1つあるいは複数の観測点で時間ごとのトレーサーの濃度が記録される．この情報はこの実験の流れ状況と輸送問題の境界条件に適合する解析モデルに取り入れられる．解析モデルの分散長は，観測結果と解析結果が規定した誤差範囲内で一致するまで変化させる．したがって，揚水試験と同じモデル化の段階が必要となる．以下にモデル化の各段階について説明していく．

平面図

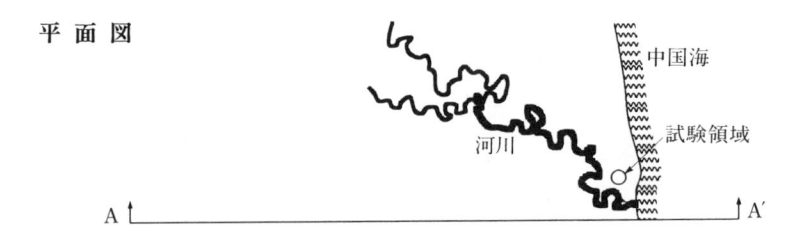

A-A'断面図

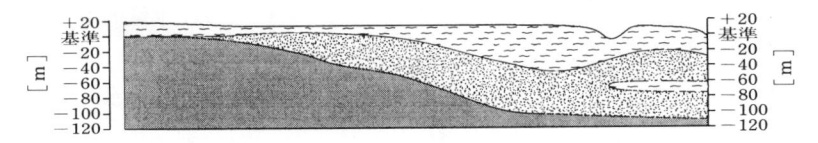

解析近似（地下水位低下曲線）

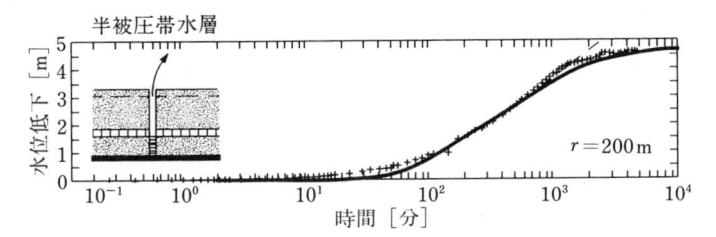

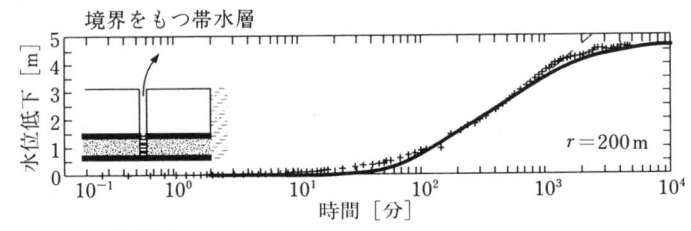

半被圧帯水層

境界をもつ帯水層

+++ 観測値
-- Theis解（被圧無限帯水層）
— 半被圧または境界をもつ帯水層に関する計算値

図 **4.13** 解析モデルを用いた揚水試験データの解析

概念モデルの開発

概念モデルを開発するため，試験サイトの水理学的背景の知見とトレーサーの広がりに影響を及ぼす試験中のすべてのイベントの記録も必要である．現場データの

正確な収集と解釈は，試験結果の正確な解析の基礎をなす．水理学的背景の記述には帯水層の形状，流れ場の時間的な変動，流れの場にトレーサーを投入する方法を含めなければならない．モニタリングする位置は，調査時に正確なトレーサーのプルームを明らかにするのに十分な数にしなければならない．

モデルの選択

砂土槽モデル内でトレーサー試験に用いられる解は，式 (4.37) に示した縦方向の分散長を決定する Ogata and Banks (1961) の解と，式 (4.41) に示した横方向の分散を検討する Harleman and Rumer (1963) の式によって導かれている．現場実験は一様流中の瞬間点源の式 (4.31) に従って計画されることもあり，縦方向と横方向への両方の分散長に関する情報が得られる．

モデルの検定

トレーサー試験を行う場合，基となる仮定と矛盾がないと仮定することにより，解析解を使用してモデルユーザーはあらゆる時間・位置でのトレーサー濃度を予測することができる．このため現場観測の記録から，モデルユーザーは解析と観測の差が少なくなるように未知量である分散長を修正することができる．しかし，このモデルの適用には欠点がある．これは輸送モデル化における根本的な難しさを示している．トレーサー試験の間，2 つの時間で縦方向の濃度の分布が測定されたと仮定し，各々のデータセットに対して解析モデルにもうまく適用できたとする．驚くべきことに異なる分散長の値，または，同じ帯水層に対して異なる帯水層特性を検定してしまうこともある．この現象はモデル誤差の重大な原因につながる．

モデル誤差の分析

分散試験でのモデル解析の実行により，3.2.3 項の分散に対するコメントを今一度思い出していただきたい．フラックスの記述の中で，流れのための REV が導かれているが，Fick の仮定のような近似した分散と等価の REV は必ずしも仮定できるものではない．Fick の法則による実際の帯水層での分散広がりの近似は，初期の段階ではうまく近似できないことが確認されている．Fick の法則を使用したモデル検定においてどんなに努力しても，結局失敗になってしまう．その代わり，分散過程の不十分な数学的表現を補足するために，時間または移動距離に依存した分散長を，導入しなければならない．

理論と現場観測との差は，数学モデルと現実との差に由来する．しかし，この問題は根本的なものである．この問題を回避する方法は，実際の輸送メカニズムに従う理論に基づいたモデルを適用することである．ダルシー則および Fick 則を用いても流れと輸送のそれぞれをうまく説明できないなら，モデル化の労力は指数関数的に増加していくため，モデルユーザーは古典的なモデルを基にして，モデルの感度

と誤差の詳しい分析で生じた誤差を説明しなければならない．

　この章では，数値解析に役立つモデル適用・モデル検定に関して広範囲にわたる概説を示してきた．これまで見てきたように，少ない入力データで始めるモデルの検証は一般に成功しない．これは唯一の解が保証できないからである．解析式や調査問題と一致する概念モデルの選択は，モデルの選択のための系統立った方法論がないため，解釈をする上で重要である．モデルユーザーは適切な水文地質学的支配の認識を経験に頼っている．モデルユーザーの仕事は，これら簡単な問題で得た経験を複雑なモデルスタディに拡大することである．また，モデルユーザーは揚水試験で取り扱う帯水層の物理的性質を具体化せねばならず，また基本的な仮定 (Driscoll 1986) から，その性質がどの程度逸脱したかを明らかにしなければならない．こういったモデルユーザーの仕事が，さらに複雑なモデル研究に拡大されていくのである．もし，データの不足が原因でも井戸理論方程式による簡素化された局所的な因果関係分析を棄却しないということになれば，数値地下水モデルを用いた広域的な因果関係分析にも同じロジックが成り立つ．

第5章 数値流れモデル

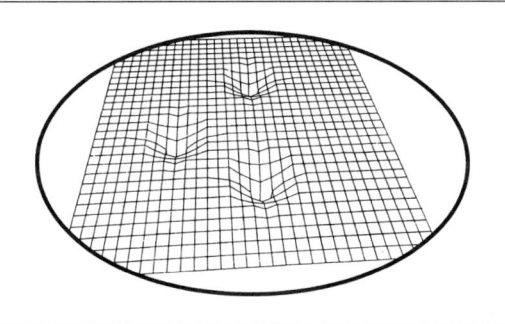

　数学モデルが複雑で，解析解を得るのが困難な場合には，数値モデルによって流れまたは輸送を解くことになる．流れのモデル化，輸送のモデル化において，最もシンプルなモデルは，地下水システムを単一のコントロールボリュームとして考慮するものである．地下水頭や濃度の変化は，地下水システム全体の平均として表現され，大局的な質量保存則によって計算される．単一セルまたはブラックボックスモデルは，フィールドデータがほとんど手に入らない場合，あるいはモデルユーザーが地下水の量や質の大局的な変化に興味をもっている場合に役立つ．局所的な地下水頭あるいは濃度の情報が必要とされるとき，モデルユーザーは多セルモデルや数値モデルといった，さらに洗練されたモデルを用いることになる．

　モデルによって与えられる結果の詳細さは，図5.1に示されたように調査対象になっている地下水システムをモデル化する際の分割の程度に直接関係する．単一セルモデルは，モデル領域全体の平均として，1個の調査パラメータの情報にを与える．多セルモデルはさらに詳細な情報を与える．図5.1に示された3セルモデルでは，それぞれのセルにおける調査パラメータの平均値が，3つ計算される．数値モデルではモデル領域をたくさんのセルのあるモデルとして考える．例えば，Frind et al. (1987) はおよそ100万個のセルを不均質媒体における分散現象の研究に用いている．よって，調査パラメータの情報は100万か所について得られる．

　大局的な水収支をもとにして，この章は多セルモデル・差分モデル (FDM)・有限要素モデル (FEM) について触れる．数値化に対して詳しい知見を示すが，このテキストを理論づけにするわけではない．

　数値モデルの背景にある数学的コンセプトの概要は，主にFDモデルに限って示

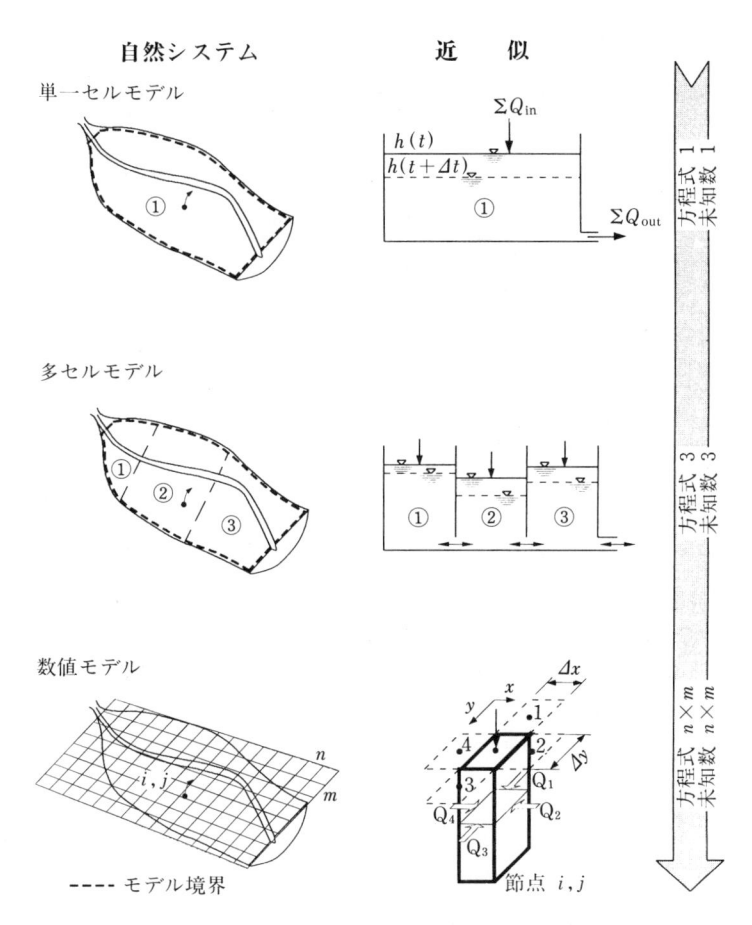

図 5.1 単一セルモデル・多セルモデル・数値モデルを用いたモデル領域の分割

す．いったん，このモデルタイプについての数学的アプローチが理解できれば，他のタイプのモデルにも難なく応用が可能である．

5.1 単一セルモデルの流れへの適用

モデルユーザーは，手始めに大局的な水収支の正しい知識を得ねばならない．なぜなら，このことが正確なモデル化を確実にするからである．正しい知識を得るために，単一セルモデルを，以下のような大局的水収支の要因の確認・定量化によって，流れ問題に適用させることから始める．

(1) 貯留変化
(2) 自然地下水の涵養・排水
(3) 地表水との交換
(4) 隣り合う帯水層からの漏洩成分
(5) 局所的な浸入・浸出の合計量

　これらの要因はいかなる複雑な数値モデルについても，例外なく既知でなければならない．単一セルモデルの詳細なケーススタディについては付録 A.1 を参照されたい．

5.1.1　単一セルモデルに関する要因の確認

　水収支，マスバランスあるいはブラックボックスの各モデルとも呼ばれる単一セルモデルは，特定調査期間での地下水システムの水収支といった量的な評価をするものである．全体の地下水システムは単一セルとして図 5.2 のように具体的に示される．系に蓄えられている地下水の変化は，系の中の平均地下水水位の変化に直接関係する．このことは数値的地下水モデルの最もシンプルな形態である単一セルモデルでもいえる．ゆえに，大局的質量収支の基本的な考え方は，数値モデル，多セルモデルにおいても同様である．どのようなモデル化の研究においても，大切なのはモデル化の努力とともに，モデル化の正確さを確かめるために大局的質量収支を証明することである．

　大局的質量収支を確立するために，調査地下水システムはブラックボックスとして表され，そこをある与えられた期間に通過する水の量は以下のような連続の式で要約される．

$$\text{貯留変化} = \text{流入} - \text{流出} \tag{5.1}$$

　式の要因は図 5.2 に示され，地下水システムについて以下のように書くことができる．

$$Q_s(t+\Delta t) - Q_s(t) = \Delta Q_s = (\pm Q_N \pm Q_R \pm Q_B \pm Q_L \pm Q_W)\Delta t \tag{5.2}$$

ここで，ΔQ_s：貯留 Q_s の変化量 $[L^3]$（5.1.2 項参照）
　　　　$\pm Q_N$：自然地下水涵養・排水流量 $[L^3/T]$（5.1.3 項参照）
　　　　$\pm Q_R$：地表水との交換流量 $[L^3/T]$（5.1.4 項参照）
　　　　$\pm Q_B$：境界を越える地下水流量 $[L^3/T]$（5.1.5 項参照）
　　　　$\pm Q_L$：隣接した帯水層からの漏洩流量 $[L^3/T]$（5.1.6 項参照）

自然システム

A-A′断面図

----- モデル境界

近 似

$\Delta Q_S = AS(h(t+\Delta t) - h(t))$

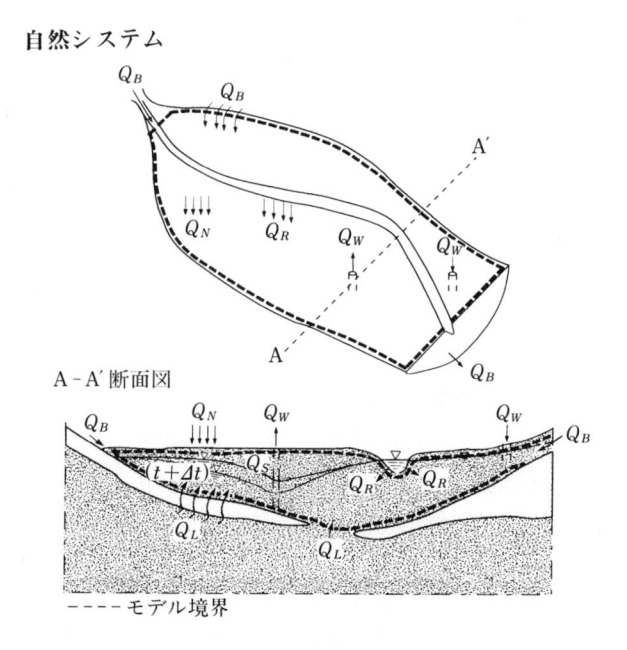

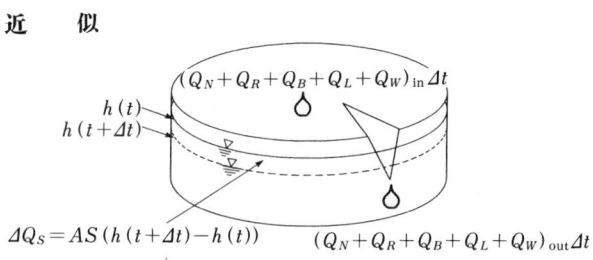

$(Q_N + Q_R + Q_B + Q_L + Q_W)_{in} \Delta t$

$(Q_N + Q_R + Q_B + Q_L + Q_W)_{out} \Delta t$

図 5.2　地下水流れに対する単一セルモデル

　　±Q_W：井戸などの局所的浸入・浸出流量 $[L^3/T]$（5.1.7 項参照）
　　t：時間 $[T]$
　　Δt：時間増分 $[T]$

　定常状態の地下水流れは貯留項がゼロの場合であり，式 (5.2) の特別なケースである．多くの場合，モデルユーザーは流入・流出の変化から導かれた，地下水システムの平均的地下水位の変動を調べる．

5.1.2　貯留項の計算

　非定常地下水流れの検討では，貯留からの水の収支を直接扱うことになる．水頭

の単位変化に対し，帯水層の単位体積当たりに，貯留から放出された水の量が比貯留係数として評価される．第 2 章で議論されたように，不圧帯水層での貯留係数は，比産出量または有効間隙率 n_e と等価である．それは図 2.2 に示したように 1%〜30%の範囲である．被圧帯水層では，貯留は帯水層と水の双方の圧縮される特性があり，貯留係数は比較的小さい．どちらのケースでも，貯留されたり，放出された水の量 (ΔQ_s) は水位に変動があった岩盤から排水される水の量と等しく，比貯留係数 (S_s) と水頭差 $(h(t+\Delta t) - h(t))$ は以下のように表される．

$$\Delta Q_s = V_{\text{rock}} S_s [h(t+\Delta t) - h(t)] \tag{5.3}$$

被圧帯水層の比貯留係数が比較的小さくても，大きな帯水層が調査対象となっているフィールドスタディでは，貯留されたり放出されたりした水の量が無視できない量になる．不圧帯水層については，式 (5.3) は次式のように簡素化される．

$$\Delta Q_s = A n_e [h(t+\Delta t) - h(t)] \tag{5.4}$$

ここで，A は調査帯水層の面積である．式 (5.3)，式 (5.4) は式 (5.2) に導入することができる．式 (5.2) のすべての流入・流出要因の合計は既知であるので，地下水位の変化は計算可能である．これらの要因をいかに評価するかという点に関しては，以降で説明する．

5.1.3　自然地下水の涵養・排水の評価

地下水の降雨による涵養，あるいは蒸発による排水は，いかなる質量収支評価においても無視できない要因である．涵養も排水も，降雨・蒸発・表面流出・植生・気候条件など非常に多くの要因に支配され，このことが正確な計算や評価を難しくしている．

非定常流れをモデル化する際には，降雨と浸透の間に，数時間から数週間の遅れがあることを理解する必要がある．自然地下水の涵養に関する実際のプロセスには，高度な不飽和地下水流れモデルと非常に多くのデータベースによる評価が求められる．浸透の挙動の大まかな近似は，Kinzelbach (1985) が単一線形地下水盆 (single linear reservoir) モデルを用いて提案している．

$$\begin{aligned} Q(\tau) &= 0, & \tau < t \\ Q(\tau) &= Q_N (1 - \exp(-\alpha(\tau-t))), & t \leq \tau < t + \Delta t \\ Q(\tau) &= Q_N (1 - \exp(\alpha \Delta t)) \exp(-\alpha(\tau - (t+\Delta t))), & \tau > t + \Delta t \end{aligned} \tag{5.5}$$

ここで，Q_N：自然地下水の涵養流量（降雨量のうち最終的に地下水の涵養に貢献する量）$[L^3/T]$

106 第5章 数値流れモデル

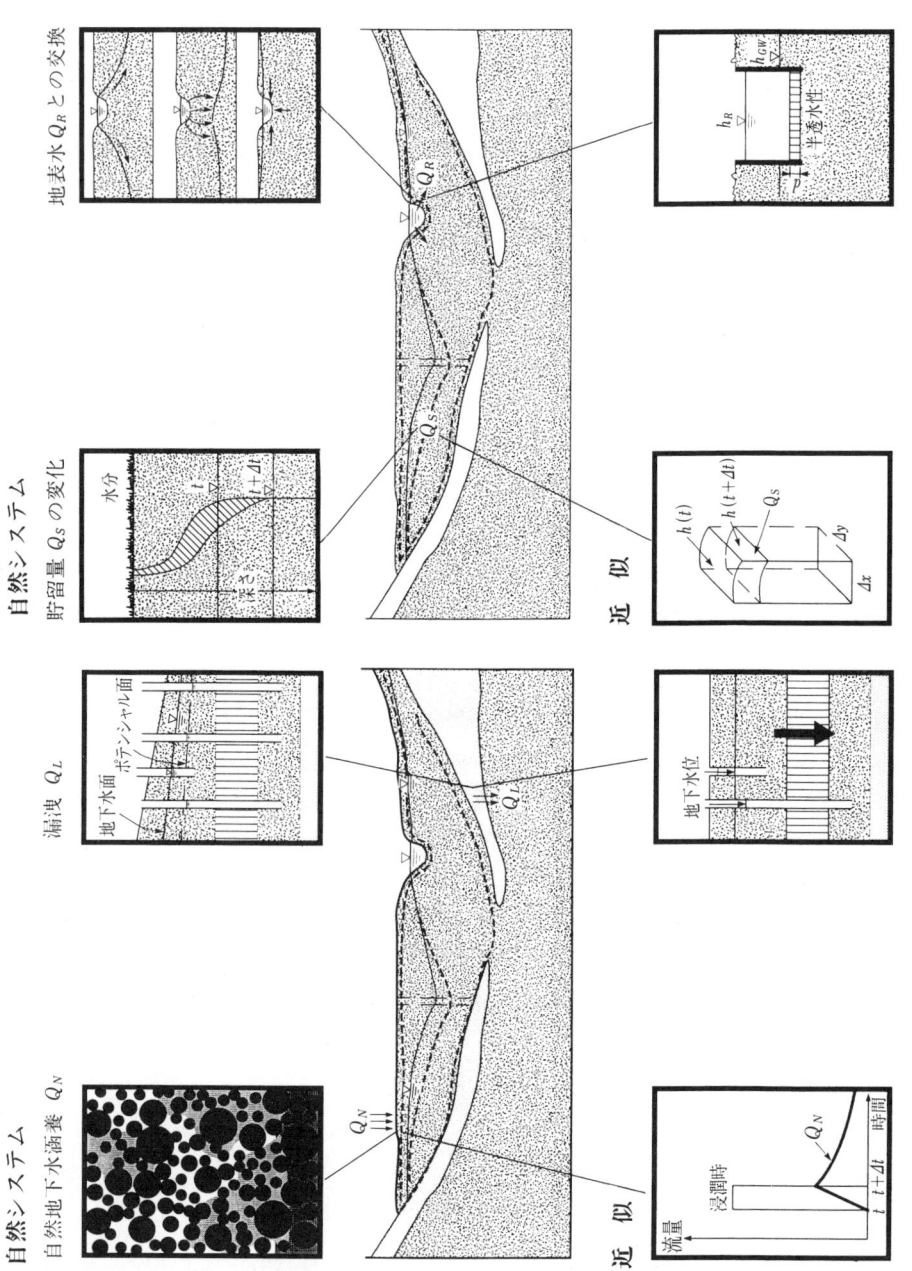

図 5.3 モデルの流入・流出の評価

α：不飽和帯の大きさや固有性などの要因に依存する係数 $[1/T]$

　降雨による地下水の流入は，図 5.3 に示したように指数関数的に減少すると近似される．連続した降雨は線形的に重ね合わせられる．

　もし，地下水涵養の遅れを，質量収支あるいは数値モデルにおいて考慮すべきであるなら，式 (5.5) で十分足りることが証明できる．主要な係数 α は，例えば 1 か月の降雨に対する全浸透の割合を考慮に入れるために，現地の観測に従って選ばれる．

5.1.4　地表水の地下水への置換量の近似化

　2.4 節では，水理学的流れ境界を説明する際の地下水と地表水域との置換についての量的評価を与えた．流れ問題の量的評価において，水の流れは正確に評価される必要がある．この目的のため，測定された地下水位は非常に有益である．地表水域の付近に密な観測井網があると仮定すると，地表水は涵養域からのもの，あるいは地表水への排水域のものとに区別できる．Lee and Cherry (1978) は小型ピエゾメーターとフローメーターによる測定を現地の量的情報を得るために用いた．ライシメーターを用いた直接測定はさらに正確であるが，高価である．

　しかし，ほとんどのモデルスタディにおいては，モデルユーザーは自らの評価に頼らざるを得ない．問題解決の第一歩として良いのは，地表水に近いモニタリング井戸で測定した地下水位の記録を準備することである．それらは地下水と地表水の相互作用の量的情報を教えてはくれないが，地表水の高さの変化に地下水位が反応するか否かを示してくれる．

　以下で表されている川と地下水域の相互作用については，養魚池，池，潅漑水路，放水路，天然の水路あるいは海などの他の地表水についても同じことがいえる．河川の高さに対する地下水の反応の程度は，地表水と地下水の水位，透水性，河床，近接した帯水層，隣接する帯水層に接する部分の面積に左右される．モデルユーザーは地表水の浸入を以下の 2 つのグループのいずれかに分類する．

(1) 河床の下から地下水域への自由浸透
(2) 地下水域から河床への浸透による直接浸透．地下水位の高さに依存して，フラックスが逆方向に流れたり，帯水層から実際に水が河川に失われたりする．

　これらの地形に対して，多くの公式が浸透流量の評価に用いられる (Vassilios 1986)．数値モデルにおいて，漏洩の原理は一般的に図 5.3 に示したような地表水からの浸透を導くために用いられる．自由浸透は以下のように評価される．

$$q_R = c(h_R - h_B) \tag{5.6}$$

そして，直接浸透は以下のように評価される．

$$q_R = c(h_R - h) \tag{5.7}$$

ここで，q_R：単位平方メートル当たりの浸透・浸出流量 $[L/T]$
　　　　h_R：地表水の水面の高さ $[L]$
　　　　h_B：地表水の河床の高さ $[L]$
　　　　h：地下水の水面の高さ $[L]$
　　　　c：半透水性の河床の抵抗 $[T^{-1}]$

抵抗因子は，河床の薄い半透水性の層における流れの抵抗を，層厚 d と透水係数 K で説明することによって定義できる．

$$c = \frac{K}{d} \tag{5.8}$$

式 (5.8) は式 (2.6) と全く同じであり，半被圧的な透水層の流れのケースにおける漏水性の層の抵抗を定義する．式 (5.8) のパラメータは一般的には両方とも未知量である．河川水の自然浸入のある地域では，細かい粒子が浸透水中で目詰まりを起こし，河床の透水性は時間とともに減少する．結局，河床の粒子が間隙を塞ぎ，高い流れ抵抗の層を作り上げるのである．

モデルユーザーは普通，河床の厚みやその透水性には関心がないが，式 (5.8) で定義されたように，これらを抵抗因子としてひとつの評価にまとめる．抵抗因子はそうすることによってモデルの検定に依存するものになる (8.5 節参照)．値の大きな抵抗因子は，河川は帯水層と緊密な関係を持つことを示しており，既知水頭境界としての役割をもつ．川と地下水の間の水のフラックスは有限なので，それらの間の水頭差は漏水因子が増加するとともに減少する．さらに複雑な水文地質学的環境においては，モデルユーザーは，既知水頭をもつひとつのモデル境界ですべての河川をシミュレートしようとすべきではない．

式 (5.6) と (5.7) は，自由浸透のケースにおける浸透流量が，地下水水頭によって影響を受けないことを示している．一方で，この項は流れ方程式の非線形性に影響している．特に，仮に地下水面が河川の表面よりも上昇すれば，図 5.3 に表されているようにフラックスの方向は逆転する．

5.1.5　地中の流入・流出の定量化

地中の流入・流出を直接的に同定する方法は存在しない．モデルユーザーは近似に頼らねばならならず，最も一般的な近似を以下に示す．

(1) 地中の流れの評価は，境界に沿った動水勾配の測定と，ダルシーの法則を適用することによる流れの計算から得られる．

$$q_B = -Ti \tag{5.9}$$

ここで，q_B：境界 1 m 当たりの境界フラックス $[L^2/T]$
　　　　T：透水量係数 $[L^2/T]$
　　　　i：境界に対して直交する方向の動水勾配 [無次元]

(2) 隣り合う領域の水収支は，境界フラックスの評価に役立つ．5.1.3 項で紹介された単一地下水盆モデルは，降雨による側面からの流入の遅れを近似できる．
(3) 浸入流量の評価は，量的な評価よりも化学物質や同位体の地下水文学的解釈によってむしろ定性的になされる (Desaulniers et al. 1981)．

常にモデルの検証では境界での流速の定量化が検討される．

5.1.6　隣接する帯水層での相互影響の評価

図 5.3 は半透水層によって分けられた帯水層間に鉛直地下水流れが存在することを示している．以下に示す式の漏洩原理を用いて交換流速は評価される．

$$q_L = \frac{-K}{d}(h_1 - h_2) = c(h_1 - h_2) \tag{5.10}$$

ここで，q_L：単位平方メートル当たりの漏洩フラックス $[L/T]$
　　　　K：半透水層の透水係数 $[L/T]$
　　　　d：半透水層の厚さ $[L]$
　　　　h_1：半透水層 1 の水頭 $[L]$
　　　　h_2：半透水層 2 の水頭 $[L]$
　　　　c：半透水層の抵抗因子 $[T^{-1}]$

代表的な抵抗因子には難透水層がみられない領域で推定される．そういった境界部での流れは集積され，隣接する帯水層に向かって水が流れ出るか，または流れ込むかによって水位が最大あるいは最小になる．

帯水層の間の相互作用は，地下水の流れや輸送を説明する多層モデルの適用をモデルユーザーに要求する．多層モデルはそれぞれの地層に対応し，式 (5.10) に従って (7.5 節も参照のこと) ソースや吸い込みを用いて，お互いにつながりを持つ独立した 2 次元流れモデルとして解釈される．

層状に重なった帯水層では，ポテンシャル面は一般的に深さによって変化する．観測井の構造によって，違う層でポテンシャル面を測定することがあるが，これは各々の値の比較を難しくする．

5.1.7 局所的浸透・浸出のまとめ

局所的浸透・浸出には井戸による地下水の注水・揚水もある．ほとんどのフィールドスタディにおいて局所的浸透・浸出は全水収支のひとつの要因として非常に正確に決定される．地下水の使用が激しい地域では，フィールドデータのとりまとめに大変な労力を要することもある．

5.2 差分モデル

差分(FD)法を用いた最初のモデルスタディは，1968年にCalifornia Department of Water Resourcesがロサンゼルスの沿岸平地の地下水盆研究で行った．FDモデルにおいては，モデルユーザーはモデル領域全体にわたって，全モデル領域をさらに長方形の副領域に分割する規則的な格子を作り上げる．一定の地下水システムのパラメータはそれぞれのセルにセル値として割り当てられる．FDモデルによって，地下水頭や濃度は格子の節，あるいはセルの中心点における不連続な値として計算される．

FDモデルを開発する数学的近似は，支配微分方程式を項ごとにテイラー級数に展開する．この節では，節5.1の単一セル近似を3セルモデルに拡張することで差分近似を説明する．3セルモデルは以下のやり方を説明する．
(1) モデル領域を離散（分割）する．
(2) それぞれのセルへのフィールドデータの割り当てる．
(3) それぞれのセルでの連続式を立てる．
(4) それぞれのセルについての流入・流出の決定をする．
(5) 未知水頭に対する連続式を表す．
(6) 連立方程式を解く．

また，この節では，モデルユーザーが離散化をさらに進めると，多セルモデルが究極的には数値モデルに導かれることも示す．

5.2.1 差分近似の誘導

図5.4は，仮想した流れ領域に対する差分近似を示している．おおよその幅 $B = 2\,500\,\mathrm{m}$, 長さ $L = 12\,000\,\mathrm{m}$ の谷を考える．

5.2 差分モデル   111

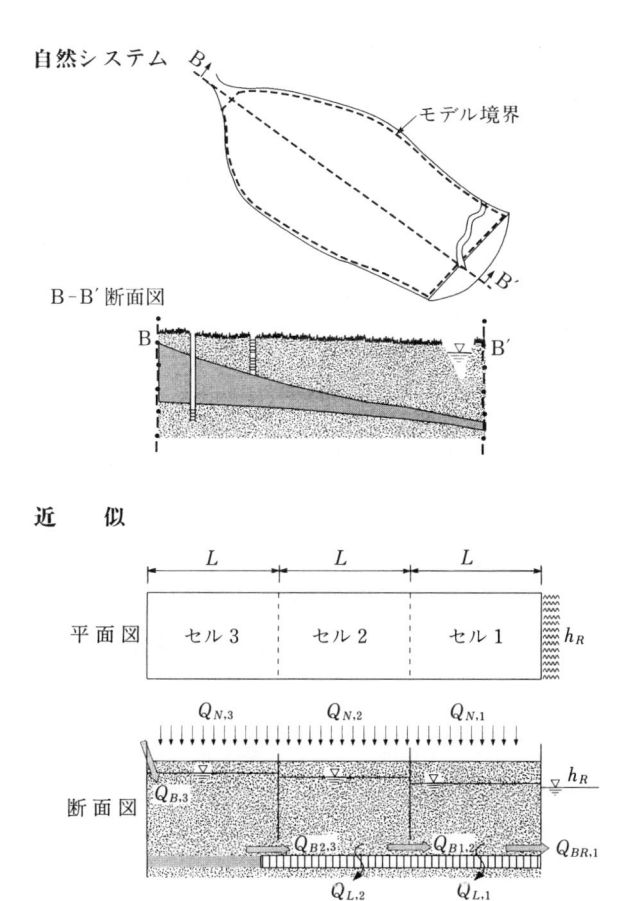

自然システム

B-B′ 断面図

近　似

図 **5.4**　3 セルモデルの説明

漏水は平均厚さ $d = 1\,\mathrm{m}$，鉛直透水係数 $K_v = 10^{-5}\,\mathrm{m/d}$ の半透水層を通して発生する．こうすると，式 (5.8) を用いて抵抗因子は $10^{-5}\,1/\mathrm{d}$ と計算される．隣接する帯水層の水頭は一定（$h_0 = 149\,\mathrm{m}$）と仮定する．唯一の有意な地中の流入（$q_B = 0.5\,\mathrm{m}^3/\mathrm{day/m}$）は左側で存在する．右側で谷は川を端部とし，ここでは川の水位が地下水位（$h_R = 150\,\mathrm{m}$）を制御している．

差分による近似は以下のように進められる．

(1) 流れ領域を分割する．地下水位を評価するために，図 5.4 に示したように，谷をさらに等しい長さの 3 つの領域に分割する．
(2) フィールドデータをそれぞれのセルに割り当てる．それぞれのセルにおける透水量係数・自然地下水涵養，その他のすべてのモデルの入力データを一定

と仮定する．これらのモデル入力データは，以下である．

セル	幅 [m]	長さ [m]	透水量係数 [m²/d]	抵抗 因子 [1/d]	自然地下水 涵養 [mm/y]	外部境界 フラックス [m³/d/m]
1	2 500	4 000	2 000	10^{-5}	400	—
2	2 500	4 000	1 400	10^{-5}	300	—
3	2 500	4 000	1 000	10^{-5}	300	0.5

(3) 式 (5.2) を用いて，それぞれのセルに対する連続の式をたてる．

$$-Q_{BR,1} + Q_{B1,2} + Q_{N,1} - Q_{L,1} = 0$$
$$-Q_{B1,2} + Q_{B2,3} + Q_{N,2} - Q_{L,2} = 0$$
$$-Q_{B,3} + Q_{B2,3} + Q_{N,3} = 0$$

(4) それぞれのセルについての流入・流出流量を決定する．自然地下水涵養流量 [m³/d] は，単位面積当たりの涵養にセル全面積を乗じて計算される．

$$Q_{N,1} = 10\,954 \quad (セル 1)$$
$$Q_{N,2} = 8\,219 \quad (セル 2)$$
$$Q_{N,3} = 8\,219 \quad (セル 3)$$

全コントロールボリュームに出入りする地下水流は，単位幅当たり流量と境界の長さを乗じたものである．2 つの隣り合ったセル，i と $i+1$ の共通の境界を通過する境界フラックスは，次のように計算される．

$$Q_{Bi,i+1} = T_{i,i+1} B \frac{h_i - h_{i+1}}{0.5(L_i + L_{i+1})} \tag{5.11}$$

ここで，h_i と h_{i+1} はセルの中のポテンシャル面，L_i と L_{i+1} はそれぞれのセルの長さである（訳注：B はセルの幅）．通常，透水量係数の算術平均ではなく調和平均が代表的な透水量係数として選択される．なぜならば，透水量係数の不連続性に対してフラックスの連続性を保証するからである．2 つのセルの間の透水量係数は以下のように計算できる．

$$T_{i,i+1} = \frac{L_i + L_{i+1}}{\dfrac{L_i}{T_i} + \dfrac{L_{i+1}}{T_{i+1}}} \tag{5.12}$$

例えば，セル 1 とセル 2 の間の地下水流れについての適切な透水量係数は $T_{1,2}=1\,647\,\text{m}^2/\text{day}$ として求まる．こうして，それぞれのセルに対して，地

下水の流入・流出流量 $[\mathrm{m^3/d}]$ はそれぞれ次のように計算される．

$$Q_{BR,1} = -2.500(h_r - h_1) \quad (\text{セル 1})$$
$$Q_{B1,2} = -1.029(h_1 - h_2) \quad (\text{セル 2})$$
$$Q_{B2,3} = -0.729(h_2 - h_3) \quad (\text{セル 3})$$

漏水フラックス $[\mathrm{m^3/d}]$ は式 (5.10) を用いて計算できる．その結果を示す．

$$Q_{L,1} = 100(h_1 - h_0) \quad (\text{セル 1})$$
$$Q_{L,2} = 100(h_2 - h_0) \quad (\text{セル 2})$$
$$Q_{L,3} = 0 \quad (\text{セル 3})$$

(5) 未知地下水水頭の連続の式を表現する．未知量 h_1, h_2, h_3 についての連立方程式は，差分フラックスの式を連続の式に取り込むことによって求められる．3つの未知量に対する3つの方程式は以下となる．

$$\begin{array}{rrrcrl}
-3\,629h_1 & +1\,029h_2 & & = & -400\,859 & (\text{セル 1}) \\
1\,029h_1 & -1\,858h_2 & +729h_3 & = & -23\,119 & (\text{セル 2}) \\
& 729h_2 & +729h_3 & = & -9\,469 & (\text{セル 3})
\end{array}$$

(6) この連立方程式を解く．この連立方程式は極めて簡単に解くことができる．最終的には，小数点以下2桁までの結果が出るが，小数点以下の数値の精度は保証されていない．

$$h_1 = 160.00 \text{ m} \quad h_2 = 174.68 \text{ m} \quad h_3 = 187.67 \text{ m}$$

大量の方程式と未知量をもつ数値モデルでは，他の解法が適用されるべきであろう．

5.2.2 差分近似の数値解法

5.1節，5.2.1項において，単一セル・3セルモデルに対する水収支を示した．図5.1に示したように，1つより多くのセルが選ばれると，結果的に数値FDモデルになる．モデル化の実務においては，モデルユーザーは個々のモデルスタディにおいて数値解法を開発することはない．既存の数値コードは異なるケースに十分適用ができる．モデルユーザーの作業は，

(1) モデル領域を規則的なセルに分割する．
(2) 境界を鉛直線と水平線をつなげたものを並べて単純化する．
(3) 一定の地下水システムパラメータをそれぞれのセルに割り当てる．

(4) 隣り合ったセルの間の地下水流を除くそれぞれのセルにフラックスを割り当てる．

(5) 初期条件を割り当てる．

これら5つの作業は入力データを作成するためのものである．数値コードは自動的に，

(1) 対象となるセル，およびそれに隣接するセルでの未知水頭を含む式を生じ，それぞれのセルでの連続式をたてる．

(2) n 個の未知の水頭についての連立 n 元線形方程式になるように方程式を変形する．

(3) 連立方程式を解くことによって，未知の離散水頭の分布を得る．

例として，5.2.1項の3セルモデルを一般的な1次元の差分法に拡張する．流れの支配方程式は，以下である．

$$\frac{\partial}{\partial x}\left(T\frac{\partial h}{\partial x}\right) + Q = S\frac{\partial h}{\partial t} \tag{5.13}$$

ここで，$Q[L^3/T]$ は外部吸い込み・涵養である．単純化のために帯水層は被圧であり透水量係数は h には独立であると仮定する．

流れ領域を同じ長さ Δx の n 個のセルに分割する．セルの中心は節点（node）と呼ばれセルを代表する．したがって，計算水頭は節点に割り当てられる．時間を，時間間隔 Δt で時間レベル t_1 から t_n に分割する．時間 t_0 における初期条件から始まるとし，それぞれの時間レベルにおける水収支を作り上げる．この近似を時間分割と呼ぶ．

与えられた時間の増加に対する節点 i における水収支は，隣り合う節点 $i-1$ と節点 $i+1$ から求める．あるいはそれへと流出するフラックスによる．セル i への流入・流出を計算するために，それぞれダルシーの法則から導かれた以下の方程式を用いる．

$$q_{i,i-1} = -\frac{T_{i,i-1}}{\Delta x}(h_i - h_{i-1})\Delta t \tag{5.14}$$

$$q_{i+1,i} = -\frac{T_{i+1,i}}{\Delta x}(h_{i+1} - h_i)\Delta t \tag{5.15}$$

式 (5.14) と式 (5.15) において，セルの透水量係数の調和平均は節点間の透水量係数の代表平均である．

時間ステップ Δt の間，フラックスは一定値であると仮定する．もし時間ステップが小さく，流速の変化がわずかであれば，この仮定は許容される．こういった仮

定の下で，流速は平均として表現される．節点間の流れを表現するために，時間増加 Δt 中の任意の時刻 t' における水頭を選ぶ．例えば，選んだ $t' = t$ とすると式 (5.14) は次のように表される．

$$q_{i,i-1} = -\frac{T_{i,i-1}}{\Delta x}(h_i(t) - h_{i-1}(t))\Delta t \tag{5.16}$$

もし，$t' = t + \Delta t$ が選ばれたとすると，式 (5.14) は次のように表される．

$$q_{i,i-1} = -\frac{T_{i,i-1}}{\Delta x}(h_i(t + \Delta t) - h_{i-1}(t + \Delta t))\Delta t \tag{5.17}$$

節点間の流れに加えて，局所的な涵養や吸い込みの単位幅当たり強度 Q_i は節点 i の水収支に影響する．時間 Δt の間にセル i に貯えられる，あるいは流出する地下水量 Q_{Si} は次のように計算される．

$$Q_{Si} = S_i \Delta x(h_i(t + \Delta t) - h_i(t)) \tag{5.18}$$

ゆえに，セル i の単位幅当たりの水収支は以下のようになる．

$$T_{i,i-1}h_{i-1}(t') - [T_{i,i-1} + T_{i+1,i}]h_i(t') + T_{i+1,i}h_{i+1}(t')$$
$$= \frac{\Delta x^2}{\Delta t}S_i(h_i(t + \Delta t) - h_i(t)) - Q_i \Delta x \tag{5.19}$$

この方程式は，漏水成分が含まれていない点を除けば，5.2.1 項の 3 セルモデルにおける未知地下水頭の式と一致する．

より簡単な表示のため，モデル領域すべてにおいて，透水量係数 T と貯留係数 S が一定値であるケースを考える．式 (5.19) は次のように単純化される．

$$h_{i-1}(t') - 2h_i(t') + h_{i+1}(t') = \frac{\Delta x^2}{\Delta t}\frac{S}{T}(h_i(t + \Delta t) - h_i(t)) - \frac{Q_i}{T}\Delta x \tag{5.20}$$

i は任意であるので ($i = 1$ から n で，n は節点の総数)，式 (5.20) は n 個の未知水頭に対する n 個の式を表わしたものである．h について解くために，節点間の流量を表現するために選んだ時間間隔 $[t, t + \Delta t]$ 内の中間の時間レベル t' がいくらであるかを指定しなければならない．

連立方程式を解くのを避けるために，陽的差分モデルは最初の時間の既知水頭を使用する（前進差分）．t' を t で近似し，式 (5.20) をさらに以下のように変形する．

$$h_i(t + \Delta t) = h_i(t) + \frac{\Delta t}{\Delta x^2}\frac{T}{S}\left[\frac{\Delta x}{T}Q_i + h_{i-1}(t) - 2h_i(t) + h_{i+1}(t)\right] \tag{5.21}$$

時間 t_0 におけるすべての h_i は既知である（初期条件）．こうして，新しい時間レベル $t_0 + \Delta t$ における等ポテンシャル面を陽解法で解くことができる．これらの結

果は，既知条件として次の時間レベルへ順次与えていく．この方法はプログラミングが容易である反面，Δt が大きいとき解が不安定になるという問題がある．1次元流に対しては以下のようにするとよい．

$$\frac{T}{S}\frac{\Delta t}{\Delta x^2} \leq \frac{1}{2} \tag{5.22}$$

2次元においては，安定性の基準は以下のようになる．

$$\frac{T}{S}\left(\frac{\Delta t}{\Delta x^2} + \frac{\Delta t}{\Delta y^2}\right) \leq \frac{1}{2} \tag{5.23}$$

モデルの現場への適用で，以上の時間ステップに関する制約は，必然的に小さな時間増分では長い計算時間を要求することになる．

陰解法は無条件に安定であり，タイムステップの終わりにおける未知水頭を用いてそれぞれのセルに対する水収支を表現する（後退差分）．陽解法とは異なり，モデルユーザーは連立方程式を解かねばならない．t' を $t + \Delta t$ で近似し，式 (5.20) をさらに以下のように変形する．

$$h_{i-1}(t+\Delta t) - \left(2 + \frac{\Delta x^2}{\Delta t}\frac{S}{T}\right)h_i(t+\Delta t) + h_{i+1}(t+\Delta t)$$
$$= \frac{\Delta x^2}{\Delta t}\frac{S}{T}(h_i(t+\Delta t) - h_i(t)) - \frac{Q_i}{T}\Delta x \tag{5.24}$$

上式の右辺は既知である．$n = 6$ のとき，節点1と節点6に境界条件として条件を満たす水頭が与えられたとき，以下のようになる．

$$\underbrace{\begin{bmatrix} -(2+a) & 1 & 0 & 0 \\ 1 & -(2+a) & 1 & 0 \\ 0 & 1 & -(2+a) & 1 \\ 0 & 0 & 1 & -(2+a) \end{bmatrix}}_{\text{係数マトリックス}} \underbrace{\begin{Bmatrix} h_2(t+\Delta t) \\ h_3(t+\Delta t) \\ h_4(t+\Delta t) \\ h_5(t+\Delta t) \end{Bmatrix}}_{\text{未知量}}$$

$$= \underbrace{\begin{Bmatrix} -a\,h_2(t) - b_2 - h_1(t) \\ -a\,h_3(t) - b_3 \\ -a\,h_4(t) - b_4 \\ -a\,h_5(t) - b_5 - h_6(t) \end{Bmatrix}}_{\text{既知量}} \tag{5.25}$$

ここに，

$$\alpha = \frac{\Delta x^2}{\Delta t}\frac{S}{T} \tag{5.26}$$

$$b_i = Q_i \frac{\Delta x}{T} \tag{5.27}$$

　係数行列は，流れ問題を解く際は三角対角行列であり常に対称である．この特性は数値定式化のチェックやメモリーの節約に用いることができる．係数行列は，選択された時間と空間の分割だけでなく，帯水層の特性を反映している．右辺のベクトルは，既知のフラックスと水頭を表している．3個ないし4個より多いセルに基づいたモデルスタディにおいて，行列方程式の解法には多少労力を要することは明らかである．1000個のセルのモデルスタディでは1000個の未知量をもった1000個の方程式が必要となる．このようにして方程式は直接，ないしは反復解法を用いて数値的に解かれるべきである．三角対角行列は Thomas アルゴリズムによって最もうまく解くことができる (Hornbeck 1975)．行列方程式を解くプログラムのサブルーチンはそれぞれの数値モデルの心臓部をなし，計算時間を支配する．この解法は各時間レベルで繰り返される．

　陽・陰解法に加え，一般的な時間重み付けも差分式 (5.20) に適用される．これによると $h(t')$ は以下のように表される．

$$h(t') = (1-\theta)h(t) + \theta h(t+\Delta t) \tag{5.28}$$

ここで $\theta = 1$ は陰解法，$\theta = 0$ は陽解法になることに注意する．$\theta = 0.5$ を選んだ場合には広く用いられている Crank-Nicholson（中央差分）法になる．

　2次元あるいは3次元流れに対する FD モデルは，1次元流れに対する FD モデルと等価である．2次元と3次元のモデルは作業量が増え，解く方程式がより複雑になる．モデルユーザーにとって，複雑さが増すことは，より複雑な入力データファイルや計算時間がかかるということが明白であるだけではなく，数値解の結果の解釈が大変になる．

　水収支を単一のセルについて書くことまたは3つのセルについて書くことと，以前に行ったように，FD モデルを一般的な2次元のケースについて書くことまたは3次元流れのケースについて書くことには似ている面がある．それは図5.5に示されており，単純化した帯水層システムの2次元モデル化の例をまとめている．再び，モデル領域はいくつかのセルに分割され，モデルユーザーはフィールドデータをそれぞれのセルに割り当てる．数値コードは自動的に対応する行列方程式を作成する．この行列方程式は，ガウス・ザイデルの反復 (Gauss-Seidel-Iteration) 法，ADI, Jacobi, L-R-分解，前処理付共役勾配法 (preconjugate-gradient) などの行列解法を用いて解かれる（行列解法の概略については，Remson et al. 1971 参照）．図5.5は，定常流を仮定したときの計算で求めた水頭も示している．

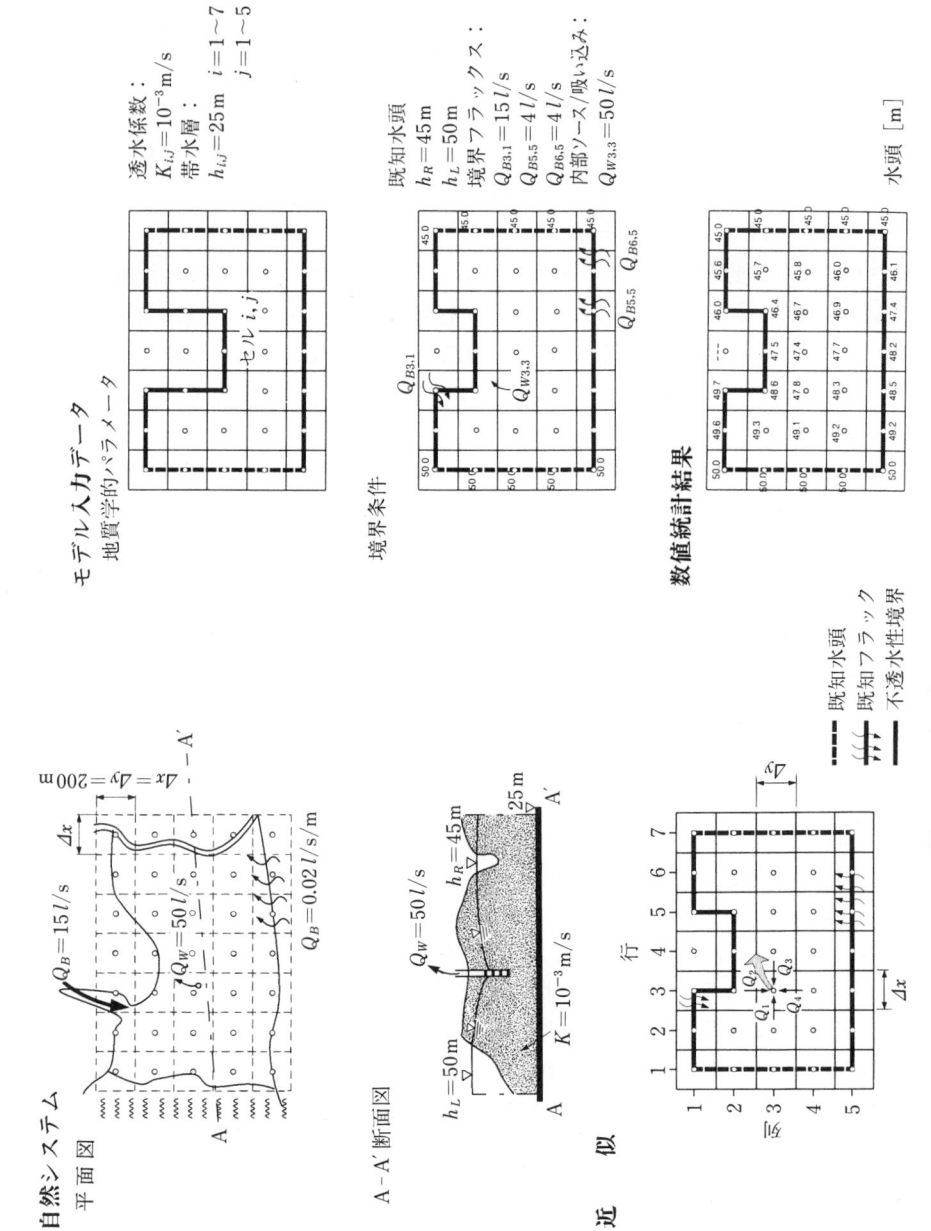

118　第5章　数値流れモデルについて

モデル入力データ

地質学的パラメータ

透水係数：
$K_{i,j} = 10^{-3}$ m/s　$i = 1 \sim 7$
帯水層：$h_{i,j} = 25$ m　$j = 1 \sim 5$

境界条件

既知水頭
$h_R = 45$ m
$h_L = 50$ m
境界フラックス：
$Q_{B3,1} = 15$ l/s
$Q_{B5,5} = 4$ l/s
$Q_{B6,5} = 4$ l/s
内部ソース/吸い込み：
$Q_{W3,3} = 50$ l/s

数値統計結果

水頭 [m]

自然システム

平面図
$Q_B = 15$ l/s
$Q_W = 50$ l/s
$Q_B = 0.02$ l/s/m
$\Delta x = \Delta y = 200$ m

A-A'断面図
25 m
$h_R = 45$ m
$Q_W = 50$ l/s
$h_L = 50$ m
$K = 10^{-3}$ m/s

近似

--- 既知水頭
↠ 既知フラックス
▨▨▨ 不透水性境界

図 5.5　2 次元差分モデルのデモンストレーションモデル

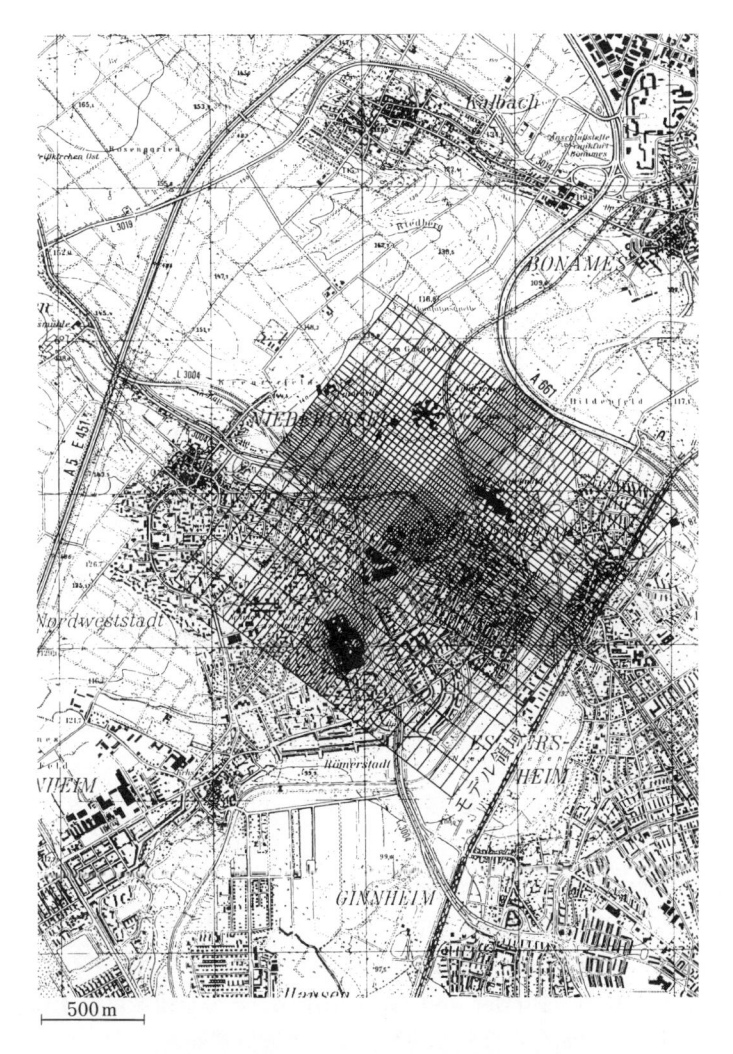

図 5.6　差分モデルを用いた空間分割の現場事例

　フィールドスタディにおける格子の分割の一例を図 5.6 に示す．数値解法を流れ領域の特性と適合させるために，格子の大きさを変えることが必要である．ここでは格子は 2500 個の節点から成る．

5.3 有限要素モデル

FD モデルと FE モデルは流れのモデル化において非常によく用いられ，良い結果を導くことができる．これらのモデルは正確さにおいては等価であるが，FE モデルの方がより使い途が広い．

FE モデルでは，流れ方程式を微分ではなく積分によって近似することが FD モデルと異なる．FD モデルのように，モデル領域はさらに要素 (element) と呼ばれる単位に分割される．一般的に要素には三角形要素が選ばれる．基本的に要素の形に制限はないので，モデルユーザーは差分法を用いたときより柔軟性に富んだモデルの離散化（分割）が可能になる．

5.3 節では，FE モデルの基本コンセプトを紹介する．未知水頭を解くための数学的アプローチは随時紹介する．論理の数学的説明は扱わないつもりである．

5.3.1 有限要素近似

数値プログラムは，地下水の流れを説明する偏微分方程式 (2.4) を近似したものである．2 次元被圧帯水層のケースでは，この方程式は以下のようになる．

$$\frac{\partial}{\partial x}\left(T\frac{\partial h}{\partial x}\right) + \frac{\partial}{\partial y}\left(T\frac{\partial h}{\partial y}\right) + Q - S\frac{\partial h}{\partial t} = 0 \tag{5.29}$$

水頭ないしフラックスの項の境界条件を表現する場合，モデルユーザーは，式 (5.29) をモデルの全領域で常に満たす水頭分布 h を探さねばならない．正確な解を用いた場合，式 (5.29) は任意の場所で満たされる．

複雑なシステムで正確な水頭分布を決定することは不可能である．ほとんどの FE モデルは，次に説明される区間線形関数によって h の解を近似する．また，高次関数も考慮されている (Pinder and Gray 1977)．モデル領域は要素に分割される．そして各要素での水頭分布は線形関数によって近似される．

有限要素近似を説明するために，図 5.7 に示したような不規則な厚さの帯水層を考える．支配方程式を以下に示す．

$$\frac{\partial}{\partial x}\left(T\frac{\partial h}{\partial x}\right) - S\frac{\partial h}{\partial t} = 0 \tag{5.30}$$

地下水システムを 4 つの要素に分割する．任意時間に対する 1 次元の問題では，任意時間に対する水頭分布についての要素ごとの近似により，分布は以下の直線となる．

$$\hat{h} = a + bx \tag{5.31}$$

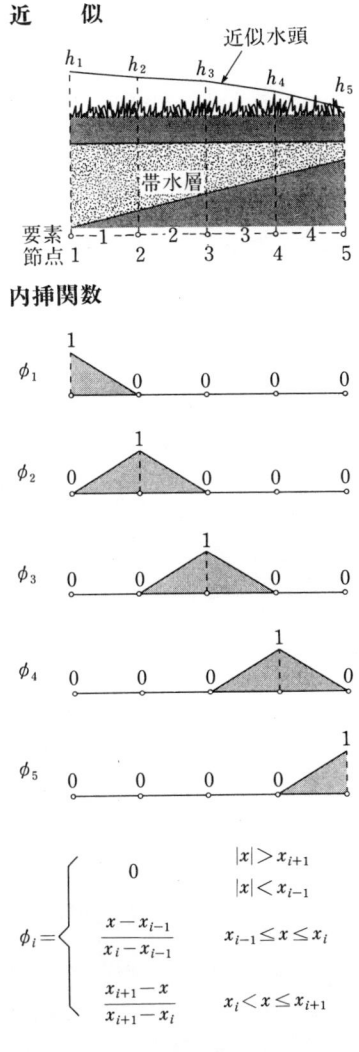

図 **5.7** 1次元の基底関数（例）

$$\phi_i = \begin{cases} 0 & \begin{array}{l} |x| > x_{i+1} \\ |x| < x_{i-1} \end{array} \\ \dfrac{x - x_{i-1}}{x_i - x_{i-1}} & x_{i-1} \leq x \leq x_i \\ \dfrac{x_{i+1} - x}{x_{i+1} - x_i} & x_i < x \leq x_{i+1} \end{cases}$$

ここで，$\hat{h}$ は近似水頭を意味する．

例えば，端点 (x_3, h_3) と (x_4, h_4) をもつ要素3について考える．水頭分布の近似は以下のようになる．

$$\hat{h} = \begin{cases} h_3 + \dfrac{h_4 - h_3}{x_4 - x_3}(x - x_3) & x_3 \leq x \leq x_4 \text{ において} \\ 0 & \text{他のいかなる点 } x \end{cases} \tag{5.32}$$

$\hat{h}$ を表現する他のやり方は，内挿関数を用いるもので，これは図 5.7 で定義された基底関数 ϕ とも呼ばれ，点節の値 h_3 と h_4 の重み付き平均として $\hat{h}$ を定式化することによって表現するものである．要素 3 における水頭分布の近似は以下のようになる．

$$\hat{h} = \begin{cases} h_3 + \dfrac{x_4 - x}{x_4 - x_3} + h_4 \dfrac{x - x_3}{x_4 - x_3} & x_3 \leq x \leq x_4 \text{ において} \\ 0 & \text{他のいかなる点 } x \end{cases} \quad (5.33)$$

全体的な水頭分布の近似は，それぞれの要素における分担水頭の合計から次のように得られる．

$$\hat{h} = h_1 \phi_1 + h_2 \phi_2 + h_3 \phi_3 + h_4 \phi_4 + h_5 \phi_5 \quad (5.34)$$

式 (5.34) は流れ問題に対する近似解であるが，節点の水頭値 h_i は未知のままである．解は無限小分割サイズをとると正確なになる．

$$h = \lim_{n \to \infty} \sum_{i=1}^{n} h_i \phi_i \quad (5.35)$$

ここで，n は節点の総数を示している．有限の n に対して解は以下のような評価にとどまる．

$$h \approx \hat{h} = \sum_{i=1}^{n} h_i \phi_i \quad (5.36)$$

その結果として，図 5.7 のような 1 次元の例を示した．

$$\frac{\partial}{\partial x}\left(T \frac{\partial}{\partial x} \hat{h}\right) - S \frac{\partial \hat{h}}{\partial t} = \in \neq 0 \quad (5.37)$$

ここで，$\in$ は残差（residual）と呼ばれる．節点の水頭値 h_i は未知のままである．

5.3.2 未知水頭値の決定

$\in = 0$ が厳密解なので，残差 $\in$ をできるだけ小さくすることが望ましい．しかしながら支配流れ方程式はすべての場所において満たされることはなく，以下に示されるように，解の領域における残差の平均がゼロにするような h_i を決定する．

$$\int_x \in dx = 0 \quad (5.38)$$

局所的に $\in$ がゼロにならないことがよくある．FE モデルは残差の平均をゼロにするために，重み付き残差法を適用する．この方法を用いて，領域積分がゼロになるような任意の関数 $f(x)$ によって残差は重み付けされる．

$$\int_x \in f(x)dx = 0 \tag{5.39}$$

もし任意の関数 $f(x)$ について式 (5.39) が正しくなるような未知の値 h_i を選ぶことができるならば，$\in$ はゼロになる．n 個の未知量しかないので（式 (5.36) 参照）式 (5.39) に適用されるのは n 個の条件か n 個の関数である．言い換えれば式 (5.39) が n 個の関数になるように h_i を決定する．$n \to \infty$ になる無限分割のケースにおいては，式 (5.39) はそれぞれの関数について満たされ解は厳密解であろう．

一般的に用いられることが多いガラーキン法は，n 個の内挿関数 ϕ_i を n 個の重み付き関数 ω_i として用いる重み付け法の特殊な形である．重み付き関数 ω_i を次に示す．

$$f(x) = \omega_i = \phi_i \tag{5.40}$$

式 (5.39) は以下のようになる．

$$\int_x \in \omega_i dx = 0 \qquad i = 1 \sim n \tag{5.41}$$

式 (5.36)，式 (5.37) をまとめると式 (5.41) は以下のようになる．

$$\int_x \left[\frac{\partial}{\partial x} \left(T \frac{\partial}{\partial x} \sum_{i=1}^n h_i \omega_i \right) - S \frac{\partial}{\partial t} \sum_{i=1}^n h_i \omega_i \right] \omega_j dx = 0 \qquad j = 1 \sim n \tag{5.42}$$

式 (5.42) を少しずつ展開し，連立代数方程式が未知水頭 h_i に対してたてられる．形状不規則性は時間領域では困難であるので，差分モデルが一般的に時間項の取扱いに用いられる．差分モデルに含まれるような長所・短所をもった同じような解法が可能である．時間に関して選択される差分近似によって，以下のような数値解法が存在する．

(1) 陽解法（前進差分）：行列を解く必要はないが，安定性の制約がある．
(2) 陰解法（後退差分）：無条件に安定である．
(3) 中央差分法（Crank-Nicholson）．
(4) 一般的な時間重み付き残差法．

有限要素法に関する厳密な数学的説明については，Pinder and Gray (1977) を参照されたい．

差分法とは逆に，有限要素法における水頭分布は面として与えられる．モデル領域を三角形要素によって区分し，内挿関数が線形であるケースでは，計算された水頭分布を表す面は三角平面要素によって表される．図 5.8 に示した 2 つのフィール

2次元

3次元

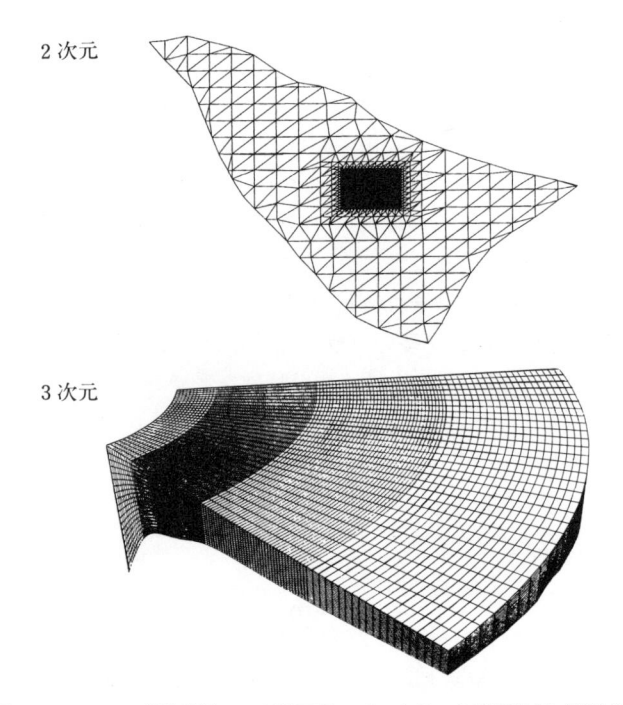

図 5.8　2つの現場検討での有限要素モデルを用いた空間分割（離散化）
（2次元：Kinzelbach et al. 1991, 3次元：Molson 1988）

ドスタディでの空間分割は，有限要素法の格子分割の柔軟性を示している．図5.8で示された2次元格子には，細かく分割されたモデル領域が表されている．これは輸送をシミュレートするために用いられた．図5.8に示された3次元格子は，帯水層底面と推定される平均流れ方向に沿って伸びている．

　具体的な流れモデルをフィールドスタディに適用する際，モデルユーザーは数値モデルをブラックボックス（数値モデルは十分試され，モデルユーザーが数値定式化において何の間違いもないと断言できると仮定したとき）として取り扱う．モデルユーザーは格子の情報と，透水係数やそれぞれの要素に対する外部フラックスなど要求されるすべてのシステムパラメータを与える．モデル入力データと呼ばれるこれらの情報に基づき，数値モデルは離散節点の水頭分布（差分法）を計算したり，近似面として計算したりする（有限要素法）．もし，流れ問題が理にかなって，時間や空間分割に関するモデルごとの制限が満たされていれば，そのモデルは理にかなった解の近似を与えることができる．この解が正しいか否かの議論は，入力データを発展させるときに用いられたアプローチいかんにかかっているが，これについては第8章で議論する．

第6章 物質輸送数値モデル

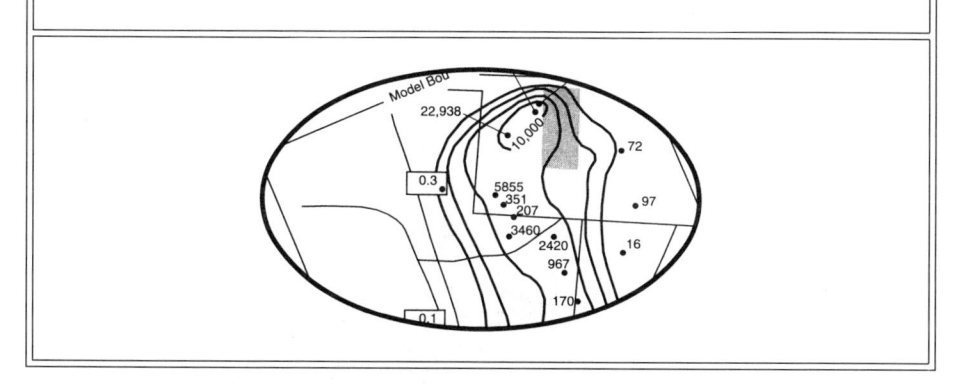

　3章では，地下水汚染の様々な過程や構造等について説明を行った．そのことから複雑な数学モデルを解いたり，移流，拡散，移流分散，密度依存，多相流やその他の物質輸送問題を評価するための様々な数値モデルが開発されてきたことを想像するのは難しくはないであろう．そしてそのほとんどが，次に掲げる4タイプ(図6.1)のうちの1つに基づいている．
(1) 差分 (Finite-difference (FD)) モデル
(2) 有限要素 (Finite-element (FE)) モデル
(3) 特性曲線法 (Method of characteristics (MOC))
(4) ランダムウォーク (Random walk (RW)) モデル

　本書で取り扱うモデルは，モデルの様々な物質輸送現象を扱う際の適応性によってではなく，そのモデル形成のもととなる理論によって分類されている．移流と分散の輸送モデルの開発は成熟した段階にあり，2, 3次元の物質輸送問題に適用され成果をあげている．しかし，化学反応を起こす汚染物質の輸送については，吸着が線形であるときにそこそこうまくいっている程度でしかない．加えて，高い計算能力の必要性，複雑な反応を説明することの不正確さ，そして信頼できるデータを得ることの難しさ等がモデル化の妨げになっている．物質輸送の予測は流れ予測よりもフィールドデータの不足に左右される．モデルを使って解析することの最終目的は予測にあるが，どんなに良いモデルでも厳密な意味での物質輸送予測は不可能である．

　なぜ複数の物質輸送モデルが存在するのか？　この答えは，物質輸送モデルは流れモデルとは異なり汚染物質が移動するであろう経路を導き出すのを目的としてい

第6章 物質輸送数値モデル

差分モデル　　　　　　　有限要素モデル

特性曲線法　　　　　　　ランダムウォークモデル

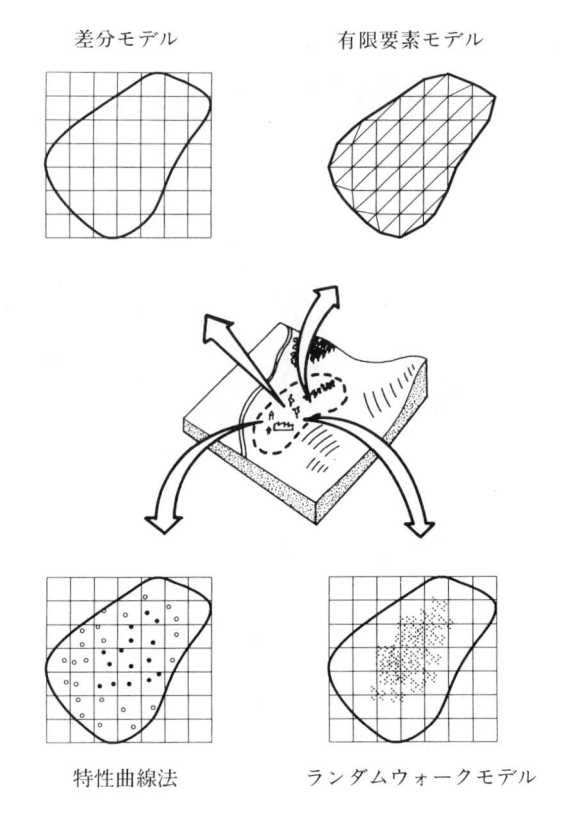

図 6.1　輸送モデルのタイプ

る点にある．その結果，物質輸送のもととなる方程式は地下水流のものとは異なってくる．ただし，移流が無視できるくらい少なく，分散が物質輸送を支配する要因であるときに限り，物質輸送と流れの方程式が同じになる．ほとんどの物質輸送問題に当てはまることであるが，移流が重要な輸送機構となるときには，その輸送方程式の移流項は差分 (FD) や有限要素 (FE) モデルで数値誤差を引き起こす．これはシミュレーション上，分散現象として現れ，数値分散 (numerical dispersion) と言う．不用意に FD や FE モデルを使うと，数値分散が実際の物質的分散を上回ってしまうこともある．よって，数値誤差によって演算結果が無意味になってしまうかもしれない．MOC と RW モデルは，これらの問題を回避するために開発されたモデルである．

この章では，最も単純な単一セルモデルの FD モデルの概説から始める．FD と FE モデルについてはすでに 5 章で説明してあるので，ここでは説明を最小限に抑

え，数式をすべて示すことは行わない．6.6 節では確率モデルを紹介する．実践的なモデルの適用については 8 章で詳細に説明を行う．8 章では同時に数値分散を最小限に抑えるような要素分割の基準についても触れる．

6.1 物質輸送単一セルモデル

単一セルモデルは帯水層中の平均濃度を推測するのに使用され，汚染源が農薬流入であるように，汚染物質が帯水層に均等に侵入する問題に最も適している．各水量に関する帯水層全体の質量保存は，図 6.2 に示すような流れのモデル化として確立される．簡素化のため，地下水の流れが一定であると仮定すると，汚染の質量保存方程式は以下のように表す．

$$Q_s \frac{\Delta c}{\Delta t} = \sum_i Q_{\text{in},i} c_i - c \sum Q_{\text{out},i}$$
$$= (Q_{N,\text{in}} c_N + Q_{R,\text{in}} c_R + Q_{B,\text{in}} c_B + Q_{L,\text{in}} c_L + Q_{W,\text{in}} c_W)$$
$$- c(Q_{N,\text{out}} + Q_{R,\text{out}} + Q_{B,\text{out}} + Q_{L,\text{out}} + Q_{W,\text{out}}) \tag{6.1}$$

ここで，

$$Q_s = V n_e \tag{6.2}$$

ここに，V：セル体積 $[L^3]$
n_e：有効間隙率 [無次元]
Q_s：セル体積中に貯留している地下水量 $[L^3]$
Q_N：自然地下水の涵養または流出流量 $[L^3/T]$
Q_R：表面水との交換流量 $[L^3/T]$
Q_B：境界での流入出流量 $[L^3/T]$
Q_L：隣接帯水層からの漏水流量 $[L^3/T]$
Q_W：井戸のような局所的な揚水，涵養流量 $[L^3/T]$
c：セル体積で平均化された濃度 $[M/L^3]$
c_N：自然涵養される水の濃度 $[M/L^3]$
c_R：流入する表面水の濃度 $[M/L^3]$
c_B：境界での流入出地下水の濃度 $[M/L^3]$
c_L：漏洩流入水の濃度 $[M/L^3]$
c_W：局所的な揚水，涵養水の濃度 $[M/L^3]$

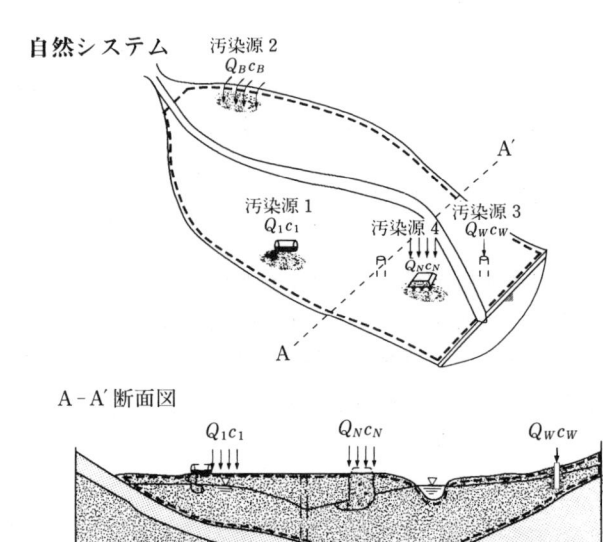

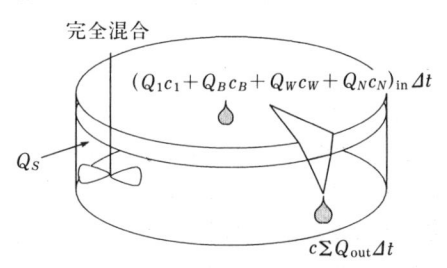

図 6.2 輸送に関する単一セルモデル

Δc：時間 Δt での平均濃度の変化 $[M/L^3]$

Δt：時間増分 $[T]$

多くの汚染化学物質については，流入する表面水の濃度 c_R，漏洩 c_L，等の流入濃度はゼロになり，これらの流入項は式から除かれてしまう．しかし，流出濃度は実際の濃度 c を総セル体積 V で平均化したものによって常に影響を受ける．

単一セルモデルの典型的な挙動は，流入源が1つのときに最も顕著に現れる．

$$t = 0: \quad c = 0 \tag{6.3}$$

$$t > 0: \quad c_{\text{in}} = c_0 \tag{6.4}$$

帯水層全体で平均化された濃度変化は次のようになる．

$$\frac{c}{c_0} = 1 - \exp\left(\frac{-t}{\bar{t}}\right) \tag{6.5}$$

ここで，

$$\bar{t} = \frac{Q_s}{Q} \tag{6.6}$$

ここに，c：セル体積で平均化された濃度 $[M/L^3]$
　　　c_0：流入流量 Q の濃度 $[M/L^3]$
　　　Q_s：セル体積中に貯留されている地下水量 $[L^3]$
　　　Q：流入流量 $[L^3/T]$
　　　t：時間 $[T]$
　　　$\bar{t}$：セル体積中にある汚染物質の交換にかかる平均所要時間 $[T]$

ほとんどの地下水流動は定常状態であり，流入流量 Q は流出流量と同じになり，セル体積を通る総地下水フラックスと同一となる．よって貯蔵地下水量 Q は常に一定となる．

この計算は，複数の独立した汚染源が存在するケースにも比較的容易に拡張することができる．もし，流入質量と水のフラックスが一定で，それにより総流入地下水量と総流出地下水量が同じならば，次式が得られる．

$$c(t) = a \left[1 - \exp\left(\frac{-t}{\bar{t}}\right) \right] \tag{6.7}$$

ここで，

$$a = \frac{\sum_i Q_{\text{in},i} c_{\text{in},i}}{\sum_i Q_{\text{in},i}} \tag{6.8}$$

平均置換時間は次式で表される．

$$\bar{t} = \frac{Q_s}{\sum_i Q_{\text{in},i}} = \frac{Q_s}{\sum_i Q_{\text{out},i}} \tag{6.9}$$

式 (6.5) を時間に依存する流入質量，総水フラックス，および流入汚染物質に適用するには，まず時間の関数としてこれらを評価しなければならない．次に，汚染物質流入率 (例えば農薬流入率) をステップファンクションとして表現する．質量保存方程式は時間ステップ (時間での差分)，または単純に個々の流入質量に対する演算結果を重ね合わせることによって解く．

重ね合わせで解く時間に依存する流入質量は，ステップファンクション型単一汚染源に対しては次式で表される．

$$t = 0: \quad c = 0 \quad (6.10)$$

$$0 < t < t_1: \quad c_{\text{in}} = c_0 \quad (6.11)$$

$$t \geq t_1: \quad c_{\text{in}} = 0 \quad (6.12)$$

平均濃度の計算は次のようになる．

$$c = 0 \qquad\qquad t \leq 0 \quad (6.13)$$

$$\frac{c}{c_0} = 1 - \exp\left(\frac{-t}{\bar{t}}\right) \qquad 0 < t < t_1 \quad (6.14)$$

$$\frac{c}{c_0} = \exp\left[-\frac{(t-t_1)}{\bar{t}}\right] - \exp\left(\frac{-t}{\bar{t}}\right) \qquad t \geq t_1 \quad (6.15)$$

6.2 差分法における計算誤差

流れモデルと同様，物質輸送方程式を解くための差分によるアプローチは最も古く単純な方法である．物質輸送の偏微分方程式は差分式で近似される．差分式は 5.2 節で紹介された流れモデルの質量保存や，テイラー展開された物質輸送方程式各項によって導かれる．両方法とも，支配する輸送方程式の同一の差分近似値を誘導する．FD モデルは空間と時間を離散化し，濃度等のすべての値は節点値として表される．離散化，平均化，計算過程では数値誤差を引き起こす．流れの FD モデルについては 5 章で説明してあるので，この節では物質輸送 FD モデルにおける数値誤差の種類，原因，および制御について説明をする．

6.2.1　数値誤差の種類

モデル適用の際には，様々なモデル誤差が起こりうる．そのうちデータの収集・解釈時の誤差，自然を概念化するときの誤差，モデル結果を報告するときの誤差については 8 章で説明をする．この節では以下に掲げる数値誤差について取り扱う．

(1) 截頭誤差 (Truncation error)：截頭誤差は，ポテンシャル水位分布のような複雑な関係を微区間ごとの単純な関数の連続として表現するときに起こる．この誤差は数値理論にあてはめられる．
(2) 丸め誤差 (Roundoff error)：丸め誤差は常に起こりうるもので，これはコンピュータで扱う桁数の制限によるものである．この誤差は時間が経つにつれ大きな数値誤差となっていくことがある．丸め誤差の累積は最終的に数値的不安定を引き起こす．そこでほとんどのモデルでは正確さを増すために倍精度を使用する．
(3) 距離に関係した数値分散：距離に関係した数値分散は，FD モデル自体に原因がある．というのも差分格子の濃度は節点でしか与えられておらず，その節点値で 1 つのセル全体を表現しようとするからである．これは，たとえ実際の汚染の濃度前線が下流にあるセルの中心に達していなくとも，下流にある節点に濃度が到達したとみなすことを意味する．図 6.3 はこれを示している．
(4) 角度に関係した数値分散：角度に関係した数値分散を理解するには，任意の場所から斜め下 45 度に移動するパルスを考えてみるとわかる．節点間の移流は決められた離散 (節点間速度) 方向にしか存在しないので，質量輸送もまた

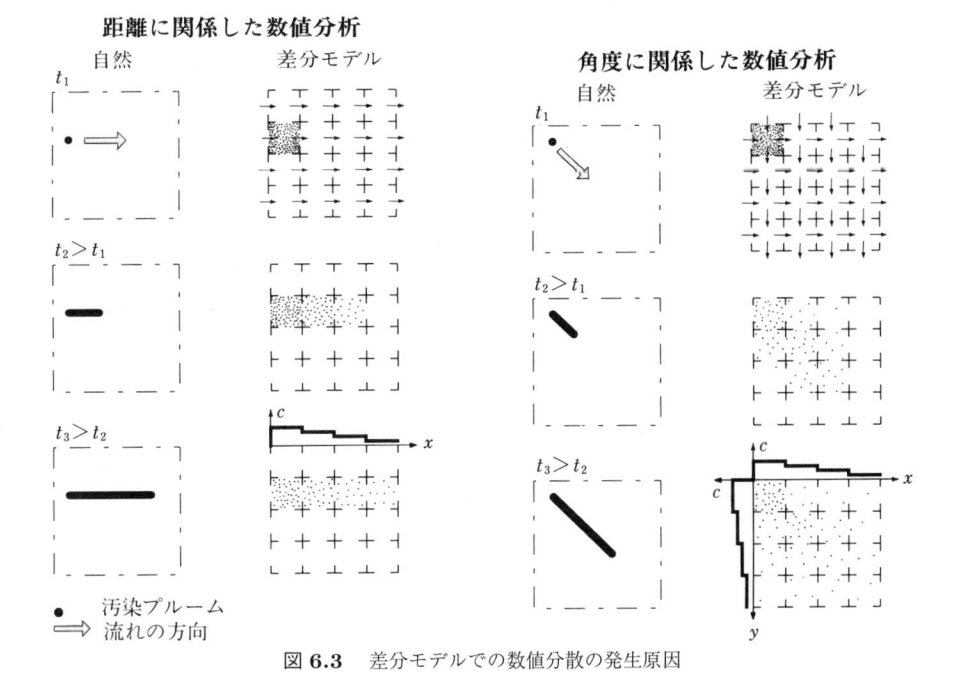

図 6.3 差分モデルでの数値分散の発生原因

直接隣り合うセル同士の近似でしかない．実際のパルスの方向は，離散化格子では表現できない．そのため，図 6.3 に示すように，パルスが徐々に分散的に広がっていくような結果になる．

(5) 振動 (Oscillation)：振動はシミュレートした濃度が汚染源の濃度よりも高くなったり (オーバーシュート) または濃度が 0 以下になったり (アンダーシュート) する，一般的な数値解析上の問題である．こういった誤差は通常，粗い時間または空間離散を用いて濃度変動の激しい物質輸送をシミュレートしようとするときに生じる．そのような状況は，既知濃度境界の近傍，または内部汚染源の近傍で発生する．

(6) 不安定 (Instability)：数値モデルの安定性・不安定性は，実用上非常に重要な問題である．不安定はフィードバック（訳注：得られた計算結果を順次利用する）過程の結果で，解を得るためのステップを重ねるごとに誤差が大きくなっていく．誤差はべき乗に拡大し振動することもしばしばある．そして計算結果は正確に 1 つの値に収束しない．安定は収束に必要かつ十分な条件であり，収束は安定という意味を含む．ほとんどの場合，不安定な解と安定した解は簡単に見分けることができる．しかし，ユーザーはモデルの安定性 (結果として収束) が，自動的に正しい結果に収束したことを意味するのではないということを理解しなければならない．よって近似の解を受け入れる前に，結果の一貫性をテストしなければならない．

(7) 反復計算による残差誤差 (Iteration residual error)：反復計算による残差誤差は，繰返し解を求める過程に含まれる．繰返しを行うとき，ユーザーはモデルの反復計算を終了させる収束条件を定める．計算結果が定められた誤差の許容値以内ならば繰返しを終了する．収束条件の選択が繰返しによる残差誤差の大きさを決定する．収束条件としては絶対および相対的収束条件が一般的である．絶対収束条件は各節点について 2 回の繰返しステップ間の変化量に制限を定める．

$$\left| c_i^{k+1} - c_i^k \right| \leq \varepsilon \tag{6.16}$$

ここに，c：未知の濃度 $[M/L^3]$
$\quad\quad i$：節点番号
$\quad\quad k$：繰返し回数
$\quad\quad \varepsilon$：収束条件

絶対収束条件は結果の大きさや期待する精度があらかじめわかっているときに使

われる．相対収束条件はそれぞれの未知の濃度を相対比率でテストする．

$$\left| \frac{c_i^{k+1} - c_i^k}{c_i^{k+1}} \right| \leq \varepsilon \tag{6.17}$$

相対収束条件は濃度がゼロに近いときに問題となることを式 (6.17) は示している．よって，ほとんどすべての数値モデルには，絶対収束条件が使われる．絶対収束条件が節点ごとの変化ではなく，すべての節点変化の合計に適用されることもある．ユーザーが収束条件を厳しく設定しすぎると，丸め誤差のためコンピュータでは求まらないことがある．繰り返して解を導くような数値モデルでは，無限ループに陥るのを防ぐために最大繰返し回数を指定した方がよい．

6.2.2 数値誤差の原因

　数値誤差を少なくするために，ユーザーはモデルを適用するに当たって，数値誤差を引き起こす原因となるパラメータを理解していなければならない．いくつかの簡単な"原因と誤差"の関係がある．しかし，実際にはほとんどの場合このような関係はもっと複雑である．数値誤差は相互に密接に関係している．振動を最小限に抑えるよう設計すれば数値分散が起き，逆に数値分散を制御しようとするとオーバーシュートが増加するという代償が一般につく．

　次に挙げる因果関係から，モデルの適用における数値誤差の原因を見極めることができる．
(1) 格子間隔が大きいと数値分散を引き起こす．
(2) 時間間隔が大きいと振動が起きやすくなる．
(3) 時間の後退差分 (陰解法) は数値分散を引き起こす傾向にある．
(4) 時間の前進差分 (陽解法) は不安定になり得る．
(5) 流れや物質輸送過程が激しい非線形問題は，不安定の原因になる．
(6) 格子の縦横比 (セルアスペクト比) が大きい場合もまた，丸め誤差を引き起こす．
(7) 時間または空間離散化の急激な変化は安定性に影響を与える．
(8) 既知濃度境界が原因だが，流入境界に急な濃度前線が初期値としてある場合，オーバーシュートを引き起こす．
(9) 大きな変動が予測される場所，帯水層の性質が急激に変化する場所，および境界条件が急激に変化する場所で空間離散化が粗いと，数値分散を引き起こし，不安定な結果になりかねない．

6.2.3 誤差制御

数値誤差は時間および空間の離散化の影響を受ける．次に挙げる制御が，数値誤差を処理し確実に正確な結果を得るために用意されている．

(1) ペクレ (Peclet) 基準：ペクレ基準は，次式で表されるように，各々の軸方向 x_i への空間離散化を制御する．

$$Pe_{xi} = \frac{v_{xi} \Delta x_i}{D_{xxi}} < 1 \tag{6.18}$$

ここに，v_{xi}：x_i 方向への粒子の流速 $[L/T]$
　　　　Δx_i：x_i 方向のセルサイズ $[L]$
　　　　D_{xxi}：x_i 方向の分散係数 $[L^2/T]$

(2) クーラン (Courant) 基準：クーラン基準は時間間隔 Δt を制御する．2次元物質輸送の場合は以下のようになる．

$$Co_x = \left| \frac{\Delta t \, v_x}{\Delta x} \right| \leq 1 \tag{6.19}$$

$$Co_y = \left| \frac{\Delta t \, v_y}{\Delta y} \right| \leq 1 \tag{6.20}$$

クーラン基準は，ある時間間隔内に各セルから移流によって放たれた汚染物質はそのタイムステップの最初にあったセルを越えてはならないことを示している．式 (6.19) と (6.20) に示されるように各方向に適用される．風上差分 (upwind differences) では x 方向，y 方向へのクーラン基準を合わせて適用されている (Kinzelbach 1985 を参照)．

$$Co_x + Co_y \leq 1 \tag{6.21}$$

マトリックスの陰解法では，クーラン基準を満たすことは数値分散を最小限に抑えることができる．陰解法では，移流分散輸送を計算するために，各ステップの終わりの未知の濃度を使って方程式を誘導する．陽解法では安定性を得るためにこの基準を満たすことが必要不可欠である．この場合，流れシミュレーションと同様，陽解法では合理的でないと思うほど長い計算時間がかかるかもしれない短い時間間隔で計算することを要求する．陽解法は時間 t での既知の濃度を使い時間 $t + \Delta t$ の未知の濃度を計算する．陽解法の有利な点は，いくつかのケースでは数値分散を小さく抑えることができることにある．逆に，不利な点はすべての安定条件が満たされていないと不安定になるということである．

(3) ノイマン (Neumann) 基準：ノイマン基準は1時間間隔内で許容する分散フラックスを制限するもので，次式で表される．

$$\frac{D_{xx}\Delta t}{\Delta x^2} + \frac{D_{yy}\Delta t}{\Delta y^2} \leq 0.5 \tag{6.22}$$

次のように表されることもある．

$$\frac{D_{xx}}{\Delta x^2} \approx \frac{D_{yy}}{\Delta y^2} \tag{6.23}$$

もし，一方の辺がもう片方の辺よりも非常に大きい場合，その大きい方の辺がもう片方の辺を支配することは物理的に妥当なことである．

(4) セルアスペクト比 (cell aspect ratio)：コンピュータでは有限な有効桁数しか取り扱えないので，格子の縦横比は重要となる．ユーザーはモデルが次の基準を満たすようにすることが理想である．

$$K_x \frac{\Delta y}{\Delta x} = K_y \frac{\Delta x}{\Delta y} \tag{6.24}$$

化学反応を考慮した物質輸送をシミュレートするときにはその他の条件が重要となるだろう．残念なことに，コンピュータの能力の限界により，対象となるすべての流れ場において，常にクーラン基準とペクレ基準を満たすことができるわけではない．それでも意味のある計算結果が得られるかもしれないが，数値誤差の影響が把握できるようにモデルの結果は慎重に見直さなければならない．

6.2.2項に挙げられた数値誤差の原因は，さらに実践的に制御することにより数値誤差を減らすことが必要であるということを示している．
(1) 主要な流れ方向にグリッドを切る．
(2) 時間と空間の離散化は，徐々に変わるようにする．
(3) 物質輸送モデルでは第1種の境界よりもむしろ第3種の境界を使う．
(4) 丸め誤差を減らすためにポテンシャル水頭を示す数値の桁数をできるだけ少なく保つ．これは適切な基準値を導入し，引き算することで得られる．計算過程で必要な有効桁数を減らすと，結果として重要な桁を失うことが減ることになる．
(5) 格子の縦横比を少なくとも1オーダーの範囲内に抑える．
(6) 安定性を確保するために時間間隔を減らす．不安定な数値効果は時間間隔に左右される．もし，適切に短い異なる時間間隔の解析から得られた2つの結果が本質的に同じならば，計算結果はおそらく安定しているといえる．

(7) 帯水層の特性が大きく変わるところや大きな変動が予測されるところでは，細かい離散化を集中させる．

まとめとして，ユーザーは時間と空間の離散化によって最もうまく数値誤差を減らせるといっても過言ではない．正確な結果を得るために離散化は十分に小さくしなければならない．差分理論によって課せられるこれらの制限において，この方法以外に問題を回避するテクニックはない．

6.3　有限要素モデルの長所

有限要素モデルは輸送モデルでは非常にポピュラーなものである．その一番の理由は空間の離散化に柔軟性を持っているからである．有限要素のグリッドは図6.4に示すような形状または物質輸送の特性に起因するような要求にあわせて調整できる．

(1) 流れモデル化にみられるように，要素はその問題の形状に合わせられるように柔軟性を持たせられる．
(2) 要素は流れに沿って方向づけることができる．これは，事実上流れに対する横方向の数値分散を排除するもので，主方向技法 (principle direction technique) と呼ばれている (Frind and Pinder 1982; Frind and Matanga 1985)．
(3) 不均質性帯水層においては，グリッドは分散の主方向に沿わせて方向づけることができ，それによって分散のテンソル特性を正確に表現できる．
(4) この方法は流れモデルでは重要であるが，プルームによって影響を受けないところは粗い要素分割を行える．そして細かい要素分割はプルームのある場所に集中させることができる．

FDモデルと全く同様の誤差がFEモデルにも存在する．しかし，空間離散化の柔軟性により，ユーザーはモデルの数値誤差に対して，より良い制御が可能である．さらに，少なくともプログラマーの視点からすれば，有限要素を構成する境界条件はFE理論に直接従うという点で有利である．

主方向技法では，流れ場と物質輸送問題との時間スケールの違いを活用する．物質輸送問題では時間の単位が通常数年または数十年と長いため，非定常の流れ状態を平均化することができる．このため，ユーザーは非定常の汚染物質の移動に対して定常流れ場を適用することができる．しかし，もし流れが定常状態で，流れの系が線形なら (例えば，汚染物質によって流れが影響を受けない場合)，流れの方向に沿って離散化させることで，主方向に移動する汚染物質の物質輸送問題を解く上で有効である (Frind and Pinder 1982)．流れシステムを定めるために，ポテンシャルと流れ関数の双対理論 (dual theory) が適用される (Frind and Matanga 1985)．

グリッドデザイン

地下水システム
の形状

流れの方向

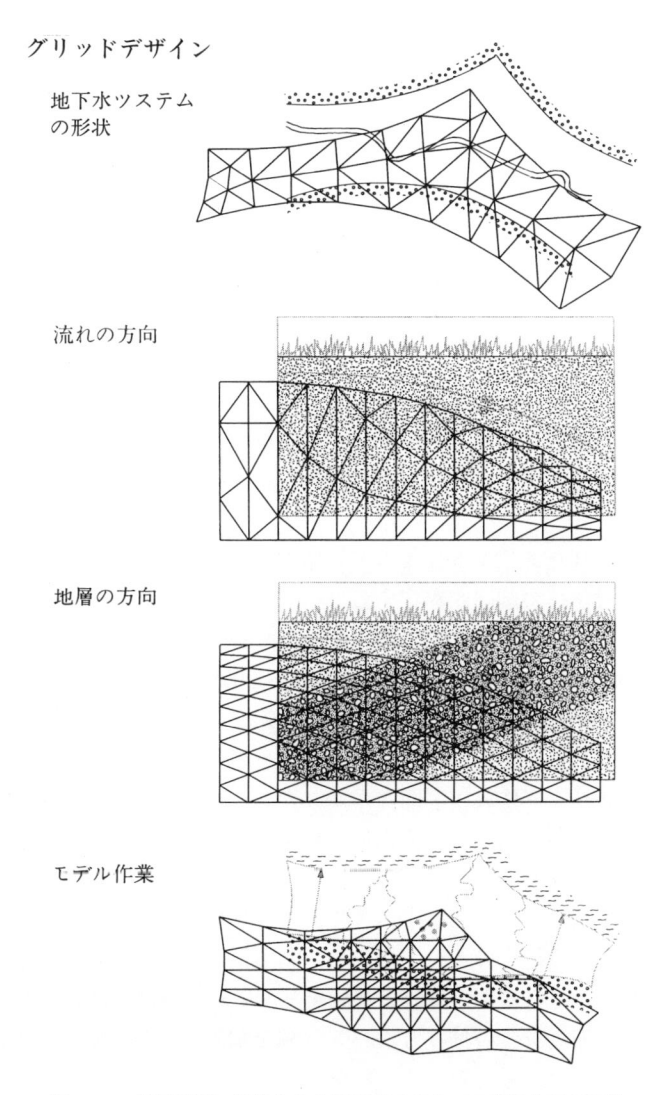

地層の方向

モデル作業

図 **6.4** 輸送問題に依存する有限要素モデルでの空間分割の選択

フローネットまたは格子が定義されると，手作業で簡単に移流を推測できる．物質輸送速度は近隣する流線間距離に反比例している．主方向技法には明確な数値的利点・長所があるが，流線や移流輸送を定めるのが難しいため適用は限られている．特に，モデル内に内部注入と吸い込みが存在するときにこのことが言える．

実用上おそらく汚染物質輸送が起こるところでは空間離散化を細かくし，物質輸

送のないところでは粗くすることができるという点が，FE モデルが FD モデルよりも有益となる大きなポイントであろう．物質輸送をモデル化するにあたり，不十分に定義された境界条件によって対象とする地域の流れが影響を受けないよう，通常実際の汚染プルームの範囲よりモデル範囲を大きくとる．例えば，数百 m のプルームを調べるのに，数 km の流れを考えなければならないかもしれない．ここで，モデル全体の大きさと輸送モデルに必要とされる離散化の度合いを比較してみる．ペクレ基準によると，濃度前線の数値的な乱れを小さくするため，空間離散化は関係する分散長の値よりも小さくなければならない．よって，汚染プルームに対する離散化は，数 m 間隔で行われることが多い．もし物質輸送で要求されるような細かい離散化をモデル全体に拡大すれば，データ操作や計算に要する労力は合理性を欠いてしまう．空間離散に関する FE モデルの柔軟性は，ユーザーを拘束しない．よって，図 6.4 に示すようにグリッドは境界の形状や輸送範囲の大きさに合わせて設計できる．

慎重に設計されたグリッドによって数値誤差は減少するが，以下のような空間および時間の離散化への制限が存在する．

(1) オーバーシューティングを避けるため，時間ステップはクーラン基準に従って選ばなければならない (式 (6.19), (6.20))．
(2) 要素の大きさは縦方向の分散長を超えない (ペクレ基準，式 (6.18))．
(3) 要素の形は歪みすぎない (式 (6.24))．

手作業でのグリッド作成は手間がかかりかねないので，シンプルかつ正確になるように設計する．各情報は要素節点に番号を付けることで有限要素グリッドと関連付けられる．グリッドの番号付けは，係数行列のバンド幅，そして結果として計算の時間に影響を及ぼすので注意すべきである．係数行列のバンド幅は 1 つの要素における節点番号間の最大の差 +1 で求められる．よってそれぞれの要素につき節点番号間の差が小さくなるように節点番号を選ぶよう心がけなければならない．8.4.2 項にどのように節点番号の付け方がバンド幅を制御するかの例を示す．

6.4 特性曲線法

MOC は地下水輸送モデルに数値誤差を減らすために導入されてきた．FD・FE の両モデルでは，同じ理論を使い地下水の流れや汚染物質移動を近似する．しかし，MOC や RW(ランダムウォーク) 法をもとにしたモデルでは，流れや物質輸送部分での計算手法が異なっている．

広く使われている Konikow and Bredehoeft (1978) の MOC モデルでは，流れ

は標準的な差分法でシミュレートし，その後特性曲線法を物質輸送方程式に適用する．これは，流れ範囲にわたって均等に広がった粒子を追いかけ，各粒子が動くことによって変化する粒子の集中を観察することを思い浮かべてもらえれば理解できると思う．よって，移流と分散は別々に扱われる．差分法のように濃度は格子点で代表させる．これらの格子点は流れのモデルで使われるものと同一である．

MOC では移流と分散輸送はステップごとにシミュレートする．移流輸送は，モデル範囲全体に幾何学的に一定のパターンで広がる粒子によってシミュレートを行う．各粒子はその粒子を含むセルの濃度に関連した初期濃度が与えられる．汚染のないところでは，濃度 0 が与えられる．すべての粒子は時間ステップごとに局所平均輸送速度によって移動する．

差分モデルの速度は節点間の速度 (2 点間を直接結ぶ線に沿った速度) でしかないので，任意の地点での速度は補間によって求めなければならない (Prickett and Lonnquist 1971; Kinzelbach 1985)．格子内の粒子の新しい位置は次式で求められる．

$$x_{\text{new}} = x_{\text{old}} + v_x \Delta t \tag{6.25}$$

$$y_{\text{new}} = y_{\text{old}} + v_y \Delta t \tag{6.26}$$

各時間ステップにおいてすべての点が移動した後，各セル節点に一時的にそのセル内に存在するすべての粒子の平均濃度を与える．その結果，移流によって変化する濃度がシミュレートされる．

分散輸送または分散による濃度変化は，四角形格子の差分計算によって求められる．分散計算の後，粒子の濃度は格子の濃度変化を基に更新され，次の時間ステップの移流輸送計算を行う．

MOC は大量の粒子位置の記録や，グリッドと粒子濃度間の頻繁な切り替えが必要となる．しかし，数値分散が比較的少ないのが，MOC をポピュラーたらしめるゆえんである．MOC で正確な結果を得るために，以下の点を考慮する必要がある．

(1) 差分計算で使われる空間離散によって正確さが左右される．流れシミュレーションで使うグリッドの距離を短くすると，MOC の正確さが増す．
(2) 各セルの粒子数が増えれば正確さも増す．例えば Konikow and Bredehoeft (1978) は 9 粒子を使用した．
(3) 各粒子の正しい流路を再現するために，時間ステップの大きさは限られている．経験的には，各粒子は 1 つのセルを通るのに少なくとも 4 つの時間ステップを必要とすると考えられている．これはまさにクーラン基準と一致する．

6.5　ランダムウォークモデル

　ランダムウォーク (RW) モデルは，すべての輸送モデルの中で最も可視的で，かつ理解しやすいモデルである．このモデルは数値シミュレーションのプレゼンテーションが重要な要素となるときに推奨される．

　RW モデルには様々な長所がある．輸送シミュレーションは，実際の移流と分散の物質輸送機構を示す，図 6.5 のようにモデルユーザーによって可視化できる．よって，汚染物質輸送モデルになじみのない人にモデル結果を示すのには最良のモデルタイプである．

　FD や FE 輸送モデルが計算分散で悩まされるようなところでは，RW モデルは計算機によらないという古典的な意味での数値分散が起こらない．そのため縦方向に対する横方向の分散比が大きいとき，RW モデルは他のモデルよりもはるかに優れているといえる．

　RW 粒子輸送はどの流れモデルにもそれほど苦労しないで付け加えられる．3 次元輸送シミュレーションも容易に行える．加えて，分散係数を 0 にすることで流線を発生させられる．

　RW モデルはまちがいなく正確な結果を供給するが，制約も存在する．主要な制約は時間離散の制限によるものである．各要素が流れモデルのセル内を移動するのに複数の時間ステップかかるのを許容しなければならない．これはまさにクーラン基準を満たすことにもなる．1 セルあたり 5〜10 タイムステップが適当であると証明されている (Prickett et al. 1981)．

　最後に，プルームの成長過程を現実的にシミュレートするには，大量の粒子 (約 5 000) が必要とされる．よって，RW モデルは時間がかかる傾向にある．

　RW モデルを使うことによる主な短所は，この方法が濃度ではなく粒子の分布を導き出すことにある．局所的な濃度の推測という点では，RW モデルは極めて粗いモデルといえる．化学反応は濃度に左右されるので，化学物質輸送を RW モデルで把握するのは難しい．また，RW モデルは流れと物質輸送が連成している場合には使われない．

　他の物質輸送モデル同様，RW モデルは流れと物質輸送のモデルを組み合わせる．ほとんどの場合，流れシミュレーションの適用は FD モデルをもとにしていて，流れモデル化で要求されるすべての過程が要求される．ダルシーの法則が適用される場合には，流れの部分モデルは不連続の節点値，または不連続の節点間速度を導き出す．そのため，MOC モデルのように，全体モデル中の局所的な速度は，補間に

輸送経緯 ($t=0$)
汚染源
→ 流れの方向

数値近似 ($t>0$ での粒子分布)

$t_1 > 0$

$t_2 > t_1$

$t_3 > t_2$

$t_4 > t_3$

図 **6.5** ランダムウォークモデルを用いた層状帯水層での汚染物質輸送シミュレーション

よって求められる．

　物質輸送モデルは流れのモデルで得られる速度をもとに，ランダムウォークを使い汚染物質の輸送を計算する．RW モデルはブラウン運動理論をもとにしていて，Chandrasekhar (1943) で要約されている．Scheidegger (1954) と De Josselin de Jong (1958) は，多孔質媒体の物質輸送をシミュレートするのに初めてこのモデルを適用した．彼らによると，流れ場にセットされ，移流と輸送のランダム成分を粒子輸送が近似できる．分散輸送を示す流れ方向および横方向を用いて，ランダムステップは各移流ステップの後で求められる．2次元では以下の3ステップがある (図6.6)．

(1) 移流輸送ステップ Δx と Δy

$$\Delta x = v_x \Delta t \tag{6.27}$$

$$\Delta y = v_y \Delta t \tag{6.28}$$

(2) 流れ方向の分散輸送ステップ P_L

$$P_L = \pm Z_1 \sqrt{2 D_L \Delta t} \tag{6.29}$$

(3) 流れに対して横方向の分散輸送ステップ P_T

$$P_T = \pm Z_2 \sqrt{2 D_T \Delta t} \tag{6.30}$$

ここに，P_L：流れ方向内の分散輸送ステップ $[L]$
P_T：流れに対して横方向の分散輸送ステップ $[L]$
D_L：縦分散係数 $[L^2/T]$
D_T：横分散係数 $[L^2/T]$
Δt：時間ステップ $[T]$
Z_1, Z_2：独立したランダム変数

ガウス分布であるランダム変数は，各コンピュータ言語に付属する標準的な組込み関数で求められる (例えば FORTRAN では RANF( ))．各輸送ステップはその前のステップとは独立している．連続した移流と分散のステップを合わせることによって，図 6.6 に示すような粒子の軌跡が得られる．軌跡は移流輸送のみから得られる．

汚染源やプルームを示す粒子の数が増えるほど，この方法は正確さを増す．各粒子には，総汚染質量を流れ場内に放たれた粒子の数で割った質量が与えられる．例えば，もし 1 kg の汚染物質を 1000 個の粒子を使いシミュレートすれば，各粒子は 1 g を表すことになる．言い換えれば，すべての粒子質量の合計が帯水層中の総汚染物質質量になる．

RW モデルは，図 6.6 のように汚染プルームを示すすべての粒子の移流とランダムな動作を追うので，各々の粒子の動きは独立している．粒子の頻度分布は粒子数の多さという制限を受けるが，もし分散係数が空間から独立したものであれば，移流分散式を満たすことが理論で証明される (Ito 1951)．

この状態は流れが一定のときにのみ見られる．実際には，流れ状態が徐々に変化している場合に，単に移流と分散輸送ステップを合計するだけでは妥当な近似とはいえない．層構造になった帯水層など非常に変化が激しい流れ場では，誤差を補う

各ランダムパス-帯水層の分散性の影響

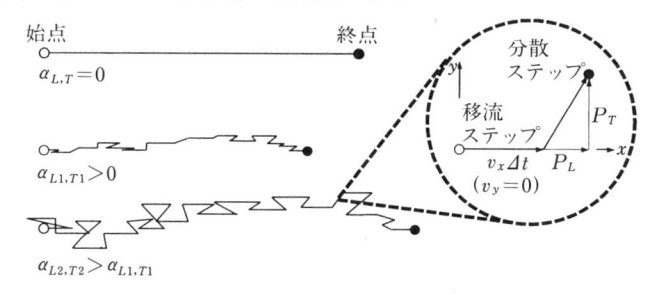

移流・分散輸送のリアライゼーション

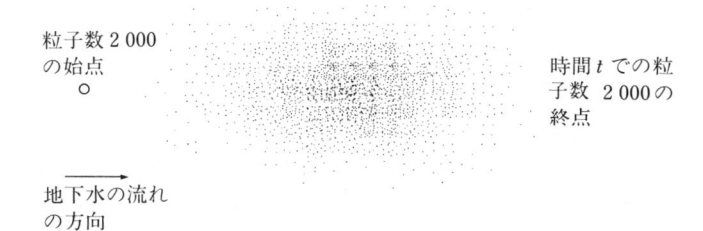

時間 t での方形グリッドでの粒子分布

図 6.6 一様地下水流中のランダムウォークモデルを用いた移流・分散輸送のリアライゼーション

ため RW モデルに修正項を付け加えなければならない (Uffink 1985; Kinzelbach and Ackerer 1986). これは，簡略化された RW モデルでは，移流と分散粒子の両ステップが減少するにつれて，粒子が出るときの速度より遅くても，流れ場に簡単に侵入できてしまうからである．

　RW モデルから直接得られる結果は粒子 (質量) の分布である．粒子の密度から濃

度は推測できる．粒子の集まりを濃度に変換するためには，四角形の格子をプルーム (ほとんどの場合流れシミュレーションで使われるものと同一である) にかぶせ，セルごとの粒子数を数える．そして，1つのセル内の総粒子質量をセルの体積で割り，間隙率をかけることによって，セル内の平均濃度が求められる．物質輸送シミュレーションの確率論的な性質から，濃度分布は通常粗くなる．

6.6 確率輸送モデル

　確率論的モデルでは，ユーザーは自然の物質輸送システムを正確に表現することはまれであり，予言的な予測は危険であるということを踏まえておく必要がある．モデルユーザーは決定論的な値ではなく，期待される濃度値やそれぞれの相違を計算することを目的とする．

　本書では確率モデルの理論的な解析ではなく，むしろその実用面について考える．特にここでは，様々な解釈可能な水文地質を想定したときにどのような評価になるかの確率モデルに限定する．これは，モンテカルロ法モデルを考えればよい (Schwartz 1977; Chu et al. 1987)．その過程は，対象となる大量の均一な（偏った重みがない）現実的な入力データセットをランダムに作り出すことからなる．そして，各ランダムデータセットの物質輸送リアライゼーションを標準的な計算方法によって導き出す．この点では，この手法はランダムモデル入力データには確率論，そして物質輸送の検討には決定論を用い，これを合わせたものであるといえる．1つのランダム入力パラメータは無限のリアライゼーションを認めてしまうことに注意する．実際に適用するときは，計算回数を現実的な数に制限する．すべてのリアライゼーションを考慮した結果の統計解析から濃度の期待値が導きだされる．

　この手法は瞬間的な点源からの1次元縦方向物質輸送の解析モデルを使うと最もわかりやすい (式 (4.27))．物質輸送速度 v，縦分散 α_L，初期投入質量 M が定められた範囲内の推測値として扱われると仮定する．そこから各パラメータについて，与えられた範囲内に収まるランダムモデル入力データが生成される (図 6.7)．

　任意に定められた20ケースの v, α_L, M の組合せに対して (図 6.7 のケース 1～20)，濃度分布は30日移動時間分計算される．この図から濃度の絶対量は予測不可能であるが，濃度分布が収まりそうな範囲はうまく近似できることがわかる．濃度予測の不確かさについての情報同様に，平均予測濃度は簡単な計算で定量化できる．

　図 6.7 に示す例は単純な確率論的アプローチを図示したものである．実際の現地を検討する場合には計算に要する労力はすさまじく増加する．よって確率輸送モデルの実モデルへの適用は，ほとんどの場合，自然の性質をわずかしか解釈できない．

モデル入力データ

固定値：
間隙率＝0.15
時間＝30日
帯水層の厚さ＝10m

ランダム値：
15kg＜投入質量＜30kg
0.2m＜分散＜0.6m
1m/日＜速度＜1.2m/日

ケース	M	v	α_L
1	23.775	1.165	0.201
2	17.612	1.061	0.340
3	16.371	1.198	0.484
4	16.786	1.106	0.259
5	24.026	1.090	0.204
6	15.856	1.104	0.266
7	28.140	1.108	0.513
8	21.931	1.156	0.528
9	29.952	1.053	0.545
10	27.602	1.140	0.445
11	17.213	1.114	0.397
12	21.398	1.031	0.257
13	27.325	1.163	0.587
14	17.333	1.065	0.277
15	25.234	1.025	0.493
16	27.225	1.085	0.489
17	29.240	1.094	0.407
18	27.704	1.197	0.420
19	26.088	1.168	0.382
20	22.514	1.139	0.278

モデル結果

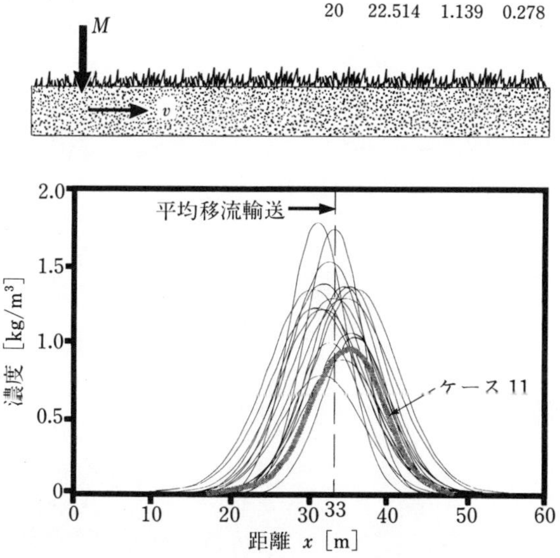

図 **6.7** 確率モデリングの例

予測は完全ではないが，強力なツールである．確率モデルに加え，決定論的シミュレーションを最悪ケースのシナリオの評価に適用することもできる．

第7章 流れ場と物質輸送場の次元

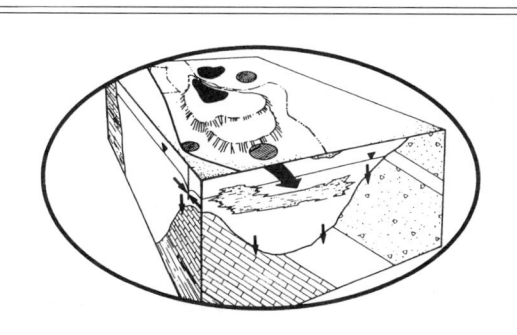

 流れと輸送の問題を特定する場合，モデルユーザーは通常，局所的なスケールの問題は考慮せず支配的流れの方向と挙動に焦点をおく．この方法は，空隙ネットワーク内の3次元の複雑な流れを解く代わりに，ダルシーの法則により平均流れを取り扱っているのに似ている．

 本章では，地下水モデルの適切な次元の選択法について触れる．次元を減じることにより，モデル化問題を単純化する代替案の長所短所を共に示す．また，現場事例についても触れる．本章では，
 (1) 実際の帯水層の特性の簡略化に関する必要事項について述べる．
 (2) モデル次元を減じる7つの方法を示す．
 (3) 輸送予測において次元を無視することの影響を要約する．

7.1　モデル化対象問題の簡略化に関する必要事項

 地下水流れに関する典型的な問題は，広範囲で，複雑であり，ほんの一部分しか理解されていない．一般的な地下水モデルの目的は，地下水管理の問題解決を補助するために，地下水システムに関する答えをタイミングよく提供することである．実際の帯水層システムは，効率的な解析を実施可能にするために簡略化しなければならない．8.3節に述べられるモデルの選択法がその助けになるかもしれないが，モデルに対する入力データや現場条件の単純化に関しては特別なルールがない．個々の流れや輸送方向に関する相対的な重要性を考慮すると，モデルユーザーがモデルの次元を減じて問題を簡略化してもよい．

図 7.1 は様々なモデルタイプにおける次元数を表している．3次元モデルは，自然の状態に近いが，モデル化のための労力は大きい．3次元モデル化の採用に関しては，原位置の詳細なデータが使用可能かどうかということが決定的となることが多い．多層モデルは，漏水によってリンクした（流れと輸送をつないだ）2次元の層の組合せとして成層帯水層を表現できる．2次元モデルは，鉛直，もしくは水平のどちらか一方の流れと輸送の成分を無視する．したがって，2次元モデルは第3の次元を平均化し，2次元面における予測を行う．1次元モデルはさらに単純化され調査中の問題に対して，解析理論解を与える．ゼロ次元（ブラックボックスもしくはコンパートメント）モデルは，モデル化された領域からの入出力の収支のみに着目

0次元
（単一セルモデル）

1次元
鉛直モデル

1次元
水平モデル

2次元
鉛直モデル

2次元
水平モデル

多層モデル

3次元モデル

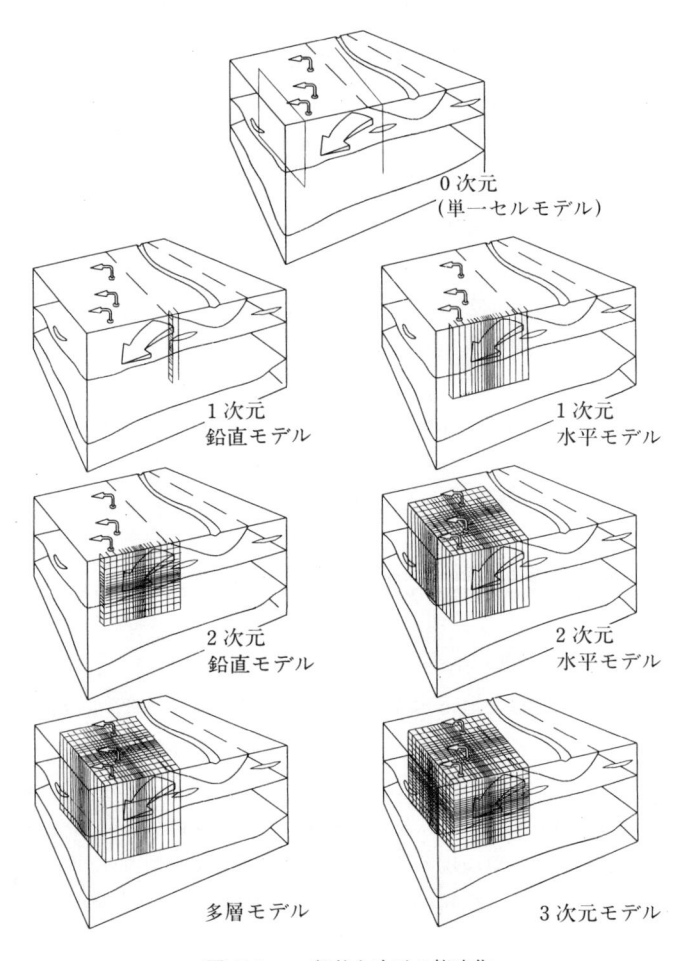

図 **7.1**　一般的な次元の簡略化

している．

　各ケースでは，モデルの定式化において用いられる次元の数は現地状況に応じて簡略化する．多くの場合，そのような簡略化が保証されている．もちろん，その簡略化は，モデルの適用におけるその他の不確定性の範囲内で実行されなければならず，そのことは，モデルに関する報告書で説明しておくべきである．今までに，最も成功しているモデルは 2 次元地下水飽和流と最も危険な場合を想定した化学反応のない溶質輸送モデルである（National Research Council 1990）．しかしながら，それほど成功しているとはいえないモデルでも，意思決定の過程においては助けとなる．経験豊かなモデルユーザーは，モデルの簡便さと実現象の許容範囲内での妥協点を選ぶ．支配的な流れの方向と輸送のメカニズムを理解することで適切な手法

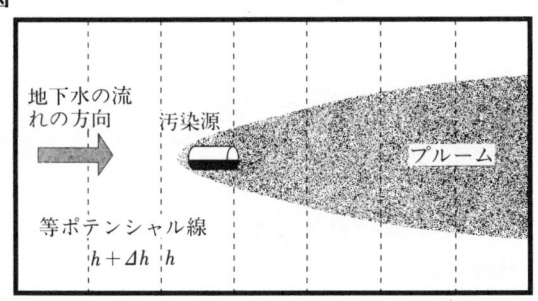

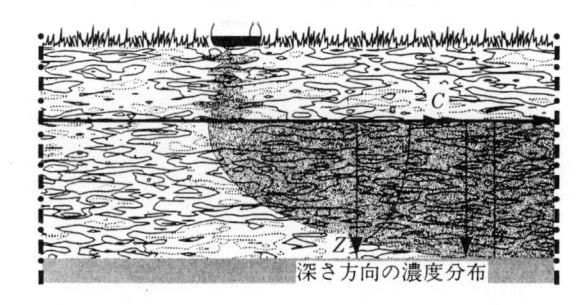

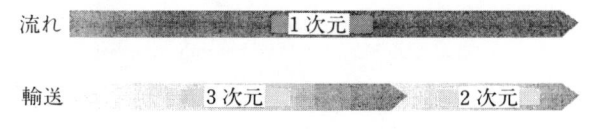

図 7.2　流れと輸送の異なった空間次元の例

を選択できる．それほど重要ではないことは無視される．モデルの簡略化の選択において用いられる仮定と判断は，結果として用いられるモデルの信頼性と有効性の全般に影響を及ぼす．これらの仮定はモデルの改良で不可欠な事項として文章化しておくべきである．

　流れの問題と輸送の問題の簡略化の間にはいくつかの基本的な相違点が存在する．輸送問題を表現するのに必要とされる次元は，流れの問題を表現するのに必要とされる次元よりも多くなっている．この状況は，図7.2に示されている．ここでは理想的な状況を例示している．図は，均質な水平地下水流中の汚染点源を示している．汚染源の近くでは，あたかも輸送が3次元的であるような濃度勾配が生じる．2次

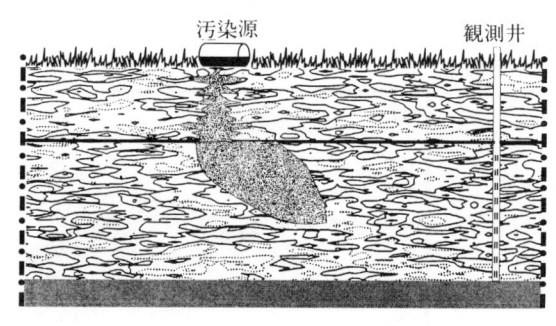

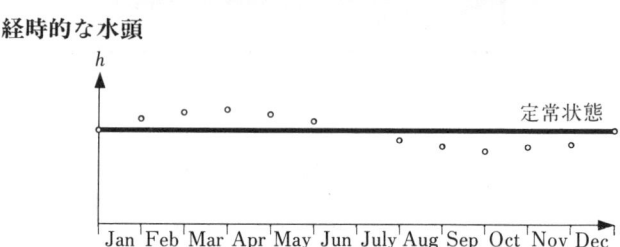

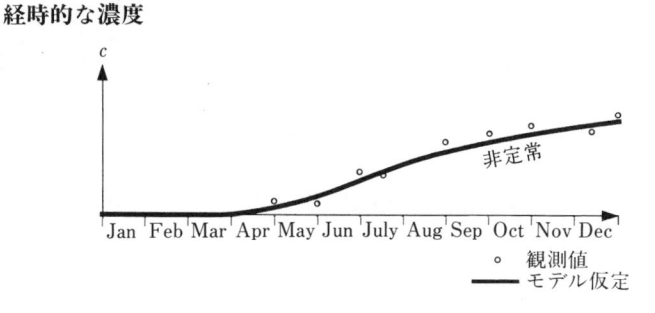

図 **7.3**　流れと輸送の異なった時間次元の例

元輸送モデルは，汚染源付近でのピーク濃度も実際の濃度の分布のどちらもうまく表現できない．汚染源から遠くなるにつれて，鉛直方向の濃度勾配が分散によって減少し，輸送問題は，2次元モデルで表現されるようになる．この同じ領域で，全般的な流れのシステムは本質的に1次元である．

そのほかの，流れと輸送シミュレーションにおける主な相違は，輸送に関する時間スケールが，流れに関するそれよりはるかに大きいことである．結果的に，輸送シミュレーションの基本として流れに関しては定常流の条件が仮定される．そのような状況の例が，図7.3に示されている．

次元の選択は別として，簡略化は，地下水問題のスケールに関連して必要となる．大規模な問題は複数の小規模なモデルによって，または小規模モデルの大規模モデルと相互に作用させることによって表現することができる．理想的には，選択される問題の簡略化が，解かれるべき問題の特性に完全に基づくように，モデルユーザーは，様々な変化に対応できるようにいくつかのモデルを用意しておくべきである．

7.2 原位置条件の近似

実際の条件を簡略化するための7つの手法が以下に示されている．
(1) ブラックボックスモデル
(2) 深度方向積分モデル
(3) 鉛直断面モデル
(4) 多層モデル
(5) 3次元モデル
(6) 段階的修正モデル
(7) モデルの組合せ

7.2.1 ブラックボックスモデル

ブラックボックスモデルは，ゼロ次元，もしくはコンパートメントモデルとも呼ばれ，5.1と6.1節において議論されている．ブラックボックス法においては，地下水挙動の詳細は不明であり，注目すべき点として，単純に入出力を釣り合わせることがあげられる．この方法では，完全混合で均質の特性が，帯水層に割り当てられる．そして，その帯水層が唯一の制御領域として表される．この手法は，地下水の全体の質量バランスが要求される場合に適用可能である．ブラックボックスモデルの準備は短時間に行えるため，しばしばモデル化検討の初期段階で使われる．質量バランスは，有効なデータと原位置の状況を表現する概念上のモデルと（もし，準備さ

れるなら）数値モデルの双方の大まかな妥当性を評価するのに用いられる．フィールドでの，ブラックボックスモデルの適用例が，付録 A.1 に示されている．

7.2.2 深度方向積分モデル

深度方向積分モデルでは，流れと輸送のための 3 次元方程式は帯水層システムの水平 2 次元モデルを与えるために鉛直方向で平均化される．この方法は，水理学的近似，もしくは帯水層近似として知られている．このタイプのモデルにおいては，地下水流は本質的に水平である，すなわち鉛直流成分が無視できると仮定されている．透水量係数や貯留係数のような帯水層の水理特性が，深度方向の平均的な性質として導入される．

実務では，深度方向積分モデルは広域地下水モデルの問題に対して選択される．広域規模で帯水層システムを考えると，例えば，地下水システムは 10×10 km という面積を対象とすることになる．しかしながら，飽和帯水層の厚さは 10 m 程度と小さいかもしれない．紙面上に帯水層の形をプロットする場合，帯水層は長さ 1 m，厚さ 1 mm の線となる．このような形状に対しては，鉛直流成分を無視することができ，問題の次元を 2 次元にすることができる．

水平で均質もしくは水平層状で均質な厚みを有する被圧帯水層の場合，さらに，大量の吸い込みや涵養がない場合，水平流の仮定（すなわち，静水圧条件）は，妥当である．その仮定は，帯水層の平均の厚みと比較して層厚の変動が小さい場合も適切なものである．漏水性帯水層および不圧帯水層は，帯水層の透水量係数が半透水層のそれよりも大きく（漏水性），あるいは水頭勾配が小さい（不圧帯水層）場合，2 次元のモデルによってうまく表現される．この最後の条件は，不圧帯水層における 2 次元流に対するデュピー (Dupuit) の仮定に基づいている．その条件は，次の式の下で表される．

$$i^2 \ll 1 \tag{7.1}$$

ここで，i は動水勾配を表し，この式を満足する場合は，2 次元流れの仮定により生じる誤差は小さい（Bear 1972）．

水平流は，流入・流出河川，ドレーン，不完全貫入井戸，漏水池のような点源のような鉛直流を誘発する地形の近隣では仮定できない．しかし，水平流は，吸い込みや涵養から，帯水層厚の 1.5〜2.0 倍の距離離れると経験的に仮定できる (Bear and Verruijt 1987)．

深度方向積分モデルは，広域浸透流の問題には適切であるが，物質輸送問題には不適切な場合もある．この主な理由は，深度方向積分モデルはピーク濃度を過小評

価し，与えられた場所における実際の質量フラックスを反映しない可能性があるためである．しかし，モデルの焦点を何に置くかということに左右されるが，深度方向積分法は，飽和帯水層の全層厚を通しての混合が仮定でき，水質の階層化がそれほど重要でない現場のケースには適用できる．例えば，長い開区間を有したり，帯水層の深さ方向に均一に稼動する供給井戸に対して濃度予測が必要な場合，深度方向積分濃度は適切な表現法となる．完全鉛直混合が仮定できる汚染源からの距離は次の式で与えられる（Sayre 1973）．

$$L \geq 0.5 \frac{m^2}{\alpha_z} \tag{7.2}$$

ここで，L：鉛直混合が仮定できる汚染源からの距離 $[L]$
　　　　m：帯水層厚さ $[L]$
　　　　α_z：鉛直分散長 $[L]$（鉛直分散長は付録 D.3 に与えられている．）

流れと輸送問題において必要とされる空間と時間の次元の例が図 7.2 と図 7.3 で比較されている．鉛直混合は水平混合より小さく，いくつかのケースにおいて分子拡散と同程度であるという報告もある（Sudicky 1986）．

輸送モデルにおいては，深度方向積分の仮定は，厚さの薄い飽和層，完全に等方性の帯水層，同程度の密度を有する拡散源に対して適用可能である．大規模または長期間の汚染シミュレーションでは，深度方向積分モデルによって正確に近似される場合もある．その例が，図 7.4 に示されている．この例は，沖積地下水システムの水質管理に焦点を当てている．Erolzheimer Feld は南ドイツの Iller 川沿いの沖積帯水層である．モデル化の検討を含む詳細な調査は，飲料水源として地下水層の使用可能性を調べるために実施されてきた（Mahlhorn and Flinsbach 1983）．

地下水のモデル化は，揚水に対するシステムの応答を定量化し，水文地質学的な管理項目を確認するために用いられた．帯水層厚さ 20 m 以下，長さ約 23 km，最大幅 5 km の帯水層地形を考慮して，2 次元鉛直方向積分モデルが採用された．差分法が適用され，領域が 120×22 要素に分割された．図 7.4 は，地形情報のためのモデルのインプットデータを用いた差分モデルのグリッドを示している．深度方向積分モデリングは原位置の主要な流れのメカニズムをシミュレートすることに成功した．すなわち，観測された帯水層の応答を予測し，将来の水管理を評価した．この 2 次元的手法は，次のような場合には適用可能ではない．

(1) 帯水層が厚く，層状化している．
(2) 汚染源が（水平方向または鉛直方向に）比較的小さい，または密度が高い．すなわち，汚染源とその周辺の地下水の密度との間に 1%以上の差がある（Mackay and Cherry 1985）．

自然システム

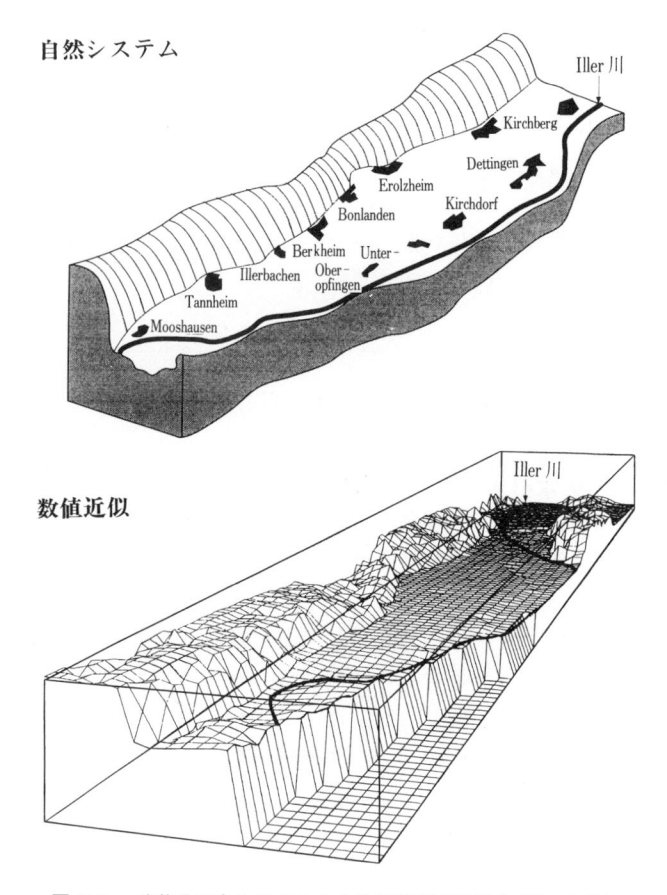

数値近似

図 7.4 沖積地下水システムの 2 次元深度方向積分 FD モデル

　以下の例は，物質移動問題に対する鉛直方向積分法を説明するものである．電気プラント工場において，有機化学物質の漏洩がいくつか発生した．その下に存在する帯水層は透水性であるが，飽和厚さは，0～7mと薄い．そして，それは，図7.5に示すように，相対的に不透水性とみられる基盤上に存在する．地下水面までの深度は，季節によって1～3mの間を変動する．種々の領域的あるいは点源が，おそらく汚染源であると考えられた．モデル解析によって解く主な問題は，一組の抽出井戸に関して，どのような配置と揚水率が最も効率的であるかということである．
　このような薄い帯水層では，地下水流は本質的に水平であり，汚染物質の鉛直混合は良い近似であるので，水平2次元の地下水流と物質輸送のモデルが選択された．このモデルは，全層スクリーンを付けた回収井戸，平面的に広がった汚染面，変動地

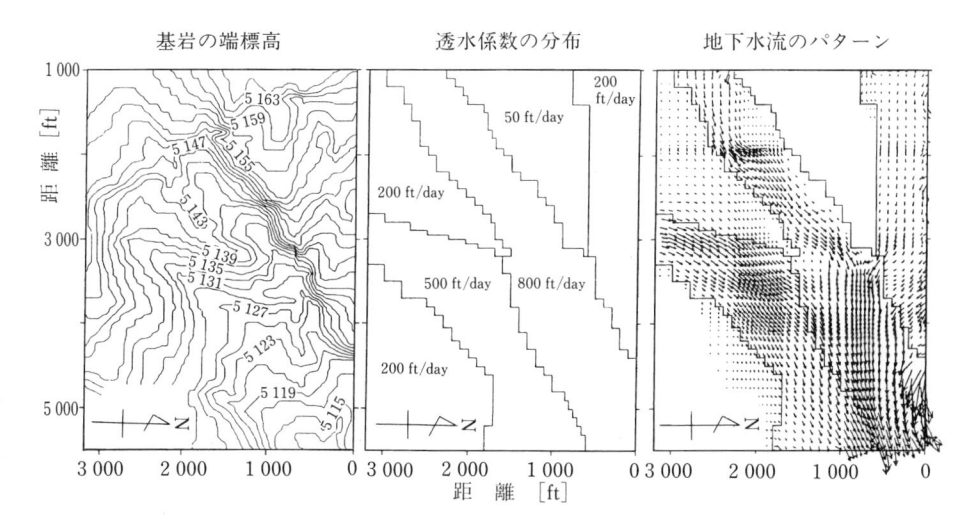

図 7.5 浅い沖積地下水システムにおける 2 次元深度方向積分 FD モデル

下水面，季節的に変動する境界条件をうまく表現する．ただし，このモデルは，次に示す項目は考慮していない．
(1) 浅い地下水面や半揮発性の汚染物質に起因するといった，このケースではそれほど重要とは考えられない不飽和層における物質移動．
(2) 領域源よりは問題性が低い点源付近の汚染物質の分布．
(3) 可能性として無視できない汚染物質の密度依存性の階層化

少量の化学物質が長期間にわたって漏出し，低い濃度の水質汚染が観測されたことから，回収井戸の設計では，密度効果は無視された．汚染源浄化のためのモデル解析が必要な場合は別のモデルが適切となる．

他の 2 次元水平モデルの典型的な使用法は，以下の場合である．
(1) 近隣地（汚染源から近い場所）における 3 次元浸透流および輸送モデルと組み合わせた遠隔地（汚染源から遠い場所）の 2 次元流モデルの使用．
(2) （帯水層モデルよりむしろ）2 次元モデルに基づいての流線網の使用．これは，計算によって，汚染物質の濃度が薄められないようにするためである．

この最後のケースに対しては，適切な流線が鉛直断面モデルを用いて説明することも可能である（7.2.3 項で説明する）．しかし，もし流れのパターンが時間とともに変化するならこの流線は定常ではなくなる．またいくつかのモデルでは，計算の流れと輸送では，それぞれ異なった深度部分の鉛直方向の平均化を認めている．

7.2.3 鉛直断面モデル

　鉛直断面モデル，またはスライスモデルは鉛直方向に切った2次元モデルから構成される．モデルは，シミュレートされない方向の単位厚さを有する．この方法において用いられる仮定は，（考慮されていない）第3番目の次元では，すべての条件がそのスライスにおいてシミュレートされるのと同じであるということである．そのようなモデルは，汚染物の質量を保存するために，流線に沿って（あるいは水平方向の投影方向）切られる．点吸い込みや，点汚染源はこの方法では正確にシミュレートされない．それは，吸い込みや汚染源は線上のものとして捉えられ，その効果を過大評価するからである．3番目の次元方向の分散を無視することによる影響の例が図7.6に示されている．汚染源，例えば漏水池は2次元シミュレーションでは3次元の場合より高濃度のプルームが，帯水層のより深くへ移動する結果を生ずるように予測される．鉛直方向の次元を持つモデル（断面もしくは3次元モデル）は重力が支配的な地下水の推進力になっている．このような場合について，いくつかの例が図7.7に示されている．不飽和領域における浸透・輸送問題，密度流カップリング，熱輸送カップリング問題は鉛直断面モデルの顕著な適用である．流れの方向に沿ったモデルの適用例が図8.10と図8.11に示されている．

　不圧帯水層の自由水面のシミュレーションは，その位置が特定できない境界を持った非線形問題なので解きにくい場合もある．もし，不飽和領域に対応したコードを用いれば水面の位置は自動的に計算される．しかし，完全飽和モデルを用いるなら，1つの方法として次のステップを実行しなければならない．

(1) 地下水位を推定し，不透水境界条件をその位置（訳注：より高い位置）でモデルに与える．
(2) 水頭を予測し，この仮定のもとで計算された水頭を標高と比較する．
(3) 算定された水位標高と予測水頭を調整する．
(4) 地下水位における予測水頭と標高をある特定の許容値範囲内で一致するよう計算を繰り返す．

　いくつかのモデルでは，モデルの要素が地下水位面の上に存在し，再び湿潤化できないという問題がある．地下水位標高の概算推定値を得るために，考えられる地下水面位置を包括するような大きな要素を用いることができる．

　鉛直断面モデルには2つの大きな長所がある．
(1) 浸潤と降雨浸透のような鉛直流成分が取り扱える．
(2) 標準的な断面における浸透と輸送の基本的な特徴（例えば塩水くさびを考えるときのような）をシミュレートすることができる．

　鉛直断面モデルの短所は，境界条件，吸い込みや汚染源をシミュレートするのが難

3次元地下水システム

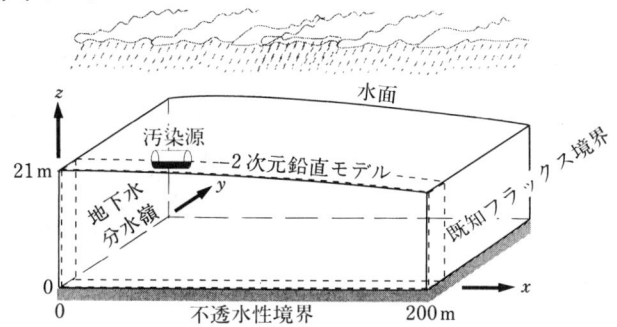

2次元鉛直モデル

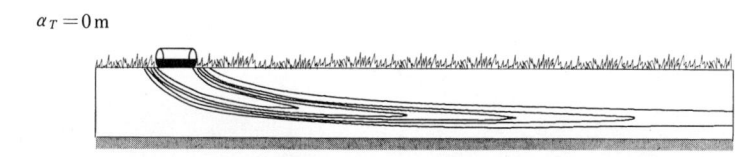

$\alpha_T = 0\,\mathrm{m}$

3次元モデル

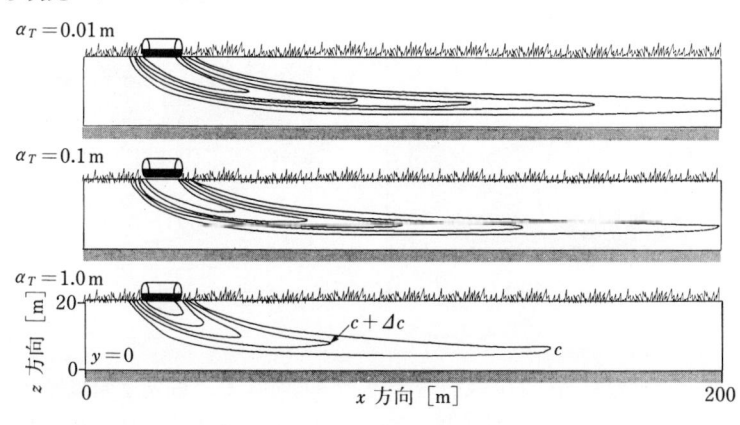

$\alpha_T = 0.01\,\mathrm{m}$

$\alpha_T = 0.1\,\mathrm{m}$

$\alpha_T = 1.0\,\mathrm{m}$

図 **7.6** 2次元と3次元モデルの比較 (after Frind 1988)

しく，誤った概念に起因する誤差を，予測された結果から検出するのが深度方向平均モデルほど容易でないことである．例えば，鉛直断面モデルはキャリブレーション後に現実的な予測を行うように見えるが，キャリブレーションパラメータ（通常は分散係数や吸着パラメータ）は，第3番目の方向の欠如を考慮するために歪められたパラメータである．7.3 節で，この点について詳しく説明する．井戸のような点

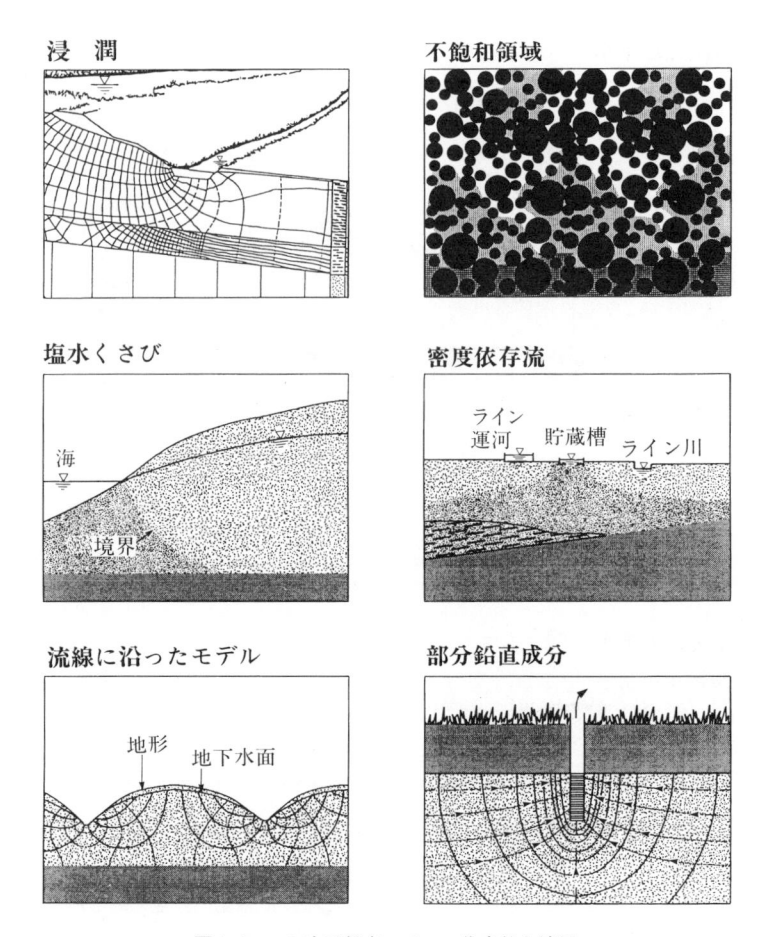

図 7.7 2 次元鉛直モデルの代表的な適用

吸い込みを，その断面において，フラックス境界より，固定水頭境界としてシミュレートされた吸い込みで回収された量の比率を計算することにより近似するのは可能である．これらのどの近似もすべての状況において満足のいくものではない．代わりに，鉛直方向に切ったくさび形モデル（パイモデル）が単一の汚染源や吸い込みを表すのに用いられる．実際の鉛直断面モデルの適用例は次のようである．石炭火力発電所の環境への危険性に対して，建設場所の選定による影響を評価しなければならない場合では，全般的な危険性の1つは，固形廃棄物の溶出に起因する化学物質の地下水への漏洩である．図 7.8 に示されているように，様々な位置における汚染濃度をモデル化し，解析しなければならない．飽和および不飽和領域における汚

2次元鉛直モデル
地下水面での予測正規化

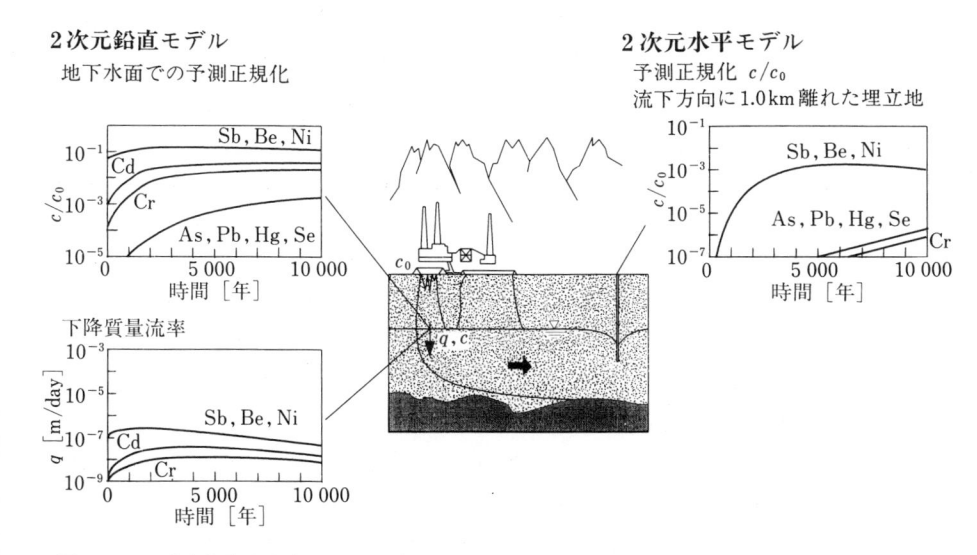

2次元水平モデル
予測正規化 c/c_0
流下方向に1.0km離れた埋立地

図 7.8 石炭火力発電所プラントの焼却灰貯蔵地と埋立地からのトレース金属の輸送推定のためのモデルの比較

染物質の輸送と減衰は，飽和領域における吸着や滞留時間，飽和領域における移流分散が考慮されなければならないので，検討対象の1つである．鉛直断面モデルは，主に，不飽和領域における鉛直流と輸送をシミュレートするのに用いられる．このモデルの結果は，地下水面における流速と濃度の（訳注：供給源の）形で，飽和領域の2次元水平モデルに持ち込まれる．いくつかのモデル推定結果が図 7.8 に示されている．その他の鉛直2次元断面モデル適用例は，7.2.7項と付録 A.4, A.5 に示されている．

鉛直断面モデルは有力なツールであるが，さらなる専門知識と現場を特定するデータ（例えば，不飽和領域の特性と鉛直方向の成層データ）が水平2次元モデルより必要となる．

7.2.4 多層モデル

多層モデルは，2次元深度方向平均モデルと，鉛直方向へ積み重ねたものであり，涵養や流出によって各平面2次元モデルは互いに結びつけられる．このタイプのモデルは，その水平方向，鉛直方向に対して疑似3次元的に，流れも輸送もシミュレートされる．他のタイプの多層モデルも存在するが，標準的には，流れだけのモデルにおいては，介在する難透水層における流れが漏出項によって近似される．帯水層における流れもまた，水平流れに近似されるが，難透水層における流れは，鉛直方

向と考える．多層輸送モデルは通常，難透水層を通しての吸着と移動時間が関わってくるので，難透水層を通常，数学的には陽的な項として取り扱う．

多層モデルの長所は，モデル要素の厚みに変化をつけることによって，層状帯水層の透水量係数の変化が容易にシミュレートされる点にある．帯水層の厚さが変化する場合でも差分法で検討可能である．この方法で，複雑な層状帯水層や帯水層の集まりを，少ないモデル要素数で適切に表現できる．帯水層内の鉛直方向の層状化も多層モデルによってシミュレートすることができる．

多層モデルの短所は次のように考えられる．
(1) 帯水層が途切れているような場合には，うまく表現できない．
(2) 急勾配（10%以上）の帯水層は正確にシミュレートできない．計算要素面に対して，垂直方向の流れに関する仮定が実状に合わなくなり，結果として，質量保存が成り立たなくなる．不圧帯水層に関してデュピー (Dupuit) の水面に対する小勾配の仮定は保証されない．
(3) 水平でない，または均質でない層の解析要素は（面積やフラックスの計算に対して）四角形では近似できない．

もう1つの困難な点は，いくつかのモデル層に存在する地下水の涵養や吸い込み，汚染源，汚染吸い込みである．例えば，揚水井戸や注入井戸は複数の帯水層につながっている．この状況を近似するための方法は，8.4.3項に示している．多層モデルは，厚さが変化し，水平でない薄い多くの帯水層と難透水層をもった場所での適用が望ましい．複数の互いに接続した帯水層の地下水面の予測を行った適用例を図7.9

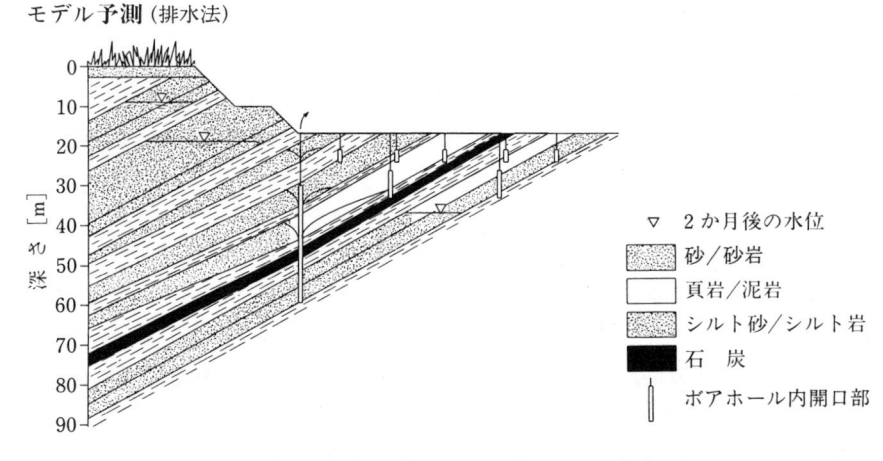

図 **7.9** 多層モデルを用いた石炭採掘のための排水評価

に示す．水平方向の涵養がない全体の地下水領域が考えられている．そのモデルは，揚水井戸領域の設計であり，炭坑のための揚水計画のために用いられた．複数の帯水層を貫いた全層スクリーン井戸についてシミュレートされた．特にこのプロジェクトにおいては，地下水流のみが考慮され，難透水層は漏水率を用いてシミュレートされた．

7.2.5 3次元モデル

完全な3次元モデルは，すべてのモデル要素において，流れの3成分すべてを考慮している．このモデルは，飽和，不飽和領域の両方を考慮している場合もあるが，不飽和領域における貯水量の変化を無視して，直接地下水面における涵養をシミュレートしている場合もある．多くのモデル要素はそれぞれの水理特性を表現するのに用いられ，流れと輸送の順次繰り返すシミュレーションを可能にしている．3次元モデルのために，あるいはそれによって生み出される，データの取扱い，格子の生成，3次元の予測結果の解析は，しばしばプリプロセッサーとポストプロセッサーで取り扱われる．3次元モデル解析を必要とする適用例は以下の1つもしくは複数の項目を含む．

(1) 厚い帯水層を含む場合
(2) 多層帯水層を含む場合
(3) 急勾配の帯水層を含む場合
(4) 高濃度汚染物質を含む場合
(5) 複数のあるいは複数レベルの吸い込みや汚染源を含む場合
(6) 異方性または亀裂性が顕著な場合

3次元モデルの主な長所は，空間的な仮定と不均質性の簡略化は必要でなく，多層，鉛直方向の変化，点源，領域源がさほどの簡略化をしないで適用することができる．3次元モデルの短所は，時間および計算コストがかかり，3次元モデルを作成，キャリブレーションするためのデータが必要となることである．このため，3次元モデルは現場の最も複雑な部分のために，あるいは簡単なモデルでは十分にシミュレートできない場合にしか用いられない．代表的な3次元モデルの適用例を以下に述べる．

地下水モデル解析が取り扱う問題は，地下水の汚染源を同定し，地下水の修復計画を立てることである．現場の状況は，30m以深まで達する2つの帯水層があり，高比重の汚染物で汚染されている．上部帯水層の地下水は，下部帯水層の全体的な流れに対して垂直に流れる．流れのパターンを図7.10に示す．2つの帯水層間の漏水は，深井戸からの揚水によって生じる．この漏水方向は，井戸の揚水量の変化に

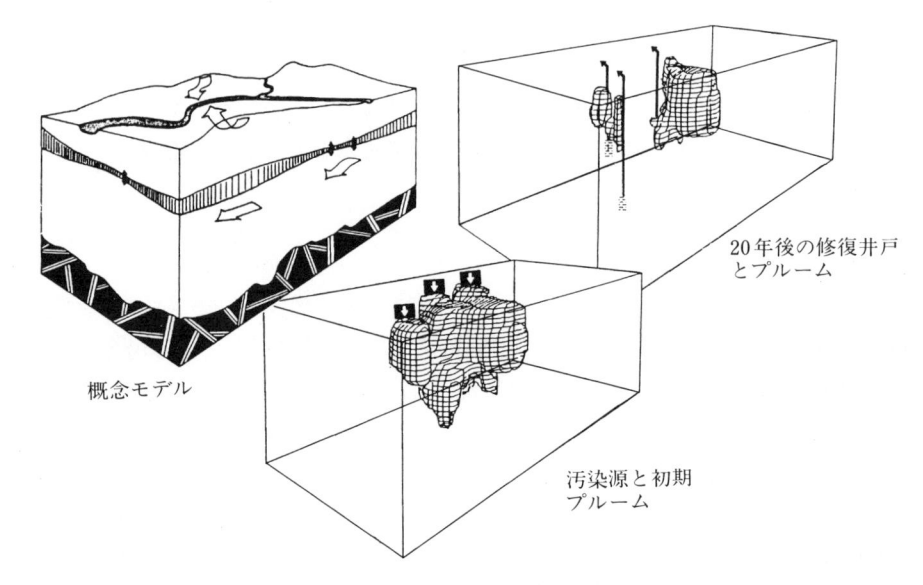

図 7.10 3次元モデルを用いた多層帯水層系における汚染物質の輸送と修復

よって，季節ごとに変動する．図7.10に示すように，様々な深度の汚染源が，現状で観測されるプルームと関連している．モデル解析を行うことにより図7.10に示すように様々な深度に設置したスクリーン井戸による修復計画が実行された．モデルを作るにあたり，多くのデータの外挿・内挿が必要であった．定常的および非定常的水位データと広範囲の水質データがモデルを検証する際に必要となった．陽解法による密度流カップリング，すなわち，タイムステップ内よりタイムステップ間のカップリング流れと輸送間のカップリングの結果に誤差が生じない程度に観測された濃度は，低かった．陽解法カップリングにより，計算に必要となる労力は大幅に縮小された．

3次元の適用例が7.2.6項と付録A.4，A.5にも述べられている．

7.2.6　段階的修正モデル

段階的修正モデル化は，現場の特色を表すデータが増加し，それに伴って特定の答えが求められるようになる場合に，次第に複雑になっていくモデル化である．この方法は，完全にわかっているわけではないが，限られたデータに基づく初期の単純モデルでも有効であるという仮定に基づいている．

汚染場所の評価は，限られた場所を特定化するやり方から始まる．モデルユーザーは，現場を特定するデータが少ない場合でも，プロジェクト期間中に適切なモデル

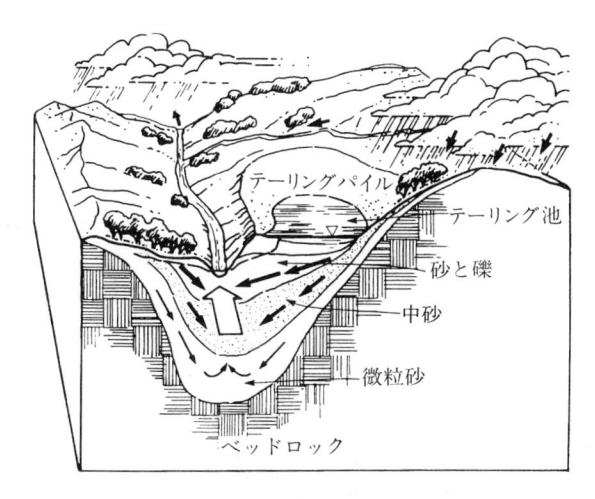

図 **7.11**　50 エーカーテーリングパイルの修復代替案に関する調査：概念モデル

を選択しなければならないかもしれない．そのような場合，段階的修正モデル法が採用される．段階的修正モデルを用いることの長所は以下のようである．
(1) 原位置を特定するデータのレベルに合わせたモデル解析法がプロジェクトの期間中使用される．
(2) 順次改良されていく概念モデルが用いられ，最終的には現場の特性や修復計画で調整され最終モデルになる．
(3) パラメータの感度解析を行うことにより，現場での施工計画とその実施を通してデータのギャップを埋めるのに用いられる．
(4) モデル結果を用いることになる他の担当者は，現地の現象を深く見つめることができ，プロジェクトの進行中のモデル決定に反映されるだろう．

段階的修正モデル法の短所は，期間を通していくつかのモデルの適用を必要とすることであり従来の方法とは異なる．段階的修正モデルの例を以下に示す．付録 A.5 には別の例を示す．

現在は閉山された鉱山であるが，50 エーカーのテーリングパイルにより，40 年にわたって重金属の漏洩が生じた．地下水モデル解析の目的は，修復代替案の有効性を比較することであった．

図 7.11 に示されているように，テーリングパイルは，氷河の侵食作用によってできた谷川に隣接した場所にある．パイルは，未固結の氷河河川堆積物の上に横たわっており，末端の窪地の堆積物によって囲まれている．パイルの近接部における地下水流は複雑で，3 次元的である．流れは，隣接した河川峡谷に沿って，パイル

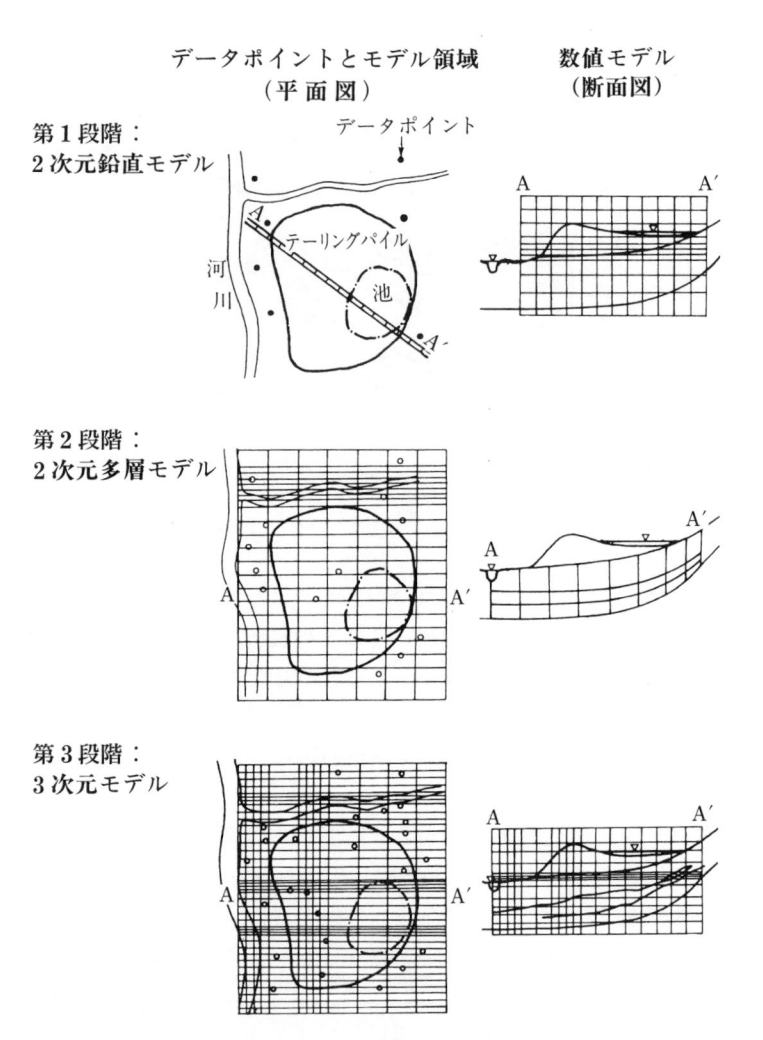

図7.12 50エーカーテーリングパイルの修復代替案に関する調査：段階的修正モデル法

から河川に向かって発生する．サンプリングの結果，汚染領域はパイルの下と河川の隣接部で発達していることが明らかとなった．既存の条件と様々な修復代替案に応じて，一連のモデルを用いて汚染物の移動量が予測された．

当初は限られたデータしか存在しなかった．流れ方向に沿った単純な2次元断面モデルが汚染速度と潜在的な汚染の広がりを予測するために用いられた（図7.12）．現場での計画が進められるにつれ，地層図が詳細に決定された．さらに，パラメータの感度を推定し，代替案の予備評価を行うためのさらに詳細な多層モデル（疑似

計算水位と観測水位

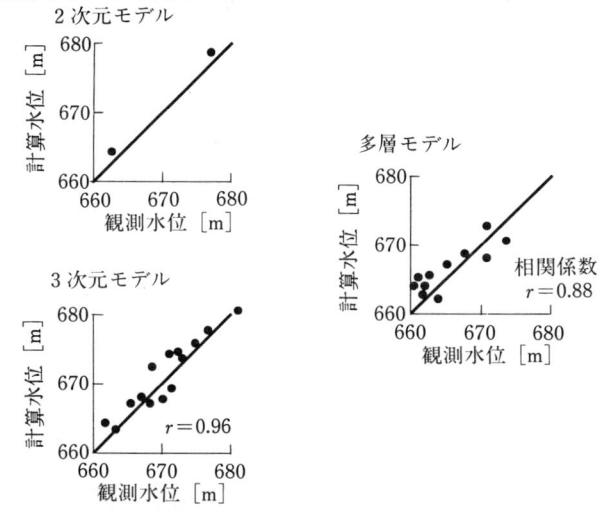

2次元モデル

3次元モデル
$r = 0.96$

多層モデル
相関係数 $r = 0.88$

モデル節点の関数としての計算精度

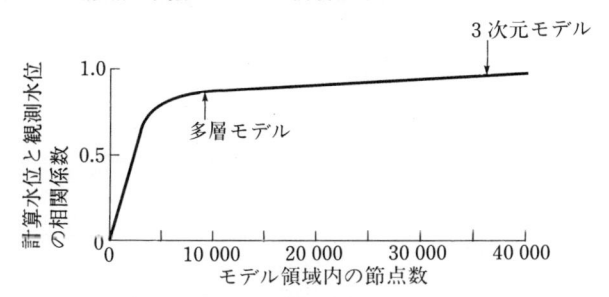

図 **7.13** 50エーカーテーリングパイルの修復代替案に関する調査：モデルフレームワークに伴う様々な流れシミュレーションの精度

3次元) へ発展した（図 7.12）．さらに複雑な不均質性と異方性と降雨量の変化を用いた3次元解析を行うのに十分な現場データが使用可能であった．修復代替案の比較コストによって，選択された修復法の信頼性を高めるために，3次元解析を実施することが容認され，3次元モデルが，可能な修復対策の詳細評価をするために用いられた（図 7.12）．それぞれのケースにおいて，モデルのフレームワークの精度を上げることは入手可能なデータの量に依存する．

段階的修正モデル解析の結果から，一般的に，以下に示すような疑問が生じる．
(1) 必要な現場データを加えることにより，どうやってモデル結果を改良するか．

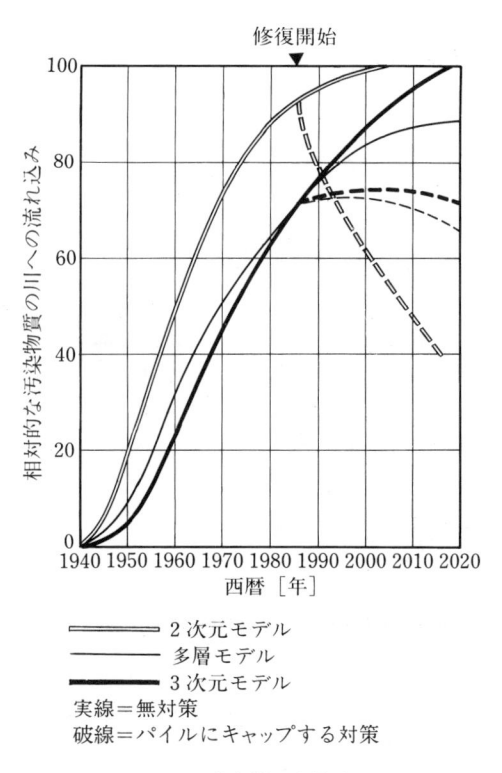

166   第 7 章　流れ場と物質輸送場の次元

図 7.14　モデルフレームワークに伴う様々な輸送シミュレーション結果の比較

(2) 付加的なデータの収集を行っても，そのメリットがあまりない場合があるのではないか．

(3) さらに複雑なモデルを用いれば，さらに正確な結果を得ることができるか．

　3つのモデルを用いた場合の流れシミュレーションの結果を図 7.13 で比較する．この図は，流れシミュレーションの精度が，データの量とサンプルされる面積の両方で改良されることを示している．データを追加することで，モデル予測をすでに達成しているレベル以上に改良できるかどうかは明らかでない．観測データとの相関係数によれば，シミュレーションの精度は，モデルの複雑さ（モデル節点の数に基づいて）に従って改良されるが，改良率は，図 7.13 に示されるように，10 000 節点を越えると減少することが明らかである．この場合，3次元モデルを用いたモデル流れは，多層モデルによって生み出されるほどには，著しい精度の改善は見られない．

　これらの対策ケースの2つ（無対策か，テーリングパイルにキャップする対策）

に対して，3つのモデルからの輸送の予測が図 7.14 に示されている．注目すべき点は，汚染濃度が将来悪化するか，そして，テーリングパイルにキャップする対策が，有効な修復法であるかどうかということであった．すべてのモデルにおいて，無対策の場合，状況が悪化しうるという結果になった．多層モデルは，3次元モデルを用いた予測と比較すると，パイルにキャップする対策の効果（河川への相対的な流出量の減少によって計測される）を過小評価した．流れモデルに関する結果とは逆に，さらに複雑なモデルを準備することが，次の2つの理由により，輸送の予測に関しては価値があると評価された．

(1) 付加的な現場データがさらに細かい離散化によって表現される．
(2) 予測結果が，2次元結果とは異なっている．

残念ながら，河川の水質に影響を及ぼす要因を調査するための追加したデータの質が悪かったため，現場データとモデル結果を比較するというモデル審査は，この場合は不可能であった．

7.2.7 モデルの組合せ

3次元モデルは，簡素化する仮定がほとんどないので，理想的なモデルの選択と思える．しかし，データの欠如のため，もしくはモデル化のための労力を考えると，それほど高度でないモデルも考慮に入れるべきである．経験豊かなモデラーは，モデル化問題を最小の労力で近似する最適な方法を選択するであろう．この哲学は，完全な3次元モデルより，単純なモデルの組合せを流れと輸送のシステムを表現するのに用いるという手法に通じる．例えば，流れのシステムは，1次元もしくは2次元モデルが成立する単位に分割される．1つのモデルからの予測は，隣接するモデルに対して，境界条件を作る．以下の例は，そのような方法を示す．さらなる例が，付録 A.5 に用意されている．

モデル解析が，図 7.15 に示されるように，ピット内の強酸性ウラニウムをテーリングに対して計画された2次処分場からの浸透を評価するのに用いられた．宙水と被圧帯水層がピットから 30 m の深さに存在する．ピット壁で遮断された帯水層やサンドレンズへの浸透が問題となるのである．モデルは，ライナーとドレーンの設計代替案の効果についての情報が要求された．これは，大規模な3次元モデルが必要な複雑な問題に見える．しかし，3つのモデルの結果では，2次元平面モデルが最適であり，鍵となるメカニズムを正確にシミュレートした．

最初は，ピットの中央の条件に対応した1次元鉛直不飽和浸透流モデルが，後背地から宙水帯水層への浸透を評価するのに用いられた．ついで，ピット壁のまわりの条件が鉛直断面不飽和輸送モデルで（図 7.15 の上部に示されているように）シ

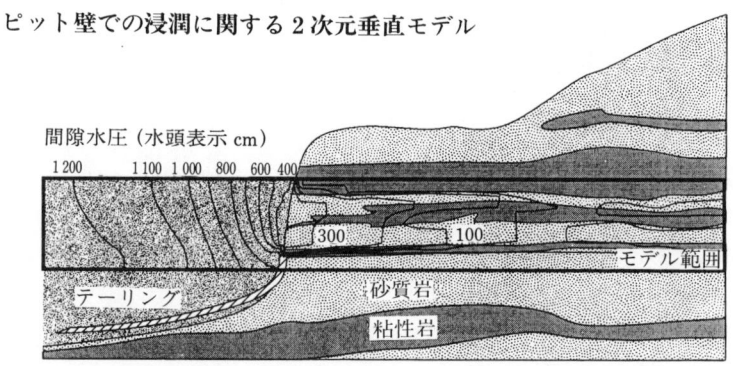

ピット壁での浸潤に関する2次元垂直モデル

間隙水圧（水頭表示 cm）

スケール：├────┤ 20 m

テーリング
砂質岩
粘性岩
モデル範囲

域内水面に関する2次元水平モデル

モデル領域
（差分メッシュ）

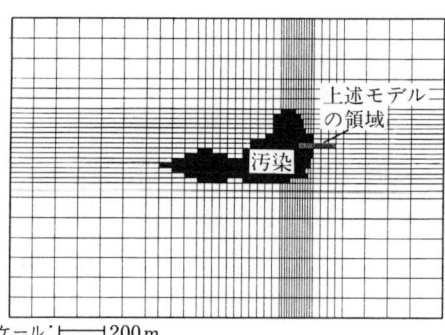

上述モデル
の領域
汚染

スケール：├────┤ 200 m

モデル結果
（作業から20年後の水頭分布）
（ft単位）

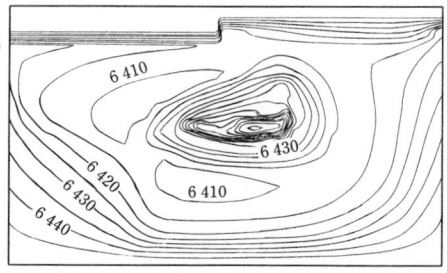

図 7.15　酸性テーリングの第2段階処理に関するモデルの組合せ

ミュレートされた．この2つのモデルは，宙水帯水層の汚染を，許容レベルに保つためのライナーとドレーンの設計を選択するのに用いられた．ピットの下に存在する被圧帯水層に注意が払われたとき，この帯水層の汚染は，（図7.15の下部で示されるように）2次元水平平面モデルで容易に評価された．このプロジェクトの詳細は Sharma et al. (1983) によって報告されている．

7.3 輸送モデルにおける簡略化の影響

特定のモデル化を行う場合，その選択の重要性が 7.2 節で議論されたが，一般的な適用に関連して輸送シミュレーションの簡略化に関するいくつかの問題点が存在する．その問題点を，本節では，例を挙げて示す．

多くの場合，流れモデルは，輸送モデルより以下の理由により容易に簡略化することができる．

(1) 地下水の涵養と揚水は，しばしば面的であるので，実際は 2 次元モデルとして取り扱って問題ないが，輸送における吸い込みや点汚染源の影響は 3 次元的になる傾向がある．
(2) 全般的な地下水流のパターンの近似には関心があるが，溶解物質挙動の階層化やその他の詳細はさらに重大な問題である．
(3) 例えば局所的な鉛直動水勾配などのような質量平衡の小さな成分は，流れモデルではあまり重要とはならないが，輸送モデルでは鍵となる．
(4) 異なった時間および空間スケールにおける複数の輸送メカニズムは，詳細な考察が要求される．

これらの一般的問題については，7.2.6 項で述べられたケースにおいて例証されている．その例では，2 次元モデルが十分に現場の流れを表現し，輸送問題に対しては 3 次元モデルがやってみる価値があるというものであった．モデルの次元を無視することは，結果として，プルームの形を歪めて予測することになる．一般的に，3 次元システムを 2 次元モデルによって（もしくは 2 次元システムを 1 次元モデルによって）シミュレートしようとすると，分散パラメータは，人為的に歪められてしまう．例えば，Domenico and Robbins (1984) は，最大プルーム濃度を，1 次元モデルと 2 次元モデルで等しいとおくことによって，スケールアップされた分散係数は 1 次元モデルに対して計算されることを示した．スケールアップされた分散係数は，汚染源からの距離に比例する．表 7.1 に示されるある 2 次元汚染輸送の結果が，この点を例証している．

ユーザーがモデルを用いるときに問題になるのは，n 次元システムに対して $n-1$ 次元モデルを用いるとき，スケールアップされた分散係数が計算されるが，この係数が，空間的に，そして時間的に変化するということである．輸送モデルにおいてキャリブレートされる大きな分散係数は，部分的にこのスケールアップ効果を反映している．つまりこれは次のことも意味する．あるサイズの汚染プルームに対してキャリブレートされた $n-1$ 次元モデルは，プルームの修復状況を示すのに要求さ

表 7.1　2次元問題に対する1次元パラメータ

移動距離 (m)	スケールアップされた分散パラメータ	
	$D_x(\mathrm{cm}^2/\mathrm{s})$	$\alpha_x(\mathrm{m})$
1	2×10^{-4}	0.02
10	2×10^{-3}	0.2
100	2×10^{-2}	2
1 000	2×10^{-1}	20
10 000	2	200

出典：Domenico and Robbins (1984).
注：D_x＝分散係数 $[L^2/T]$, α_x＝分散長 $[L]$.

れるプルームを，より小さく，あるいはより大きくと，正確にシミュレートしない．分散は，水平方向より鉛直方向にはあまり働かないので，分散シミュレーションの視点からは，2次元鉛直面モデルより2次元平面モデルを用いる方が，輸送を近似するには好ましい．

　自然システムの簡略化に起因する誤差は，分散係数や他のモデルパラメータを変更することにより，しばしば間違った方向でバランスがなされる．例えば，密度効果に起因する鉛直汚染物質移動は鉛直方向の分散係数を増加させてもうまく表現されない．表面から注水して希釈する方法は，密度依存型プルームと同じ予測汚染濃度分布を生み出すのに間違って運用されるかもしれない．歪められたモデルは，たとえある一つの条件や時間に関して現実的な予測を与えたとしても，実際のモデルとは異なった結果を生む可能性がある．簡略化されたモデルを準備することによって導かれる誤差は，モデルに組み込まれる誤差や不確定性と比較することによって評価されるべきである．

第8章 数値モデルへの適用

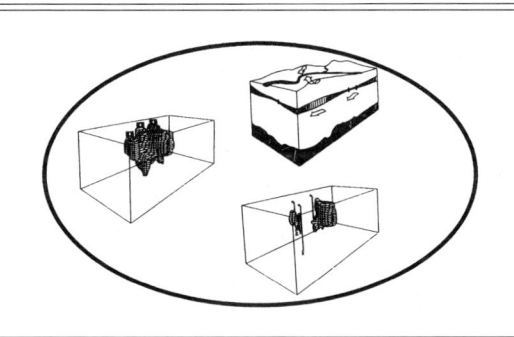

　数値モデル化は，地下水解析の定式化に最も一般的に用いられる．数値モデルの利点は，現場の厳密かつ有用な図面に，データや物理的原理を結びつけられることである．逆に不利な点は，ギャップ，誤差，あるいは技術的にしっかりしているその内部の誤解を隠してしまうことである．数値モデルは，異なるスケールで多くのレベルの（精度の違いなど）情報を含むことになり，使用するユーザーが異なると，異なる結果が得られることがある．数値モデルは，現場の状況を評価するために最良の道具の一つといえる．

　この章では，実際現場のモデル作成に必要な検討段階を説明する（図8.1）．予想と結果が一致する数値モデルを開発する段階には，標準的な手順がある．以下の節で強調していることは，経験に基づいていたり，研究目的や検証されないモデル解析ではなく，実用的，実際的なモデルである．モデルへの適用をわかりやすく再検討するため，前章で議論された多くのポイントが，この章では反映されている．さらに参考になる手引き書として，ASTM Standard D 5447-93 (ASTM 1993) がある．

8.1　データ編集

　モデルづくりの最初の段階は，調査流れ系に関係するデータの収集と評価である．モデルの入力データは，以下のために用いられる．
(1) 問題定義(物性および水理学的地層の構造)
(2) 数値モデル上の必要条件(初期条件，境界条件，非定常条件)
(3) モデル化の必要条件(検証（調整），検定，代替シナリオの定義)

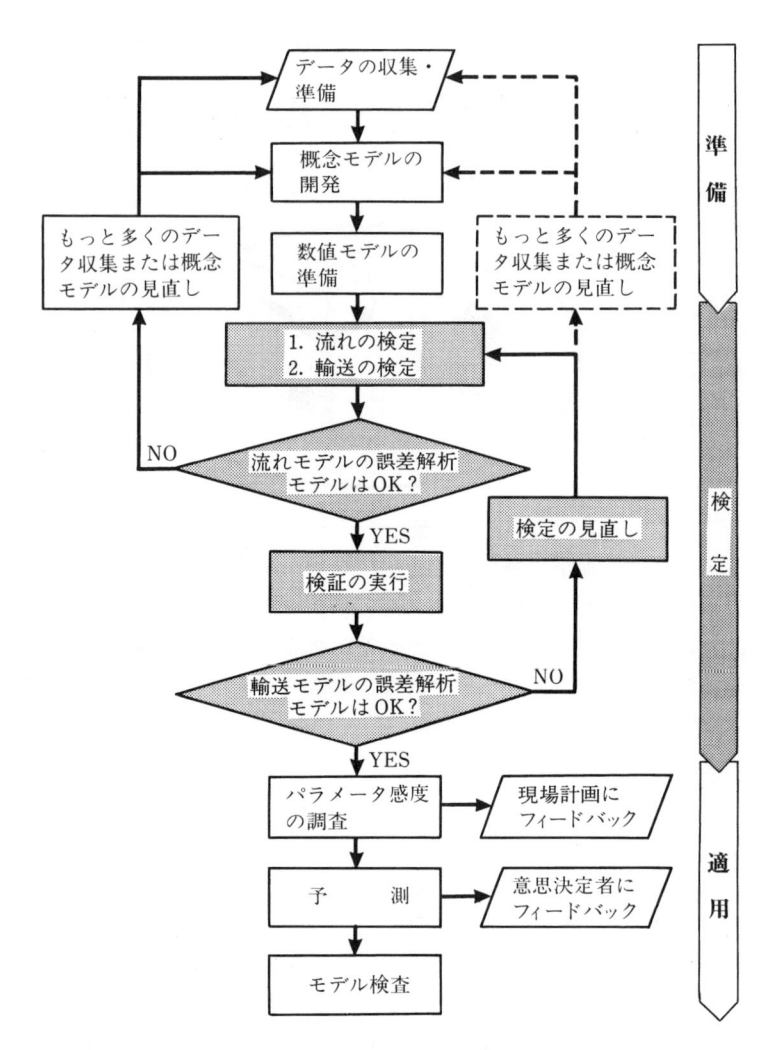

図 8.1 地下水解析のモデル化の過程

不飽和，密度変化，流れ，輸送のモデルに関する入力データを表 8.1 にまとめている．データは，流れ系の物理的構造を定義するデータと地下水の揚水・復水を定義するデータに分けられる．必要なデータのリストと適切な試験法は，8.4.5 項に載せてある．これら多くの代表的な入力データの値は，付録 B，C，D にまとめてある．

データの関係するグループは，適当な縮尺と詳細レベルで，適切な基本形の地図に重ね合わせた図や地図の形でまとめるべきである．地図のセット (図 8.2 参照) の構成は以下のとおりである．

表 8.1　代表的なモデル入力データ

物理的体系	
帯水層の種類	形状
	地質
	成層状況
	帯水層の地質学 (基盤，厚さ，側面の範囲)
	帯水層内の岩質変化
帯水層の特性	水の透水係数/異方性
	間隙率
	透水係数/間隙圧の関係
	飽和度/間隙圧の関係
	比産出率
	比貯留係数
	分散長 (輸送モデル化のため)
	土の密度 (輸送モデル化のため)
帯水層の境界	位置
	既知全水頭
	既知フラックス
	半透水性の境界 (漏水因子，隣接層の全水頭)
水理学的な境界条件	
初期水位／勾配	
初期流入／流出	復水／揚水 (領域，割合，期間)
	井戸の抽出または注入 (領域，割合，期間)
	表面水の交換 (水位高さ，表面水の底面，漏水因子)
地下水水質の境界条件	
土地利用状況	工業，農業
帯水層の環境	地下水の化学的性質
	溶質／汚染物質の自然存在値
	pH
汚染源	位置
	面積
	濃度
	体積
	期間
汚染物質	溶解度
	密度
	粘性
	Henry 定数
	オクタノール–水の分配係数
	拡散係数
	吸着等温線係数
	減衰率
	微生物の分解特性

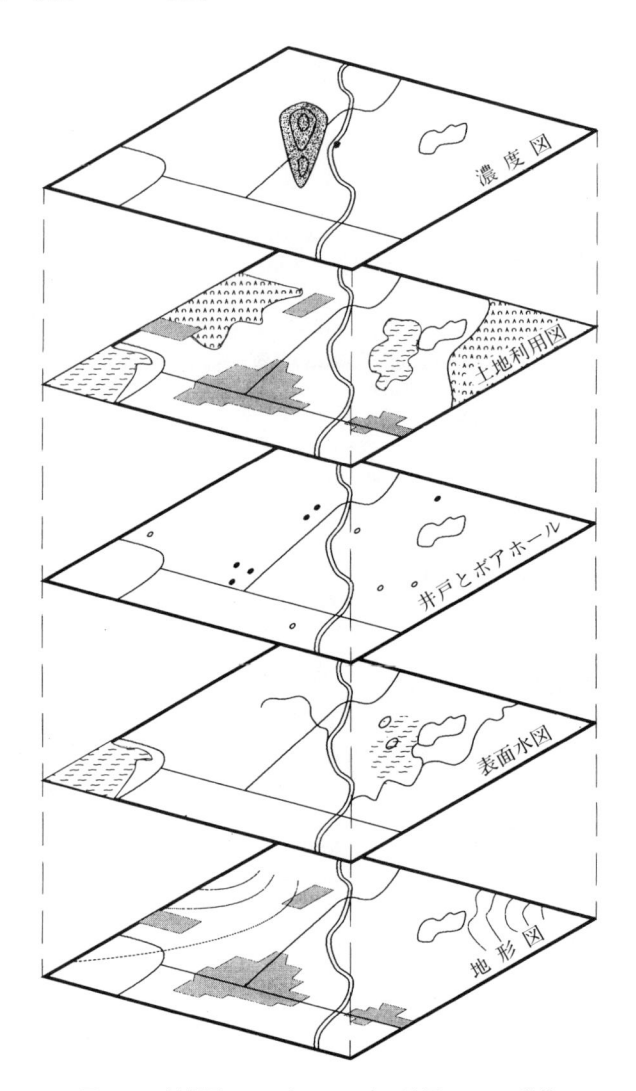

図 8.2　情報層データとリンクする地図データの準備

(1) モデル化される地下水システムによって決定される適切なスケールの地形図：重要な現場の特徴を表した簡略地形図や地図は，他のデータを重ね合わせるための基本地図として用いられる．
(2) 湖，小川，池，水路のようなすべての表面水を表している水理地図や植生地図：泉，湿地，沼地もこれらの地図に含むことができる．この地図には，表面排水システムが明確にされるべきである．地形学的特徴もこの地図に表すこ

8.1 データ収集　175

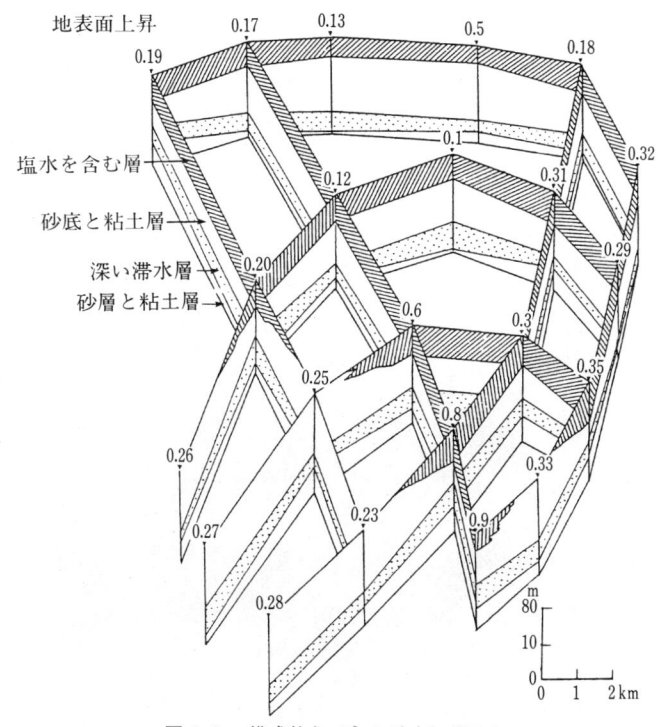

図 8.3　模式的なパネルダイヤグラム

とができる.
(3) 地質調査, 給水, そして現場の特徴づけのために作成されるすべての井戸とボアホールを表す地図：井戸やボアホールの位置を明確にすることにより, これらの要素を井戸座標（位置）, スクリーン間隔, 他の井戸設計に必要なデータといったデータに関連する構築する別のデータベースに関連づける.
(4) 断面図やパネルダイヤグラムで表された地質図 (図 8.3)：地質図には, 断層, 地層の厚さや標高, 通水層の深さ, 岩種類変化などの情報を示すべきである. この情報は, 地下水の発生と動きを関連づけられ, 水みちと地層の識別をできるかぎり可能にする.
(5) 各時刻の測定された全水頭を表示した図：これらの図に内挿ポテンシャル面およびモニタリング井戸の位置が含まれる.
(6) 農業地域, レクリエーション地域, 工業地域, 農業用水などの用途を示した土地利用図：この図は, 涵養／排水領域を表すように, (2) の水理地図と一緒に利用できる.

予測領域＜モデル領域＜地域範囲

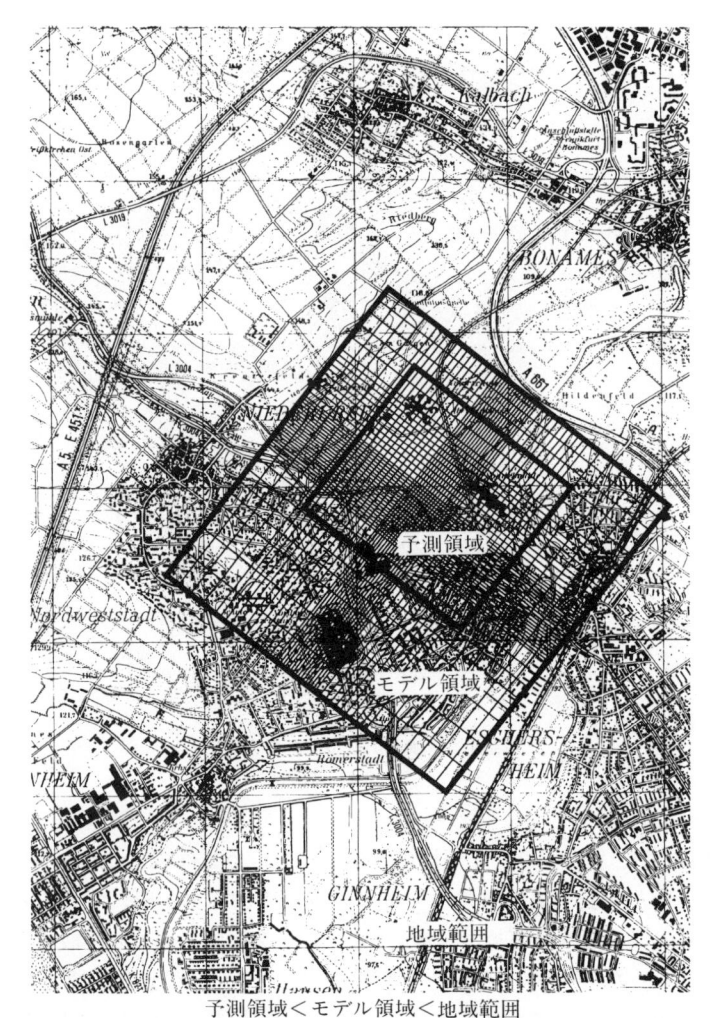

図 **8.4** 異なる縮尺における入力データ収集

(7) 水平面と鉛直面において発生位置とともに記された濃度分布図：土地利用履歴図や空中写真もまた発生源の特定に用いられる．
(8) その他の地図には，次のようなものが考えられる．帯水層の基底高さの構造とコンター図，帯水層と難帯水層の等層厚線，水文学的地層の高さ，地層厚さ，透水係数や透水量係数の分布，蒸発や降雨のコンター図，鉛直方向と流れ方向の動水勾配の図がある．

図 8.2 にこのような地図を重ね合わせたものを示す．

モデル設計，データ収集，そして詳査は3つの縮尺で行われることが多い（図8.4）．全体のスケールにおいては，適当と思われるモデル境界の確認と決定のために情報が収集される．狭い範囲において，正確な予測が必要とされる範囲内を予想するためにデータが検討される．実際のモデル領域の大きさは，予測範囲と全体の境界の間に存在する．一度モデル領域が決定されると，この領域において以降の収集のデータは評価される．

8.2 概念モデルの開発

モデル検討における第2段階は，概念モデルを作ることである．概念モデルは，現場の状態および地下水がどのように流れるかについて，現時点での把握していることをまとめるという現実の理想化である．簡略化した仮定を用いているが，概念モデルは，流れシステムすべての重要な特徴を具体的に示している．概念モデルを作るには3つの大きな目的がある．
 (1) 現場の状態をよりよく理解し，ここで理解したことを関係者に連絡できるようにすること．
 (2) 数値モデルを作るための地下水問題を定義すること．
 (3) 適切な数値モデルの選択を促すこと．

適切な概念モデルを作ることで，モデル検討が成功するかどうかが決まる．概念モデルは，新しいデータを付加すると更新される．最初の概念モデルは，最後のモデルとならないこともある．「概念モデル」という言葉は，全体的な概念モデル，モデル選択，モデル構成過程を指し示すこともある．現場特有のモデル作成に関するその他の作業については，この章の次節以降で説明する．

すべての関連する項目が，現実の理想化に組み込まれることが，概念モデルではポイントとなる．もし最初の概念化が失敗しても，最初に出した無理な概念は将来考慮するために保存しておく．概念モデルは，論理的に少しずつ作り上げることができない．しかし，以下の質問に答えていくことで，そのプロセスをスタートさせることができる．
 (1) モデルを作成するのに十分な物理的システムは理解されているか．
   (a) 現場データは，うまく解釈され，使える形になっているか．
   (b) 流れのシステムと地質状況は一致しているか．
 (2) 技術的(そしてまた，政治的，経済的，法律的)課題は，どこにあるのか．
   (a) これらは，モデル解析によって明らかになるのか．
   (b) 技術的課題は，高い精度の予測が要求されているのか．

(3) 考慮すべき物理的，化学的プロセスは何か．
　　(a) 被圧状態か，不圧状態か．
　　(b) 飽和流れか，不飽和流れか．
　　(c) 混合か非混合輸送か．
　　(d) 地質化学反応か減衰か．
　　(e) 密度流れおよび輸送か．
(4) モデルは何次元で，何次元が最適か．
　　(a) 不均質や異方性または多層帯水層か．
　　(b) 発生源や吸い込みは点源か面源か．
　　(c) 密度依存の流れや浮力による流れと輸送について
　　(d) シミュレートされる浄化
(5) どのようにモデル検証するのか．
(6) モデル解析は，関係者全員に受け入れられるか．
　　(a) モデル作成者と技術チームについて
　　(b) クライアントまたは評価者について
　　(c) 監督者について
(7) この現場においてモデル化が，経済的なものかどうか．
　　(a) 解析的または質量保存モデルが十分か．
　　(b) 追加される現場データは，必要なのか，そしてそのデータはモデル解析に不必要ではないか．

　このような質問を考慮することにより，概念モデルを作ることができる．概念モデルを作るための3つのステップは，①現場における地下水流れと化学物質の輸送を支配するメカニズムを検討しまとめること，②現実に従うよう解析に必要な仮定と簡略化を進めること，③モデル構造の確立(次元の数，モデルのタイプ)である．

　概念モデルは，それ自身様々な形をとる．異なるアプローチが，異なる流れのシステムやモデルの目的に合わせて作られる．図8.5には，様々な概念モデルのタイプを説明する．
(1) フロー図は，問題の異なる要素間の相互のやりとりを示す(図8.5(a))．
(2) 質量保存則のまとめ(図8.5(b))
(3) 主要プロセスを示した地質断面図(図8.5(c))
(4) 現場条件を3次元的にまとめた図(図8.5(d))

　モデル解析においてこの段階は難しい．なぜならば，他の現場からの様々な意見や経験とともに，多くの異なる情報の照合および解釈を数値的に解析できるようにす

8.2 概念モデルの発展

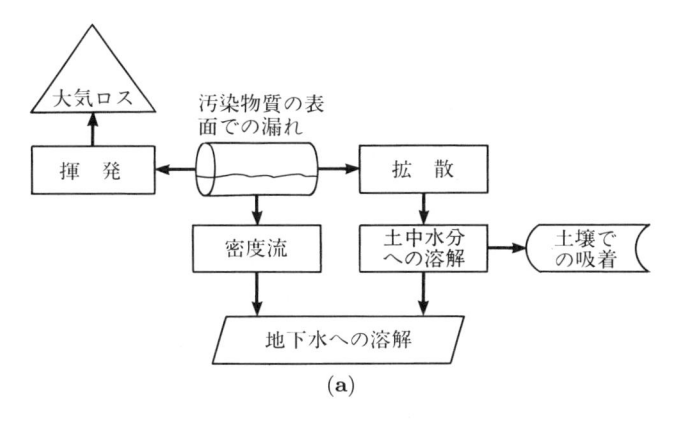

(a)

貯水量	=	7.4×10^8	m³
貯水量の変化	=	-3.4×10^2	m³/d
河川からの流入	=	1.5×10^8	m³/d
井戸での流入	=	2.2×10^2	m³/d
浸透による流入	=	2.2×10^7	m³/d
境界による流入	=	2.8×10^7	m³/d
河川での流出	=	0.0	m³/d
井戸での流出	=	0.0	m³/d
蒸発による流出	=	0.0	m³/d
境界での流出	=	2.0×10^8	m³/d
誤差	=	-4.4×10^5	m³/d

(b) 流れに関する質量保存則

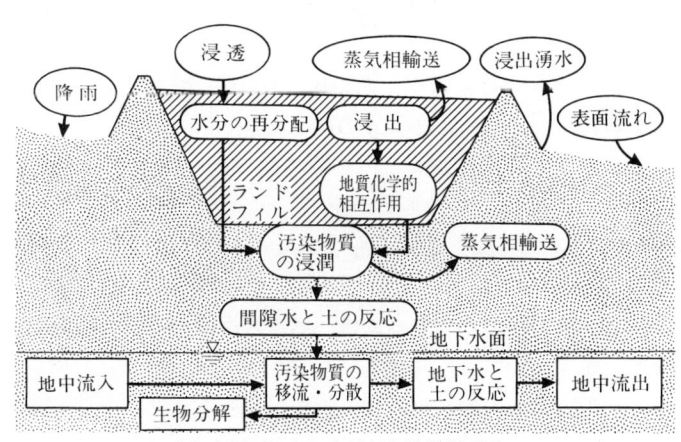

(c) 主要プロセスを示した地質断面図

図 **8.5** 概念モデルの例

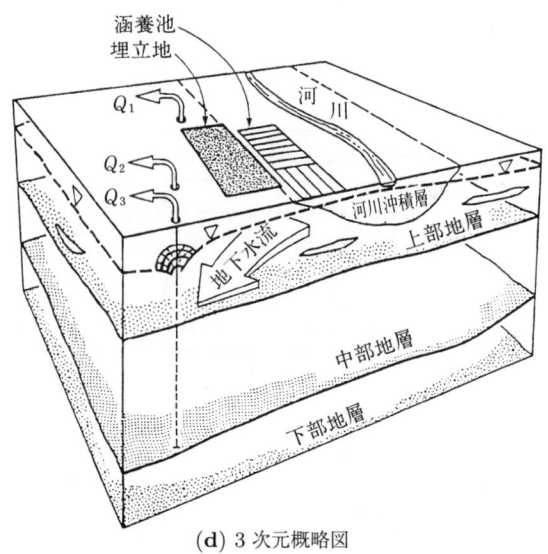

(d) 3 次元概略図
図 **8.5** 概念モデルの例 (つづき)

ることが必要となるからである．経験不足のモデル作成者は，他のモデルユーザー，水文地質学者，水理学者，プロジェクトマネージャーからの同じような現場での経験を教えてもらうことが必要になることもある．モデルを設計するにあたってこの過程の間に，しばしばモデル作成者が見落とす要因は，以下のとおりである．

(1) 少ない次元を選択したことによる輸送解析上の影響 (7 章参照)
(2) 無視できる流れではあるが，基盤層，低い浸透層における意味のある重要な輸送を無視すること (付録 A.5 の例を参照)
(3) 観察された溶解濃度に基づく汚染源の量の過小評価 (8.4.5 項参照)
(4) 密度効果の無視 (3.3 節参照)

概念モデルを作る際，観察される汚染プルームの挙動は，考えるべき主要因を説明する．例えば，

(1) 複合した高濃度領域のプルームは，パルス汚染源，複合汚染源，不均質な帯水層などを示す．
(2) 深さ方向の高濃度のプルームは，密度の影響，地表面からの浄水の復水，割れ目流れを示す．
(3) 移動しないプルームは，吸着，化学反応，減衰，分解，揮発によって大きく遅延する化学物質種を含む．
(4) バクテリア密度が薬品濃度に関連するプルームは，微生物による分解可能な

汚染物を示す．
(5) 地下水流れ方向ではなく，帯水層の基底または基盤層の斜面に沿って移動する広がりは，密度の影響を示す．

すべての関係者とともに概念モデルの完成段階でモデル化のアプローチをレビューすることにより，モデル全体の適用性を確認する．

8.3 モデルコードの選択

モデル化プロセスにおける3番目のステップは，コードを選ぶことである．適切な数値モデルを選ぶ手順は，Heijde and Park (1986) や Bond and Hwang (1988) などの様々な論文や報告で議論されている．モデル選択の手順には，完全に合理的とはならず，しばしば非科学的な問題を含む．しかし一般的な考えは，以下に記すようなものとなる．この節で議論するモデル選択のアプローチは，U. S. Environmental Protection Agency (EPA) によりまとめられ，アメリカの多くのプロジェクトで受け入れられているものである．

8.3.1 モデル目的の定義

目的の基準は，詳細な解析のために用意されるモデルと，一般的な調査のために用意されるモデルを識別することに用いられる．地下水輸送における一般的な検討の目的は，以下のとおりである．
(1) 特定の現場における汚染移動を支配する主要な要因の理解を深めること．
(2) 早くて簡便な解析によって現場を分類すること．

このような検討は，モデル検討の最初の段階で対象とする現場のデータが少ないとき，一般的な最悪の事態や相対的結論のみが必要な場合に用いられることもある．これらの目的に合ったモデルには，解析モデル，アナログモデル，経験的モデル，質量保存モデル，そして簡便な数値モデルがある．

詳細なモデル検討の目的は，以下のとおりである．
(1) データのギャップを確認し，現場計画へ導くこと (モニタリング井戸の設置位置を含む)．
(2) 地下水中の現在および将来濃度の予測をすること．
(3) 修復方法の代替案の効果を比較すること．
(4) 汚染源を特徴づけ，汚染の履歴を明らかにする．
(5) 修復，技術設計，モニタリングネットワークを最適化すること．
(6) マネージメントの決定を支援するために，不確実なものを特徴づけ，費用/便

益分析を実行すること．
(7) 議論の対象となるものを提供することで，交渉や訴訟を援助すること．

数値モデルは，詳細なモデル検討を行う際に適用されることが多い．なぜならば，数値モデルは，現場の現象をより現実的にそして詳細に再現できるからである．これと同様に予測結果は，対象現場に特化し，信頼できるものである．詳細な検討は，全体的あるいは局地的なスケールで行われる．全体の検討では，地下水盆地での水管理，離れた位置における汚染の移動時間と濃度，そして流れと輸送上の外部要因 (例えば，他の井戸，他の汚染源，近隣の流れの系，水域) の影響といった問題に言及する．局地的な検討では，モニタリングネットワークの計画，汚染源近傍の流れと輸送，修復方法の代替案の設計のような問題に配慮する．全体モデルが一般的傾向を言及し，より広いフレームワークに局地的モデルを組み入れることができる．その結果，局地的モデルは，時間的，空間的に高精度の結果を得る．

8.3.2 技術的基準に基づくモデル選択

技術的基準は，現場の特徴と適切な能力を有するモデルを一致させるために用いられる．選択されるモデルは，わかっている限りの現場の支配流れ，水文地質学的プロセス，水文的地層を適切に表す能力を有すべきである．これらの主な過程には，以下を含んでいる．

(1) 流れの条件 (被圧/不圧，水平/鉛直，飽和/不飽和)
(2) 地層
(3) 境界条件 (例えば，復水と揚水) と汚染源の時間的および空間的変化
(4) 多孔質，亀裂性，カルスト
(5) 材料特性の空間的変化 (自然および技術特性)
(6) 単一または多相流れ
(7) 密度や温度によって影響を受ける流れや輸送現象

8.3.3 モデル計算の実施

いくつかの選択されたモデルが，目的や技術的選択の基準を満足するならば，その選択をさらに狭めるために実施基準を用いることができる．実施基準は，以下に示されている．

(1) モデルは詳細にレビューされ，さらなるレビューに有用か．あるいは，研究目的のみのモデルや公的機関や第三者に利用できないほとんど所有者のみが利用できるモデルとなっていないか．
(2) モデルは，文献などで裏付けがあるか，ユーザーサポートされているか．

(3) モデルは，解析的解法結果，実験結果，他の検証されたモデルや，現場データに対して検証されてきているか．
(4) モデルは，同じような現場でうまく適用されてきたか．
(5) モデルは，利用できるコンピュータシステムで容易に実行することができるか．比較的容易にモデルユーザーが使えるか．
(6) モデルは，レビュー/公的機関に受け入れられた実績を有しているか．そして，検証する人や経験のあるユーザーが，モデルを好むかどうか．

技術的目的と実施基準は，次の4つの問題に要約される．
(1) モデルは，現場状態を適切にシミュレートできるか．
(2) 検討の目的を満たすことができるか．
(3) モデルは，検証され，現場実験されているか．
(4) モデルは，十分な裏付けが文章化され，詳細にレビューされ，そして利用されているか．

ときどき，これらすべての基準を適用すると，すべての知っているモデルが失格となる．ふつう，「一番良い」モデルの選択は，上述した基準の妥協による．今日，かなりの数の実用的なモデルを利用することができる．したがって，モデル選択は，そのモデルをよく知っているとか，使いやすいという主観的にではなく，むしろこの選択の基準を基本とするべきである．

8.4 モデルの設定

モデルの設定は，モデリングプロセスにおける第4段階である．モデルの設定とキャリブレーションだけで，モデリングに要する全労力の50～70%を占める．モデルの設定とは，モデル領域の選択，空間と時間データの分割，境界条件・初期条件の定義，入力データの整理，準備である．領域の選定と分割は，物理的，数学的な精度とモデル検討の労力（コスト）に影響を及ぼす．

8.4.1 モデル領域の選択

最適なモデル領域の選択は，以下の要因のバランスをとる．
(1) 領域は将来，化学種の輸送によって影響を及ぼすかもしれない領域を含む，対象全領域をカバーするべきであり，内部変動（例えば，揚水や注水，貯水池からの浸透など）の影響を考慮すべきである．
(2) 将来の輸送は輸送速度，遅延係数の考慮や，または解析解法によっておおよ

そ推定される．もし化学種のプルームのすべてがモデル領域に含まれないと全体の質量バランスをとることができない．
(3) 領域の境界は，河川，湖，排水路，分水界，帯水層の端部，近接した揚水井の中間での境界，海岸線，地下水の復水，排水領域や，対象領域から（水理学的に）遠い境界位置，のような自然地下水境界を利用するべきである．河川，湖，排水路は必ずしも地下水境界にならないことや，分水界は，時間や深さに対して移動する（常に一定でない）かもしれないことに注意しなければならない．
(4) （最も高濃度なプルームのような，少なくとも最初の対象領域において）数値分散を縮小するために，モデル領域は，最初の地下水流れ方向に平行に合わせるべきである（6.3節参照）．
(5) 有効なデータは，選定された領域の隅から隅まで条件を十分に定義すべきである．
(6) 領域の大きさは，計算労力を縮小するために最小にするべきである．

しばしば，地下水流れ問題の理想的な領域の大きさは，地下水輸送モデルに要求される領域よりずっと大きい．この場合，2つのモデル間の移行（7.2.6項参照）や，問題に適した有限要素グリッド（6.3節参照），または，2つの領域の大きさの中間が選ばれることもある．

8.4.2 空間と時間によるモデルの分割

この項では，モデルの分割の選択に影響を及ぼす要因について述べる．表8.2にこれらの要因とそれらがモデルグリッドの選定に一般的にどのように影響を及ぼすかを示す．以下の目的を最適化することによって数値モデルのための時間と空間の分割すなわちタイムステップとセル（要素）サイズを選択できる（以下，重要な順に列挙）．
(1) モデル解法の安定性と収束性を高める．
(2) モデル解の精度を高める．
(3) 数値分散を最小にする．
(4) 計算機のメモリー，容量，計算時間のために計算機に必要となる要素を最小にする．

適切なモデル分割の選択によるこれらの目的をどのようにして達成するかについて，本節で述べる．

互いに矛盾がないタイムステップとセルサイズの選択によって，モデル解法の安定性と収束性を改善することができる（安定性に関連している5，6章参照）．例え

表 8.2 モデルの分割に影響を及ぼす共通要因

要因	影響を受けるモデル分割の特徴
モデリングの目的	領域サイズと細分割領域
関心のある領域と時間	領域サイズ
ソースとシンクの位置	細かい分割領域
不均質性と異方性	グリッドの方向付けと再細分割
粒子速度と遅延	セルサイズと領域サイズ
自然境界	境界をシミュレートするためのセルサイズの限界
数値安定性	セル比の限界
数値精度	セルサイズの限界
計算労力	セル総数の限界
流れ場の解像度	高動水勾配地点における詳細な分割
濃度分布の解像度	高濃度勾配地点における詳細な分割

ば，2次元非定常流れの問題においては，安定性は以下の条件によって確保される(Bear and Verruijt 1987)．

$$0 < dt < \frac{S}{2T}\frac{dx^2 dy^2}{(dx^2+dy^2)} \tag{8.1}$$

ここに，S：貯留係数 [無次元]

T：(モデルの次元に依存する，帯水層またはセルの) 透水量係数 $[L^2/T]$

dx：x 方向のセル幅 $[L]$

dy：y 方向のセル幅 $[L]$

他の基準を以下に示す．

　正確な予測には，水頭や濃度の局所的な変化を表現するために十分に細かいセルサイズを選択することと，条件の時間変化を表現するためにタイムステップを十分に小さく設定することが要求される．可変セルサイズは，よりフレキシブルであるが，急激に変化するセルサイズは，精度 (Bear and Verruijt 1987) と安定性上のロスを発生させる．数値分散や化学種プルームの不自然な拡散は，支配方程式の有限差分または有限要素の定式化のテイラー展開において高次項を無視するために発生する．それらは，不適当な空間や時間の分割によっても発生しうる．数値分散が生ずるか否かは，時間微分と空間微分の近似方法に依存する．計算方法，メッシュサイズ，メッシュ配置，タイムステップの大きさの適切な選択によって，不要な数値分散を最小にすることができる．

　適切な選択方法について以下の項で述べる．細かいメッシュとタイムステップを利用したときの，数値分散の有無をテストするために，粗いスケールと細かいスケールの予測結果を比較する．計算労力は，セルの数とタイムステップの数のトータルをできる限り小さくすることによって最小化される．計算労力を最小にすることは，

正確性の要求に反するので，対象領域の正確さを第1のゴールとしながらある程度の妥協が必要である．

モデルの分割において，モデルの方向性，空間分割，時間分割が考慮されなければならない．これらの選択は，以下の項で示す．

モデルグリッドの配置

配置の選択に影響を及ぼすすべての要因を無理なく考慮できるモデルグリッドの配置は，大きなスケールでみた地質学的特徴を持った方向に平行に配置される．ほとんどすべての場合において，最適なモデル配置は，主要な地図の方角や道，植生境界と一致しない．以下の要因がメッシュ配置に影響を及ぼす（重要な順に列挙する）．

(1) サイトにおける水文，水文地質学的特性：河川，小川，貯水池，断層や他の自然境界のようなキーとなる特性の表現は，適切なメッシュ配置によって単純化される．例えば地下水流に影響を及ぼす断層域は，セルを断層と平行または垂直に配置することにより，うまく表現される．

(2) 地下水流の卓越方向：メッシュの配置が地下水流の卓越方向に沿っていれば，メッシュ軸に平行な成分に分割される地下水流速による数値分散は最小化される．もし，モデル領域内で流れ方向が変化するときは，最も重要な対象領域の流れ方向にメッシュを配列することが最適である．

(3) 水理特性の異方性：透水性はモデルにおいてメッシュの軸に沿った成分として表されるので，透水テンソルに一致したメッシュ割付けを選ぶことによって，不正確さは縮小される．

モデルグリッドのセルサイズの選択

モデルグリッドの選択を，魚の網の選択と比較してみる．網目の大きさは，魚（不均質さと詳細予測）を捕らえるのに適したサイズでなければならない．このことを図8.6に図解する．これは，大気のモデリングの例を示す．図8.6は，地形全体における一連の3つの異なる要素分割を示す．セルサイズ500 km×500 kmのグリッド分割では，山がかろうじて確認される．しかしながら，セルサイズ100 km×100 kmのグリッド分割では，より細部まで見分けられ，標高もわかる．

モデルグリッドを選択する場合，以下の要因を考慮する．

(1) 水理パラメータまたは物質輸送パラメータの不均質性の程度と境界条件の不均質性の程度
(2) モデル領域の大きさ
(3) モデリングの目的を満たすために必要な予測精度
(4) コンピュータの能力による制約

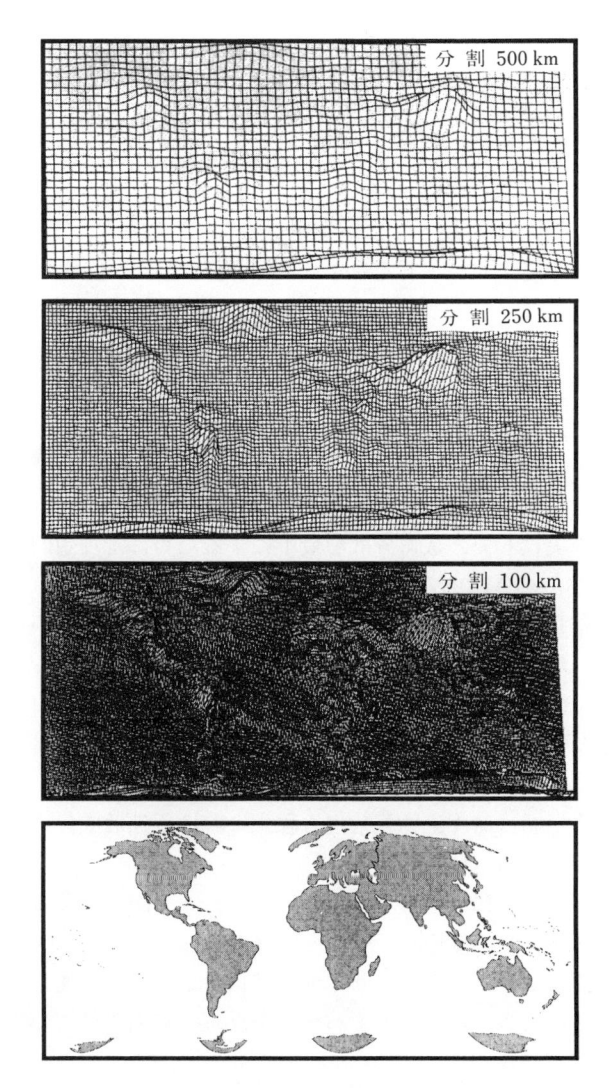

図 8.6 グリッドサイズを小さくした場合の世界地形の離散化（after FAZ, June 1, 1994）

　同じような制約は，密度効果による成層，リチャージ，水や汚染物質の浅いまたは深いソース・シンクを考慮に加え，鉛直方向の分割にも当てはまる．一般に，予測結果の精度は，メッシュを細かくすると改良する．それに応じて，計算時間と容量は増加する．6.2 節に説明したように，数値分散を最小にする物質輸送問題のセルサイズは，物質輸送方程式における移流項と分散項に対する比であるペクレ数 (Pe) を用いて計算できる．ペクレ数は無次元比（式 (6.11)）として定義される．

$$Pe = \frac{v_x\,dx}{D_x} \tag{8.2}$$

ここに，v_x：x 方向の汚染物の粒子速度 $[L/T]$
　　　　dx：x 方向のセルサイズ $[L]$
　　　　D_x：分散係数 $[L^2/T]$
分散係数は実験により次式で定義される．

$$D_x = v_x \alpha_x \tag{8.3}$$

ここに，α_x は x 方向の縦分散長 $[L]$，そして，次式のペクレ基準が定義される．

$$Pe = \frac{dx}{\alpha_x} \leq 2 \tag{8.4}$$

　解の安定を確実にして，数値分散を最小にするために，理想的にはセル・ペクレ数は 2 以下にするべきである（Pinder and Gray 1977）．つまり，セルサイズは，縦分散長の 2 倍以下とするべきである．分散長は，地下水系の不均質特性の長さを表すので，この基準は物理的にも意義をなす．実際問題として，ペクレ数の制約は，対象領域以外，つまり予測精度が低くても許容できる領域ではしばしば緩和される．

　不飽和浸透のためのペクレ数の基準は 0.5 付近で表され（El-Kadi and Ling 1993），不飽和解析にはより細かいメッシュが必要であることを意味する．混乱するが，「ペクレ数」という用語は時々，物質輸送方程式における拡散成分に対する分散成分の比としても用いられる（Bear 1979）．

　クリッギングのようにデータポイント間のデータを内挿補間する地質統計学的な方法の使用は 8.4.5 項で論じる．もし，モデルの入力データが内挿補間によってクリッグされるならば，適切なセルサイズを選択するために関連したセミバリオグラムが用いられる．セルサイズはセミバリオグラムの範囲と以下の相関がある．

$$dx < 0.3 \text{セミバリオグラムの範囲} \tag{8.5}$$

　メッシュ分割は，動水勾配や濃度勾配が大きい領域と特に関心のある場所の近傍（揚水井，注水井，河川，汚染源，等）でより細かくするべきである．メッシュは，勾配の小さい領域やあまり問題とならない領域，データがまばらな領域においては，比較的粗くてよい．

　適切なセル各辺の長さの比（セルアスペクト比）は，各方向にセルを横切る移動時間を比較することによって計算される．移動時間の比は理想的には 1 であるが 10:1

の比まで重大な誤差を導くことなく用いられる．一般的に，メッシュサイズの変化が大きいほど，収束解を得るために必要となる計算労力は大きくなる．セルサイズの漸次の変化，例えば，近接したセルで1.5倍以下のセルサイズの増加であれば，解の収束を容易にし，安定性が増し不正確さが縮小される．メッシュの例とその際に生じる条件の例を図8.7と表8.3に示す．

空間分割では，差分モデルよりも有限要素モデルの方がより柔軟性に富む．なぜなら有限要素モデルは，直線グリッドを強いられず，モデル内の流れ方向に幾何学的に厳密に従うことができるからである．注意深く設計された有限要素モデルは，差分モデルよりも少ない要素を用いて，ほとんどの空間分割の要求を満足することができる．次に有限要素モデルの各節点と各要素は，ナンバリングされなければならない．有限要素のナンバリングは，モデルの精度には影響を及ぼさないが，計算容量と時間に強く影響を及ぼす．係数マトリックスのバンド幅は，節点のナンバリングスキームとリンクしている．そして，計算時間は，バンド幅の2乗に比例する．

$$\text{バンド幅} = 2 \times (\text{同要素内の節点番号の差の最大値}) + 1 \qquad (8.6)$$

バンド幅は，図8.8に示すように，グリッドの短辺方向に沿って連続して節点をナンバリングすることによって最小にできる．この例では，水平方向に沿って連続して節点をナンバリングするとバンド幅は17となり鉛直方向にナンバリングするとバンド幅は9となる．ナンバリングは，実フィールドの問題においてはより複雑となる．実フィールドに適用したグリッドナンバリングの例を図8.8に示す．要素のナンバリングもまた，データ入力ファイルにおいて，連続した要素をグループにするのと同様になされる．例えば，層状モデルにおいて，要素のナンバリングは，連続した要素が同じ水理特性を持つような層の方向に行う．

タイムステップサイズの選択

重み期間（境界条件が一定な間と境界条件が変化するときの間）とタイムステップ（モデル計算がなされている間）の，2種類の時間間隔がモデルに用いられる．この節では，タイムステップの選択について論ずる．タイムステップは非定常計算において必要となる．タイムステップの選択に影響を及ぼす要因は，解の安定性の考慮，物質輸送計算の数値分散，境界条件の時間変化，時間に関連したモデリングの目的などである．一般的に，タイムステップが小さいほど，予測結果の精度は高い．小さすぎるタイムステップは，過大な計算時間を生ずる．一方，大きすぎるタイムステップは，質量保存解を得るために過大な繰返し計算回数が必要となり，かなりの数値分散や解の不安定を生ずる．

流れと物質輸送の計算のためのタイムステップの選択基準を，以下に示す．空間

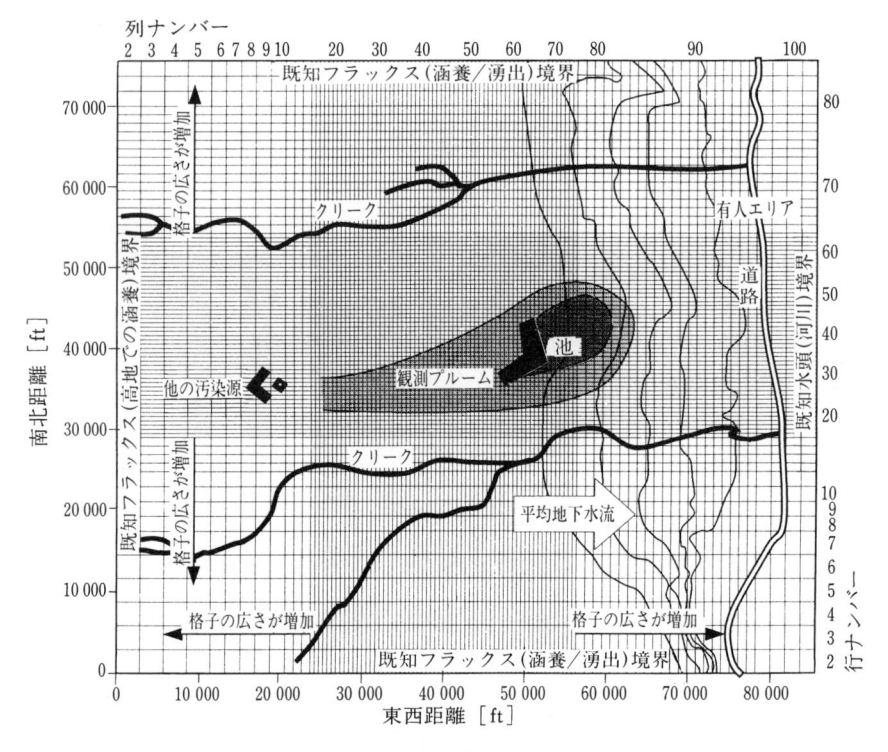

図 8.7 グリッド計算とグリッド選択基準の例

表 8.3 図 8.7 のグリッド計算とグリッド選択基準の例

基準の種類	基　　準	基準の目的	図 8.7 のモデルグリッド
計算グリッドの方向付け	流れの主方向に沿う	グリッドの方向付けによる数値分散の最小化	Yes
境界の位置	適当な境界条件の使用 予測領域から離す プルームを取り囲む	影響する溶解物質に境界が影響するのを防ぐ	Yes
セルアスペクト比	$1:10 \leq \Delta x : \Delta y \leq 10:1$	収束の最小化	$0.125 \leq \Delta x : \Delta y \leq 8:0$
ペクレ数	$Pe \leq 10$	空間分割による数値分散の最小化	プルーム領域において $Pe \leq 5$（境界においては，37まで）
クーラン数	$\Delta t \leq$ セルを横切る時間	時間分割による数値分散の最小化 数値安定性の最大化	定常計算には関係しない
濃度勾配と動水勾配	池とソース付近のセルを細かくする	比較的急な勾配を解く	Yes
分割の平滑	$0.5 < (\Delta x_n / \Delta x_{n+1}) < 2.0$	収束の最小化	Yes
セル総数	セル数を最小にする	計算時間の最小化	8 282 セル

異なるナンバーリング法によるバンド幅の比較

半バンド幅＝要素内の最大接点番号差＋1

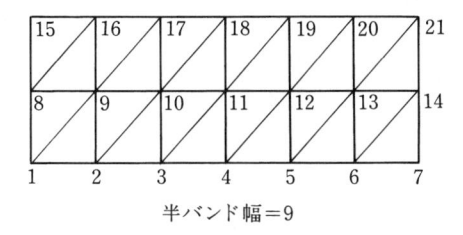

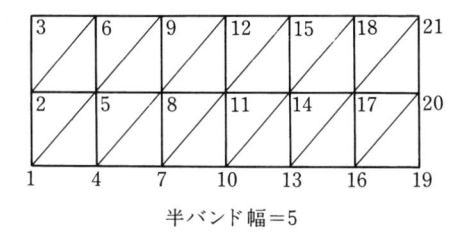

半バンド幅＝9

半バンド幅＝5

節点ナンバリング法の例

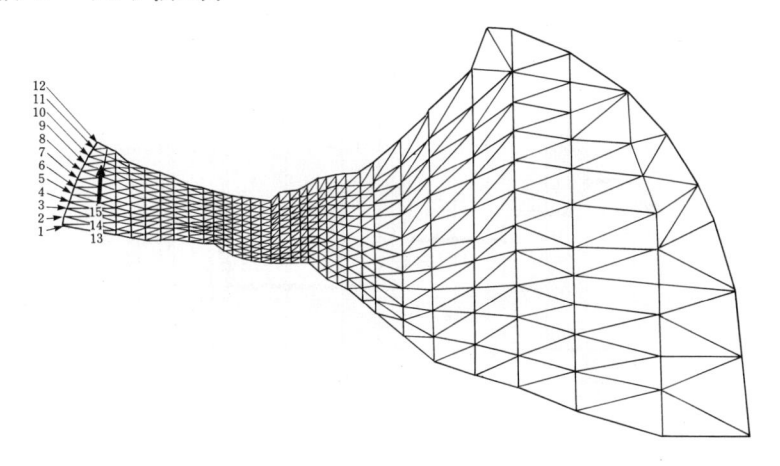

図 8.8 節点ナンバリングに対するバンド幅の依存性

的，時間的な分割の選択への典型的なアプローチは，メッシュサイズの選択には分散長を用い，適切なタイムステップを計算するためには，このメッシュサイズを用いる．

数値分散を最小にするタイムステップ (dt) は，物質輸送方程式において，時間依存項に対する移流項の比であるセルクーラン数 (Co) を用いて計算される．セルクーラン数とクーラン基準は無次元比として以下のように定義される（式 (6.8) 参照）．

$$Co = \left| v \frac{dt}{dx} \right| < 1 \tag{8.7}$$

数値分散を最小にして，数値的安定性を最大にするためにクーラン数は，最も小さ

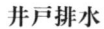

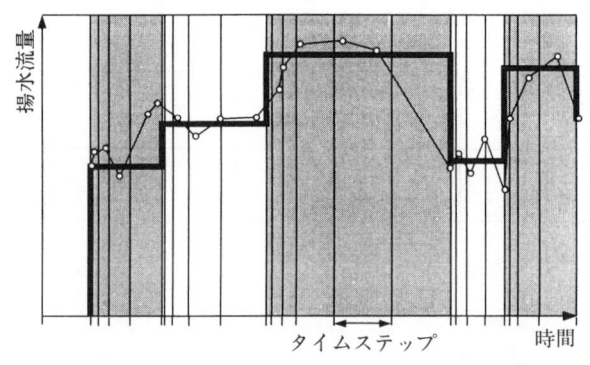

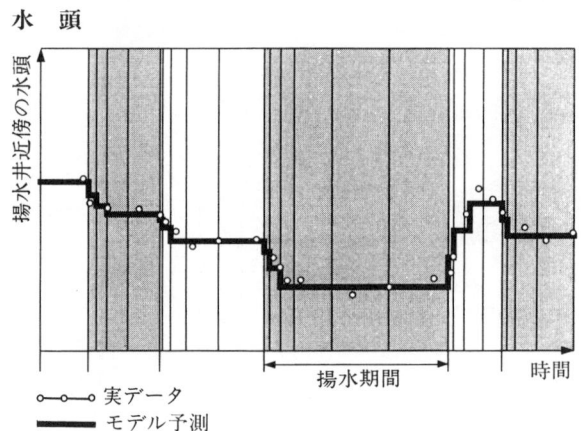

図 8.9 時間分割の例

いセルで 1 以下であるべきである（Pinder and Gray 1977）．この基準は，セルを横切る粒子の輸送が一つのまたは複数のタイムステップで起こることの制約として物理的に説明される（Bear and Verruijt 1987）．非線形問題におけるタイムステップの選択は重要である．なぜなら，解の安定は線形解法の場合より，タイムステップのサイズに非常に敏感であるからである．クーラン数の代わりの方法が，不飽和浸透問題のために提案されている（El-Kadi and Ling 1993）．

6.2.1 項で述べたように，"丸める"（計算機上で有効桁数にする）ことによりモデル予測において誤差が発生する．これらの誤差は，計算過程に従って減少しなければならない．さもなければ予測は不安定になる．前方有限差分近似によって解かれた非定常流問題のために式 (8.1) は，タイムステップとセルサイズに関連した安定条件を示す．加えて，揚水初期（図 8.9）や汚染源の初期濃度のように境界条件が変

化する時間帯では，タイムステップを小さくするべきである．計算途中のタイムステップの逐次の変化は，モデルの収束を容易にし，モデルの安定性を改良する．

8.4.3 モデルの境界条件の定義

モデルの境界は，モデルの計算領域とその周辺環境のインターフェースである．境界は，モデル領域の端部のほか，川，井戸，漏水のある貯水池，化学種の漏洩場所などのような外的に影響する地点において発生する．境界条件は，モデル領域の外界の影響の表現であり，流れや輸送の説明を完成させるために必要である．境界条件の数学的な表現は，条件の整った問題のために必要となる．境界条件は主に3種類あり，それらのいずれもが経時的に変化することができる（表8.4）．これらの境界条件は，それぞれモデルの解法に対して異なる拘束度をもち，バランスのとれたモデル解の誘導の容易さに密接に関係する．

表 8.4　モデル境界条件

境界タイプ	境界名	共通した適用先	解の拘束度	解法に対する境界条件の影響
第1種あるいはディレクレ境界	既知圧力 既知水頭 既知濃度	湖，河川，湧水，定水頭井戸，浸出面	拘束度：最大	最も解きやすい
第2種あるいはノイマン境界	既知フラックス（水頭，濃度）	不透水境界，分水嶺，流線，降雨浸透，蒸散，吸い込み，ソース	拘束度：中位	適度に解きにくい
第3種あるいはコーシー境界	半透水または流量依存水頭	漏水性河川，排水路，浸出面	拘束度：最小	最も解きにくい

水理境界条件の解釈

一般に用いられる水理境界には，地表水，浸出面，水面，不透水境界，涵養境界，局所的なソース・吸い込みがある．これらの境界条件の各々について以下に示す．

河川，湖，用水路，沿岸部，貯水池，排水路のような地表水は，既知の水圧またはフラックスで与えられる．既知の水圧（または水頭）境界は，モデルセルが，地表水のボリュームを厳密に定義できるほど小さく，水面の高さが既知であり，任意の介在水理抵抗が定義できれば，適切である．地下水と地表水間に生ずるフラックスは既知でなく計算されるので，この境界条件は，地下水面や地表水の水位が変動する場合に役立つ．フラックス境界は，地表水と地下水間のフラックスが既知の場合に適切である．

地表水に接したり排水路やトンネル等に沿ったポテンシャル浸出面は，浸出面に接した空気中に（帯水層と比較して）透水性の高いモデルセルを規定し，これと，地表水中における水頭または水圧を規定することで与えられる．浸出流は，半透水性

層を存在させることによって制御され，その場合第3種境界が適切である．

水面の位置は，不飽和帯や被圧帯水層のシミュレーションに限定したモデルでは，圧力境界で規定することができる．水面は，間隙水圧が大気圧と等しいか（通常は圧力0と仮定される）水頭が位置水頭と等しい面である．

地下水の分水嶺や流線に平行な境界あるいは不透水断層のような不透水境界は，フラックス境界の特別なケース，すなわち，0フラックス境界として与えることができる．難透水層やスラリー壁，ライナーのような低透水領域は，少なくとも2つのモデルセルがそのような領域を表すようにした，低透水性のセルで表すことができる．これは，隣接するセルの間の流れを計算する際に生じる透水性の平均を考慮したものである．

降雨，浸潤，蒸発，蒸散，その他のソースのような涵養は，フラックス境界で与えられる．この種の境界は，湛水や流出につながる過度の浸潤，水面の深さの関数となる蒸発，あるいは根のある領域の深さに関連する蒸散といった他の拘束を受ける．

注水，抽出井戸，点源のような局所的なソースは，フラックス境界で与えられる．しかしながら，2次元断面モデルでは点源や吸い込みを近似的に与えるために，フラックスは予測を誤らずに規定できない．代わりに，井戸内の水頭をモデルセル内では等価水頭に換算して，既知水頭境界を用いることができる（Beljian 1988による議論のように）．いくつかの帯水層に設けた，抽出や注入井戸の場合，3種類のアプローチが可能である．

(1) 小さく，高透水性のセルによって井戸のボリュームを与え，ポンプレベルでソース・吸い込みセルを指定する．
(2) それぞれの領域の透水量係数に比例した各帯水層からの分担を計算し，いくつかの既知フラックスセルを指定する．
(3) 層間の揚水を分割するために経験的な理論解を用いる．

深い地下水盆の場合は，約3000mの深さまでは，基盤の境界条件は既知条件とモデルの目的を反映するべきである．例えば，フィールドデータや岩盤特性，地質構造特性により推定された低透水層は，モデルのもっと浅い有効深さを定義できる（流速0の境界の位置）．そのような層がないときは，帯水層底盤の仮想深さが決められる．Boonstra and Ridder (1981) は，第1近似として，地下水盆へ排水される主要な河川間の平均距離の1/4〜1/8を有効深さとして用いることを勧めている．

図8.10に既知フラックス境界に対する既知水頭境界の効果の例を示す．モデルは不飽和領域を対象としている．この場合，不飽和領域において側方からの流れがない境界条件の局所モデルは，既知水頭境界条件の大領域モデルと同じ流れを予測するということを説明するために，2つのモデル領域が用いられた．

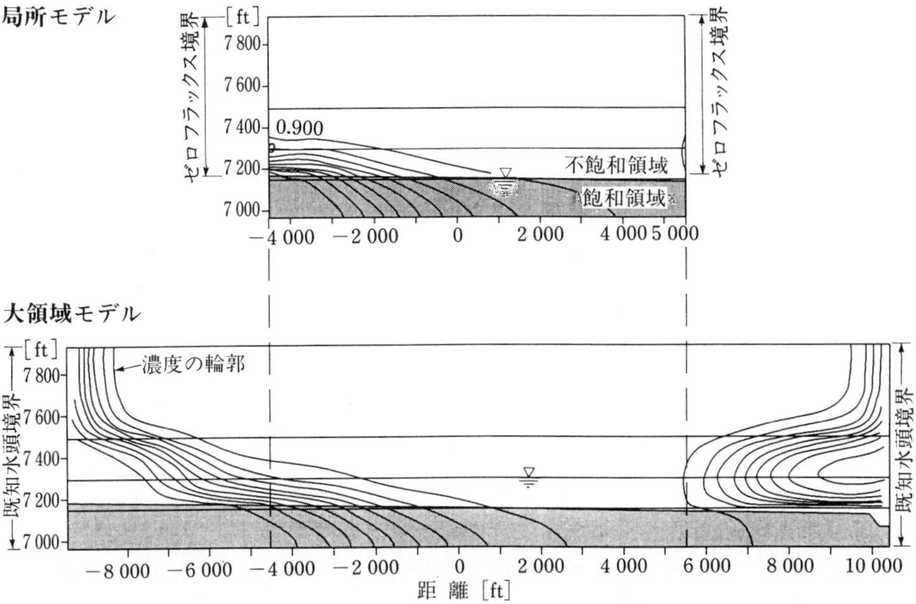
局所モデル
[ft]
7 800
7 600
7 400
7 200
7 000
0.900
ゼロフラックス境界
不飽和領域
飽和領域
−4 000　−2 000　0　2 000　4 000 5 000
大領域モデル
[ft]
7 800
7 600
7 400
7 200
7 000
濃度の輪郭
既知水頭境界
−8 000　−6 000　−4 000　−2 000　0　2 000　4 000　6 000　8 000　10 000
距 離 [ft]

図 8.10　流れモデルにおける代用境界条件の効果の調査

輸送境界条件の解釈

一般によくある濃度境界には，漏洩構造，浸出液，非水溶性汚染源（NAPLs），地下水の涵養と流出，蒸発散，注水井，地表水等がある．これらの境界条件の各々は，3.4 節と以下に述べられている．

漏洩する埋立地や池，排水路，浸出基盤のような漏洩構造は，濃度を有する既知フラックス境界によって説明される．同様に注水井は，一定濃度の注入水を有する既知フラックス境界によってシミュレートされる．

いくつかの物質（残留 NAPL，鉱業廃棄物等）は地下水流中の受動的な汚染者として，汚染浸出液を産出する．このようなソースは，移動しうる化学種の質量の上限を考慮した既知濃度境界で表現される．

溶剤やコールタール，塗料のような非水溶性の汚染源は，いくつかの方法で表現できる．ここでは 2 つの表現法を紹介する．(1) 多相モデルでは，汚染ソースは明確に表現される．(2) 溶質モデルにおいて，ソースは，純粋な化学種の溶解性と等しい濃度を用いた（または，混合物の溶解度を表す，Raoult の法則を用いて）既知フラックス境界または既知濃度境界で表現される．既知濃度境界が選択された場合は，モデル領域に入ってくる溶質の全質量のチェックはない．さらに，ソースは

モデルシミュレーションの間，無限にあると仮定される．これは，合理的な仮定である．なぜなら，汚染源に存在する質量は通常，これから溶解する質量よりもかなり大きいからである．既知フラックス境界が選択された場合は，化学種の溶解速度が推定されなければならない．溶解速度はしばしばモデルキャリブレーションパラメータとなる．なぜならば，化学種から地下水体への物質移行係数，非混合ソースの接触面積，溶解速度に対する地下水流速効果が十分に理解されていないからである (Cherry 1990; Mercer and Cohen 1990).

ほとんどの場合，ソース自身よりもソースの影響が認知または計測される．この場合，ソースは，いくらか下流のある地点での既知濃度フラックスまたは，既知質量フラックスによってブラックボックス（訳注：有効汚染源．挙動本来のメカニズムではないが，結果的にみられる挙動を表す汚染源）として表現される．このアプローチの危険性は，ソースの影響が十分に知られていなかったり，それゆえに誤った挙動を示すソースが与えられるかもしれないことである．

採掘地域からの金属鉱物を含んだ水の涵養，地熱揚水，農業用水や飼育場からの涵養，家庭や工業地域からの涵養のような地下水の涵養および流出は，既知濃度を持った既知フラックス境界によって与えられる．

地表水体は，きれい，あるいは，汚染された水の涵養または汚水の吸い込みとして挙動する．通常地表水体は，既知水頭と既知濃度境界によって与えられる（本項の冒頭参照）．しかしながら，高い位置にある地表水の場合，既知フラックスや第3種境界が適切である．

不適切な境界条件の設定は，モデル解法に影響し，不適当な予測結果を導く (Franke et al. 1987; Frind and Hokkanen 1987; 図8.11参照)．境界条件についてのフィールドデータが不足していると，仮定が必要となる．これらの仮定は，サイトデータとモデルの結果によって裏付けられなければならない．境界条件のすべての組合せが受け入れられるわけではない．つまり不安定な解や唯一でない解を導くことがある．例えば定常流問題では，すべての境界条件が既知フラックス境界だと解が唯一ではなくなる．

よくある境界条件の誤りには，実際には，無視できないほどの輸送が基盤で生じるのに，帯水層の基盤境界でこれをゼロフラックス境界とする仮定や，多くのモデル境界で既知水頭（水圧）条件を設定するものがあり，これらがモデルの解法に多大な影響を及ぼす結果となる．

8.4.4　初期条件の設定

初期条件は，シミュレーションのスタート時においてモデル領域中の水頭（また

輸送モデルの境界条件

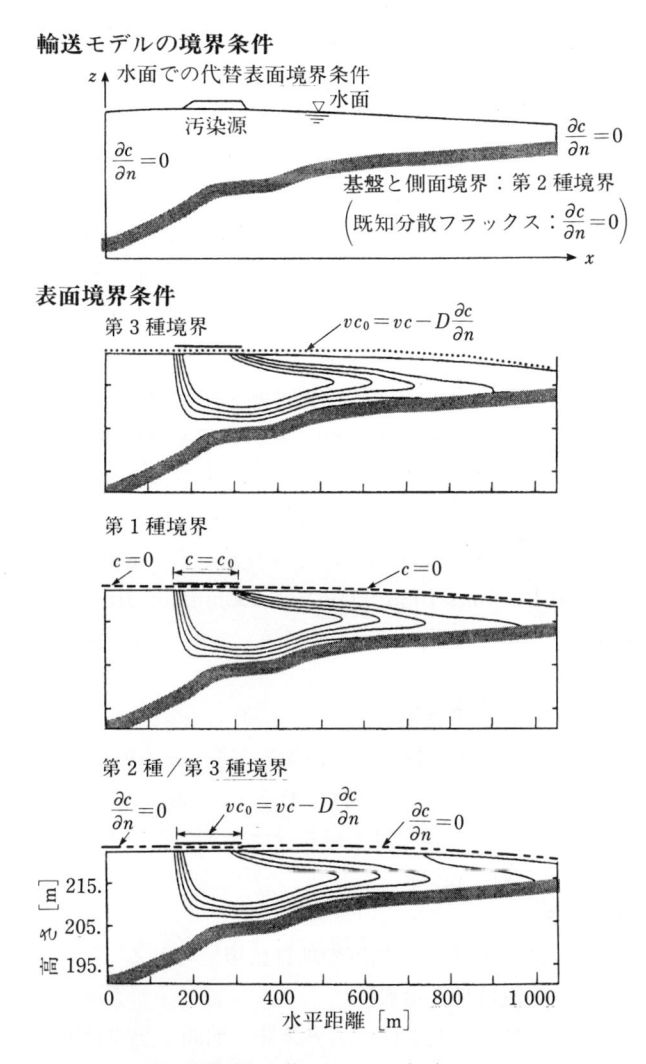

水面での代替表面境界条件

汚染源／水面

$\frac{\partial c}{\partial n}=0$

基盤と側面境界：第2種境界
$\left(既知分散フラックス：\frac{\partial c}{\partial n}=0\right)$

表面境界条件

第3種境界　$vc_0 = vc - D\frac{\partial c}{\partial n}$

第1種境界　$c=0$　$c=c_0$　$c=0$

第2種／第3種境界　$\frac{\partial c}{\partial n}=0$　$vc_0 = vc - D\frac{\partial c}{\partial n}$　$\frac{\partial c}{\partial n}=0$

標高 [m] 215. 205. 195.
水平距離 [m] 0 200 400 600 800 1 000

図 8.11 輸送モデルにおける代替境界条件の効果の調査（after Frind and Hokkanen 1987）

は圧力）と濃度の分布を表す．初期条件における誤差は，非定常解法を通じて伝播し，非現実的な予測を引き起こす．定常シミュレーションのための初期条件は，主に解にたどり着くまでの計算労力を節約するために重要である．しかしながら，非定常問題のための初期条件は，予測結果に強く影響する．非定常計算へ与えられる初期条件は，（バックグラウンドの流れと輸送の条件に対する）定常流または非定常流と輸送シミュレーションの結果とするべきであり，それはマスバランスのとれた

スタートを与える．バックグラウンドの条件は，長期間の揚水，農業の涵養，金属鉱物を含んだ水の涵養，塩水を含んだ地熱噴出のような領域の特徴を含む．

不飽和領域の初期条件は，定常的な浸潤や蒸発散に基づいて計算された間隙水圧となる．不飽和領域における静水圧の仮定は，非現実的な負圧や比透水係数をしばしば導き，不飽和領域において誤った水フラックスに換算されてしまう．

非定常輸送シミュレーションのための初期条件としての観測濃度分布（例えば観測濃度に基づいて判断されたプルーム）の規定は誤った予測を導く．なぜなら，フィールドプログラムでは，最高濃度を観測することはまれで，内挿が異なると予測も大きな幅をもって導かれるからである．ゆえに，ソースが十分に定義されていない場合でさえも，輸送モデルのためのスタート地点として推定されたソース項を使用することが望ましい．これらのソースは，輸送モデルをキャリブレーションし，その後のモデルシミュレーションのためのスタート条件を予測するために用いられる．もしも，ソース項が未知な場合，ソース推定のための1つのアプローチは，薬品プルームの観測値に基づいてソースを予測するための逆モデルを用いることである（例えば，Domenico and Robbins 1985; Dale and Domenico 1990）．他のオプションは次節で述べる．

8.4.5　モデル入力データの準備

モデル入力データの選択と準備は，以下の項で述べる．文献データに基づいた個々のモデルの入力パラメータの選定は，付録BとCで述べる．以下の3つの項で必要な入力データのタイプ，未知または不確かなデータの推定方法とモデル計算のためのチェックリストについて述べる．

必要な入力データ

モデルのための入力データは，以下の項目に用いられる．
(1) 問題の定義（物質特性，地形）
(2) 数値的な必要条件（初期条件，境界条件，期間，空間分割）
(3) モデリングの必要条件（キャリブレーション目標，実証目標，置換え可能な仮説とシナリオの定義）

不飽和で密度変化がある典型的な流れと輸送モデルの入力データを表8.1に要約する．これらの入力パラメータの代表的な値は付録B，C，Dに示す．サイトモデルのデータの試験や調査の方法を，表8.5に列挙する．

不確かなデータの推定

モデルは全モデル領域にわたって入力データを必要とするのに対して，フィールドデータは条件の局所的な推定を与える．モデル入力データは領域に区分されるか

8.4 モデルの設定

表 8.5 サイトモデルの共通データ調査法

モデル入力パラメータ	データを評価できる調査法*
透水係数	スラグ，揚水，パッカー試験，公開データ
水文地質層の分布	ボーリング調査，地球物理試験，地質マップ
比貯留係数	スラグ，揚水試験
比産出率	揚水試験，間隙率データ
涵養／排水	降雨量，土壌特性，流線，揚水記録，標高，植生マップ，土地利用
不飽和浸透特性	パーミアメーターテスト
初期水位，動水勾配	現場水位
初期濃度，濃度勾配	現場濃度
間隙率	土壌分析
分子拡散係数	公開データ
分散長	トレーサー試験，他の原位置試験，公開データ
吸着分配係数	バッチ，カラム試験，有機物の実験式，公開データ
土塊密度	土壌分析
密度と粘性	公開データ
汚染物質ソース	材料データベース，貯蔵と使用の量，溶出試験，領域写真等

* 付近の領域や類似のサイトにおける公開データを含む他の可能な調査法

(各領域内では均質)，あるいは連続的入力データをもつ．全体モデルの現実性は，現地，実験室，文献データから得られたモデル入力データの推定に用いられた方法を反映する．推定方法は，パラメータ推定や逆モデルの使用から試行錯誤法にまで及ぶ．逆モデルは，汚染問題の解析モデル（例えば Domenico and Robbins 1985; Dale and Domenico 1990）から3次元数値パラメータの推定モデル（例えば，Hill 1993）までに及ぶ．逆モデルの長所を以下に示す．

(1) 結果に平均値とパラメータ分散を含む．
(2) 主観性がキャリブレーションプロセスから取り除かれる．
(3) フィールドデータのすべてが尊重される．

一方，逆モデルの短所も以下に示す．

(1) 長い計算時間と計算労力を伴う．
(2) トレーニングと経験，サイトの知識に基づいた直観と他のソフトデータを無視する．
(3) 入力データが少なかったり，精度が異なると，モデルの出力は誤っていたり不安定であったり，唯一でない可能性がある．

試行錯誤法は，観測データ，直観，他のサイトの類似点を考慮して，不確かな入力データの変動を伴う．試行錯誤のアプローチは，実用的な適用において最も広く用いられる．試行錯誤法の長所を以下に示す．

(1) 精度にばらつきのあるデータが適切に用いられる．

(2) サイト特有のデータに基づいて推定されるようなソフトデータが入力データに考慮される．
(3) 結果の理解が容易である．

一方，試行錯誤法の短所は次のとおりである．
(1) モデルの結果は，モデル作成者の経験（または未経験）を部分的に反映する．
(2) 課題の完了を十分に評価するためのシンプルな基準がない（8.5節）．
(3) 入力データの不正確さとその予測の精度への影響は，定量的に定義されない．

逆モデル法と試行錯誤法の間に分類され，試行錯誤法とパラメータ推定法を増大させるために用いられる多くの方法がある．これらのテクニックは，地質統計学，クリッギング，インディケータークリッギング，半確率法，サーチセオリー，等価媒体近似，観測プルーム評価などである．これらの方法の各々の説明を以下に示す．

地質統計学は，パラメータ分布の特性を表す方法である．内挿データと推定の確率論的な精度は，観測データのクリッギングによって計算される．この方法は，オリジナルフォームにおいて，すべてのデータが空間的に相関し，近接して並んだデータは最も強い相関を示すという仮定を用いる．データセットが比較的均質で，なめらかに変化する場合は，クリッギングは容易に用いることができるが，クリッギングは，逆モデルに似た利点と欠点を持っている．加えて，クリッギングに付随するバリオグラム解析は，モデルのセルサイズの選定（8.4.2項参照）において有効なデータの相関長に関する情報を提供する．データの追加収集による内挿の不正確性を少なくすることは，あらかじめ評価でき，フィールドプログラムを拡張または，完了する正当な理由を与える．クリッギングは，地下水中の濃度の内挿に用いるべきではない．なぜならば，汚染物質の分布は，一般的に等方性，ステイショナリーランダム (stationary random) フィールドというクリッギング法における2つの主要な仮定を満たさないからである．

半確率法は，すぐに問題を適合するために他の方法の一部分を用いることもある．以下は，半確率法の適用例である．問題は，新しい施設における，汚染物質移動の最もあり得る流路としてサンドレンズがどのように影響するかのモデル調査である．フィールドボーリングプログラムによりすべてのサンドレンズを認識することは，非常にコストがかかる．パラメータ推定の試行錯誤法に必要となる汚染フィールドデータが存在しないので，決定論的なモデルアプローチは，適当でない．他の方法は，異なるニーズに合うように工夫されているが，このサイトのモデル入力データを推定する方法は以下のとおりである．
(1) サイトを横切るボーリングは，様々な厚さの複数のサンドレンズと交差した．

これらのレンズは，ボーリング間で相関しなかった．
(2) サンドレンズの形状は，同じくらいの長さと厚さの比のパターンに従って観測された．この比は，モデルのセルアスペクト比の選定に用いられた．
(3) サンドレンズの代表的な厚さは，既存のボーリングデータから判明した．これらのデータは，レンズ厚さの存在数（確率分布）に対する，レンズ厚さのヒストグラムとして作成された．
(4) シンプルなコンピュータプログラムが，サイトのボーリングにおける他の地質材料に対する砂の比の観測値に基づいたレンズの数を上限としながら，サンドレンズ厚さのヒストグラムに基づいて，地質材料特性の分布をランダムに発生させた．
(5) 地下水流れと汚染物質輸送のための決定論的なモデルは，各ランダム分布に対して計算された（リアライゼーションと呼ばれることもある）．
(6) 決定論的モデルからの輸送距離の予測に基づいて，輸送距離の発生数に対する輸送距離のヒストグラムが作成された．多数のリアライゼーションが，このサイトにおける可能性を代表する結果のセット（訳注：可能性のある結果は一つではない）を作成するのに必要である．しかしながら，ランダムに，そして階層化されたサンプリング法は，必要となる処理の数を約数オーダー単位で縮小することができる（McKay et al. 1979）．これは，多数の計算処理数を扱いやすい数に縮小する．長い輸送距離を与える相互に連結されたサンドレンズが連続している可能性はごくわずかであることがわかった．

サーチセオリーまたはインディケータークリッギングは，地質境界の位置，プルーム境界の位置（回収領域解析の助けとなる），ソース境界の位置といったパラメータの不正確さを縮小するために用いることができる．つまりこれらのパラメータやターゲットは，存在/非存在やyes/noの答えが要求される類のものである．このような解析結果は，ボーリングデータの分布に依存した異なる形や大きさを有するターゲットの確率である（Savinskii 1965）．この方法は，Freeze et al.（1990）により示されるように追加のフィールドデータを収集することの価値を評価するためにも用いられる（あらかじめ，どの程度不正確が縮小されるか，そして，ボーリング孔の適切な密度などの問いに答えながらとなる）．

等価な均質媒体の仮定は，時々モデル領域の全体または一部のために用いられる．問題は，実際の不均質媒体と同じ，予測された地下水流を起こすみかけの透水係数を計算することである．定常流に対する，様々な種類の方法が図8.12に示される．これらの結果は，すべてのデータは妥当であるという仮定を用いる．非定常流のための等価則はみかけの透水係数が相加平均と相乗平均の間に依存する量であることを除い

ては，存在しない．例えば，揚水試験において，初期のみかけの透水係数は，相加平均に近づくが後期のみかけの透水係数は調和平均に近づく（Gorelich and Hernandez 1990）．

モデルへ供給されるソース項は，しばしば議論があり不確実である．1次近似の場合，観測された溶質プルームの質量は，ある地下水の濃度に対する帯水層の体積を予測し，以下の式を用いて水中と土中の汚染物質の質量を計算することによって計算される．

$$M_w = C_w n V \tag{8.8}$$

$$M_s = C_s(1-n)\rho_b V \tag{8.9}$$

ここに，M_w：地下水中の汚染物質質量 $[M]$
　　　　M_s：土塊（土粒子）の表面に吸着する汚染物質質量 $[M]$
　　　　C_w：地下水中濃度 $[M/L^3]$
　　　　C_s：土塊（土粒子）の表面に吸着する濃度 $[M/M]$
　　　　n：間隙率 $[無次元]$
　　　　V：検討地盤の体積 $[L^3]$
　　　　ρ_b：土塊密度 $[M/L^3]$

しかしながらこの質量は，ソース体積を適切に表現しそうもない．なぜならばモニタリングプログラムは，NAPLプルーム内の高濃度を計測しないだろうから，土中の汚染質量は不確実であると思われるからである．汚染サイトで非常によくモニターされたケースでは，汚染ソース全体積の数パーセントのみが観測濃度から計算された．

非混合相や非水溶性相の液体（NAPL）をモデル化することに非常に興味が集中していたにもかかわらず，実用的モデルはまだない（表9.1参照）．地下水のモデリングの種類について，Waterloo Centre for G. W. R. で開かれた地下水調査のセミナー（講習会）で，Cherry（1990）は非混合性汚染物質について以下の結論を示した．

(1) 非混合相の溶解は，特に揚水（すなわち，高流速域）領域の近く，および残留非混合質量が減少するような場合には，よく理解されていない．

(2) NAPLは，飽和条件下で溶解濃度が観測されないにもかかわらず地下水中に存在することがある．なぜならば，①汚染物質ときれいな水が井戸近傍で混合したため，②ソースが不均質な分布であるため，③ソースが枯渇したため，④または，帯水層中で分散が生じたため，である．

層状システム

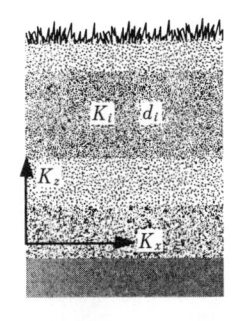

相加平均　$K_A = \sum_{i=1}^{n} \dfrac{K_i d_i}{\sum_{i=1}^{n} d_i} = k_x$

調和平均　$K_H = \dfrac{\sum_{i=1}^{n} d_i}{\sum_{i=1}^{n} \dfrac{d_i}{k_i}} = k_z$

相乗平均　$K_G = (K_1 K_2 \cdots K_n)^{1/n}$

等方相関長での均質帯水層

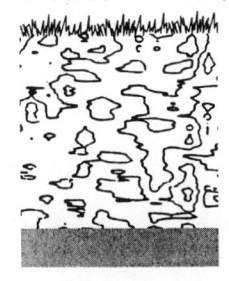

2次元
一方向流れ　$K_x = K_y = K_G$

3次元
一方向流れ　$K_x = K_y = K_z = K_G \left(1 + \dfrac{\sigma_y^2}{6}\right)$

異方相関長での均質帯水層

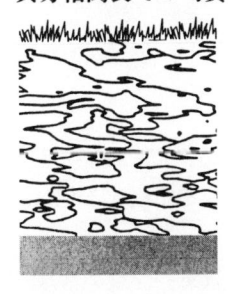

2次元
一方向流れ

$K_x = K_G \exp\left[\sigma_y^2 \left(\dfrac{1}{2} - \dfrac{1}{1 + \lambda_x/\lambda_y}\right)\right]$

$K_y = K_G \exp\left[\sigma_y^2 \left(\dfrac{1}{2} - \dfrac{\lambda_x/\lambda_y}{1 + \lambda_x/\lambda_y}\right)\right]$

無限領域
一方向流れ

$K_H < K < K_A$
ここに
$\lambda_x, \lambda_y = x, y$ での相関長
$\sigma_y^2 = K$ の分散

図 **8.12**　透水係数の等価均質媒体近似

(3) 詳細な鉛直モニターが, 残留 NAPL ゾーンを明確にするための鍵となる.
(4) NAPL 中の化学種の濃度と地下水の比から, ソースの特性がわかる.

モデル計算の確認

モデル計算の確認のための以下のリストは, モデル予測において整合性と信頼性を維持するために用いられる.

(1) モデルに与えられたすべての入力データをプロットし, 正確さと整合性を確

認する．
(2) 適切な時間ステップサイズのためにクーラン数を確認する．
(3) 適切なセルサイズのためにペクレ数を確認する．
(4) モデルの安定性と収束性の挙動を確認する，つまり重みの変化ごとに前ステップの解の補正が，時間が経つにつれて，理想的には単調に減少していくべきである．
(5) モデルの流れと溶質質量の収支を確認する．

　モデル解の挙動を確認するとき，よく収束する流れの解は，よい輸送解に必要条件であることに注意する．もし，モデル解が振動・発散したり前述のリストに一致した要因に関連のない理由で非現実的な解を与えるならば，解の条件を弱くすると（より大きな計算労力を要して）解の振動を減衰させるかもしれない．もし，条件を弱くしたモデル解がまだ不正確な結果を与えるならば，モデル入力データを連続的に簡易化する実行の手順が，通常，満足な解を導く．例えば，実行の手順は以下である．
(1) 密度と粘性の効果を取り除く．
(2) 不飽和領域を取り除く（または，不飽和特性を飽和係数に似た形に変える）．
(3) いくつかの境界フラックスを簡略化するまたは取り除く．
(4) モデル層状化を簡約する．
(5) 異方性を取り除く．
(6) 不均質性を取り除く．
(7) 次元数を減らす．

　この手順のいずれかの点で，通常モデル解は改善される．取り除いた複雑さを個々に元に戻すと，問題の源根が見えてくる．モデルの問題を解決する他に用いられるアプローチは，8.5 節で述べる．

　不十分な流れの質量バランスは，通常不十分な溶質質量バランスを生ずる．許容できる質量バランス誤差の大きさは，シミュレートされる状況とモデル解析の目的に依存する．しかしながら，1%以下の流れの質量誤差と 5%以下の溶質の質量誤差は通常許容される．

　モデルは，多くの異なるデータと仮定を組み入れる．個々の仮定は，妥当と思われる一方，その複数の総合された効果は非現実的であるかもしれない．

8.5　モデルのキャリブレーション

　モデル準備の第 5 段階であるモデルの修正は，シミュレーション結果と得られた

観測データが満足する程度に一致するまで，不確実なモデル入力データを実際にあり得る値の範囲内で変えていく過程である．キャリブレーションは，入力データの設定において，測定不可能な，未知な，あるいは表現できない条件や推移そして計測された入力データの不確実さを説明するために必要である．もし，パラメータ推定のために逆モデルが用いられるならば，モデル化過程におけるこのステップは，部分的に自動化される．しかし，データの外挿が必要であったり，現場データがキャリブレーションに適さないときは，従来の試行錯誤的なキャリブレーションによるアプローチが必要となる．予測モードにおける適用前のモデル試験は，しばしば2つの過程，すなわちキャリブレーションと実証に分けられる．現場データは，1つの現場において，異なる時刻の2つのデータに分けられる．1つのデータは，キャリブレーションに用いられ，他方は確認に用いられる．モデルの実証は，8.7節で説明する．

　数値モデル化の過程の一般的なアプローチは，図8.1 に説明されている．モデルの修正段階では，多大な努力が必要とされる．修正モデルは，あらゆる方法によって誘導される．例えば，モデル解析は，不完全なデータとともに始まるかもしれないが，付加データにより利用できるように洗練される．

　代わりに，モデル入力データは，よく定義されたデータと非常に不確実なデータを含んでいる．これらの不確実なデータを変更することが，キャリブレーション過程の出発点である．代表的なパラメータは，予測されたまたは考えられる範囲内で変えられるだけであり，パラメータの分布は，地質学的に可能な範囲に制限される．そして，現場データの範囲を超える領域のデータの値は，ほとんど変更される．

　統計的に有効な代替モデルのキャリブレーションは，1つのデータセットから進めることが可能である (Brooks et al. 1994)．このことは，最小のデータが利用できる，またモデルが，現場データによって適切に特徴づけられた範囲を超え著しく拡大する場合にいえることである．モデルキャリブレーションの過程の例は，付録A.5 に記述されている．モデルキャリブレーションは，ふつう以下の順に書かれたほとんどの段階を踏む．

(1) キャリブレーション基準およびキャリブレーションと実証の条件を規定する．この段階は，議論の余地のある，あるいは影響を受けやすいモデル適用では，しばしば必要となる．モデルの予測のために，一般的推測は，モデルを修正する前に行うべきである．キャリブレーションの基準は，モデル予測誤差をモデル全体のつり合い上の重要な構成項目と比較することである．すなわち，以下に記したように，予測と観測水頭の矛盾が，主な動水勾配と比較される．あるいは，予測と観測濃度の矛盾が，近隣の観測井戸で観測された濃度の変

化と比較される．モデル性能の基準は，以下のとおりである．
① 1対のデータの検討 (例えば，時間的および空間的に一致する位置における予測値と観測値の比較)．このような試験の一般的な例は，予測値と観測値の統計差が観測値の10%以下，データの量と質に依存する標準偏差は0.7〜1.0，予測値と観測値の偏りは，規則正しいよりもランダム，であるべきである．
② 1対の平均データの検討 (すなわち，予測値と観測値の空間的・時間的平均，および比較)．
③ 度数分布の検討 (例えば，予測値と観測値の累積度数分布の比較)．
(2) 流れと輸送モデルを修正する前に流れモデルを修正すること (密度流を伴う輸

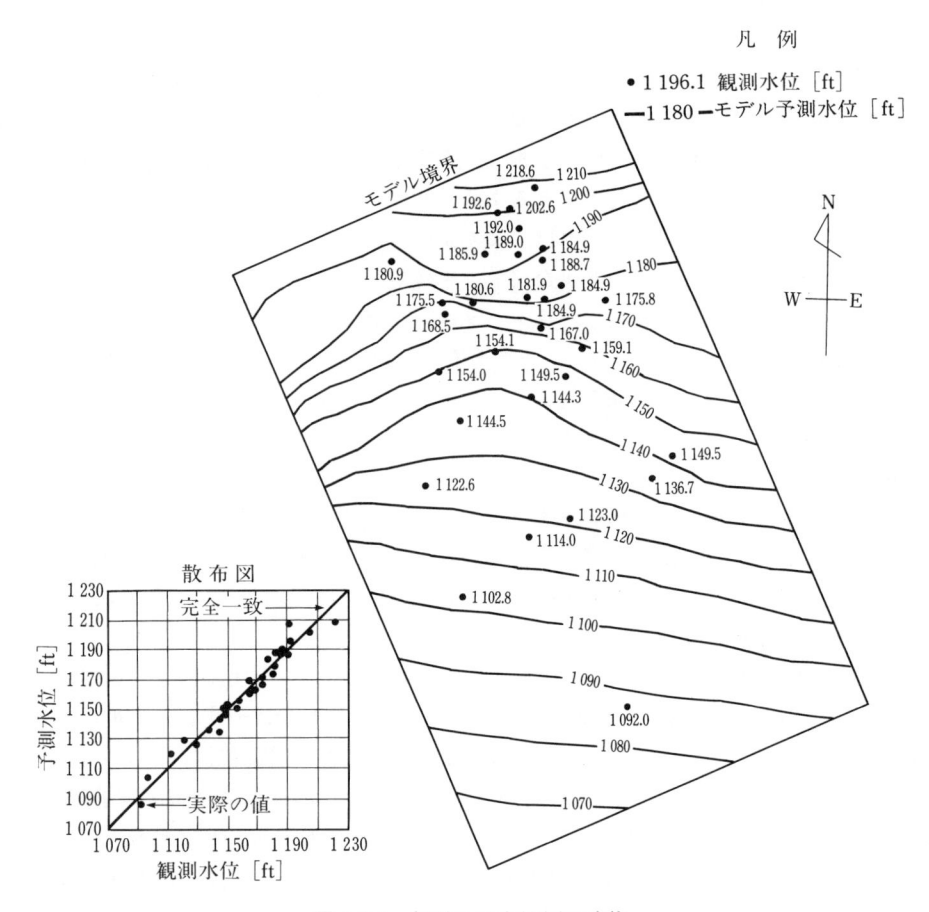

図 8.13　観測および予測地下水位

送の場合以外で，流れと輸送が密接につながっている計算). 収束性があり，安定性があり，十分にバランスがとれたモデルの計算のみを受け入れる.
(3) 自然バックグラウンド (地域復水，地熱水の揚水，鉱物の自然消滅など) のシミュレート．先在する状態に一致する水位と濃度の予測，そして，利用できる観測値と予測値の比較.
(4) 現実的なシミュレーションを得るために，適当な境界内でのモデルの仮定または不確かな入力データの修正．値の範囲内におけるモデル入力データの明記．現実的な範囲内で考えるならば，ほとんどの不確かなデータ上，修正の手続きが集中する間，変化するためにデータの確かさの記録.
(5) 現状までに至った期間の非定常流れと輸送の状態の予測 (この仮定はまた，履歴一致として知られている)．理想的にはこの非定常の修正期間は，修正モデルを適用して得ようとする将来の予測期間と同じ長さか，より長くするべきである.
(6) 履歴観測に対するモデル予測の比較評価 (図 8.13)．モデル評価は，可能な限り多くの情報を用いるべきである (すなわち，水位や濃度だけでなく，水源の水位，川の流入出，鉛直動水勾配，川の濃度，その他の関連する明確なデータ).
(7) 規定した修正基準に基づいて付加されたモデルの修正が必要かどうかの決定.
(8) 以下の「修正された」モデルの入出力の検討し以下を評価する.
　①入力データが別々に，および一緒になっているか.
　②対象とする予測領域をカバーする現場データであるか.
　③最初の概念が適切であったことを示す出力であるか.

モデル修正の間，入力データや仮定の修正は，最も不確かなパラメータ，または，最も危険側の予測となるパラメータを変えることによって始まるべきである (例えば，流れには透水係数や輸送には吸着分配係数)．それは，修正の間，すべてのパラメータを体系的に変えるのは労力の浪費である．そのかわり，パラメータの最も有望な組合せが，検討され修正されるべきである.

モデルの予測が予想と異なる場合は，モデルの誤差解析を全体的な予測傾向を査定するために用いる (8.6 節参照)，または，より極端なケースのために，モデルの全体が何を基本としているかを評価するべきである．これは，モデル化での仮定の誤差の評価を必要とする.

モデル誤差には，5つの一般的な原因がある.
(1) 数学モデル誤差：これらの誤差には，計算機コードの物理的な，そして数学的な根本理論と，それの数値構造がある．この構造は，与えられた本来の固有の仮定の下で，シミュレートされる場合に適切であるべきである.

(2) 概念上の誤差：支配メカニズム，境界条件，ソース，問題の次元について誤解がある (8.2 節と 7 章参照)．
(3) 入力データの誤差：入力誤差には，データ入力時のミス (コンターを描くソフトウェアを用いてすべての入力データをプロットしてチェックすべきである)，意味を持たない組合せのデータの仮定，測定誤差，現場において確認されなかったり特徴づけられなかったり，あるいは，モデルに表現できない不均一性の程度がある．後の2つの誤差の原因は避けられず，そして，モデルの予測を解釈する際に，考慮すべきである．
(4) 数値誤差：例として，支配方程式の差分や有限要素による定式化のテイラー展開時の切り捨て，計算機による数の丸め誤差，そして離散化による数値分散がある (6.2 節参照)．
(5) 解釈の誤差：これらは，意味のある要約，解析，グラフ出力できるポスト処理をしない，モデルのケースでは特に，予測結果を誤解することである．そして，予測結果 (例えば，地下水流れとは傾いた方向への汚染の移動予測) の誤解，さらに，点観測によって空間的に時間的に平均化されたモデル予測を比較することでもある．

誤差のこれらすべての発生要因の考慮が，問題の根源を明らかにしない場合は，モデルの査定と問題領域をおそらくはっきりさせるために用いることができるモデル簡易化の過程があり，これは確認モデル計算について，8.4.5 項に述べている．モデル予測と観測値の不一致は，モデルからなくなっている要因をはっきりさせることができる．この考えを深めるため，8.7 節を参照のこと．

天気予報のように，修正基準を満たさないモデルも役立つ．このモデルは，現場状態をもっとよく理解するために，現場における支配的な地下水流れと輸送のメカニズムの相互作用を査定することができる．そして，付加データの必要性も査定できる．しかし，修復工の設計の予測や規制への対応を示すことには，このモデルは使用できない．

8.6 モデル誤差の解析

モデル誤差解析の目的は，モデルが物理的システムをどれくらいうまくシミュレートできるかを定量化し，モデルに存在する問題となる範囲を認識することである．モデル誤差の最も基本的な指標は，予測値と観測値の違いである．U. S. Congressional Hearings では，地下水輸送モデルは，1 オーダー以上の精度を確保することは期待

8.6 モデル誤差の解析　209

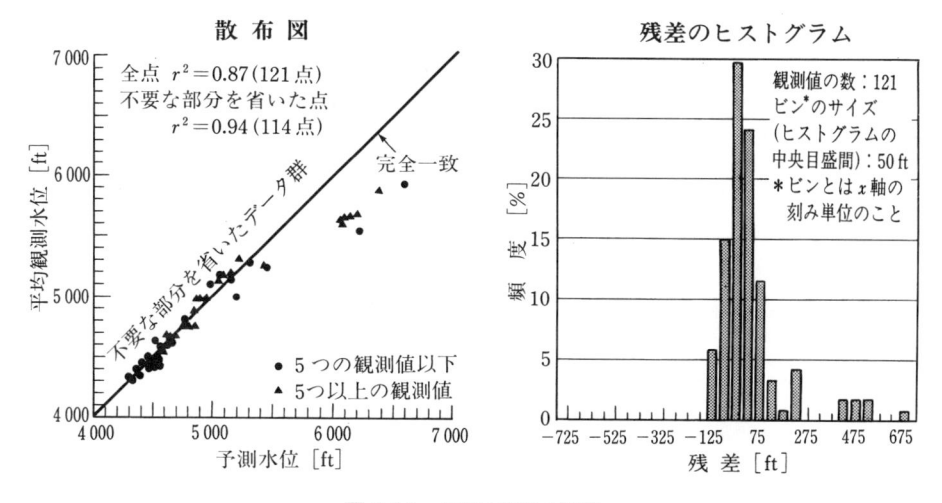

図 8.14　モデル誤差の解析

できないと報告している．明確なモデルの適用において，モデルの予測能力は，以下の要因に左右される．
(1) モデルを定義するために利用されるデータの性質，範囲，信頼性．
(2) 現場状態を表すための数学モデルの本質的な能力．
(3) 現場特有のモデルを準備するために用いられる概念モデルの現実性．
(4) モデル作成過程での仮定による差の程度．
(5) キャリブレーションと検証における量・時間と比較して，モデル予測が用いられた時間・量．

地質技術者および水文地質技術者が有用と考えるデータの不確かさは，設計上必要となるデータの精度よりもしばしばオーダー単位で大きい．したがって，モデルに適用されたデータの精度とモデルの予測から与えられた精度には矛盾がしばしば生じる．再度強調しておくが，モデルの目的は，モデルにおける許容誤差のレベルを部分的に決定することである．

モデル誤差を定量的に把握するために用いられる方法として，ある点 (例えば，観測地点) における予測値と観測値の相違 (残差) を計算し，これらの相違を評価する方法がある．予測値と観測値を比較する他の手法は，8.5 節と ASTM Standard D 5490-93 (ASTM 1993) が参考になる．残差は，予測値と観測値の散布図 (図 8.14) または残差のヒストグラム (図 8.14) で表すことができる．計算された決定係数とともに散布図を検討することにより，大きな矛盾がどこで発生し，その大きな矛盾か

あるいは予測値と観測値の一般的な不一致なのかを判断することができる．残差のヒストグラムは，理想的には，ゼロの平均誤差で，ゼロ周辺に正規分布する．ヒストグラムが非対称の場合，モデルが，常に問題となる変数を過大または過小評価していることを示唆する．ヒストグラムから，許容範囲外の大きい残差の割合も読み取ることができる．残差の分布（等分布図で示される）を用いることにより，水文地質学的な状況と予測誤差の関係がわかり，問題となる領域が明らかになる．理想的には，残差は，ランダムに分布すべきである．

予測値と観測値の適合具合の指標として以下のものがある (Loague and Green 1991).

最大誤差 (ME)

$$\mathrm{ME} = \max\{|P_i - O_i|\}_{i=1}^n \tag{8.10}$$

二乗誤差平均の平方根 (RMSE)

$$\mathrm{RMSE} = \left[\sum_{i=1}^n \frac{(P_i - O_i)^2}{n}\right]^{\frac{1}{2}} \left[\frac{100}{\bar{o}}\right] \tag{8.11}$$

決定係数 (Coefficient of determination)(CD)

$$\mathrm{CD} = \frac{\sum_{i=1}^n (O_i - \bar{o})^2}{\sum_{i=1}^n (P_i - \bar{o})^2} \tag{8.12}$$

モデル化効率 (EF)

$$\mathrm{EF} = \frac{\sum_{i=1}^n (O_i - \bar{o})^2 - \sum_{i=1}^n (P_i - O_i)^2}{\sum_{i=1}^n (O_i - \bar{o})^2} \tag{8.13}$$

残差全体の係数 (Coefficient of residual mass)(CRM)

$$\mathrm{CRM} = \frac{\sum_{i=1}^n O_i - \sum_{i=1}^n P_i}{\sum_{i=1}^n O_i} \tag{8.14}$$

ここに，O：観測値
　　　　$\bar{O}$：観測値の平均値
　　　　P：予測値
　　　　n：値の数

予測が完全な場合，ME，RMSE，CRM はゼロに近づき，CD，EF は 1 に近づく．RMSE，EF，CRM は，代替モデルの計算のキャリブレーションを比較する場合に有用な相対的指標である．ME，CD は，直接的に有用で，非常によく使用されている．

許容されるモデル誤差の程度は，次に示すような要因によって左右される．
(1) 境界条件の自然な不均質さ，複雑さの程度．非常に不均質で複雑な領域は，正確にモデル化することができない．
(2) 測定位置，測定数，測定精度．「認められたモデル精度は，利用できるデータに反比例する．現実のモデル精度は，利用できるデータに比例する．」(Pinder 1990)
(3) モデル開発する目的．

モデル感度解析 (8.8 節) を行うことにより，モデル入力の際の不確実性に帰因するモデル誤差と予測の不確実性が改善されることもある．

8.7　モデルの検証

7 番目のステップとしてモデルの検証がある．これは照合 (verification) とも呼ばれる．このプロセスは，キャリブレーションされたモデルが，物理的システムを十分代表することを実証するプロセスである．モデルを検証することにより，不特定多数の解析を行わなくてもモデルの予測の信頼性を確認できる．検証は地下水のモデリングでは，一般的に実施されている．これは，地下水モデリングでは，時系列データが入手可能であることが多いためである．ASTM (1993) において，グローバルな検証からローカルな検証までの概念を述べた詳しい説明がなされている．また，ASTM (1993) では，解が一つでない問題を少なくするために検証を行うことを薦めているが，キャリブレーションされたが検証は行われていないモデルでも，十分注意して感度解析を行えば予測解析として使用できると述べている．このステップは，余裕のないモデリング検討で提示されることはめったにない．それというのも，余分に必要となるデータとモデリングにさらに時間をかけることが必要となるからである．しかし，検証を行わない限りこのモデルはキャリブレーションされた場合以外には確認されていないことになり，一般的な予測以外に，モデルを使用す

る場合不安が残る.キャリブレーションが十分に行われたモデルでも,すべての場合について正確な予測を与えるという保証はできない (Freyberg 1988).モデルの検証には以下に述べるような4つのアプローチが考えられる.4番目のアプローチはモデル化を行う人にとっては,最も簡単に実施できるものである.

(1) 別条件下での予測をうまく行う:この方法の具体的な例をあげると,定常条件下でキャリブレーションを行い,非定常条件下でデータを用いて検証するというものである (図 8.15).この方法には,比較されるデータは互いに独立しているという長所がある.しかし,現実的な定常モデルを無効にすることになるかもしれない.非定常計算に新たなパラメータ(ここでは,貯留係数とフラックス)が組み込まれる.代替方法では,モデルをキャリブレーショ

定常条件下での水位を用いたキャリブレーション(平面図)

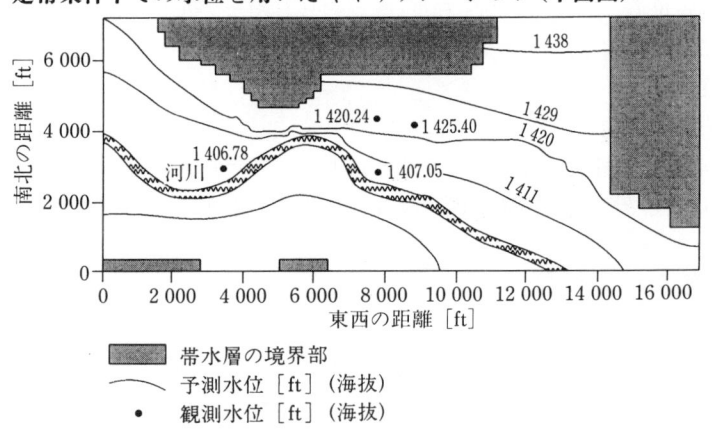

非定常揚水試験データを用いた検証(時間=19日)

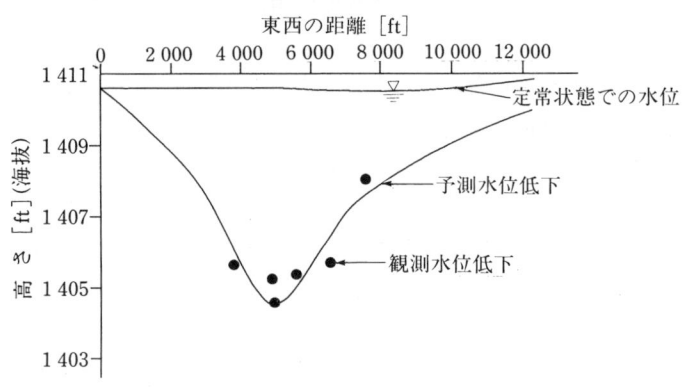

図 8.15 非定常データを使用した検証例

ンする際，非定常データの一部を使用し，残りのデータ（おそらく異なる境界条件下にある）を検証に使用することも考えられる．この方法がモデルの検証を行うとき，最もよく適用される方法である．

(2) 存在する状況を良く予測する：この方法では，モデルを検証する際，キャリブレーションプロセスでは使用しなかったデータを比較データとして使用する（図 8.16）．この方法は最もよく使用されるものであるが，以下の条件を満足するときのみ使用可能である．つまり，半分のデータを用いて全体を表現できるようなデータが十分にある場合である．このような状態はまれである．データが十分であったとしても，この方法は理想的ではない．なぜなら，構成

配　置
差分メッシュ　　　　　モデル境界

流れモデルキャリブレーション
水頭コンター（10フィート刻み）

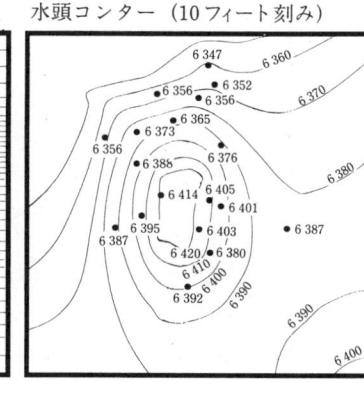

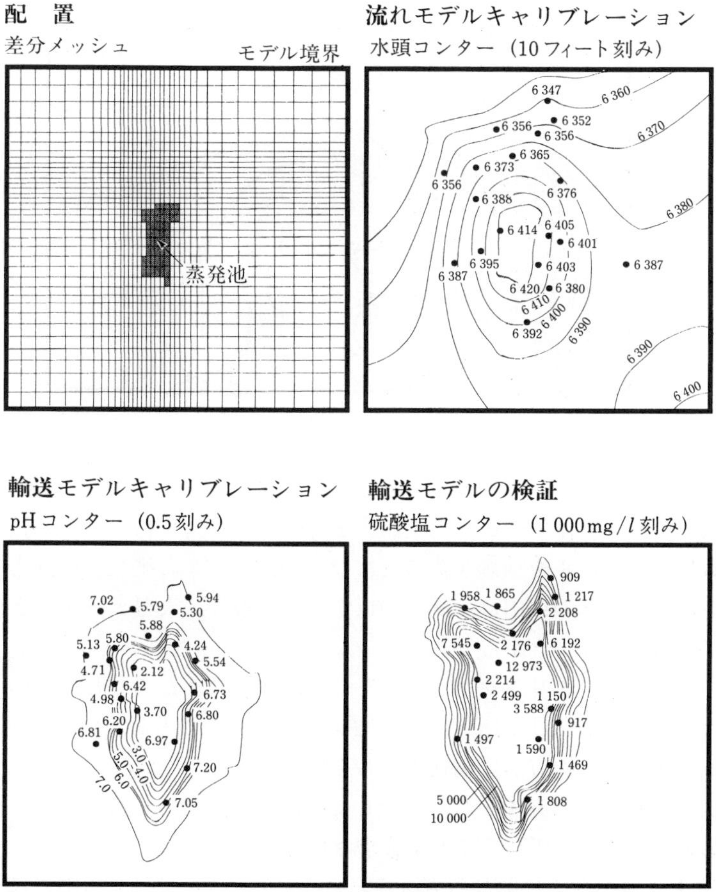

輸送モデルキャリブレーション
pHコンター（0.5刻み）

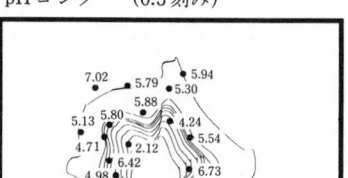

輸送モデルの検証
硫酸塩コンター（1 000 mg/l 刻み）

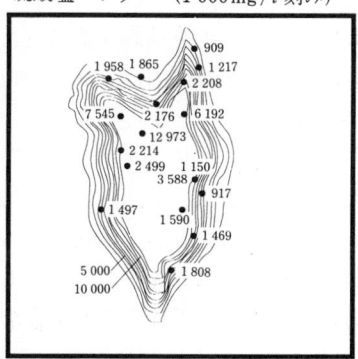

図 8.16　モデルのキャリブレーションには使用しなかった比較データを用いた検証例

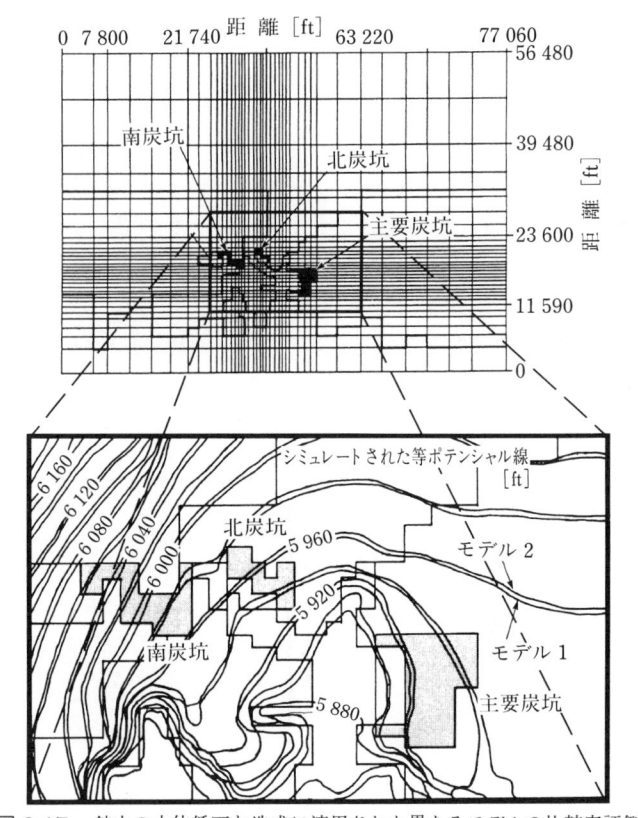

図 8.17　鉱山の水位低下と造成に適用された異なるモデルの比較実証例

時のデータと検証時のデータが互いに独立していないことがあるためである．
(3) 同一条件下で他のモデルの予測値を比較する（図 8.17）：この方法によれば，数値的なモデルを検証することになるが，モデルの概念を検証することにはならない．その理由は，同一の仮定，境界条件，入力データが2つのモデルに使用されているからである．
(4) 存在するモニタリングネットワークの範囲を超えた（離れた）場所や将来での予測をする（図 8.18）：この方法が最も説得力のある理想的な検証方法である．また，この方法は輸送モデルを検証するに当たっては，最も実務的な方法である．この方法をとるに際しては，ある期間にわたってモデル解析と現場調査を並行して行うことが要求される．

以上，上に述べたそれぞれの方法において，モデルを評価する際には，測定値の誤差，精度，比較データの完成度を十分考慮しなければならない．

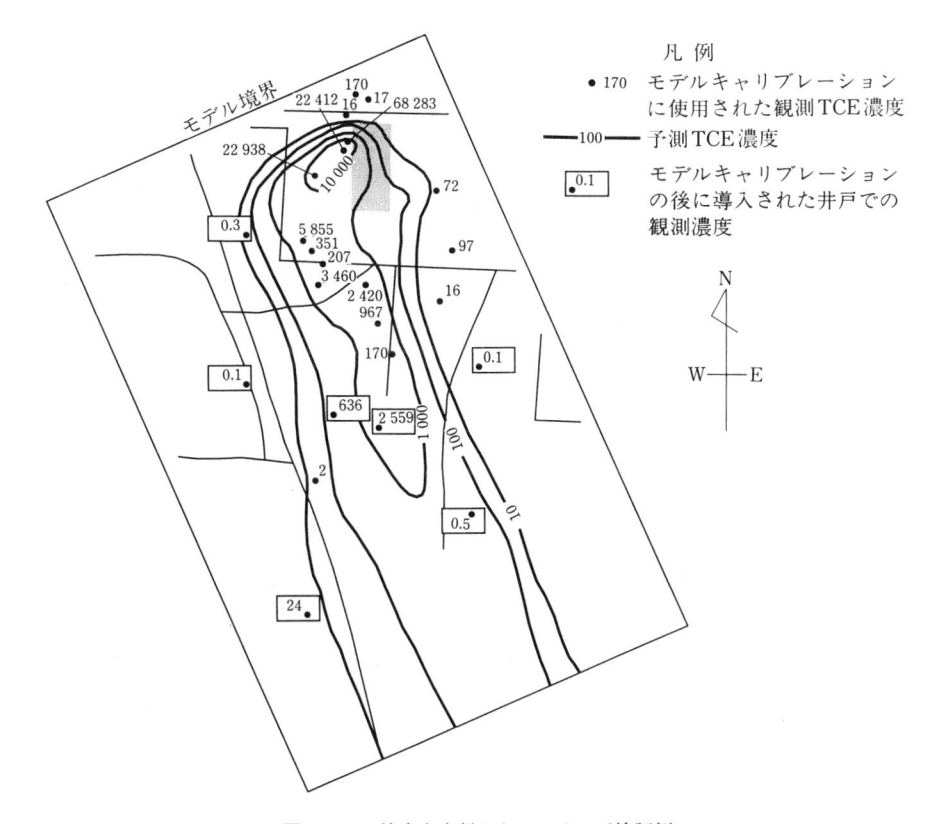

図 **8.18** 検査を実行したモデリング検証例

8.8 モデルの感度解析の実行

　モデルの感度解析を実行することが，モデリングプロセスの第8ステップである．感度解析の目的は，不確定な入力パラメータのばらつきに対して，モデルがどのような反応を示すものかを実証することである．パラメータのばらつきに対するモデルの反応は，以下の点で興味深い．予測結果の範囲によりモデル予測の不確実性のレベルがわかる．また，キャリブレーションされたモデルと同じように統計的に妥当な結果で感度解析を実施することにより，キャリブレーションされる入力データが唯一の解をもたないことがわかることにある．システマチックな感度解析を行うことにより，予測結果に影響を与える入力パラメータのランク(順位)を判断するデータが得られる．感度解析の結果は以下の場合に有効になる．

(1) 新しいフィールドデータが必要となる場合や，キャリブレーションの項目を

決める場合，の入力パラメータの感度を判断するとき
(2) 不確実解析に使用するパラメータを決定するとき

典型的な感度解析は次のステップで行われる．

1. 不確定さの範囲をもたせて入力データを集める．これらの値の範囲は，モデルをキャリブレーションする段階で評価されなければならない．その範囲については，最大の範囲は以下のものに基づいてもよい．
   (1) 観測される値のばらつき
   (2) 測定の不確実さ
   (3) 同じような条件下での文献からの値 (範囲)
   (4) 過去の状況での範囲

2. キャリブレーションされたモデルを用いて入力パラメータを独立に最大と最小の値に変化させて検討する．この際，理想的にはグリッドの大きさ，時間ステップも変化させる方がよい (図 8.19)．感度解析はキャリブレーションの過程において実行されているが，厳密には，感度解析はキャリブレーションの完了したモデルに基づいて実施されるものである．「最悪の状況」を作り出すために，数種類のパラメータを同時に変化させるのは好ましくない．これは，このような解析には現実に発生しないもので，キャリブレーションされていない結果と同じになるためである．

3. 予測した結果を比較し，入力データと予測の不確実性の順位付けによって評価する．感度解析の結果を，正規化 (標準化) することにより，異なるパラメータの影響を量的に比較することができる．例えば，感度指数 S は，次のように定義できる．

$$S = \frac{|dh|}{(dP/P)} \tag{8.15}$$

ここで，S：標準化された感度指数，予測される変数の平均的な変化に対する入力パラメータの比率変化を表したもの

$|dh|$：1か所またはそれ以上の箇所における基本的なケースと感度解析ケースの間の予測される変数の差

dP：入力パラメータ値の変化

P：初期入力パラメータの値

したがって，計算された S の値を数値的にランク付けすることができる．もし，入力パラメータの範囲が非現実的なほどに保守的である場合は，これらの結果を再検討する必要がある．

粗いグリッドモデル(930セル)

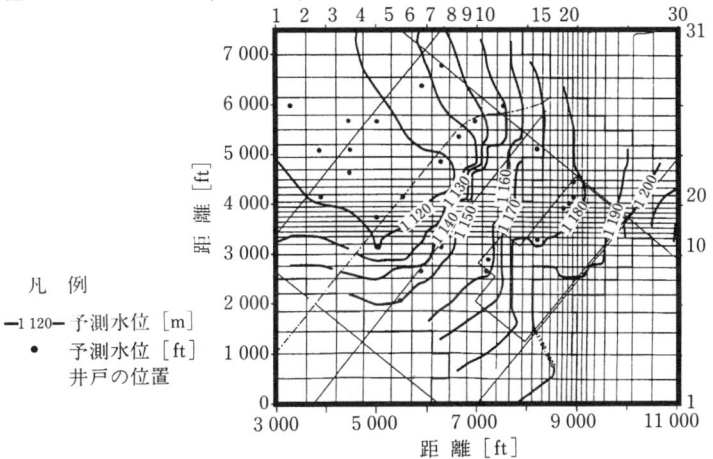

凡　例
—1 120— 予測水位 [m]
● 予測水位 [ft]
井戸の位置

細かいグリッドモデル(上のモデル内に4 672セル)

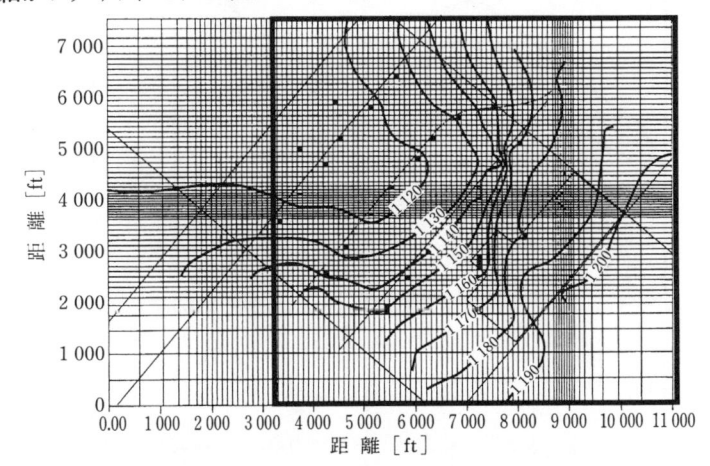

図 **8.19**　グリッドの大きさによる予測の感度

　感度解析の表現方法例を図 8.20 と図 8.21 に示す．例えば，図 8.20 に示されている結果からは次のことがわかる．ここでは，入力パラメータは，次の順番でその重要度がランク付けされる．分散長，透水係数，そして，透水係数の異方性の順番である．図 8.21 によると妥当と思われる入力パラメータの範囲を越えて変化させると，現状では 1 オーダーの違いで推定された濃度が変化していることがわかる．この結果，推定した濃度は 1 オーダーの違いの範囲が推定精度であると考えられる．
　感度解析の結果により，キャリブレーション用のパラメータデータは（サイト）特

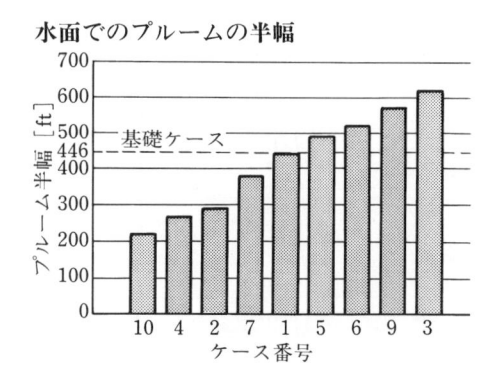

水面でのプルームの半幅

ケース No.	パラメータ	プルームの半幅 [ft]
10	低分散長	227
4	水平方向に対し垂直方向の透水性低い	266
2	低透水性	295
7	低透水性介在層	383
3	高透水性	628
9	高分散長	577
6	水平方向と垂直方向の透水係数 1：100	522
5	水平方向と垂直方向の透水係数 1：10	494

試されたケースの概要

図 8.20 感度解析のまとめの例

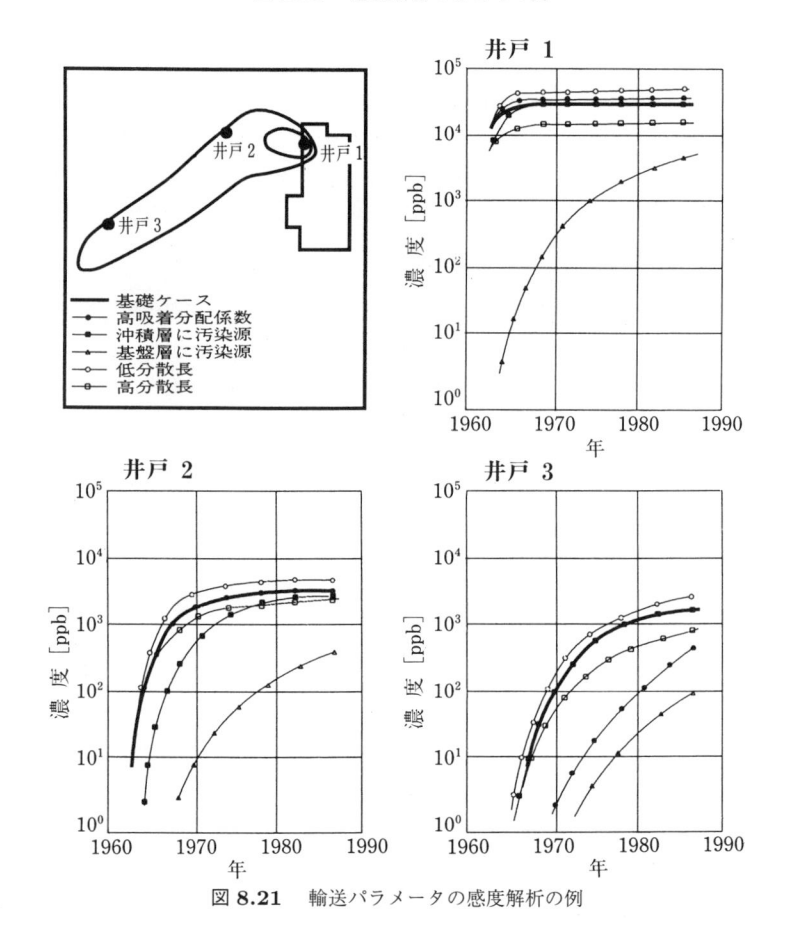

図 8.21 輸送パラメータの感度解析の例

有のものでないということがしばしば判明する．このような場合にはさらに誤差解析を行うか，もしくはケースの間で選ばれた新たなデータを探し出すかにより保証される．

　感度解析のプロセスを自動化できるように，パラメータ推定モデル (Hill 1993) などが作られることもある．途中結果を見ることにより，モデリングスタディの方針が変わることもあるが，一般的にモデルの感度解析は簡単に自動化できるステップである．

8.9　モデル予測の実行

　モデルプロセスの第 9 ステップは，モデルによる予測を実行することである．モデルに関しては，予測をすること以外にもその目的が多々あるが，モデルによる予測がモデリングの実行の主な目的として取り扱われることが多い．予測解析を行う際には，使用される仮定を十分に定義しておく必要がある．モデルの結果だけを使用する設計者，またはエンドユーザーは，これらの仮定を十分理解していない場合もある．例えば，連続ソースの仮定が十分に規定されていない場合がある．位置や濃度，体積，（多）相，含有物質の種類やソースの減少の可能性などについても，言及しておくべきである．

　浄化対策をシミュレートする場合，異なる方法による回収領域や抽出ポイントにおける濃度，浄化時間，注入点や特定の観測点における濃度と時間の関係，汚染物質の質量収支，有効性を考えた代替浄化方法の位置付けなどを予測することにモデルが使用される．

　モデルによる予測は，相対的な結果よりも，特定の予測値を得るために実施されるため，予測値の信頼性について，常に配慮しなければならない．例えば，1 年間の水質データに関してキャリブレーションされたモデルは，100 年間の移流問題の予測に対しては，その信頼性はほとんどないものと考えられる．

　不確実性解析を行うことにより，これらの条件下においてモデルの信頼性を量的にとらえることができる．しかし，モデル予測結果の解釈には，モデルが程度の差はあれ精度がある点のモデル作成者の評価と予測の不確実性の相対的な程度を含んでいる．

8.10　結果の表現方法

　モデリングプロセスの最終段階は，レポートを書き上げることである．モデル結

220　第8章　数値モデルへの適用

表 8.6　モデル実行のまとめ*

記述と日時	計算を行った理由	データの概要								仮定の概要	結果コメント	次の段階の提案
		K_x (ft/日)	K_y (ft/日)	K_v (ft/日)	n (—)	S_s (1/ft)	K_d (ml/g)	D_L (ft²/日)	D_T (ft²/日)			
ケース 8 16/10/92	流れモデルをキャリブレート	—	—	—	—	—	—	—	—	涵養 0	水理水頭はケース 7 の場合より低い。同じ結果で、質量収支は 3%。	新しい揚水試験の結果を反映させるために沖積土の透水係数の見直し。
ケース 9 17/10/92 流れのみ	モデルの水理特性を更新し、予測流れパターンへの透水係数の影響を調査。	50.0 50.0 0.005 0.05	50.0 50.0 0.005 0.05	0.5 0.5 0.005 0.05	0.28 0.28 0.01 0.01	5E-4 5E-4 1E-4 1E-4	0.0 0.0 0.0 0.0	100.0 100.0 100.0 100.0	10.0 10.0 10.0 10.0	ケース 6 と同じく涵養の仮定	水位の低下は、見直された沖積土の透水係数と表面涵養が合っていないことを示している。質量収支は 1%。	
ケース 10 26/10/92 流れと輸送	ベストケースの流れを使用し TCE 濃度の予測・比較。	7.0 5.0 0.005 0.05	5.0 7.0 0.005 0.05	0.05 0.05 0.005 0.05	0.28 0.28 0.01 0.01	5E-4 5E-4 1E-5 1E-5	0.0 0.0 0.0 0.0	100.0 100.0 10.0 10.0	10.0 10.0 10.0 10.0	汚染源 2 のみ (TCE)。総量 10000 gal が 1961 年から 1974 年の間に投棄。	予測はプルームの深度への拡大を示している。沖積土の異方性の影響と沖積層とベッドロックの境界と見なす。そして基盤の水頭境界条件の位置関係には注意すべきだ。プルームの深さは供給源となる基盤の水頭境界条件を反映している。	ベッドロックのタイプと配置を最新の図を反映させるために基盤の透水係数を精練する。

{ 適用不可 (for D_L, D_T columns of ケース 9)

* 表示されているデータは次の順序で掲載：(1) 一般沖積土、(2) 高透水性沖積土、(3) 第 3 紀ベッドロック、(4) 前カンブリア紀ベッドロック

注：
$K_x = x$ 軸に沿った水平方向透水係数 [ft/日]
$K_y = y$ 軸に沿った水平方向透水係数 [ft/日]
$K_v =$ 垂直方向透水係数 [ft/日]
$n =$ 間隙率 [—]
$S_s =$ 比貯留係数 [1/ft]
$K_d =$ 吸着分配係数 [mg/g]
$D_L =$ 縦分散係数 [ft²/日]
$D_T =$ 横分散係数 [ft²/日]

8.10 結果の表現方法

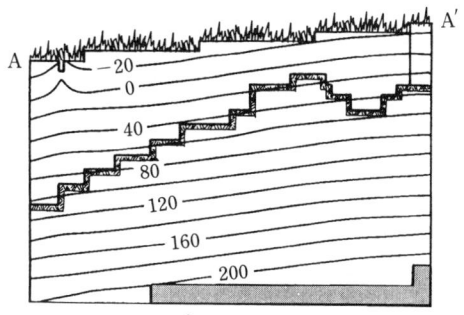

A-A′断面での圧力

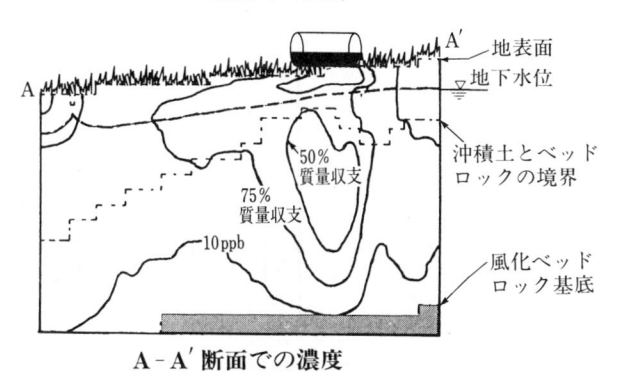

A-A′断面での濃度

- 地表面
- 地下水位
- 沖積土とベッドロックの境界
- 風化ベッドロック基底

50％質量収支
75％質量収支
10ppb

濃度

10ppb面

図 8.22　3 次元表示の例

果の表現のしかたにより，その予測の使い方が，左右される．モデル解析を行った経緯をまとめた表は有益である (表 8.6)．予測結果を表現するには，以下のような様々な表現方法がある．3 次元表示 (図 8.22)，濃度-時間の関係 (図 8.23)，鉛直断面での表示 (図 8.24)，地下水の流れをベクトル表示したもの (図 8.25)，いくつか

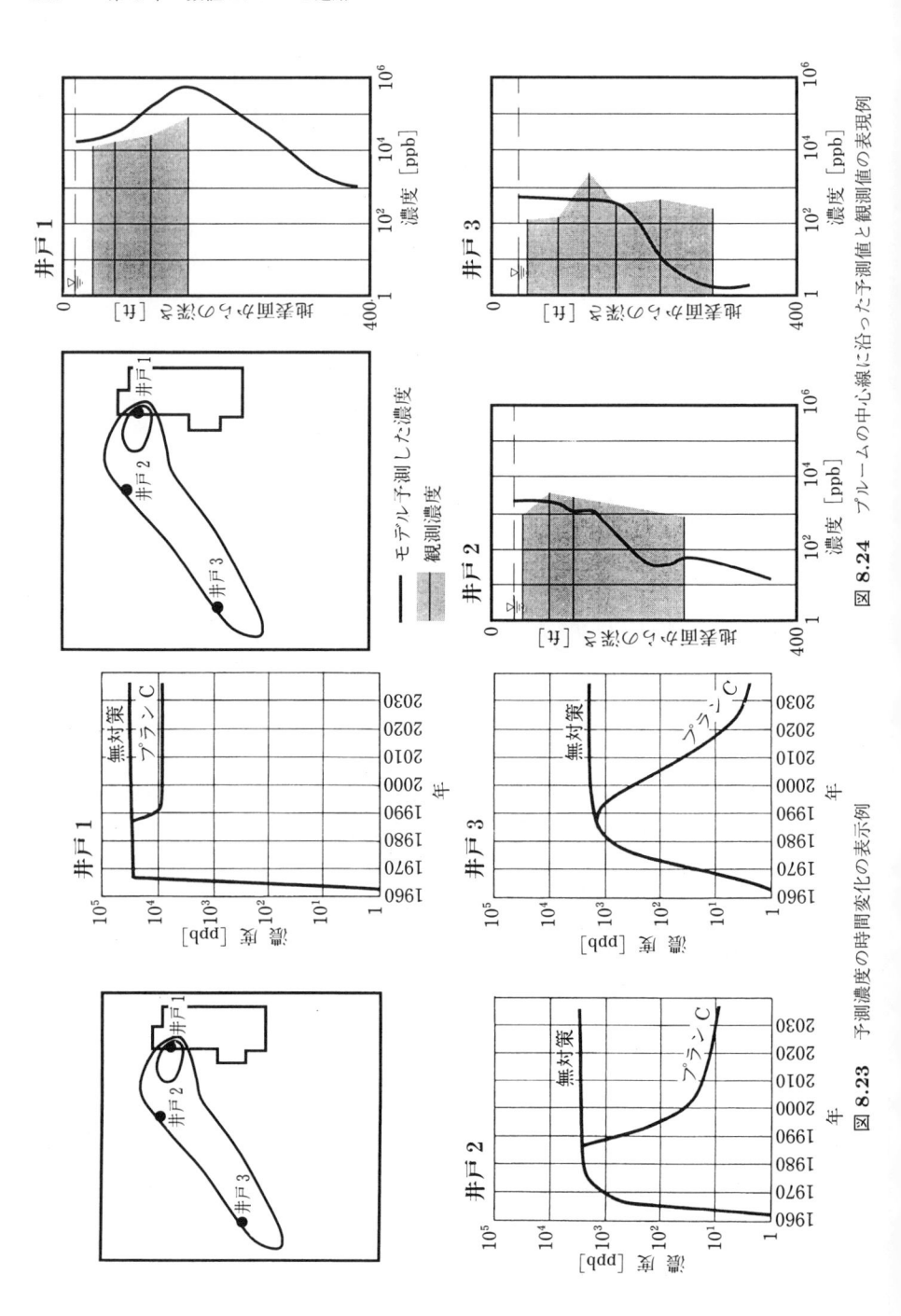

222　第8章　数値モデルへの適用

図 8.23　予測濃度の時間変化の表示例

図 8.24　プルームの中心線に沿った予測値と観測値の表現例

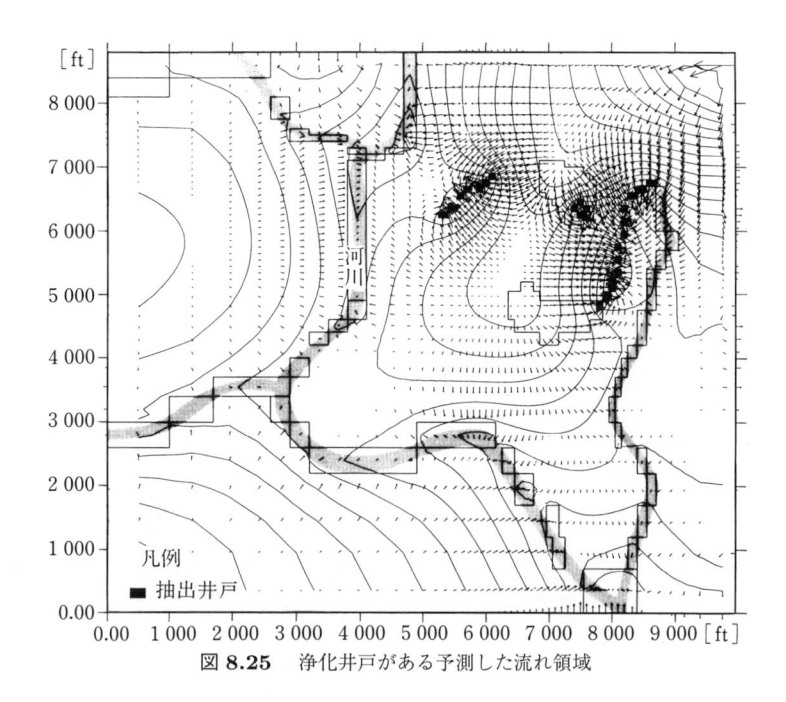

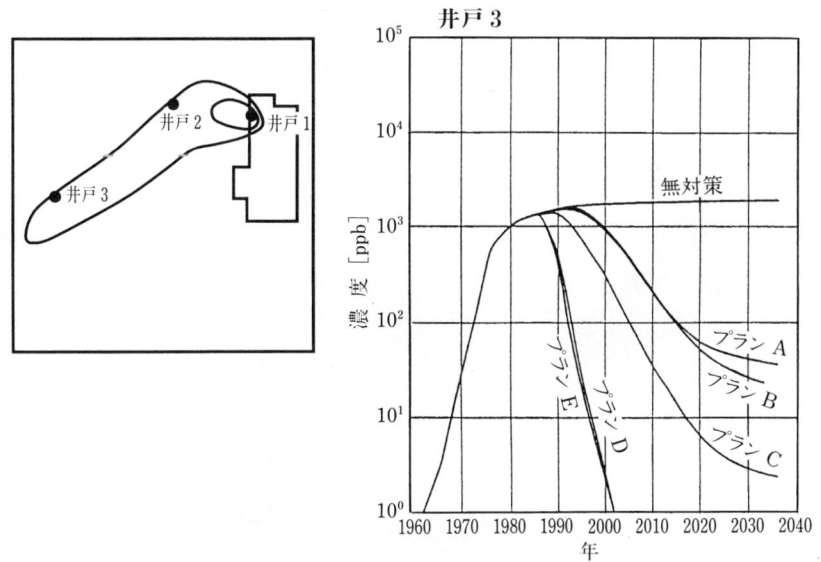

図 8.25 浄化井戸がある予測した流れ領域

図 8.26 代替浄化計画ごとの予測濃度の表示例

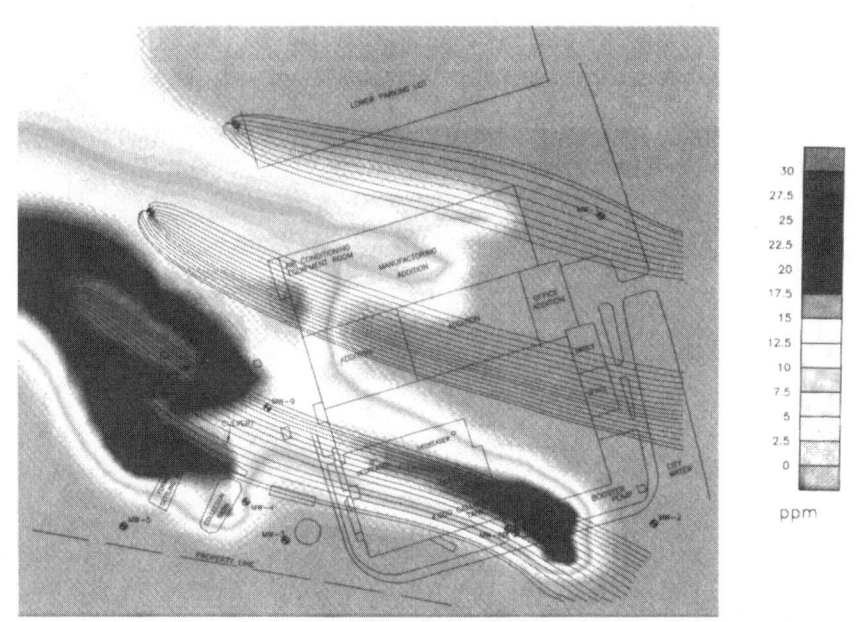

図 **8.27** 汚染プルームの不完全な回収 (T. Franz, Waterloo Hydrogeologic Inc. 提供)

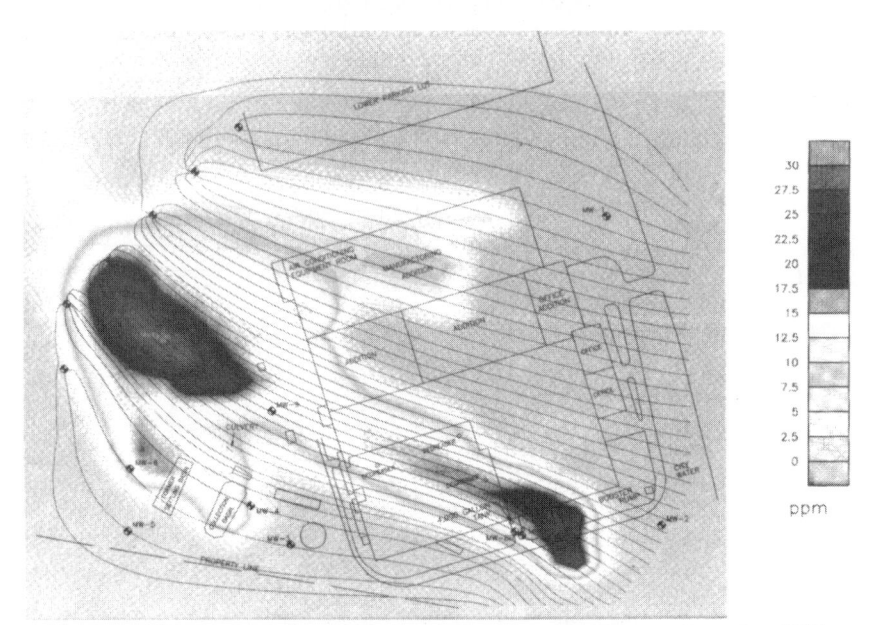

図 **8.28** 汚染プルームの完全な回収 (T. Franz, Waterloo Hydrogeologic Inc. 提供)

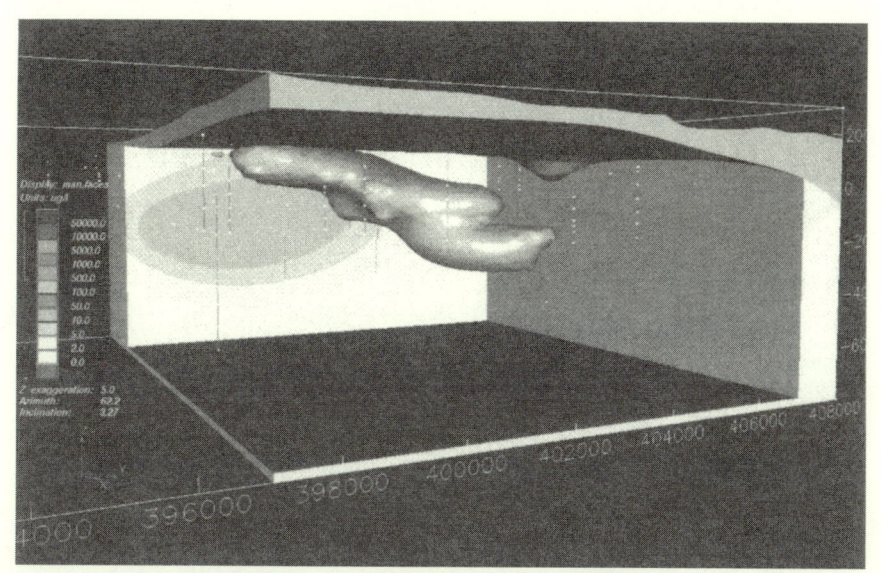

図 8.29　油の漏洩修復井戸周辺の予測水位低下

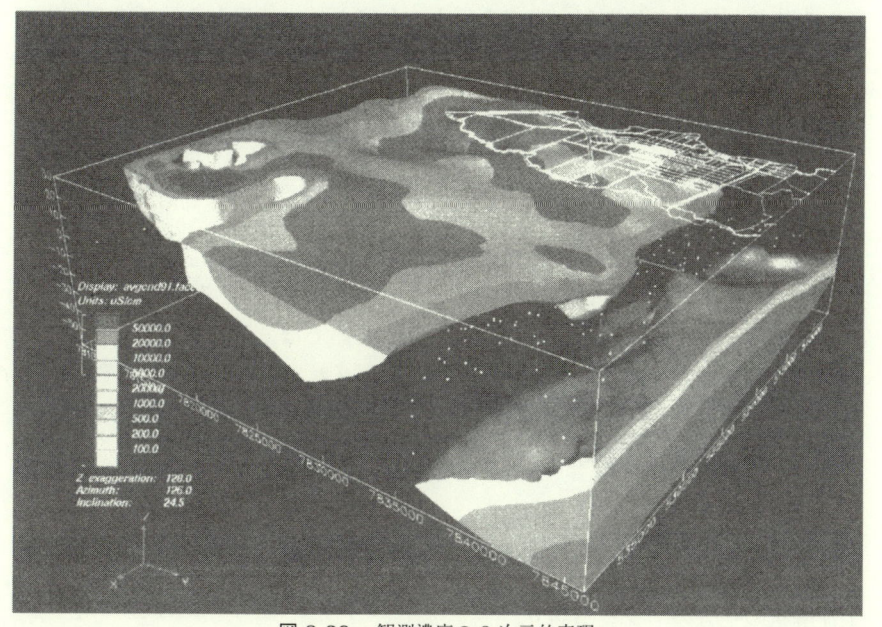

図 8.30　観測濃度の 3 次元的表現

の浄化手法を比較したもの（図 8.26）．理想的には，それぞれの図が，それ自体で内容を説明しているものとするべきである．つまり，説明地図や，現場の特徴，シミュレーションしたケースの説明などが盛り込まれていなければならない．（例えば汚染源の濃度を 1.0 と表現した濃度分布のコンターなど）正規化された結果を表現することにより，多くの汚染物質があった場合，それを 1 つの図に表示して，予測を統一させることができるという使い方もある．

最近は，コンピュータのハードウェアとソフトウェアの発達により，モデル結果を表現する際には，その制限がほとんどなくなってきている．図 8.27 から図 8.30 に示されるカラープロット（本書ではモノクロで掲載）により，複雑なモデル結果も一般の人に対してわかりやすく表現できるものとなる．

8.11　モデルの審査

場合によっては，モデルの審査を行うことも可能となる．これは，将来のモデル予測と実測を比較することである．審査により，モデルの精度の範囲が明らかになる．システムに作用する実際の負荷は，モデルの中で求められる理想的な負荷とは異なることが多い．しかし，審査を行うことにより，モデルの信頼性を向上させることができる．審査の例は，Konikow（1986）により報告されており，その他の例を図 8.18 に示している．

8.12　一般的なモデリングエラーの防止策

モデル解析を実行するための最適なアプローチを習得する際に，最も信頼できる方法は，多くの解析を行い，失敗をして，そこから，学びとることである．しかし，時間と努力を少なくするという観点から，この節では，最も一般的に指摘されている誤差をまとめて，それらを避ける方法を示す（表 8.7 参照）．エラー（誤り）のタイプを参考のため次の 5 つに分類した．

(1) データのエラー（誤り）
(2) 概念的なエラー（誤り）
(3) コード（プログラム）のエラー（誤り）
(4) 適用性のエラー（誤り）
(5) 解釈の仕方のエラー（誤り）

8.12 一般的なモデリングエラーの防止策

表 8.7 一般的なモデリングエラーのまとめ

エラー	典型的な結果	対策
データエラー（エラーの90%はこのカテゴリーに属する）		
単位が統一されていない	計算不能	すべての入力データをプロットし, QA/QCを使う
インポートデータの並びが正確でない	結果が異常となる	質量収支をチェックする, 入力と出力データをプロットする
浸透率が鉛直方向の飽和透水係数よりも大きか, または不飽和流れのモデルの中で, 不飽和透水係数の最小値よりも小さい場合	妥当でない動水勾配と不安定な挙動	規定不飽和含水曲線の物理的な意味を理解する.
概念的なエラー（エラーを特定することが困難）		
使用した仮定間のミスマッチ（例：先に外挿した自由水面に向かう基盤の外挿）	非現実的な予測	入力データと出力データのプロット
固定値の境界の見のない使用	モデルを過度に限定する	固定水頭をフラックス境界に置き換える
一般的な水頭を誤って使用する	基本的に, 固定値境界をやめる.	上記参照
定常状態における, すべての境界をフラックス境界で表現する	不定解	少なくとも一つ固定値のある境界セルを設置する.
シミュレートされる特徴よりも, 極端に大きなモデルセルの中に, 固定水頭, または, 流れ境界を設定する.	過大な涵養または排水	適当な大きさのモデルセルを使用する. または, 固定値を固定フラックス境界に置き換える.
焦点の合っていないモデル	予測が雑	事前にプランを組み, 協議する.
単純化していない. (例：不均質性が高い	不必要に複雑となり, 扱いにくいモデル	データのパターンを読みとり, まず紙上で概念的なモデルを構築する.
コードエラー（解決するのが最も難しいエラー）		
文書になっていないか, 認識されないモデルコードの制限	非現実的, または矛盾した結果	予測結果を期待した結果とチェックする. コードをきっちりと理解して解くか製作者に質問する. もしくは, 別のコードを使用する
適用エラー		
モデルの境界が現場境界, 道路, コンパス方向などと同じとなっている.	非現実的と思われる結果	自然境界を使用する
ソースや吸い込みの影響範囲内にあるモデルの境界	過小または過大な予測	妥当なモデル範囲を用いる

表 8.7 一般的なモデリングエラーのまとめ（つづき）

モデルセルとアスペクト比，時間ステップの整合性がとれない	数値的分散	移流-拡散輸送モデルを使用したとき，ペクレ数，クーラン数，安定条件をチェックする．
モデルの深さ＝測定深度	偏りがあったり，不完全な予測	自然なモデル境界を用いる．
未完成のモデル	不整合な結果または，結果なし	別の方法を考える
使用するモデルに不確定さがある．		失敗解析（原因／影響／失敗を避けること）や，経済的解析（モデル解析のコスト vs モデル解析による決定コスト）を行うか，他の協力をさがす
モデルの入力として，観測値や解釈した濃度を与える．	初期条件のアンバランスによる，非現実的な再分布	観測値ではなく，ソースを特定する．
非定常を解くときのスタート地点として，観測値または，解釈した水頭を与える．	同上	初期条件として，予想する定常流れのパターンを使用する．
検証の範囲を超えて適用する	予測値に説得性がない．	適用する事例と合うようにモデルを検証する．
物性値を極端に変化させる．	不安定な結果となる	境界面を共有するいくつかのセルを用いるかこれらの平均（物性）値をもつ領域として定義する．
モデルの境界に汚染領域が部分的に存在する．	浄化予測では，領域が境界を越えて，なくなったりして，非現実的な濃度となり，妥当でない結果を与える	もっと大きな領域を用いる．
解釈的なエラー		
小さいスケールの問題をかくすように，予測値のコンターをなめらかにする．	正確でない結果を得る	初めからコンターをなめらかにしない．
不安定，未収束，アンバランスな結果を使用する．	システマティックなエラーを含んだ結果を得る	質量収支，溶解挙動をチェックし，中間結果をプロットする．

第9章 特殊な話題

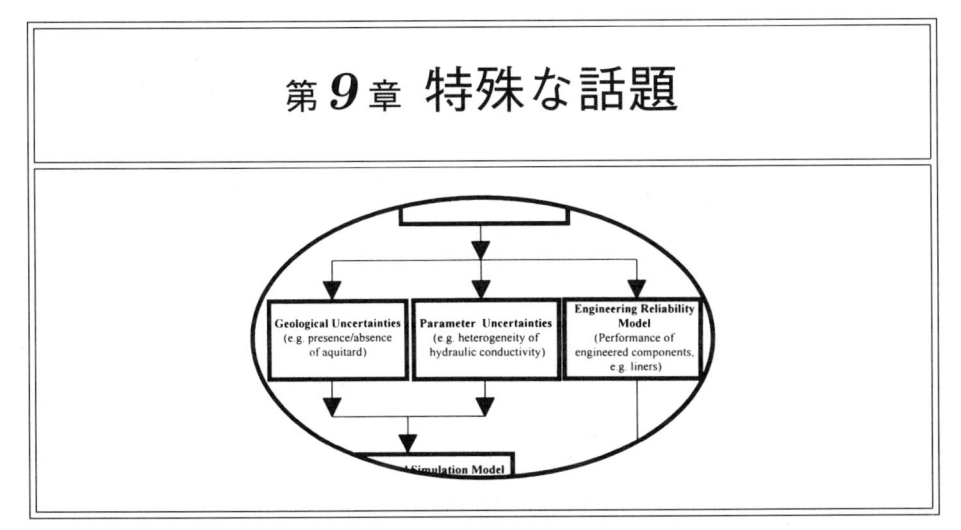

[図: Geological Uncertainties (e.g. presence/absence of aquitard), Parameter Uncertainties (e.g. heterogeneity of hydraulic conductivity), Engineering Reliability Model (Performance of engineered components, e.g. liners) → Simulation Model]

　本章では，高品質モデルの開発に直接的に関係しないが，モデルユーザーが遭遇する特殊な話題について説明を加える．以下に話題を列挙し，次節以降でそれぞれについて説明していく．
　(1) モデルの品質保証
　(2) 訴訟に使用されるモデル
　(3) モデリングの不確実性とリスク
　(4) 法規制環境下におけるモデルの役割
　(5) モデルユーザーのトレーニング
　(6) 地下水モデルへのアクセス
　(7) モデリングの報告書
　(8) モデル研究のレビュー
　(9) 地下水モデリングの将来の傾向

9.1　モデルの品質保証

　品質保証は適切なモデリング解析が行われたことを保証するプロセスである．それはすべてのモデリングにおいて多かれ少なかれ必要である．本節ではコード開発とコード応用における品質保証について議論する．
　コード開発とメンテナンスにおいて最も重要な QA 手順（van der Heijde 1987）は以下のようである．
　(1) モデル構造とコード化の検証

(2) モデルの理論的基礎の確認
(3) コード開発とそのコードの試験の文書化
(4) コードの適用能力と利用法の文書化
(5) 科学的および技術的レビュー

　コード応用の質は大きくモデルユーザーの専門知識に依存する．モデル応用の品質保証は National Research Council (1990) が示したものをもとにして以下のように示される．

(1) プロジェクトの説明と目的
(2) モデルに用いられた概念化
(3) 明確な，あるいは暗黙の仮定の記述とそれらの妥当性の説明
(4) データ取得，解釈と外挿
(5) モデル選定
(6) モデル入力データとそれらの不確実性
(7) モデルキャリブレーション，検証，感度解析の規約と判断基準
(8) 結果の解析と解釈
(9) キャリブレーション，検証，感度解析の結果
(10) 結果のプレゼンテーションと文書化
(11) プロジェクトの目的に対するモデル有用性の評価

　多くの関係者が関わった詳細な研究には，これらの点を議論し，事前に合意し，文書化し，そしてレビューする非常に大きい品質保証プログラムが適当である．簡単な研究ではこれらの問題は記載のみされて，正式には報告されないこともある．最低限，モデルの準備の構成要素とモデルが一般に受け入れられていることの正当性が示されるべきである．8.4.5 項の最後に示したリストは非公式な QA 手順の基礎とすることができる．流れと輸送におけるマスバランス，溶質挙動，そして格子・時間ステップ基準が遵守されているかなど，モデル結果のプリントアウトに添付する

流れの質量収支：	
溶質の質量収支：	
セルペクレ番号：	
セルクーラン番号：	
カバーする挙動：	
開始　　：	日付：
チェック：	日付：

図 9.1　品質保証ラベルの例

ラベルは重要項目のチェックを奨励するが，それでさえ，簡単な研究の品質保証要素を提供する．図 9.1 に QA ラベルの例を示す．次節ではある不適切な品質保証手順の結末について述べる．

9.2 訴訟に使用されるモデル

訴訟では様々な関係者の賠償責任が中心となり展開される．賠償責任の定義 (definition of liability) を以下に示す (Bradley 1983)．

$$賠償責任 = 法的義務 + 義務違反 + 違反により生じた損害$$

ここで，賠償責任：義務を満たさなかったことの抽象的あるいは金銭的なもの
　　　　法的義務：(最高水準ではない) 現在の標準的な習慣，契約に記載されている
　　　　義務違反：法的義務を満たさないこと
　　　　損　　害：義務違反の結果として起こる不利な影響

どのようなモデリング解析も訴訟で証拠となる．訴訟に対する準備（訴訟への認識）が常に保証されていることが安定した業務営業につながる．以下のことがモデリング解析に関連する賠償責任を少なくするために実行することを推奨されている．
(1) 無理のない判定をする，すなわち
　・適切な科学的，技術的アプローチを用いる．
　・すべての重要な技術的，科学的そして関連する問題を取り扱う．
　・仕事を文書化する．
(2) すべての契約を注意深く協議する．計画を文書化，または技術的アプローチを正確に示す．
(3) モデリング解析に関与する他の関係者と綿密に連絡をとる．
　・他の関係者にすべての事実と決定を知らせる．
　・コミュニケーションを文書化する．

もしモデリング解析が明らかに訴訟のために行われる場合，その研究は証拠としての能力がなければならない．つまり，モデリング解析は，一般的に受け入れられている理論や方法により，科学的に妥当であると考えられなければならない．その研究の妥当性は，同等な技術を持つ者たちによって一般的に受け入れられるか否かにより判断される．モデリングの証拠は，訴訟中の問題に関連していなければならず，これは司法の決定でもある．モデル予測は事実としてではなく意見として考慮

されることがあるため，裁判所ではモデリング結果の証拠としての価値はあまり高くないこともある．

モデル研究が裁判所に提出される場合，中心となってモデリングを実行した者は専門家として出頭しなければならないこともある．裁判所では，専門家を事実のほかに解析や意見を提供することができる人と位置付けている．専門家の意見は中立であることが望まれている．同様の状況，状態での経験がある専門家には，より大きな信頼がおかれる．証拠に関する証言は中立ではない．直接的な知識のある証人の証言には，モデリングチームの他の者の証言よりも重点がおかれる．裁判のための準備は多大な労力がいることもある．詳細は Bradley (1983) を参照されたい．

9.3 モデリングの不確実性とリスク

本節ではモデリングがパワフルなツールとなる背後にある考えを述べる．モデルにより，モデルユーザーは以下のことが可能となる，
(1) 設計者や意志決定者にとってモデル解析をより有益にする．
(2) 伝統的なモデリング研究の前後に行う解析に参加できる．
(3) モデリング結果の不適切な使用を避ける．

不確実性とリスク解析にまつわるいくつかの分野と多くの技術の詳細については，本節では触れない．

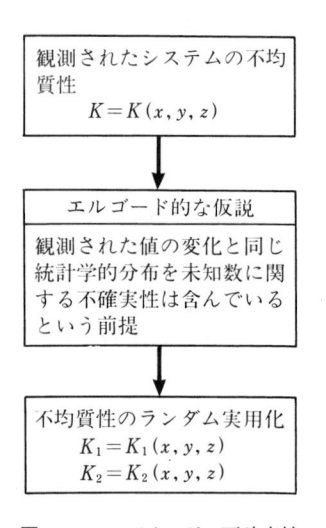

```
┌─────────────────────┐
│ 観測されたシステムの不均 │
│ 質性                │
│   K = K(x, y, z)    │
└─────────┬───────────┘
          ↓
┌─────────────────────┐
│ エルゴード的な仮説      │
│ 観測された値の変化と同じ │
│ 統計学的分布を未知数に関 │
│ する不確実性は含んでいる │
│ という前提            │
└─────────┬───────────┘
          ↓
┌─────────────────────┐
│ 不均質性のランダム実用化 │
│   K₁ = K₁(x, y, z)  │
│   K₂ = K₂(x, y, z)  │
└─────────────────────┘
```

図 **9.2** モデリングの不確実性

9.3 モデリングの不確実性とリスク

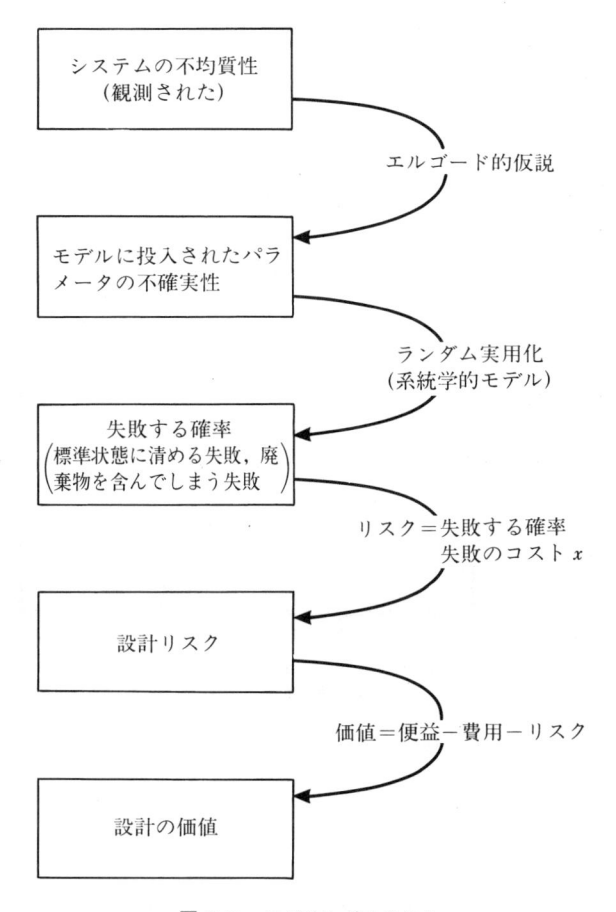

```
┌─────────────────────┐
│  システムの不均質性  │
│    (観測された)     │
└─────────────────────┘
          │ エルゴード的仮説
          ▼
┌─────────────────────┐
│ モデルに投入されたパラ │
│ メータの不確実性     │
└─────────────────────┘
          │ ランダム実用化
          │ (系統学的モデル)
          ▼
┌─────────────────────┐
│    失敗する確率      │
│(標準状態に清める失敗, 廃│
│ 棄物を含んでしまう失敗)│
└─────────────────────┘
          │ リスク＝失敗する確率
          │   失敗のコスト x
          ▼
┌─────────────────────┐
│     設計リスク      │
└─────────────────────┘
          │ 価値＝便益－費用－リスク
          ▼
┌─────────────────────┐
│     設計の価値      │
└─────────────────────┘
```

図 9.3　モデリングのリスク

　水文地質において，モデル予測の不確実性は図 9.2 に示しているように，主にシステム中の不均質性に関連している．モデルでシミュレートされたある計画に関するリスクは，図 9.3 に示したようにその失敗する確率とリンクしている．逆に失敗する確率は計画が成功する不確実性と，関連するモデル予測にかかっている．リスクに基づいた解析の目的は，モデリング解析の実用的質問に伴う不確実性解析をリンクすることである．その事例を以下に示す．

(1) その場所の水抜きあるいは，汚染回復に必要な井戸は 5 本か 10 本か．
(2) この廃棄物を収容するのにライナーは 1 つでよいかそれとも 2 つか．
(3) 法令に従うために要求されるモニター井の間隔は 100 m 間隔か 500 m 間隔か．
(4) データを余分にとることに意味はあるか．

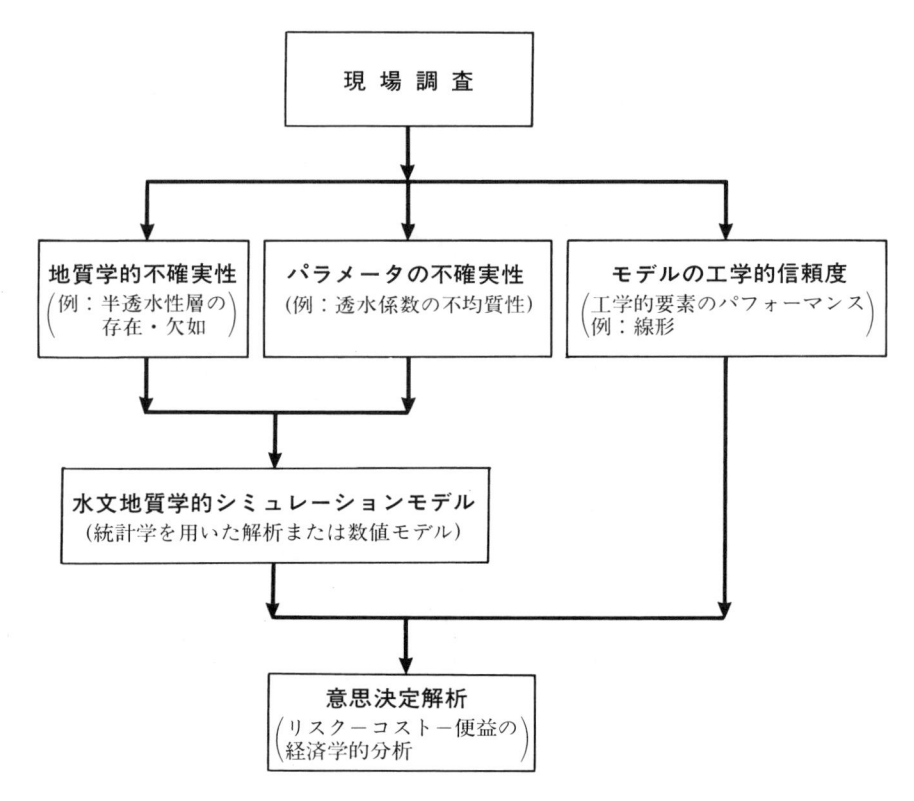

```
                    ┌─────────────┐
                    │  現 場 調 査  │
                    └─────────────┘
                           │
           ┌───────────────┼───────────────┐
           ▼               ▼               ▼
   ┌───────────────┐ ┌───────────────┐ ┌───────────────┐
   │ 地質学的不確実性 │ │パラメータの不確実性│ │モデルの工学的信頼度│
   │(例：半透水性層の)│ │(例：透水係数の不均質性)│ │(工学的要素のパフォーマンス)│
   │   存在・欠如   │ │               │ │   例：線形    │
   └───────────────┘ └───────────────┘ └───────────────┘
                           │               │
                           ▼               │
           ┌───────────────────────────┐   │
           │ 水文地質学的シミュレーションモデル │   │
           │ (統計学を用いた解析または数値モデル) │   │
           └───────────────────────────┘   │
                           │               │
                           ▼               ▼
              ┌─────────────────────┐
              │     意思決定解析     │
              │(リスクーコストー便益の)│
              │     経済学的分析     │
              └─────────────────────┘
```

図 9.4 水文地質的デザイン意志決定解析の構成要素（Freeze et al. 1990 を改訂）

Freeze ら (Freeze et al. 1990; Massmann and Freeze 1989; Massmann et al. 1991) は水文地質学的応用に適したリスクに基づく考え方の実用的応用の体系を開発した．彼らは工学的信頼性，ベイズ統計学，採鉱探査理論，意志決定・リスク解析，そして確率論的モデリングの要素を組み合わせた．彼らが焦点を当てた問題は，潜在的なモデル予測の不確実性だけでなく，技術的，法的，政治的制約下において，いかに技術的目的（例えば上に挙げられた質問の1つに答える）を達成するかということである．そのようなデザイン体系の構成要素は図 9.4 に示してある．このタイプの詳細な解析は大きな不確実性と高いリスクのシステム（例えば高価なレメディエーションスキームなど）によく適合する．フルスケールの解析が実行されなくても，このリスクに基づいた体系は関連する興味のある部分を明らかにするチャートとしてモデリング研究の議論に用いることができる．

9.4 法規制環境下におけるモデルの役割

　法規制を行う機関は，通常，きれいな地下水が人間と環境の健康に与える長期的価値に関心がある．悪影響を避けるために，規制機関は実行水準（レメディエーション後の最高許可濃度），遵守点（場所，頻度，そして分析化学種）そして罰則規定（実行約定，罰金，閉鎖勧告）などを法施行のために用いる．対照的に，施設オペレーターの将来の展望は，収入の見通しと失敗のコストに集中する．オペレーターは現地調査，格納庫設計，モニタリングネットワークの設置，最適デザインを選択し法遵守を実証するための道具としてモニタリング解析を用いる．

　ほとんどの規制機関は，多様なデータを結合して将来の代替対応策を検証するには地下水モデリングが有効であると考えている．最新モデル技術に裏付けされたモデル結果は，規制機関において検討の際の材料とされている．アメリカにおけるモデル使用に関する規制とガイダンスは，幅広い目的でモデルの使用を許容するとしている．しかし，保守的な標準モデル（規定に基づいた）を用いるか，より高度なモデル（モデル選択ガイダンスに基づいた）を用いるかについては矛盾するガイダンスを示している．

9.5 モデルユーザーのトレーニング

　モデルユーザーは，次第に，技術の限界に焦点をおき，モデリング解析の成り行きに影響を及ぼす主観的な解釈と決定に参加するゼネラリストになりつつある．一部の会社や研究所では地下水モデルの適正な使用を監視する特定の専門家が雇われる．しかし，この方法がすべての機関で実施されるとは限らない．モデルトレーニングコースが頻繁に開催されている．モデルに焦点を当てたものや，地下水問題の特定の側面に焦点を当てたものなど多数ある．モデルトレーニングクラスでは以下の点を考慮すべきである．
(1) 参加者の関心に焦点をあてる．
　　　どのモデルが最良で，使いこなすことができるか．
　　　一般的に受け入れられているモデリング手法は何か．
　　　許容範囲内とするにはモデルキャリブレーションはどの程度良くなければならないか．
　　　モデルとその解説書はどこで入手できるか．
　　　モデル解析がうまくいかない場合，どこで専門家の助けが得られるか．

モデル研究では通常どのような努力がなされるのか．
どのようにモデリング結果を発表したらよいのか．
(2) 開催期間は 3～5 日を超えてはならない．
(3) クラスの 30～50％は理論の講義を深めるための，実用的な応用にあてられるべきである．
(4) 事例や問題は目標とする聴衆の関心をひきつけるものを設定するべきである．
(5) 1 台のコンピュータに 2 人を割り当てるのが最適である．例や問題に必要な解析時間は短くすべきである．
(6) 発表手法を混合すること（OHP，35 mm のスライド，ビデオ，黒板，OHP スクリーンに移したコンピュータ画面など）は聴衆の注意を喚起する．
(7) 理論手法や技術を説明する実用的な例示は強い関心が得られる．
(8) すべてのセッションで相互作用的な要素，例えば，問題やディスカッション，練習問題，代替体験をすることを要求することで参加者に演習の機会を与える．
(9) トレーニングクラス参加者からレビューや示唆を得る．

トレーニングを成功させる方法，また様々な種類の発表に関することは Mambert (1985) と Munson (1984) で紹介されている．

9.6 地下水モデルへのアクセス

文字どおり数百の地下水コードが存在する（表 9.1）．そのうちのあるものは実験的であり，多くはある程度実用的に使われ，またあるものは広く用いられて現場で実証されている．いくつかのデータベースはコードの能力，必要条件，実用性そして使用暦情報を整備保存している．

(1) EPA の IMES (Integrated Model Evaluation System) データベース
(2) International Ground Water Modeling Center(IGWMC) の MARS (Model Annotation Search and Retrieval System) データベース
(3) Javandel et al. (1984) による American Geophysical Union monograph

これらのデータベースは適切なモデルを選択するために用いられる（モデル選択に関しては 8.3 節参照）．コード自体は表 9.2 にリストしてあり，様々なソースから得ることができる．地下水モデル講習会は定期的に IGWMC，NGWA，TNO-DGV により開催されている．

9.6 地下水モデルへのアクセス 237

表 9.1 地下水流と物質移動モデルのまとめ (その1)

モデル名	次元	内容[a]	コードステータス/最新バージョン[b]	解説[c]	野外テスト[d]	能力/計算時間[e]	備考	文献/著者/連絡先	販売業者
[解析解・流れモデル]									
AQTESOLV EPA-WHPA	2	複数の注入井・揚水井による、均質な2次元定常地下水流におけるキャプチャーゾーンを定義するために用いられる半解析モデル。モジュールとして、代替入力パラメータの影響のモンテカルロシミュレーションを含む。	最新バージョン 2.11 (4/93)			中/数日			IGWMC
PRINCE		解析解輸送モデルの節を参照のこと。							
WALTON		解析解輸送モデルの節を参照のこと。							
[解析解・輸送モデル]									
AT123D	3	定常平行均一流における点源、線源、面源あるいは容積源からの反応性溶質移動。放射性、化学反応性または熱性廃棄物がシミュレートできる。	最新バージョン 1.22 (6/93)			中/数日	広く使われている；3Dバージョンには、多少問題があると報告されている。	G.T.Yeh, ORNL	IGWMC, GEMS
EPA-WHPA	2	解析解流れモデルの節を参照のこと。2次元流れモデルに対する粒子追跡ポストプロセッサーはモジュールとして含まれる。							
MAS3DB	3	均一流領域のy-z面に無限に広がる2変量のガウスソース。		Waterloo Hydrogeologic		少/数時間		Robert Cleary	Waterloo Hydrogeologic
NODK2D,3D DK2D,3D	2,3	減衰を伴うまたは伴わない逆解析輸送モデル。分散度、ソースの次元、濃度と経過時間、減衰ファクターを参考することができる。	1990	Dale and Domenico (1990)		中/数日	何にでも応用するというこ とはできない。	P.Domenico, Texas A&M	
PLUME3D	3	均一流領域、点源からの溶質移動。		IGWMC		少/数時間			IGWMC
PRINCE	1,2,3	減衰と遅延を考慮した移流分散輸送を含む10の解析解モデル。	バージョン 3.0 (1994)	Cleary and Ungs (1994)		中/数時間	ユーザーに優しい、メニュー主導パッケージ	Robert Cleary, Princeton Groundwater, Cleary and Ungs	Waterloo Hydrogeologic, Scientific Software Group

表 9.1 地下水流と物質移動モデルのまとめ (その 2)

モデル名	次元	内容[a]	コードステータス/最新バージョン[b]	解説[c]	野外テスト[d]	能力/計算時間[e]	備考	文献/著者/連絡先	販売業者
SLUG	2	均一流領域におけるスラグ溶質輸送		IGWMC		少/数時間			IGWMC
SLUG3D	3	均一流領域におけるスラグ溶質輸送		IGWMC		少/数時間			IGWMC
WALTON		単純な幾何学構造に対する流れと溶質移動		W.C.Walton		少/数日	本付きソフトウェア	W.C.Walton	Scientific Software Group
WMPLUME	2	溶質輸送, 均一領域, 点源		IGWMC		少/数時間			IGWMC
[数値解・飽和流モデル]									
CFEST		数値溶質輸送・飽和モデルの節を参照のこと							
Golder Groundwater Package		数値溶質輸送・飽和モデルの節を参照のこと							
GWTHERM		数値溶質輸送・飽和モデルの節を参照のこと							
HST3D		数値溶質輸送・飽和モデルの節を参照のこと							
MODFLOW	quasi-3	MODFLOW (USGS3D-MOD) は 3 次元の流れをシミュレートする有限差分法モデルである。層は被圧, 不圧あるいはそれら2つのコンビネーションとしてシミュレートできる。面的涵養井戸, 蒸発散, 排水, 河川といったシミュレートできる。有限差分方程式は SIP (Strongly Implicit Procedure) があるいは SSOR (Slice-Successive Overrelaxation) を用いて解くことができる。	最新バージョン 3.3 (3/91)	McDonald and Harbaugh 1989	広く用いられている	非常に長い/数日	物質輸送計算のため, MOC, MODPATH, MT3D あるいは PATH 3D とリンクすることができる。	McDonald and Harbaugh 1989	IGWMC, USGS or Scientific Software Group
PORFLOW		数値溶質輸送・飽和モデルの節を参照のこと							
SWENT		数値溶質輸送・飽和モデルの節を参照のこと							

表 9.1　地下水流と物質移動モデルのまとめ（その 3）

モデル名	次元	内　容[a]	コードステータス/最新バージョン[b]	解　説[c]	野外テスト[d]	能力/計算時間[e]	備　考	文献／著者／連絡先	販売業者
SWICHA		数値溶質輸送・飽和モデルの節を参照のこと							
SWIFT II		数値溶質輸送・飽和モデルの節を参照のこと							
TARGET		数値溶質輸送・飽和モデルの節を参照のこと							
[数値解・非一様に飽和した流れモデル]									
CHAMP		数値溶質輸送・飽和モデルの節を参照のこと							
FEMWATER	2,3	同化性吸収容量のクライテリアを用いて水頭保護地域を描くことができる。(1) いくつでも、多数の地盤からなる不均質、非等方性の様体 (2) 空間的、時間的に変化する、散在するあるいは点のソース・シンクを考慮 (3) 4 タイプの境界条件が可能。つまり、Dirichlet (固定水頭あるいは濃度値)、ブラックス指定、Neumann (指定圧力・水頭勾配または指定分散フラックス、そしてで変化する境界条件)。3DFEMWATER における、変化する境界条件は土壌－大気間の蒸発・浸透・浸出をシミュレートする。		Yeh and Ward (1979)		非常に長い／数か月	物質輸送計算のために FEMWASTE にリンクできる	Yeh and Ward	ORNL
GS3		数値解溶質輸送・不飽和モデルの節を参照のこと							
MOTIF		数値解溶質輸送・不飽和モデルの節を参照のこと							
NAMMU		数値解溶質輸送・不飽和モデルの節を参照のこと							
SUTRA		数値解溶質輸送・不飽和モデルの節を参照のこと							
SWANFLOW		数値解溶質輸送・不飽和モデルの節を参照のこと							
TARGET		数値解溶質輸送・不飽和モデルの節を参照のこと							

表 9.1 地下水流と物質移動モデルのまとめ(その 4)

モデル名	次元	内容[a]	コードステータス/最新バージョン[b]	解説[c]	野外テスト[d]	能力/計算時間[e]	備考	文献/著者/連絡先	販売業者
TOUGH		数値解質輸送・不飽和モデルの節を参照のこと							
TRACR3D		数値解質輸送・不飽和モデルの節を参照のこと							
TRUST		CHAMP の前駆体、CHAMP 参照							
[数値解・飽和流れと輸送モデル]									
AQUA	2	非等方性、不均質の帯水層における非定常・非等温の流れや輸送。物質輸送プロセスは移流、対流、吸着と崩壊である。		大量のユーザーズマニュアル		中/数週	反復、グラフィックなデータ生成オプションを含む		Scientific Software Group
BIOPLUME II	2	酸素制限下における微生物分解や再曝気、そして炭化水素濃度における一次減衰としての嫌気性微生物分解などの影響下における溶存炭化水素輸送をシミュレートする。モデルは USGS2-D 溶液輸送プログラムに基づいて、流動、分散、混合、生物分解がシミュレートできる。炭化水素と酸素のプリュームはすべての時間ステップで計算できる。酸素と炭化水素との間の瞬間的な反応は自然な微生物分解プロセス、遅延プリュームそして現位置設置微生物再回復スキームをシミュレートしている、注入井を酸素源として指定できる。	最新バージョン 1.01 (4/88)	Rifau et al. 1989	文献に適用の報告例	中/数時間	コードは BTEX 用として組み込まれている	Rifau	NTIS
CFEST	3	非等方性、不均質、被圧、半解圧あるいは不圧帯水層における非等温流、移流、分散、拡散、吸着、崩壊、塩の溶解そして溶脱を含む。		Gupta et al. 1982	解析解、半解析解、解析解と検証 (Kincaid et al. 1984)	非常に長い/数週	前型の FE3D GW は 2 つの野外事例に応用されている (Thomas et al. 1982; Kincaid and Morrey 1984)	Gupta et al. 1982	BPNWL

表 9.1 地下水流と物質移動モデルのまとめ (その 5)

モデル名	次元	内容[a]	コードステータス[b]／最新バージョン	解説[c]	野外テスト[d]	能力／計算時間[e]	備考	文献／著者／連絡先	販売業者
CHEMFLO	1	不飽和土壌における水と化学物質の移動をシミュレートする。水移動はリチャードの方程式を用いてモデル化される。汚染物質輸送は流動一分散方程式を用いてモデル化されている。モデルの結果は距離と時間に対する水量、マトリックスポテンシャル、駆動力、透水性、フラックス密度あるいは化学物質濃度のグラフとして図示することができる。土壌プロファイルは均質と仮定されている。	8/89	Nofzinger et al. 1989	不明	中／数時間	典型的な3つの事例が付属のレポートに載っている。	Nofzinger	USEPA/ORD
FLONET; FLOW-TRANS	2	非等方性、不均質、被圧あるいは不圧帯水層における2次元鉛直断面の定常流と非定常物質輸送。微生物分解と吸着もシミュレートできる。	バージョン 2.2 (1994)	Guiger et al. 1994		中／数日	グラフィックに向いたプリ・ポストプロセッサーを含む	Guiger et al. 1994	Waterloo Hydro-geologic, Scientific Software Group
FLOWPATH	2	非等方性、不均質、被圧あるいは不圧帯水層における定常流と流線、移動時間、速度をシミュレートしてキャプチャーゾーンを算出する。	バージョン 5 (1994)	Franz and Guiger 1994	非常に広く使われる。マニュアルに応用例が含まれる	中／数日	グラフィックに向いたプリ・ポストプロセッサーを含む	Franz and Guiger 1994	Waterloo Hydro-geologic, Scientific Software Group
FTWORK	3	非等方性、不均質、不圧帯水層における定常、非定常流と輸送、輸送プロセスは移流、分散、吸着、崩壊である。定常流においてパラメータ推定が可能。	バージョン 2.2 (1/90)	Faust et al. 1990	低レベル放射性廃棄物処理場で応用されたことがある。その他の応用例は不明。	非常に長い／数週	粒子追跡プログラム GEO-TRACK とリンク可能	Faust et al. 1990	Geo Trans
Golder Groundwater Package	2	層状帯水層システムにおける非定常流と反応性物質輸送。	1982	Golder Associates 1983	オーストラリアで広く使われる。野外事例が Grove 1977 に記載	中／数日		Marlon-Lambert and Miller 1978	Golder Associates

表 9.1 地下水流と物質移動モデルのまとめ (その 6)

モデル名	次元	内容 [a]	コードステータス/最新バージョン [b]	解説 [c]	野外テスト [d]	能力/計算時間 [e]	備考	文献/著者/連絡先	販売業者
GWTHERM	2	非等方性、不均質、不定常不等温流、移流、分散、拡散、吸着、崩壊そして粒子追跡オプションを含む。			核廃棄物貯蔵の研究に用いられた(Runchal et al. 1979)	中/数日	PORFLOW はこのモデルに基づいている。	Runchal et al. 1979	Dames & Moore
HST3D	3	3次元で、地下水とそれに伴う熱と溶質移動をシミュレートする。その3つの支配方程式は間隙流速、流体密度の温度・圧力・溶質質量比依存性、液体粘性の温度と溶質質量比依存性を通してカップリングされる。溶質輸送方程式は線形平衡吸着と線形崩壊を伴う単一溶質のものである。圧力と流速崩壊を伴わない。特定流速と地表面または、帯水層内の圧力条件をシミュレートするために複雑な井戸水流のモデルを使うことができる。	最新バージョン 1.5 (11/91)	Kipp 1986	不明。8つの解析解と検証され、SUTRA と比較された。	中/数日	VAX のみ可。長い計算時間が必要な時もある。	Kenneth Kipp, USGS, Denver. Kipp 1986	IGWMC
MOCDENSE	2	USGS2D-MOC の密度とカップリングしたバージョン。	最新バージョン 2.1 (1/93)	IGWMC		中/数日	マスバランス誤差が初期には大きいが、傾向と共に時間と共に減少し安定する。	Sanford and Konikow 1989	IGWMC
MODPATH		MODFLOW により算出される流れに基づいた定常流流路分析	1989	Pollock 1989		中/数日		Pollock 1989	USGS
MT3D	2,3	非等方性、不均質、不定常、被圧、半被圧、不圧帯水層における定常/非定常輸送、輸送プロセスは移流、分散、非線形型吸着そして崩壊である。入力として MODFLOW のような、ブロック中心差分法流れモデルの結果が必要となる。	バージョン 1.8 (10/92)	Zheng 1992		中/数日	3Dバージョンを用いる場合は注意が必要である。有益な結果を保証するためには小さい格子間	Zheng 1992	IGWMC or Papadopoulos & Associates

9.6 地下水モデルへのアクセス 243

表 9.1 地下水流と物質移動モデルのまとめ（その7）

モデル名	次元	内容[a]	コードステータス/最新バージョン[b]	解説[c]	野外テスト[d]	能力/計算時間[e]	備考	文献／著者／連絡先	販売業者
PORFLOW	3	非等方性，不均質岩盤亀裂と被圧，半被圧帯水層における非定常，不等温流と輸送．輸送プロセスは，移流，対流，拡散，吸着，崩解，多相流輸送（水蒸気・水）そして溶解である．	1981	Runchal 1985	応用には帯水層汚染，地下水資源管理，核廃棄物，地熱貯留がある（Runchal 1987; Baca et al. 1988）	非常に長い／数週	GWTHERMから発展したもの	Runchal 1985	Analytic and Computer Research or IGWMC
SWENT	3	非等方性，不均質，被圧帯水層における非定常，不等温，密度カップリング流と輸送．シミュレートされる輸送プロセスは，移流，分散，拡散，吸着，崩壊，塩類溶解，溶脱である．		Intera Environmental Consultants 1983b	3つの野外ケース（Intera 1983; Sykes et al. 1982a,b）	非常に長い／数週	定常流感度解析ができるポストプロセッサーあり．	Intera	Intera Environmental Consultants
SWICHA	2,3	非等方性，不均質，被圧帯水層における非定常・密度カップリング流と輸送．輸送プロセスは移流，分散，拡散である．	バージョン 5.0 (2/91)	Huyakorn et al. 1984	実証・認可済み，公的議論で使用されている．	中／数週		Huyakorn et al. 1984	Geotrans

（隣と時間ステップが必要である．MODFLOWの結果を入力として用いる．非定常計算には大容量のデータ貯蔵が必要．すべてのMODFLOWオプションには対応していない．）

244　第9章　特殊な話題

表 9.1　地下水流と物質移動モデルのまとめ（その8）

モデル名	次元	内容[a]	コードステータス/最新バージョン[b]	解説[c]	野外テスト[d]	能力/計算時間[e]	備考	文献/著者/連絡先	販売業者
SWIFT II	3	非等方性、不均質岩盤亀裂の被圧、半被圧あるいは不圧帯水層における非定常、不等密度カップリング流と輸送プロセスは移流、分散、拡散、吸着、崩壊、塩類溶解、溶脱そしてに二重間隙である。		Reeves and Cranwell 1981	以下の報告例がある；Ward et al. (1984, 1987a, 1987b)	非常に長い/数か月	熱貯留、地下水汚染、廃棄物隔離、大深度注入プロジェクトに適用された。	Reeves et al. 1986; Ward et al. 1984; Reeves and Cranwell 1981	SNL Geotrans
TARGET	2,3	非等方性、不均質、被圧、半被圧、不圧帯水層における非定常、密度カップリング流と輸送プロセスは移流、分散、拡散、吸着、崩壊である。湖水面の予測モジュールが含まれる。	バージョン 4.42 (5/95)	Dames & Moore 1995	USDOI (1986), Moreno (1989), Sharma et al. (1983) を含む200以上の応用	2D:中/数日 3D:非常に長い/数週	高いペクレ数領域で不安定との報告もある。	推奨参考文献: Moreno and Sinton 1994; Leppert and Bengsston 1990; Sharma 1981	IGWMC
USGS2D-MOC	2	飽和地下水システムにおける非保存性溶質移動をシミュレートする。移流性輸送、流体力学的分散、混合、あるいは浪費による希釈として化学反応により生じる空間濃度分布の種時変化を算出する。化学反応には一次不可逆平衡反応、可逆平衡の線型Freundlichまたは Langmuir 等温線による吸着、そして可逆イオン交換を含む。帯水層は均質かあるいは非等方性でも可。	最新バージョン 3.0 (11/89)	IGWMC or USGS		中/数日		Konikow and Bredehoeft 1978	IGWMC
VLEACH	1	通気帯を通る揮発性、吸着汚染物質の溶脱プロセスをモデル化する。次の4つの主なプロセスをモデル化する。すなわち液相移流、固相吸着、気相拡散としてその3相の平衡である。現在のバージョンのVLEACHでは、定常、不飽和帯流、"原液"なし、崩壊なしといった、いくつかの大きな仮定の上に成り立つ。	バージョン 1.02 (1990)	CH2M Hill 1990		不明		CH2M Hill 1990	USEPA

表 9.1 地下水流と物質移動モデルのまとめ（その9）

モデル名	次元	内容[a]	コードステータス/最新バージョン[b]	解説[c]	野外テスト[d]	能力/計算時間[e]	備考	文献/著者/連絡先	販売業者
[数値解・非一様に飽和した流れ・輸送モデル]									
CHAMP	3	非等方性、不均質亀裂性多孔体における非定常流と輸送。輸送プロセスは移流、分散、吸着、減衰である。	1986		処分場における化学物質輸送	非常に長い/数か月		Narasimhan and Alavi 1986	LBL
FEMWASTE 3DLEWASTE	1,2,3	非等方性、不均質、多孔体・水分合水率カップリングした輸送、移流、分散、吸着、減衰そして3つの吸着モデルである。	最新バージョン:1993	NTISから利用可能	浸出湖漏出と同様の地下水汚染研究に適用されている。	非常に長い/数か月	流動計算のためFEMWATERへのリンク可能。	Yeh and Ward 1930; Yeh 1937, 1939; Duguid and Reeves 1976; Kincaid and Morrey 1934; Morrey et al. 1936	ORNL
GS3	3	自由蒸発面に伴う非定常流と非等方性、不均質、被圧あるいは不圧帯水層における輸送プロセスは、移流、分散、拡散である。		Davis and Segol 1985	2次元バージョンの野外実験との比較 (Davis and Segol 1985)、飽和、不飽和帯における化学物質輸送への適用 (Segol 1976)	非常に長い/数週		Davis and Segol 1985	Bechtel
MOTIF	3	非等方性、不均質、被圧あるいは不圧亀裂性流あるいは多孔体における非定常流とカップリングされた輸送、移流、分散、拡散、吸着、減衰。			水位低下と深い シャフト への流入 (Guvanasen et al. 1985). HYDROCOIN でテスト済 (Nea/Ski 1988)	非常に長い/数か月	VAX, IBM, CRAYに装備。	Guvanasen et al. 1985; Reid and Chan 1987; Chan and Scheier 1987; Chan 1988; Chan et al. 1987.	AECL Pinawa, Mantitoba, Canada

246　第 9 章　特殊な話題

表 9.1　地下水流と物質移動モデルのまとめ (その 10)

モデル名	次元	内容[a]	コードステータス/最新バージョン[b]	解説[c]	野外テスト[d]	能力/計算時間[e]	備考	文献/著者/連絡先	販売業者
NAMMU	3	非等方性、不均質、被圧・不圧、亀裂・多孔体における非定常流と密度とカップリングした輸送、吸着プロセスは移流、分散、吸着、減衰、放射性核種連鎖減衰である。	バージョン4がリリースされた(1987)	HYDRO-COINに記され` 改善された解説が必要。	HYDRO-COINによる一連のテスト(Nea/Ski 1988)により、現在の技術水準として確立されたモデルである。	非常に長い/数か月	3090.CRAY2とVAX3600.に装備	Herbert et al. 1987; Atkinson et al. 1984; Robinson et al. 1986	UKAEA Harwell Laboratory
SUTRA	2	非等方性、不均質多孔体における非定常、密度カップリング、不等温流と輸送。輸送プロセスは移流、分散、拡散、吸着、減衰そしての3つの吸着モデルである。	最新バージョン 2.0 (11/91)	Voss (1984)	野外実験(Voss 1984)	非常に長い/数週	塩水侵入や熱汚染、そして地下水汚染の研究に適用されている。	Voss 1984	IGWMC
SWANFLOW	3	非等方性、不均質、被圧における不飽和帯水層における非定常、3相(水、空気、NAPL (nonaqueous phase liquid))流と輸送プロセスは3相における多移流であるが、ただし相間のマス移動はなし。	最新バージョン 1.0 (4/91)		野外実験との比較について実証済み。	中〜/数時間	パブリックドメインと専有権所有者の(より新しい)バージョンで利用可能。収束しにくいという報告あり。	Faust 1985; Faust et al. 1989	Geotrans, IGWMC
TARGET	2,3	TARGET2DUとTARGET3DUは不均質に飽和した流れと輸送をシミュレートする。他の詳細については数値解、飽和流、輸送モデルの節を参照のこと。							
TOUGH	3	非等方性、不均質、多孔体、亀裂あるいは孔隙における非定常、不等温流と輸送。輸送プロセスは移流、拡散、溶解そして多相流である。	最新バージョン 1986	Pruess (1986)	部分的に飽和した亀裂-多孔体における核廃棄物隔離(Pruess and Wang 1984; Pruess et al. 1985; Rulon et al. 1986)	非常に長い/数か月	不飽和流の特徴は、Van Genuchtenの式(Brooks/Coreyはサポートされていない。)に基づいて組み込まれている。熱と2相流で実証されているコードである前身であるMULKOMに基づいている。(Pruess 1983; Pruess and Narasimhan 1985)	Pruess 1986	LBL

9.6 地下水モデルへのアクセス　247

表 9.1 地下水流と物質移動モデルのまとめ（その 11）

モデル名	次元	内容[a]	コードステータス/最新バージョン[b]	解説[c]	野外テスト[d]	能力/計算時間[e]	備考	文献/著者/連絡先	販売業者
TRACR3D		非等方性、不均質、変形性、亀裂-多孔媒体における非等温定常流と輸送。輸送プロセスは確率論的パラメータ入力を伴う移流、分散、拡散、吸着、減衰、多化学種、2相流である。		Travis (1984)	3つの野外観測（Travis 1984）に関しては確認されている。コロイド輸送への適用（Travis and Nuttall 1987）やレーザー試験や化学物質レーザー試験や化学物質輸送への適用（Birdsell et al. 1988; Thomas 1988）	非常に長い/数か月		Travis 1984	LANL
[地球化学モデル] BALANCE		地下水と鉱物間の化学平衡反応を定量化するために用いられる化学平衡種形成モデル。(1) 流線に沿った2点からのサンプルの化学成分と (2) システムの反応性構成要素であると仮定された一連のミネラル相を用いて、プログラムは2つのサンプル間で測定された構成要素の変化を考慮するのに必要なマス移動を算出する。2つの非常に異なる水の混合、酸化還元反応、単純化した形における同位体構成要素を考慮するために、より多くの制約をそのプログラムの式に含めることができる。	1982	Plarkhurst et al. 1982		中/数日		Parkhurst, USGS	USGS

表 9.1 地下水流と物質移動モデルのまとめ (その 12)

モデル名	次元	内容[a]	コードステータス/最新バージョン[b]	解説[c]	野外テスト[d]	能力/計算時間[e]	備考	文献/著者/連絡先	販売業者
EQ3/6		単純な溶解度の計算から複雑な非平衡反応まで可能。閉じた系と流れる系の両方をシミュレートできる。	1990	Wolery 1979	鉱物－地下水間相互作用 (Kerrisk 1984), ルテニウム移動 (Isherwood 1984) と堆積性鉱物形成 (Garven and Freeze 1984a,b)	非常に長い/数週	PATHI, MINEQL, WATEQ と関連	Wolery 1979	LLNL
MINTEQ		6 つの吸着モデルを用いて複雑な化学平衡を計算する。	1983	Felmy et al. 1983	粘土ライナー (Peterson et al. 1983) や核廃棄物処理 (Krupka and Morrey 1985) を含む多くのフィールド適用	中/数日	ECHEM (FAST-CHEM) の一部分) の基	Felmy et al. 1983	EPRI-PNL
PHREEQE		19 の元素, 120 の水溶性化学種, 有機物, 3 つのガスそして 3 つの酸化還元要素のための化学平衡反応経路モデル。イオン交換吸着と 21 の沈殿・溶解鉱物をシミュレートする。	バージョン 2.0 (2/92)	Parkhurst et al. 1980	核廃棄物処分 (Plummer and Parkhurst 1985), 海水蒸発 (Plummer and Parkhurst 1990)	中/数日	MIX と関連	Parkhurst, ESGS Parkhurst et al. 1980; Plummer et al. 1983; Intera Environmental Consultants 1983a,d	USGS
WATEQ4F		天然水における化学平衡を計算する。ある与えられた水の分析と現場での温度, pH, 酸化還元ポテンシャルの測定結果に対して, 主におよび重要なマイナーな無機イオンと錯体の熱力学的形成種をモデル化する。このモデルにより固相, 気相と接する水の反応状態が計算	1987	Ball et al. 1987	USGS 野外調査に広く使用された。(Ball et al. 1981; Krupka and Jenne 1982)	中/数日	WATEQ シリーズに関連あり。熱力学的データベースはおそらく利用可能なものの中では最良。	Ball et al. 1987; Nordstrom et al. 1990	USGS

表 9.1 地下水流と物質移動モデルのまとめ (その 13)

モデル名	次元	内容[a]	コードステータス/最新バージョン[b]	解説[c]	野外テスト[d]	能力/計算時間[e]	備考	文献/著者/連絡先	販売業者
[水文地質学・地球化学的 (水文化学的) モデル]									
CPT		化学平衡に種形成と沈殿・溶解に伴う地下水流のカップリング．される．反応形態の調査は溶存成分の起源を示唆し，地下水生産，鉱業，灌漑，無機物汚染の化学的影響の予測に役立つ．	1983		いくつかの野外観測に対して妥当性が確認されている．(Tsang and Doughty 1985)	非常に長い/数か月	PT に基づく	Mangold and Tsang 1983	PNL
DYNAMIX		TRUMP (流れと輸送) と PHREEQE (平衡反応) のカップリング．水溶性種形成，イオン交換，沈殿・溶解を考慮する．	1989		フィールドデータと比較 (Narasimhan et al. 1985, 1986)	非常に長い/数か月		Narasimhan et al. 1985	LBL
FASTCHEM		流れ，地球化学，輸送コードのパッケージ．地球化学モデルは ECHEM (MINTEQ に基づく) である．輸送モデルは SATURN に基づいている．水溶性種形成，イオン交換，表面錯体，沈殿・溶解を考慮する．	1989	Hostetler and Erikson 1989	親コードの妥当性を共用する．	非常に長い/数か月	電力化石燃料プラントからの廃棄物処理の研究用	Hostetler and Erikson 1989	EPRI-PNL

注：
- AECL　Atomic Energy of Canada Limited
- BPNWL　Battelle Pacific Northwest Laboratories
- EPR-PNL　Electric Power Research Institute, Pacific Northwest Laboratory
- GEMS　Graphical Exposure Modeling System
- IGWMC　International Groundwater Modeling Center
- LANL　Los Alamos National Laboratory
- LBL　Lawrence Berkeley Laboratory
- LLNL　Lawrence Livermore National Laboratories
- ORD　Office of Research and Development
- ORNL　Oak Ridge National Laboratory
- SNL　Sandia National Laboratories
- UKAEA　United Kingdom Atomic Energy Authority
- USDOI　United States Department of the Interior
- USEPA　United States Environmental Protection Agency
- USGS　United States Geological Survey

[a] これらの表現はユーザーズガイド，EPA Integrated Mode Evaluation System Database, Mangold and Tsang (1991), Hall et al. (1990) から引用された．
[b] 最新バージョンは文献に他のバージョンが報告されていない限りユーザーズガイドの日付である．
[c] 文書の内容，特性は非常に多様である．
[d] 野外実験，標準検査そして野外適用のレビューによる妥当性に対する見積もり．残りはユーザー著者の見積もりである．
[e] わかる場合 (リスト中の 50%) はモデルコードの使用に基づいた見積もりまたは，同様コードの使用に基づいた見積もりである．

表 9.2　モデルコードのソース

コードソース	場　所	コード説明
International Ground Water Modeling Center (IGWMC)	コロラド	広く使われている比較的安価のコード アーカイブされたコードの管理責任者
Scientific Software Publishers	バージニア	プリ, ポストプロセッサー付きのコード 高価な私有のコード
National Ground Water Association (NGWA)	オハイオ	ユーザーにやさしいコードと 本付きのコード
Rockware International	コロラド	地質学的応用つきコード
United States Geological Survey (USGS)	バージニア	USGS コード
TNO-DGV Institute of Applied Geoscience	デルフト, オランダ	IGWMC と同じコード
Waterloo Center for Gound Water Research* University of Waterloo	オンタリオ, カナダ	実用, 研究用コード
Code authors	コンサルタント 大学と政府研究機関	私有の研究用コード

* 現在：Centre for Research in Earth and Space Technologies

9.7　モデリングの報告書

　モデリングの結果は前後関係を断ち切られたり，誤用されたり，誤って理解されたり，また無視されたりすることがある．そこで，その根拠が尊重され，重要性が認められるように結果を発表することはモデルユーザーの仕事の1つでもある．モデルユーザーは解釈をまげることなく，報告書を読むであろう読者を対象に報告書を書かなければならない．予想しうる利用者の種類と彼らが興味ある項目について，表 9.3 にまとめた．

　モデリング報告書のフォーマットは，モデリング解析（例えば感度解析，誤差解析，パラメータ推定，地盤統計学などは標準として行われるか？）への一般的な期待と予想される利用者によって様々である．Anderson and Woessner (1992) や付録 A に異なるフォーマットの例を示す．

　専門的教科書や科学論文は通常，文章スタイルの基本とする理想的な例にはならない．マーケティングの文献では広く応用されているが，科学的文章ではめったに応用されない認識理論は，読者の視点で直接的に書き，理解しやすいようにフォーマットされた文書がより読みやすいことを示している．例えば，間をあけたリストの方が連続する文章よりも読者を重要な点に集中させ，読みやすくなる．説明しに

表 9.3 モデリング報告書の予想される利用者

利用者	興　味
施設管理人，施設オペレーター	一般的結論，コスト，工学的解決にかかる時間
技術者	特定の結論，詳細な濃度，そして特定の場所における長期間にわたる水理学的応答と予測精度
規制者	特定の結論，キャリブレーションの精度，確認，モデルの信頼性，実際の実行標準と法令遵守といった視点からの将来の対応策の比較

くい文章の一節は，その部分を読者に口頭で説明するかのように，口語で書き留めることにより非常によく改善される．モデリング報告書の中身すべてが何度も読まれることはほとんどない．このため，主なポイントは理解を確実にするために繰り返されるべきである．重要な結論は，はじめに，本文，そして結論の章で繰り返し述べることが必要である．例えば，本書では，モデル解析の中で唯一の最も重要な決定であるモデルの境界条件は，強調する部分を変えて3回説明されている．

　図表を使うことも，有用なレポートを作る鍵となる．図表では主な点を説明することに重点を置き，できるだけ単純にすべきである．バックグラウンドの情報や地図は付録や別冊とした方がよい．8.8節でモデリングの説明に関する特別な提案を述べている．

　モデル報告書の中で最も難しい部分は，モデルがどの程度よく現場状況を代表しているかということである．問題はこれに関する結論は意見としての問題であり，その意見は，批評をする人や読者の経験とトレーニングに左右されるということである．モデリング結果が誤って発表されたり誤解される問題は日常茶飯事である．事実は明確に述べられ，推測は説明されるべきである．現場観測とモデル予測を比較したときに生じる事例を次に示す．

(1) 観測データは，時間的・空間的にばらつきが多い，また，精度上のばらつきも大きい．このため，モデルがすべてのデータを代表していると期待することができない．モデルに組み込むことができない不均質性のスケールの問題もある．対象としている事象の大きさや対象期間を基準とした一部のデータ，または平均データを用いることにより，より有益なデータセットを作ることができることもある．距離と時間における観測されたデータのばらつきを，モデルの予測結果と観測結果の間の，相関関係の基準として使うこともできる．感度解析と確率論的解析を用いてより客観的に結果の精度を定量化し，決定論的なデータが必要であるかどうかを確かめることもできる．

(2) モデルが目的とすることは，要求される絶対的な精度，そして現実には，モデル予測の精度を定義することである．例えば，代替方法の効果を比較に用い

られるモデルは，水処理施設への流入水濃度の予測に用いられるモデルほど正確でなくてもよいことがあげられる．
(3) 入力に用いられる現場特有のデータは，現実的なモデルを定義するには不十分である場合もしばしばである．データの内挿・外挿を意味あるものにするために，様々な方法があり，利用できる情報も多い（8.4.5項参照）．また，別の方法として観測値と予測値の相関と，現場に特異な入力データにより規定される要素の組合せを用いて，モデル予測の中で多かれ少なかれ信頼性のおける領域を規定することができる．
(4) 不確実性により，モデル結果は非常に影響される．このため，予測が直接応用ができないこともある．そのようなモデルは，現場状況に関する一般的結論として使用されたり，または現場特性改善のための提案作りに用いられることができる．
(5) モデル予測は観測値と矛盾することがある．このような場合は8.5節のモデルキャリブレーションで述べたように，誤差解析を使用できる．

データや，モデルを準備し，現場とその状況に精通することで，モデルの有用性とその予測の最良な判断が可能となる．

9.8 モデル研究のレビュー

モデルレビューをすることにより，モデル報告書に焦点，バランス，奥行きを与えることができる．モデルユーザーは，直接観測ができないような現象をシミュレーションし，よく理解できないシステムの予測を行う．モデリングプロジェクトにおいては，どれが正しくどれが誤りだということはない．ただ，あるモデル予測はほかのモデルよりも現実的である場合がある．地下水モデルをレビューすることで，次のようにモデル結果が妥当かどうか判断することができる．
(1) モデルの結論は妥当な仮説から論理的に導かれなければならない．モデル入力データは妥当で，概念モデルは適切で，データにより裏付けがとれている．
(2) モデルデータとその結果はわかりやすく，正確に報告されるべきである．モデル結果に相反するか，またはモデル精度に制限を与えるような証拠も報告されるべきである．
(3) モデルの結論はよく裏付けられていなければならない．多くの場合，感度解析（分析）により，モデルの結論を確かなものとし，誤差や偶然，非現実的，または非固有値解，そして予測の誤用の可能性の予防手段となる．
(4) モデル研究では，モデルの数値よりも現場の地質，水文学に焦点をあてるべ

きである．

(5) モデルは"3次元的な，カラーグラフィックによって，人工的にゴミを真実に変えるような道具"として用いてはならない（Lehr 1990）.

　確率論的モデリングは地下水予測の信頼性に幅をもたせる（つまり，ある結果は多かれ少なかれ，妥当であると思われるもの）．確率論的モデリングは安全で正確なるモデリング手法であるという人がいるかもしれない．しかし，もし根本的な概念モデルが適切でなかったり，解析に必要なデータが不十分であれば役に立たない．どのようなモデルが用いられていても，レビューする者は確実にモデリング手法の正確さをチェックすべきである．表9.4に見直しに関連する質問をリストアップする．

　完璧に正確なモデルなどは存在しない．したがって，モデル研究をレビューするにあたっては，そのモデルの目的を考慮すべきである．一般的な解析を目的とするモデルでも，詳細なキャリブレーションや感度解析（分析）が欠けていたとしても十分に有用な結果を導出することができる．汚染修復の初期設計で適用されるようなモデルでは，フィールドデータの一部を用い，関連しない疑問点を無視しても，必要である問題を解決することができる可能性がある．しかし，重要な場所やある時間における正確な予測が要求されるような詳細な応用のために設計されたモデルでは，正確で十分な数のデータとキャリブレーション，そして感度解析が必要となる．つまり，モデルの目的とその成果の間では均衡をとる必要がある．

表 9.4　モデル研究をレビューする際に用いる質問

［自然のシステム］
- 自然のシステムは理解されているか？
- モデルを裏付ける十分なデータがあるか？
- 関連するモデル入力データは欠けていないか？
- 自然の境界は適切に定義されているか？
- 地下水流に密度依存性があるか？

［調査する問題］
- モデルの目的はプロジェクトの要求を満たしているか？
- モデルは調査する問題を明らかにするか？
- モデリングは経済的か？
- モデリング以外に方法があるか？
- モデルのレベルは適切か？

［概念モデル］
- 帯水層システムの単純化は適当か？
- モデル境界は現実的で，限定的でないか？
- モデル領域は適当か？
- 何次元必要か？
- 支配プロセスは既知で，考慮されているか？
- 問題は定常か非定常か？

表 9.4 モデル研究をレビューする際に用いる質問（つづき）

[モデルキャリブレーションと妥当性の証明]
・時間，空間の分割は一貫しているか？
・キャリブレーションはどのようになされたか？
・キャリブレーションの判断基準はモデルの目的とデータの量に対して適正か？
・モデル入力データの複雑な分布は以下の結果か？
　　　地下水システムの洞察？
　　　試行錯誤キャリブレーションでの経験？
　　　逆モデルを用いた自動キャリブレーション？
　　　以上のいくつかが組み合わさった結果？
・モデルキャリブレーションと検証のためにどのくらいデータがあるか？
・キャリブレーションの期間は予測時間と同等か？　もし異なるなら，予測における不確実性は議論されたか？
・予測結果と観測結果の違いは充分に議論されたか？

[モデル感度解析]
・鍵となる入力データは充分な領域で変化させたか？
・感度解析結果はモデルの予測精度，適用性，使用法に関連して議論されたか？

[モデル応用]
・モデル結果は現実的か？
・モデルシミュレーションは任意の境界条件に影響されているか？
・モデルの結果は独立の単純化した解析解によって一般的確証が得られているか？
・モデル結果の精度に関して何がわかっているか？
・モデルの予測能力について何がわかっているか？
・モデルの適用はキャリブレーションに裏付けられているか（例えば，非定常キャリブレーションに非定常予測は裏付けられているか）？
・輸送モデルでは，数値分散についてセルサイズを小さくしたり，予測を比較したりして，議論あるいはチェックされたか？
・マスバランスは適切に計算され，チェックされたか？
・提供された結果はモデル予測精度にサポートされているか？
・モデルの結論はモデルの時空間における解像度によって決められる限界を越えていないか？
・モデルによる結論は適切で，よく裏付けられているか？

9.9　地下水モデリングの将来の傾向

　この節では地下水モデリング研究における最近の研究傾向とその応用についての動向について簡単に紹介する．地下水流れプロセスにおける研究では，以下の項目に注目が置かれている．亀裂流 (Smith et al. 1990)，不飽和流 (Custodio et al. 1988)，多相流 (Abriola 1988)，非水溶性流 (Faust et al. 1989)，ガス流 (Thorstenson and Pollock 1989)，そして亀裂中における不飽和流 (Wang and Narasimhan 1990) である．現在では，不飽和流問題に対する簡略解説が存在する，亀裂流と非水溶性流が即実用的研究として関心を集めている．非水溶性流のモデリングは石油ガス産業からのデータと研究から多大な恩恵を受け，すでに実用的に適用可能なモデルが導入されている (Faust et al. 1989; Mercer and Cohen 1990)．しかし亀裂流の研究にも多大な努力が払われているが，現在利用可能なモデルはデータが不定しているため，十分に有効性の検証が行われていない (Evans and Nicholson 1987; Pruess and Wang 1987)．

　輸送モデル研究の分野では，以下のような研究が含まれる．亀裂媒体中における溶質輸送 (Tsang and Tsang 1989; Wels and Smith 1994)，分散の適切な数学的記述 (Gelhar 1992; Neuman 1990)，生物学的プロセスによる化学反応 (Baveye and Valocchi 1989)，不飽和輸送 (Wierenga and Bachelet 1988; Pruess and Wang 1987; Nielsen, van Genuchten and Biggar 1986)，気相輸送，そして土中における化学反応 (Melchior and Bassett 1990) などがある．特に即実用的な観点から，亀裂流（より良い亀裂流モデルの開発が待たれる），分散の記述，化学反応などの研究が注目されている．多量の観測またはモデルによる分散のデータがあるにもかかわらず，統括的な十分な数学的記述は報告されていない．生物学的過程による化学反応をシミュレートする輸送モデルでは，統一されたバイオレメディエーションプロジェクトから得られた経験をもとに展開している．種々の経路をもった非生物的反応のモデルが開発されている．地下水輸送モデルでは平衡分配係数に基づいた収着モデルがよく用いられる．この手法では，分配係数が，収着のメカニズムや pH またはその他の地盤化学的条件により，時間的・空間的に変化するという制限がある．代替案として，より現実的で水文化学モデルによって導きだされたイオン交換または，表面錯体形成モデル（流れ・輸送モデルに組み込まれた地盤化学モデル）が提唱されており，実際に現場で応用され始めている．必要とするコンピュータ，データベース，モデルユーザーの知識の多さ等が問題となっており，これらのモデルはまだ実用的モデルとは言えない状況である．

モデルの実用的応用の傾向を以下にリストアップし，簡単に紹介する．
(1) 確率論的モデル：確率論的シミュレーションは，非常に不均質性の強い現場，長期予測が必要な場合，そしてモデル予測がサンプリングにより簡単に確認されない場合適用される可能性がある．
(2) 複雑な問題に対する効果的な数値モデル：現場の問題にそれぞれ適合する解析アルゴリズムの幅は広がっている．また，パラレルプロセシングにアルゴリズムを適合させること，そしてメインフレームのコードをパソコンに取り込むことが現実的モデルの数を増やしている．
(3) データの前後処理つきのインタラクティブモデル：インターフェースコードまたはコードつきインターフェースはより正確でないけれども，より速いモデル応用を可能にする．このようなコードではモデルユーザーのトレーニングや経験の必要性が軽減されることはない．
(4) パラメータ推定とパラメータ同定モデル：最初から組み込まれているルーチンやラップアラウンドコードはインプットデータの分布とその不確実性をチェックまたは推定するためのより多くのオプションを提供している．
(5) 専門家による意思決定支援システム：リスク要素，その地域の法令，そしてリスク，コスト，利益，複合領域モデルへの反感と受入れなどを含む関連事項の考慮を組み合わせたものによって地下水モデリングの使用が決まる．この傾向は地表流意思決定支援システムと類似している．
(6) GISに基づいた地下水モデル：GISシステムは地下水モデルと似たデータベースを用いているので，互いに連結したシステムが出現し始めている．
(7) 法主導による変化：公的にサポートされたコード，地下水モデリングに期待される標準事項を定義するためのASTM手順の開発へ，地下水汚染の予測される期間を定義するためにモデルを使用する必要性がある方向へ向かう傾向がある．
(8) 産業主導による変化：エンドユーザーがより高い知識をもつようになるにつれ，エンドユーザーによるモデルの直接的使用が多くなり，モデリングプロジェクトへの期待がより高まり，そしてモデルを長期間の管理の手法として用いる傾向にある．

付録 A
地下水モデル解析事例

　この付録では，5つの地下水モデルの適用事例を紹介する．これらの事例の多くは以下に示す項目に整理できる．
(1) モデル化する上での問題点の把握
(2) 実現象の評価
(3) 概念モデルの作成
(4) 入力データの選定
(5) モデルおよび離散化の選択
(6) モデルのキャリブレーション
(7) シミュレーションの実行
(8) 要約

　ここで紹介する5つの事例は，典型的なモデルとして報告されるような内容についてもカバーしているが，各事例の記述は簡潔にしており，記述がすべてを網羅しているわけではない．また，ここではモデルの選択，補正，確認，修正，適用に関するすべての側面において，詳細な追求を行うということを目的としているわけではないのでご理解いただきたい．各事例についての詳細は Bredehoeft et al. (USGS Water Supply Paper 2237)，Mercer and Faust (1981) の 4, 5 章の 3 つの事例，National Research Council (1990) 5 章で紹介されている事例を参照してほしい．本付録で紹介するために選択された研究モデルを以下に示している．

A.1 地下水管理計画設計へのブラックボックスモデルの適用．ドイツ，Südhessische Ried（単一井戸モデル）．

A.2 セマラン流域（インドネシア）の地下水システムモデル（2次元深度方向積分モデル）．

A.3 観測網の設計（2モデルの結合）．

A.4 フロリダ沿岸帯水層の塩水遡上モデル（鉛直2次元，3次元モデル）．

A.5 サイトの修復（多相流2次元・3次元モデル）．

A.1 地下水管理計画設計へのブラックボックスモデルの適用（ドイツ，Südhessische Ried）

対象となるドイツ，フランクフルト南部に位置する Südhessische Ried の地下水は，飲料水や工業・農業用水として広範囲に利用されている．この地域の自然による地下水涵養は限られているので，雨の少ない時期の地下水需要は帯水層に貯えられている水によって収支を合わさなければならない．しかし，実際に地下水の低下が起きるのは，自然地下水位の大きな変化に敏感な植生の地域に限られている．全域での地下水不足は 1976 年に，2 年連続の少雨が原因で起きたことがある．

効果的な地下水管理を行うために，地下水涵養の制御という目的のもと，帯水層へのライン川の水の注入が 1989 年に開始された．この地域の制御不可能な自然地下水涵養と比較すると，人工的な水の注入は限られた地域の地下水の変動を抑えたり，全体の地下水量を増やしたり，地域の地下水への負荷を軽減する手助けとなる．

A.1.1 モデル化における問題点の把握

地下水管理地域では以下の制限を満たさなければならない．
(1) 年間での不釣合いは認められるが，地下水揚水量と涵養量は長期的には平衡していなければならない．
(2) 3 地区の地下水変動を厳格に抑えると，局所的に固有の植物の保護がなされる．

このモデルの目的は，制御された水の注入による地下水管理の可能性および限界を論証するような地下水管理計画の設計にある．特に，ここでは生態学的に敏感な地域の地下水位を安定させるために，水の注入率を自然地下水涵養や実際の地下水消費とどのように関連付けるかの指針になることを目的としている．

A.1.2 実現象の評価

対象となるのはライン川上流域の一部で，東と西には沖積平野の境界となる山脈が聳え立っている．ライン川流域の堆積物の全体の厚さは 3 000 m 以上になり，そのうち，河川の砂・礫で構成される上部の厚さ 120 m の部分のみが大量の水を産出する．深部ほど，地下水の塩分は増加する．

帯水層の水理定数はよく知られており，透水係数の平均値が 3×10^{-4} m/s というのは，相当する堆積物の典型的な範囲内にある．そして，比産出率 0.15 が地下水の流出／貯留を支配している．

対象地域では自然地下水涵養のほぼ 2/3 が降雨による涵養と推測される．11 月

から4月にかけての雨量は平均270 mmで，これは年間降雨量の平均660 mmの40％にあたる．年間降雨量は最低360 mmから最高1020 mmまでの変動が観測されている．年間降雨量の1/3が地下水位まで達し，そのほとんどが11月から4月の降雨によるものである．対象地域に最大10 mあるとされる不飽和領域を通過するため，地下水への涵養は降雨が起きてから若干遅れる．

南から北へ走る断層がHessisches Riedを東の山脈から分けている．結晶岩中の地下水流動は小さく，破砕部の流れに限られている．

東部の山から流れる無数の小川は，対象域を西に向かって流れライン川本流に合流する．ライン川は帯水層（既知水頭境界）では直接伝達されるが，地表水と帯水層との水交換の度合いは推測に頼らざるを得ない．

その地域の地下水消費についてはよく知られており文献も存在する．主な地下水の使用は約600万人のための水道設備で，その量は年間2000万m^3になる．加えて農業，商業，工業用水として500万m^3使用される．

人工的な地下水涵養は1989年に開始されており，9つの浸透用の溝といくつかの井戸によって地下浸透が行われるようになっている．自然涵養，実際の流出量によって最高1200万m^3まで注入する計画である．

A.1.3　概念モデルの作成

概念モデルの鍵となる要素は，モデル境界の決定，帯水層の簡略化，意味ある結果を導くのに必要なモデルの次元の決定にある．各要素についての説明は以下のようになる．

(1) モデル境界の選択：東部にある断層は，調査対象とする帯水層システムの自然境界(流量境界)となる．モデル上にはその他の自然境界は存在しない．ライン川は境界とするには対象地域からあまりにも離れすぎている．図A.1.1にあるように，意味ある境界は地下水への負担がかかる地域の集水域全体を推測して求められる．集水域の境界は，地下水境界を表し，流れのない境界となる．集水域は地下水位の現地測定値とおおよその地域水バランスをもとに推測される．実際の集水域の大きさが，地下水への流入量と流出量の差によって変化するという事実が確認されている．

(2) 帯水層システムの簡略化：部分的な粘土層は透水性の堆積物を上下に分けている．しかし，これらの層は不連続であると予想されるため，帯水層は一つの連続した水理地質構造としてとらえる．

(3) 必要なモデルの次元の決定：図A.1.2に示すように，地下水管理計画は，最も基本的な地下水モデルである全体水収支，またはブラックボックスモデルを

```
━ ━ ━   推測される井戸の集水位
━━━   井戸
```

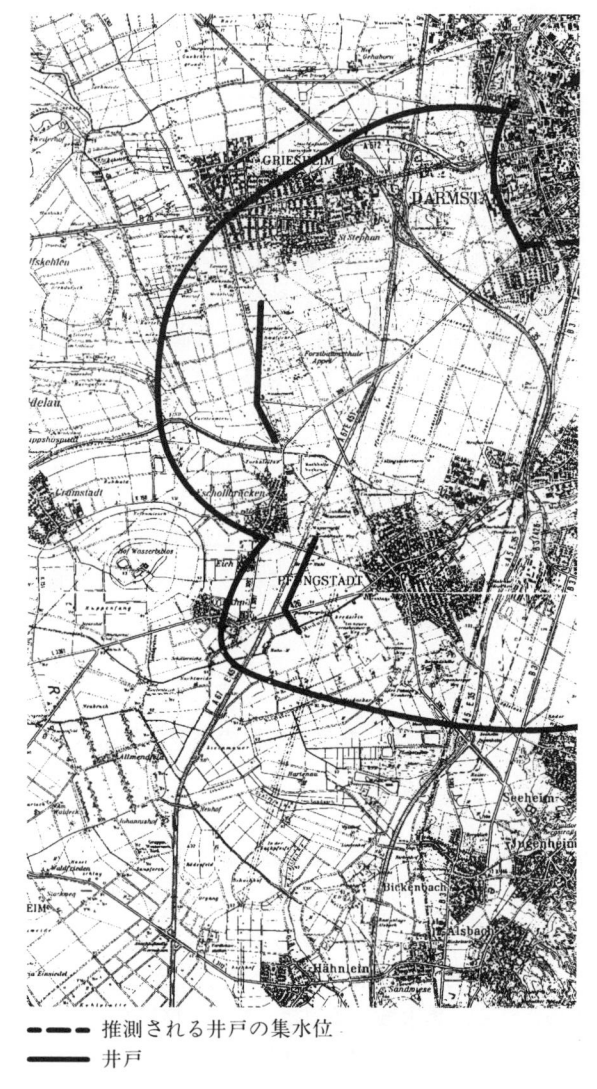

図 **A.1.1**　対象地域

使って設計された．ブラックボックスモデルは帯水層を一つのコントロールボリュームで表現し，無次元でのアプローチを示す．地下水位は空間的なものからではなく，地域の平均から計算される．

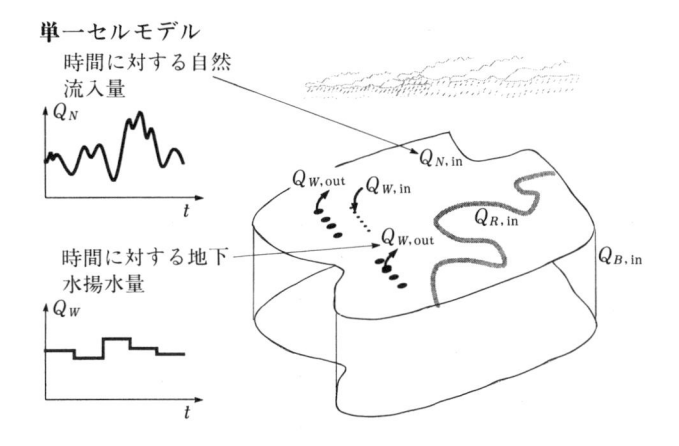

付録 A　地下水モデル解析事例　261

単一セルモデル
時間に対する自然流入量
Q_N

時間に対する地下水揚水量
Q_W

$Q_{N,in}$
$Q_{W,out}$　$Q_{W,in}$
$Q_{W,out}$
$Q_{R,in}$
$Q_{B,in}$

観測地下水位とキャリブレートされた地下水位の比較

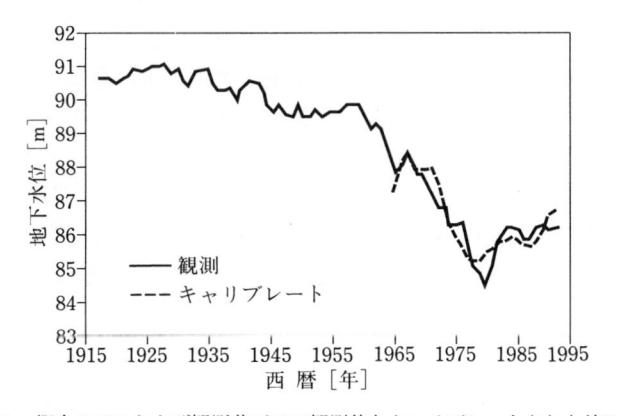

図 A.1.2　概念モデルおよび観測井戸での観測値とキャリブレートされた地下水位の比較

A.1.4　モデル入力データの選定

　ブラックボックスモデルは，透水性についての情報を必要としない．このモデルは貯えられたり放出される水を含めた地域の水収支に焦点を置いているので，システムへの流入/流出地下水に関係したすべての情報が集められる．調査対象地下水構造の単純化はモデル入力データの特定を促す．以下は主な仮定である．
(1) 集水域は一定である．
(2) 研究年の地下水消費量と自然涵養量は釣合いを保っている．
(3) 平均年間地下水涵養量は降雨による．
(4) 降雨による地下水涵養と地下水消費量は，地域水収支のなかで唯一時間に依

存した構成要素である．地下水消費率や降雨に対しては時間単位が存在する．地下水のほとんどが飲料水供給に見合うよう生成されるため，自然地下水涵養に比べて地下水消費の変動幅は小さい．

A.1.5 モデルおよび離散化の選択

本研究の目的のためにブラックボックスモデルが選択された．このアプローチは，制御された水浸透の地域地下水システムへの影響を，十分な正確さで表現する．一度，地域地下水バランスが達成されると，様々な負荷状況による応答が予測できる．局所的な地下水位の情報については，解析近似によって得られる．

全体の質量保存式は式 (5.2) に与えられている．地下水位の平均標高の計算は，流入・流出が釣り合うように導かれる．質量変化による地下水変動には，以下の関係が成り立つ．

$$[(h(t+\Delta t) - h(t)]n_e \times 面積 = Q_{\text{in}} - Q_{\text{out}} \qquad (\text{A.1.1})$$

この事例では，流入・流出は時間単位で表される．そして，計算開始時に知られている地下水位を使い，ステップごとの平均地下水位を求めることが可能となる．ここでは 1 か月という時間ステップ幅を選択した．

降雨があってから地下水に涵養されるまでの応答の遅れは，式 (5.5) の線形貯留理論を使い近似した．11 月から 4 月にかけての冬の時期では降雨の 80％が地下水へ涵養され，その他の夏の時期には，蒸発散が降雨と水の自然消費とのバランスを保つと仮定する．線形貯留モデルの係数は自然地下水涵養の観測値を使い補正した．

浸透地点近くでの地下水位への人工的な浸透涵養の影響は，井戸関数式によって概算される．

A.1.6 モデルのキャリブレーション

ブラックボックスモデルのキャリブレーションは現地データから得た平均水頭で計算した帯水層の応答比較，または選択された代表的な観測井戸の水頭を使うことにより行われる．図 A.1.2 は，2 番目のアプローチによる結果を示している．

選択された観測井戸の地下水観測記録は 1916 年までさかのぼることができる．降雨については 1964 年以降のものが利用可能であった．図 A.1.2 は測定値と計算値の比較を示している．このような水頭の観測値と計算値の一致は，地域を代表するその他の観測点でも同様に認められた．しかし，その他の観測井戸のうち計測値と計算値が大きく違った場所も存在した．一般に，平均をベースに考えるモデルでは，局所的な地下水標高を正確にシミュレートするのは不可能である．

要約すると，ブラックボックスモデルでは，様々な負荷状況によって生じる帯水層システムの平均応答に見合うよう校正することが可能である．

A.1.7　シミュレーションの実行

モデルのシミュレーションは，年間地下水消費が1270万 m^3 に増加し，さらなる水の消費は人工的地下水涵養によって補われるという仮定をもとに行われた．自然地下水涵養に加えて，人工注入は以下の制限を受ける．

(1) 浸透量は一定である．
(2) 浸透量は降雨だけに影響される．
(3) 浸透量は技術的に決められた数量に限られる．
(4) 浸透量は定められた最小・最大値の範囲内で変化する．
(5) 選択したいくつかの月には，浸透はない．

図 A.1.3 はケース 1 と 2 への予測モデルの適用結果 20 年分を示す．制御された地下水注入が平均地下水位へ及ぼす影響はケース 1 と 2 では基本的に変わらないが（図 A.1.3），ライン川の水処理施設の稼動状況や浸透構造が異なっていることが考えられる．長期的な浸透量のバランスと地下水消費の増加に対して，数か月に及ぶ地下水涵養の変動が起きても，帯水層の貯留容量が水の流出・涵養によって地下水位にそれほど影響が出ないよう補うので（図 A.1.3），浸透計画は技術的な要求に焦点を絞ることができる．しかし，ケース 1 のように浸透がないまたは浸透が一定な乾燥期が数年間にわたる場合，急激な地下水位の低下が引き起こされるであろう．

A.1.8　本ケーススタディの要約

この事例は洗練されたモデル手法でなくとも，非常に意味のある結果が得られるということを示している．質量収支の適用と伴って，調査問題の理解はモデルユーザーに要求されている問題の解決策を明確に示す．しかし，いくつかの制限もある．局所的な水位の変動は依然わからないままであるし，湧出と涵養場所の差別化もこの方法では不可能である．解析近似によって，局所的な注入の効果の推測に必要なブラックボックスシミュレーションを補わなければならなかった．地下水管理の制限が増えるにつれて，数値モデル（多セルモデル）の方が適しているといえるかもしれない．

ケース2：浸透率に制限がない場合

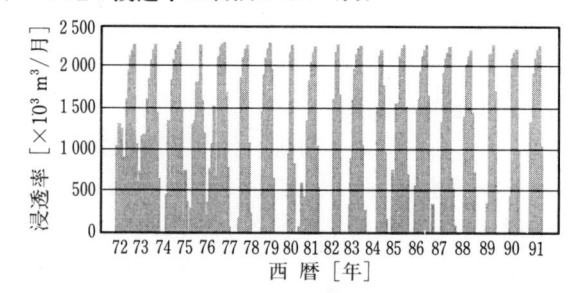

ケース3：浸透率に制限がある場合

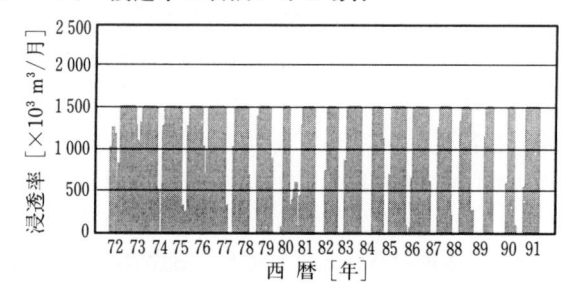

予想水位

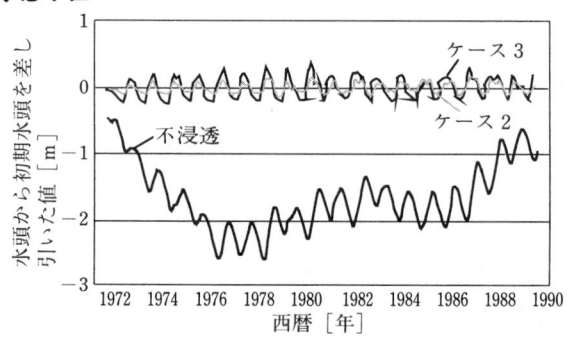

図 **A.1.3**　計算によって求められた浸透計画と予想される水位変動

A.2 セマラン流域（インドネシア）の地下水システムモデル

セマラン流域はジャワ北部の火山地帯とジャワ海の間にある海岸平野の一部である．本事例が取り扱う年（Spitz 1989）でもある 1989 年には，セマランの人口はおよそ 1200 万人であった．周囲の平地は農業用地として使われているが，町の近くでは商業・工業活動が発展している．

家庭および工業用水の需要の一部のみが上水設備によってまかなわれている．家庭用水供給の大部分は井戸を掘って浅い帯水層から汲み上げることに頼っている．最近では増加する工業用水の需要を満たすため，深井戸を掘る数が急激に増えてきている．登録されていない井戸もあるため，深井戸の実際の数や総揚水量はわかっていない．

A.2.1 モデルの問題点の特定

1989 年にはセマラン流域には地下水揚水を制御するための厳密な地下水管理計画は存在せず，そのため地下水揚水量は自然涵養量を上回っていた．海岸平野の水頭低下による塩水の遡上は，過剰揚水による好ましくない結果のひとつである．セマランでは最低水頭が海抜 $-13\,\mathrm{m}$ まで落ちていた．

このモデル研究の目的は，地下水問題を抱えている地域の地下水管理計画を策定しようとする試みを補助することにある．本モデルは，現在利用可能なすべての現場データを統合し，新しい現場調査の指針となり，そして"現在の地下水消費レベルを保つ" "2 倍にする"等の様々な計画シナリオに対する帯水層の応答を予測するために検討された．シミュレーションは地下水位の予測に焦点をあてており，その結果，塩水遡上の度合いが推測できる．

A.2.2 現実の状態の評価

調査対象地域は，図 A.2.1 に示されるようにセマランの中心部に位置する．地表の平均標高が海抜 $5\,\mathrm{m}$ くらいの平坦な地形であり，町の南部に進むほど緩やかな起伏がある．調査地域の北はジャワ海で区切られており，南端は険しく聳え立つ火山帯のふもとの丘で構成される．東西方向には本モデルの境界よりも外側まで海岸平野が続いている．対象地域の海岸平野は平均幅が $5\,\mathrm{km}$ あり，東にいくほどその幅は広くなる．セマランの東では，内陸に緩やかに傾く山脈がある一方，海岸は北に折れ曲がっている．

この地域は特色ある熱帯海地域の気候を有している．雨期，乾期というサイク

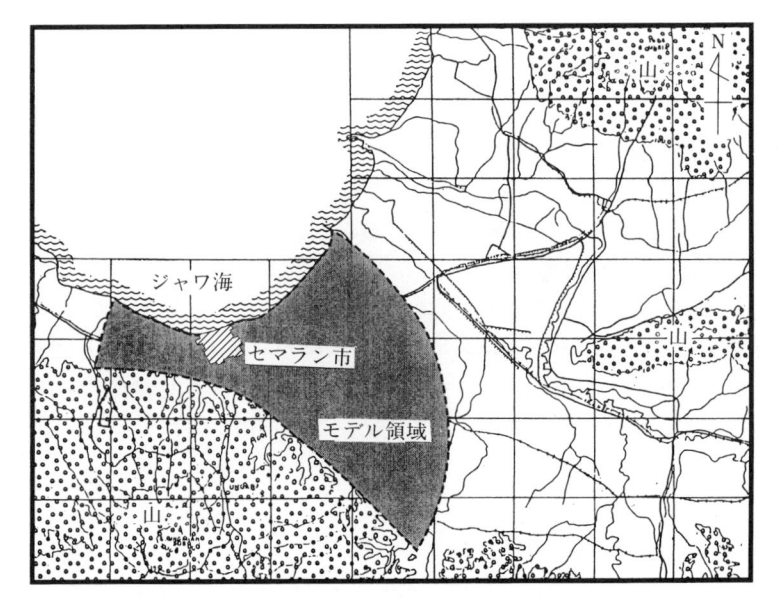

図 A.2.1　対象地域

ルが毎年あり，後者は6月から9月にあたる．1988年のセマランの年間降水量は2644 mmであった．南部の山からは，多数の川が調査地域を通るような形で北へ向かってほぼ平行に流れている．

　工場は深井戸から汲み上げる地下水の一番の使用者であり，東西方向に走る主要道路沿いに並んでいる．セマランの地下水監視と帯水層調査は1970年から行われている．しかし，オランダの最も古い観測記録は，インドネシアで初めてのグループに入れられる井戸がセマランの Fort Wilhem に掘られた1842年までさかのぼる．

　1974年には94の深井戸が調査され，1981年までには沖積平野の調査済み深井戸の数は178になっていた．モデル研究の年には350の深井戸が登録されていたが，未登録の井戸を考慮すると，実際の数はもっと多かったであろう．

　海岸平野の海生堆積物のほとんどが完新世のものであり，岩質は軟体動物の破片を多く含んだ粘性物質である．透水性が低いため，堆積時に捕らえられた塩水がいまだに存在する．沖積の堆積物は，礫混じりの中砂，粘性の砂，そして粘性物質による互層構造を呈している．透水性の高い層では，涵養地域からの真水によって海水は置換されている．

　主となる帯水層の正確な識別は難しい．ボーリング調査の結果から，地質単元を地表から下に向かって以下のような帯水層システムに分類することができる．

　(1) 浅部帯水層：不圧帯水層の深さは地表面から4～10 mで，南部の丘陵地帯に

近づくにつれて深度は増してくる．地下水は主に家庭用水として井戸から汲み上げられる．一般に地下水位のパターンは，総揚水量が多いからといって，局所的な地下水の汲み上げが多いということを示していない．
(2) 主に海洋堆積物からなる帯水層：この帯水層は深度 30〜90 m に位置し識別が難しく，砂および透水性の低い大量の海生粘土が入り乱れている粘土層からなる．堆積性の沿岸環境が，砂質・シルト質・粘土質の各物質はレンズ状で連続的な層を形成していないことを示している．地下水のほとんどは黒ずんでいたり，しょっぱかったりするので，一般にほとんどの使用に耐えない．
(3) 沖積堆積物による帯水層：この帯水層は砂層からなり，深帯水層システムとして知られている．この水理構造は平均深度 60 m の所で見られ，平均 10 m の厚さをもっている．透水層は井戸から汲み上げることができる地下水の量および質という点では，ほかのどの帯水層にも勝っている．水は自由に流動し海水は完全に真水で交換されている．深井戸での地下水の揚水はこの深帯水層に集中している．
(4) 主に火山堆積物からなる帯水層：この帯水層は海に沈殿した火山堆積物からなる．透水性の低いこの帯水層の地下水は塩分を含んでいるので使われていない．

現地のデータから，セマラン流域の地下水流動は地表の排水システムに基本的に沿うようになっていることがわかる．深部帯水層の地下水の大部分は閉じ込められており，集中した地下水消費以前は自噴井戸として使われていた．調査対象海岸地域の地下水システムは，丘陵地の帯水層と相互に交わっている．

A.2.3　概念モデルの開発

概念モデルの基本的な要素はモデル境界の決定，帯水層システムの単純化，意味のある結果を得ることを目的とした必要なモデル領域の決定である．これらの要素の記述を以下に示す．
(1) モデル境界の決定：北部ではジャワ海により，調査した地下水盆が一定の水頭である自然境界を形成している．流量ゼロの境界が西側の隣接した海岸エリアからモデル領域を分離している．この境界は自然地下水流条件のもとで見積もった流線に沿って延びている．解析終了時には，選択した流線が実際に影響がないかどうかを確認しなければならなかった．これは，揚水領域から遠く離れた所に位置した境界を用いた解析を繰り返すことにより行われた．シミュレーションでも同じ状態が観測され，これはすなわち選択した流線の境界が良好であったことを示している．もしそうでないのであれば，境界に

おけるいかなる変化も対象としている領域の水位に重大な影響を及ぼさないように，境界をかなり遠くに離さなければならないだろう．

研究領域の東部では，わずかな現場データだけが適切な境界の選択を支持するために利用可能であった．この場合，川に沿って規定した水位の選択は，不適切なものであると考えられる．深い帯水層システムで観測した水位は，川の水位と一致していない．調査領域での川と深い帯水層システムは，ほとんどの場合低い透水係数の厚い層によって分離されており，海水面下時代に取り込まれた塩水が含まれている．

このエリアの主要な川に沿うフラックス境界を図 A.2.2 に示すように選択した．川と深い帯水層間に強い相互関係の証拠はないが，この川はセマランでのメインエリアから十分離れた所で自然境界を示している．さらに，仮定した自然地下水流の

モデル境界

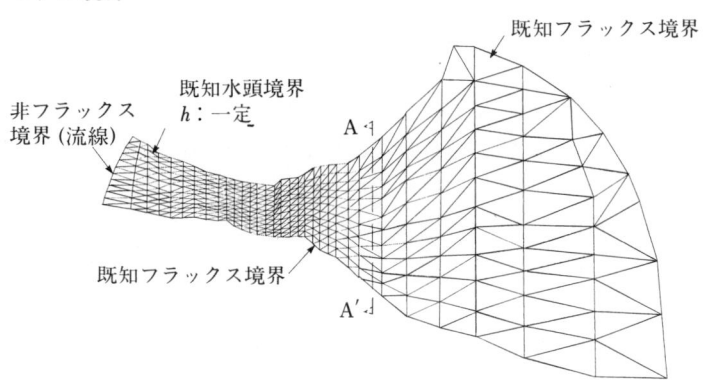

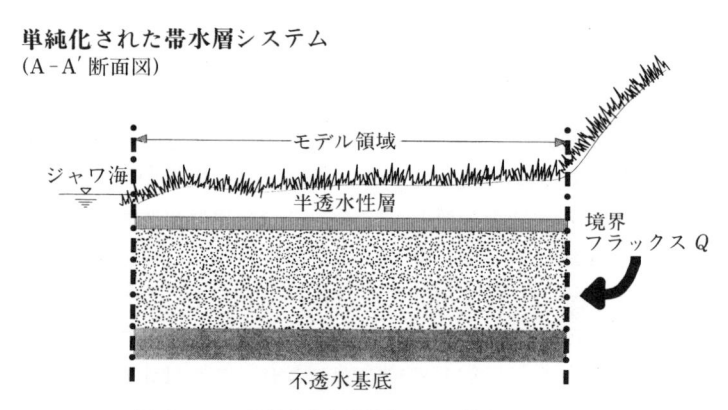

非フラックス境界(流線)
既知水頭境界 h：一定
既知フラックス境界
既知フラックス境界

単純化された帯水層システム
(A-A′断面図)

ジャワ海
モデル領域
半透水性層
境界フラックス Q
不透水基底

図 **A.2.2** 境界条件と単純化された帯水層システム

方向がほぼ川のパターンと一致している．海に近づくと川と地下水の流れ方向は等しくなる（境界フラックスは 0）．南側に離れるに従い，南東の隣接した平地からモデルエリアに流れ込む横方向の地下水の流れの増加が見られる．

モデルエリアの南側の境界は丘陵地の境界線と一致している．フラックス境界は山岳部から来る涵養をシミュレートした．全体的に，これらの境界によって西側では狭く，東側では広いモデルエリアが形成された．全体の面積は 749 km^2 である．境界条件を図 A.2.2 に示した．

(2) 帯水層システムの単純化：モデルスタディでは深い帯水層での流れ状況あるいは水頭分布に着目した．帯水層の優れた透水性のため，地下水利用はこの水理ユニットに集中し，重大な地下水不足を引き起こした．深い帯水層と浅い帯水層の相互関係は比較的小さいものと考えられる．

深い帯水層を構成している地層は，この地下水モデルにおいて一つの深い被圧帯水層としてグループ化した．鉛直方向の水頭差による上部での漏水についても考慮した．非常に低い透水係数の層によって構成された帯水層の基盤は，図 A.2.2 に示したように不透水層とした．

(3) 必要なモデル領域の決定：深い帯水層の平均厚さはモデル領域の水平方向の広がりと比べて非常に小さい．全体的な流れは水平方向であるため，2 次元の水平流モデルを使用した．深い帯水層システム（例えば多層モデル）のより詳細な記述は，データ不足のため不必要である．

A.2.4　モデル入力データの選択

現場データから，水理学的および境界条件の評価を行う．モデル入力データは以下のように選択する．

(1) 帯水層定数：調査した帯水層の厚さはボーリング時の記録と地球物理学上の調査によって得られる．このデータは 1～20 m の範囲にある高透水性層の平均厚さを示している．水頭は常に帯水層の上端よりも上に位置している被圧帯水層である．したがって，実際の帯水層の厚さは透水量係数よりも重要ではない．

被圧帯水層における透水量係数と貯留係数の信頼できる値を得るためにいくつかの調査を実施した．はじめに透水係数が 12 m/day（10^{-4} m/s）を選択し，透水量係数が西側では 120 m^2/day，東側では 180 m^2/day という値が得られた．これらの初期データは，他の海岸平野でのデータと比較して評価する．また，この帯水層システムの貯留係数は，調査しなければならない．

漏水係数はすべてのシミュレーションを通じて小さいままであった．現場

での観測から漏水量は非常に少ないことがわかる．
(2) 境界フラックス：南東側に沿ったモデル領域に浸入する横方向の地下水の流れは，水頭の平均高さに直接影響を受ける．以下の方法で境界フラックスの値を求めた．
    (a) 動水勾配と透水量係数境界に沿って既知であると仮定して，ダルシー則に従った信頼できないが単純な計算を用いる．
    (b) 隣接した分水嶺の水収支．
    (c) 集中的な現場調査の追加が必要．
    (d) 同じような流れ条件の他の領域との比較．
    (e) モデルの検証．
(3) 地下水の揚水：揚水の過去の開発については，登録した井戸から得られたデータを使用して評価した．登録した井戸の増加と比例して2つの現場調査の揚水量が直線的に増加していると思われる．

A.2.5 モデルと離散化の選択

モデル領域の形状から，差分法よりも有利であるため，有限要素モデルを使用した．被圧帯水層での地下水の流れは2次元流であり，規定した境界条件，外側の供給量と揚水量，帯水層上部の漏水，透水量係数と貯留係数などの帯水層定数によるものと仮定した．

多量の地下水を揚水し水頭の変化が大きくなるエリアでは小さな要素を使用し，変化が小さいところでは大きな要素とした（図A.2.2）．全要素数は694で，節点数は388である．グリッドシステムは$749\,\text{km}^2$をカバーし，要素の平均面積は約$1\,\text{km}^2$である．透水量係数などの要素の値と揚水量などの節点の値は予備的な評価を使用して与えた．

A.2.6 モデルの検証

検証によって警告される項目として被圧帯水層の境界フラックスと透水量係数を最初に選択した．貯留係数と漏水係数は，調査した領域では境界フラックスと透水量係数よりも流れに与える影響は少ないため，これらの変化については考慮しない．

モデル確認において，各期間のシミュレーションの比較によるモデルの検証に次に示す3期間のデータを使用した．

(1) 1960年以前のデータ：1960年以前の収集したデータから比較的乱れていない状態での水頭分布を求めた．すべてのデータが古い町の中央付近に集中していたため，全体のモデル領域での流れの検証は不可能であった．

(2) 1981 年以降のデータ：1981 年に測定した水頭分布にはすでに地下水開発の増加の影響が現れていた．利用可能な過去の現地計測はほとんど同一エリアで実施されていた．
(3) 1989 年以降のデータ：中央部だけでなく，モデルエリアの西側と東側のデータを含むこのデータセットから，全体の状況のより完全な描写が可能である．

A.2.7　モデル解析の実行

モデル解析は 2000 年の水頭分布を評価する以下の 3 つのシナリオで実施した．
(1) 予測 A：予測 A はトータル揚水量が上昇しないという仮定を基にした．このシナリオは現実的でないが，検討期間での揚水量の定常状態の描写が得られる．2000 年には重大な水頭分布の変化は見られなかった．水頭分布の類似の理由は，揚水による被圧帯水層の変化の反応が速いためである．
(2) 予測 B：過去 10 年間で観測された年間の揚水量の増加が 2 倍ずつ増加していくと仮定している．シミュレーションによって，海水面以下約 25 m の最大水位低下量を予期しなければならないことが明らかになった．
(3) 予測 C：この予測では，全体の揚水量の観測した増加を 2000 年まで外挿した．開発によって，最低の水頭分布が海水面以下 35 m 程度まで低下し，広範囲にわたり海水面以下の水位まで低下させることになるだろう．

予測 A，予測 B，予測 C の結果を図 A.2.3 に示した．

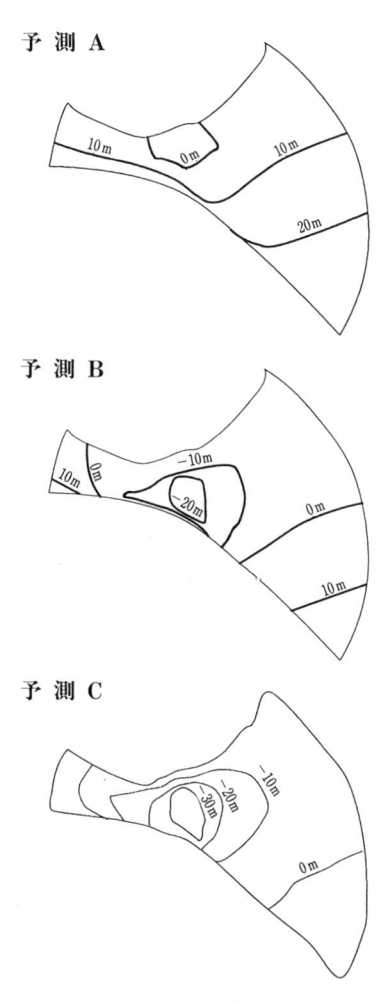

図 **A.2.3**　3 つのシナリオのモデル結果

A.2.8 モデルスタディの要約

セマラン盆地のモデルスタディは地下水の揚水による地下水位の変化を取り扱った．したがって，最も一般的なモデルの適用を表している．有限要素モデルでは，不規則な形状の境界に合わせて分割することができる．モデル入力データの不足は，境界・境界条件・帯水層定数を決定する際に，概算値を当てにしなければならない．100年以上遡ったボーリングの記録などの既存の記録の広範囲にわたる再調査は地下水システムに関する有益な情報となる．モデル解析の妥当性は，質量収支，セマラン盆地と比較したジャワ北部における地下水システムの調査結果とモデル結果の比較，モデル入力データの感度解析によって確認できる．モデルスタディの主要な制約は，揚水量が増加したときに不自然な境界がモデル解析にさらに影響を及ぼすということである．

A.3 ドイツでの観測網の設計

ドイツにおける地下水汚染の増加によって，地下水汚染源を確認するための多数の地下水観測システム設計の州計画が始められている．地下水観測網の設計の努力を最小にするため，既存のデータと地下水モデルを利用すべきである．

A.3.1 モデル化問題の記述

地下水汚染源は様々であるため，地下水の水質の解釈と観測システムの設計は困難である．各観測位置の影響の適切な領域は地下水のサンプルを地下水の起源と関連づける目的で評価されなければならない．揚水井の集水領域と同様に，観測位置の適切な影響領域は採取した地下水の起源の領域を意味する．このエリアの地下水システムに浸入する溶解物質は観測地点での地下水質に影響を及ぼす．このモデルスタディでは，モデルユーザーは観測した地下水の水質に影響を及ぼす主要な要因を見つけるための沖積地下水システムの既存の観測井戸の影響範囲を決定する必要がある．さらにモデルスタディは新しい観測井戸の設計を手引きしなければならない．

A.3.2 現場条件の評価

調査した地下水システムはライン峡谷の上部である（図A.3.1）．右方向では，地下水システムは山岳部によって境界を成している．また，伏流水も存在している．帯水層は砂と礫が混在した層で構成されている．帯水層システム全体の厚さは数百メートルである．異なる透水性を有する水文学的ユニットが確認されている．断層はモデル領域の帯水層厚の急激な変化をもたらしている．土地の利用と土の種類に

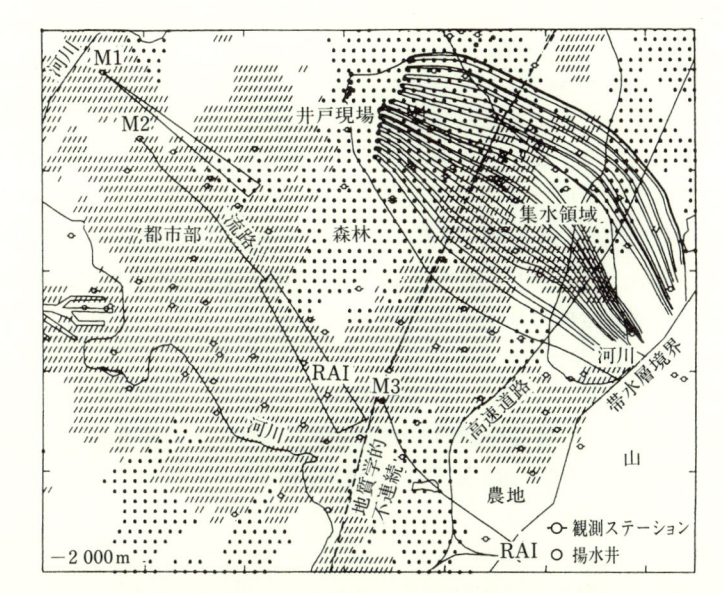

図 A.3.1 水平プレーンでの地下水流

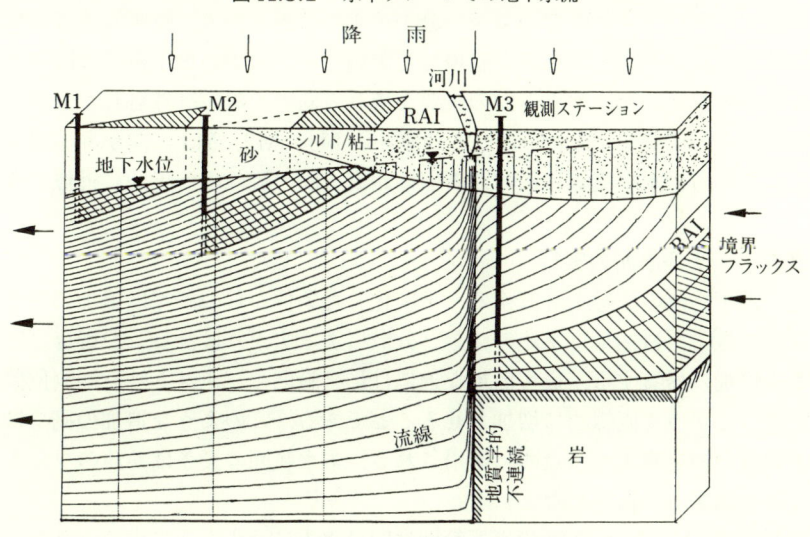

図 A.3.2 断面での地下水流

よって異なるが，自然の地下水供給が存在している．モデル領域の重要な部分は都市である．残りの部分は森林か農耕地である．地下水の流れは主にライン川の方向であり，固定水位境界として表される．地下水の流れは飲料水用の多数の揚水井戸によって影響を受ける．一つの揚水井戸群の集水範囲を図 A.3.2 に示す．

A.3.3　概念モデルの開発

観測井戸の影響領域の概算のための採水深度は鉛直流れ成分の巨大な広がりに影響される．したがって地下水流は3次元で表さなければならない．これは図A.3.2に示した．図A.3.2は主要な流れ方向に沿った流線を示している．深度方向に特化した観測井戸の影響領域は3次元の流線を決定することにより計算できる．地下水システムの境界（水位または流入境界）と流線の交点によって影響領域の概算値を求めることができる．図A.3.1に示したこの領域での主要な流れ方向は，面積 17×25 m をカバーする地域全体の地下水流モデルからわかる．既存の多層モデルは，水平方向に 250 m の一定のセルサイズの格子を基にしている．鉛直方向には帯水層は3層となっている．地下水モデルの上部の2つの帯水層は2つの地質学的ユニットと一致しており，3番目の層は今回のモデル化のアプローチでは考慮していない．既存モデルの鉛直方向の分割では上部の2つの帯水層内の3次元の流線の計算を考慮していない．

A.3.4　モデルの選択

鉛直流れ成分を表す既存の多層差分モデルの限界のため，モデル化は数値技術と解析技術のコンビネーションを利用して実施した．水平の地下水量は既存の多層流れモデルで解析した．水平方向の主要な流れ方向の流線が計算された．図A.3.1に井戸群近傍の流線を示した．3つの観測井戸M1，M2，M3に向かう流線も示している．これらの水平流線に沿った断面の鉛直方向の流れは解析的に近似できた．

A.3.5　モデル解析の実行

定常地下水流の流線を計算する．単純化した条件からの誤差は追加の概念によって説明できる．自然地下水流の変動と分散による広がりは計算した影響範囲の幅と長さの増加に帰着する．最も簡単な近似は影響範囲のジオメトリを観測位置からの距離にしたがって直線的に増加させることである．このような追加の概念は井戸の集水領域の幅を修正するために適用される．集水範囲の長さは井戸のフィルターの長さと一致すると仮定した．

観測井戸M1，M2，M3の影響範囲は図A.3.1に示すように求められた．観測井戸M1のサンプリング位置は地下水面を横切っている．したがってサイトを特定した条件が上流の細くて狭い地下水と同様に観測される．観測井戸M2は観測位置からある距離離れた位置を起源とする地下水を採水する．観測井戸M3はライン峡谷を起源とした地下水を採水できない．したがってこの観測井戸はライン峡谷の汚染源を検出するのに適していない．

A.4　フロリダ沿岸帯水層の塩水遡上モデル

検討領域はフロリダの西海岸中央に位置するタンパに隣接している．人口増加と地下水中の塩分を除去するための揚水の増加の結果によって，この地域での塩水遡上が 1920 年以来問題となっている．表流水が塩水化しているため，地下水は農業，家庭，工業に使用されている．この地域には，3 つの主要な井戸フィールドと多数の工業用井戸がある．水供給を管理するため上水道局が 1970 年に組織された．しかし，塩分を含んだ水は将来の井戸開発を制限するかもしれない．

A.4.1　モデル化問題の記述

モデルスタディの目的は，西側の井戸フィールドの安全な水位低下を評価し，今後の地下水資源の開発による影響を予測するために適切な数値計算ツールを開発することである．モデルスタディの特別な目的は選択した深井戸の影響評価と最近の塩化物の 3 次元的な移動を予測することを含んでいる．結果として得られた検証したモデルは，地下水計画の適用・開発を評価するための地下水管理ツールとして使用されている．

A.4.2　現場の評価

検討領域の地形は一般に平坦であり，最高でも平均海面上約 70 ft の高さである．直線状の台地となっている古代の海岸線と湿地周囲にある多数の穴がこの領域の地形学上の最も顕著な特徴である．

10〜50 ft の表土が数千 ft の石灰岩上にある．検討領域内の石灰岩は水平の位置に堆積したもので，その結果南東方向に傾いている．そのため，地層は南東方向に下がり層厚が厚くなっている．このシステムの最上部の 3 つの帯水層と被圧層はモデルでは 1 つにしている．

表層の帯水層システムは前節で述べた砂層である．上部の被圧層（Hawthorn Formation）は厚さが一定ではなく，海岸付近ではゼロであり南東では 70 ft にまで変化している．上部のフロリダ帯水層（タンパ石灰岩と Suwannee 石灰岩）は北東では厚さが 110 ft，南西では 480 ft の範囲である．半被圧帯水層（Ocala 石灰岩）は間隙率が小さく，厚さは約 250 ft である．基盤である下部のフロリダ帯水層（Avon Park & Lake City 石灰岩）は地表面下 900 から 1 200 ft 以上の厚さである．Lake City 石灰岩の基盤は地下水の流れを阻害する二水石膏と硬石膏で構成されている．これらの層がモデルの基盤を構成している．

主要な地下水供給源は年間52インチの降雨である．平均流出量は11インチ/年であり，流出量の半分は表流水で半分はベース流である．さらに水理学的バランスは揚水による水位低下によって部分的に重大な変化をきたす可能性がある．

地下水の流出は揚水，海への流出，上方への漏水によって生じる．1987年5月には，一日12900万ガロンの地下水を検討領域から揚水することが許可されていた．これは領域からの8.4インチ/年の流出と等しい．

地下水面の高さは降雨の影響で周期的に数ft変動する．地下水は北東から西（メキシコ湾）と南東（旧タンパベイ）へと流れる（図A.4.1）．水面の低下は表土から下部帯水層への漏水により，すべての井戸現場周囲で生じるフロリダ帯水層システムでの流れパターンは同様である．

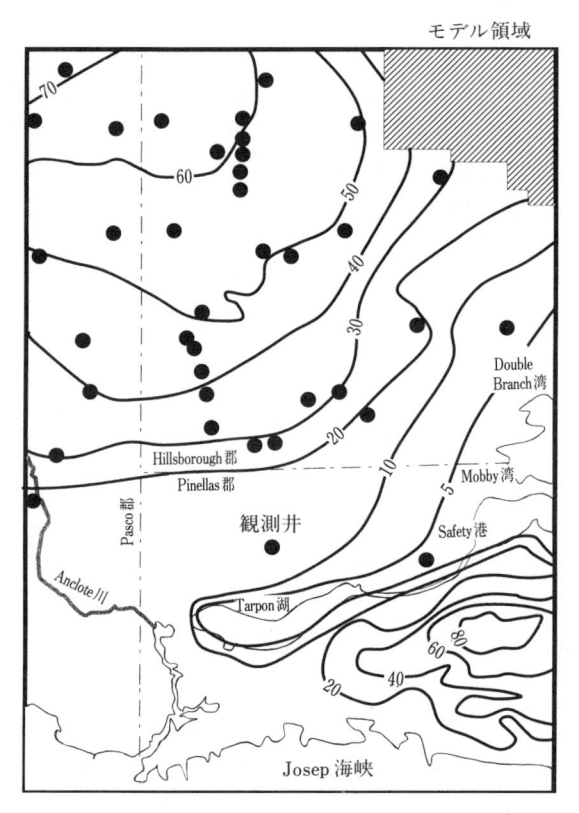

図 A.4.1　対象地域

A.4.3 概念モデルの開発

　この領域の地下水システムは，数百本の井戸，地下水開発の歴史，多数の研究によってよく知られている．考えられる技術的な問題点は，地下水管理の実施の変更と便利な管理ツールの開発を目的とした塩水フロントの位置の予測である．解析するための重要な物理的過程は塩水の密度流とこの領域内の多数の揚水井を含んでいる．

　モデル化アプローチを次のように選択した．
(1) 境界条件のテスト，マテリアル特性の確認，感度解析の実行のためのいくつかの2次元断面モデルの開発
(2) 3つの帯水層での揚水井戸の効果と塩水挙動の近似的な表現を一つにするための3次元モデルの開発

　モデルのサイズは，自然境界（西側と南西では海と旧タンパベイ），サイト特有のデータ（モデルのベース）の広がり，外側の井戸現場（北と東）の干渉，他のモデル（北と東）でカバーしている領域を基にして選択した．

　モデルを基本的に西と南西への塩水くさびが浸入し，フロリダ帯水層の上部および下部から揚水する8か所の井戸フィールドも考慮した水平の3つの帯水層システムとして図化した．明記した値と流量の組合せは，モデルの境界条件を決定するために使用した（図A.4.2）．深さによって変化する観測した水頭と塩化物の値は，西

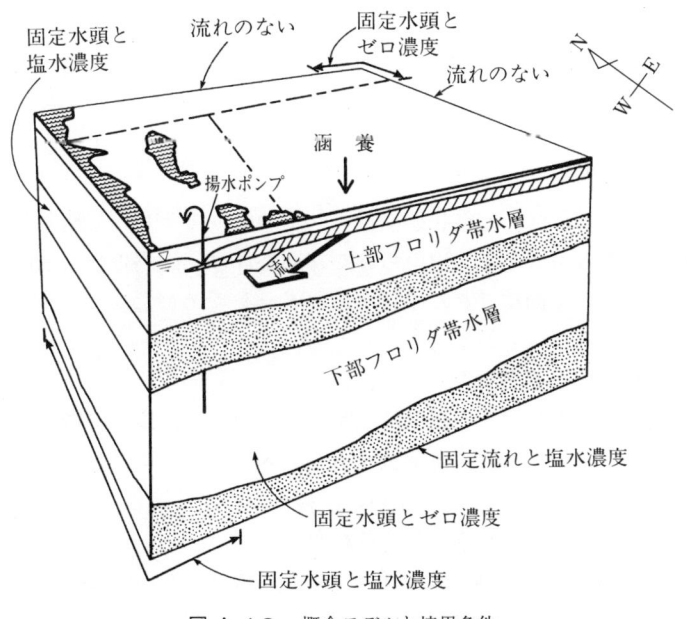

図 A.4.2 概念モデルと境界条件

側の境界から供給されている．海部の境界に沿って，塩水の浸入（深い部分）と淡水の流出（表層）が生じている．そこで，流出が生じているところでの濃度の勾配がゼロの境界条件を仮定した．モデルのベースに沿って，塩水くさびの外側では供給量条件が明らかになる．この量は下部帯水層からの塩分の供給を表している．たった1本か2本の井戸がこれらの深度まで到達しているだけなので，この塩分の供給濃度は未知であり，モデル検証の際に変化させている．北東の角を除くモデルの北と東の境界は，地下水分割と一致している．供給と揚水は，地下水および表層水の相互作用，降雨の浸透，空間と時間によって変化する地下水の揚水と一致し，このようにシミュレートできた．

A.4.4　モデル入力データの選定

多数の透水係数の計測値に基づいて同定された水理的に異なる6つのユニットは，モデルにおいて規定され，帯水層パラメータは，各ユニット内で一定と仮定された．各帯水層の厚さと各加圧ユニットは，（井戸付近の特別な処置を用いて）できる限り正確に3次元モデルに分割された．そして，厚さの変化がよくわからない場所においては（全体にわたって正確な透水量係数を評価するために）透水係数の変更が用いられた．

800以上の井戸の地下水揚水量は既知であり，農業揚水量は許容率と農作物係数に基づいて推定された．揚水量は，局所的な透水量係数に比例して各井戸のすべての開孔間隔の鉛直方向に分配され，同じセルに流れ込む揚水量は結合された．異なる揚水データベースを結合し，データをモデル領域上に写像し，数値解析で容易に認識されるフォーマットでデータを与えることを目的としてモデルのプリプロセッサーが開発された．

初期モデルの実行は，定常状態で行われるので，モデルの初期条件は，計算を始めるためだけのものである．用いられた初期条件は，観測された水位と塩化物濃度が0の値に基づいて簡約された水理水頭パターンであった．

A.4.5　モデルの選定と分割

適用に際して数値モデルの選定は，問題の3次元性，塩水の密度流，利用できるコンピュータシステム上での地下水マネージメントツールとしてのモデルの実行の3つの考えに基づく．少数のコードは，これらの要求に適合し，モデルの選択は，地下水調査機関とモデラーの間で合意された．

3次元モデルは，東西に約22マイル，南北に約15マイル，鉛直方向に約1500 ftに拡張された．モデル領域の方位は，主な井戸付近における支配的な流れ方向を

考慮して選定された．セルのディメンジョンは，極端なセルアスペクト比やペクレ数に関連した数値問題を避けるようにデザインされ，それらは井戸付近で細かく，内陸境界付近ではより粗く選定された．セルサイズは，$1\,000 \times 2\,000 \times 20\,\mathrm{ft}$ から $6\,000 \times 12\,000 \times 280\,\mathrm{ft}$ の範囲で，全セル数は約 25 000 であった．

A.4.6　モデルのキャリブレート

通常，流れのキャリブレーションが輸送のキャリブレーションに先んずる．しかし，この場合流れと輸送の計算は，密度効果によって強く結びついており，そのために，流れと輸送のキャリブレーションは同時に実行された．非常に湿った期間の多量のデータであるということと，1980 年代の揚水率が急に増加する前で平衡状態が近似できることより 1979 年 5 月のデータが定常状態のキャリブレーションのために選ばれた．不正確な境界条件を調整し，透水性と Howthorn Formation の異方性を変化させ，分散性を 4 倍まで変化させ，14 回の計算を行った．ポテンシャル面と水面位置の予測結果は，観測結果とほとんど変わらなかった．塩化物濃度分布の予測値は，200 以上の観測値と比較された．

観測値は非常にばらつきやすく，性質も異なっている．よって，キャリブレーションは井戸に強く関心のある場所での比較に基づいて行われた．サンプル断面を図 A.4.3 に示す．全体の予測は，当時における観測値の 80% 程度の大きさであり，3 つの主要な井戸の近傍の高濃度領域において最もよく一致している．キャリブレーションモデルの結果は，定常状態の実行と非定常の検証のために用いられた（すなわち，異なる揚水量と降水量で，他のすべてのパラメータは同じにして）．定常状態の検証は完全に満足されず，非定常の検証は 1979 年 5 月から 1981 年 5 月までの期間における状態の現実的な予測に帰着した．

A.4.7　モデルシミュレーションの実行

キャリブレーションモデルと検証モデルを用いて，2 つの状況がシミュレートされた．はじめに，最も大きい井戸領域における 20 本の井戸を深くする効果が予測された．結果は，下の帯水層における水質悪化と，揚水量の多い上の帯水層における水質の改善が示された．次に，定常状態に近づくかどうかを確認するために，定常と非定常の予測値が比較された（図 A.4.4）．涵養量と揚水量を毎年変化させた場合と毎月変化させた場合の予測結果へ及ぼす影響も確認された．定常予測値と非定常予測値が異なるため，塩化物の移動は非定常計算においてより現実的であり，塩化物の移動は，1 か月よりも長いタイムスケールで生ずることより，変化する揚水量と涵養量は 1 年のタイムステップが適切であると結論された．加えて，モデルのよ

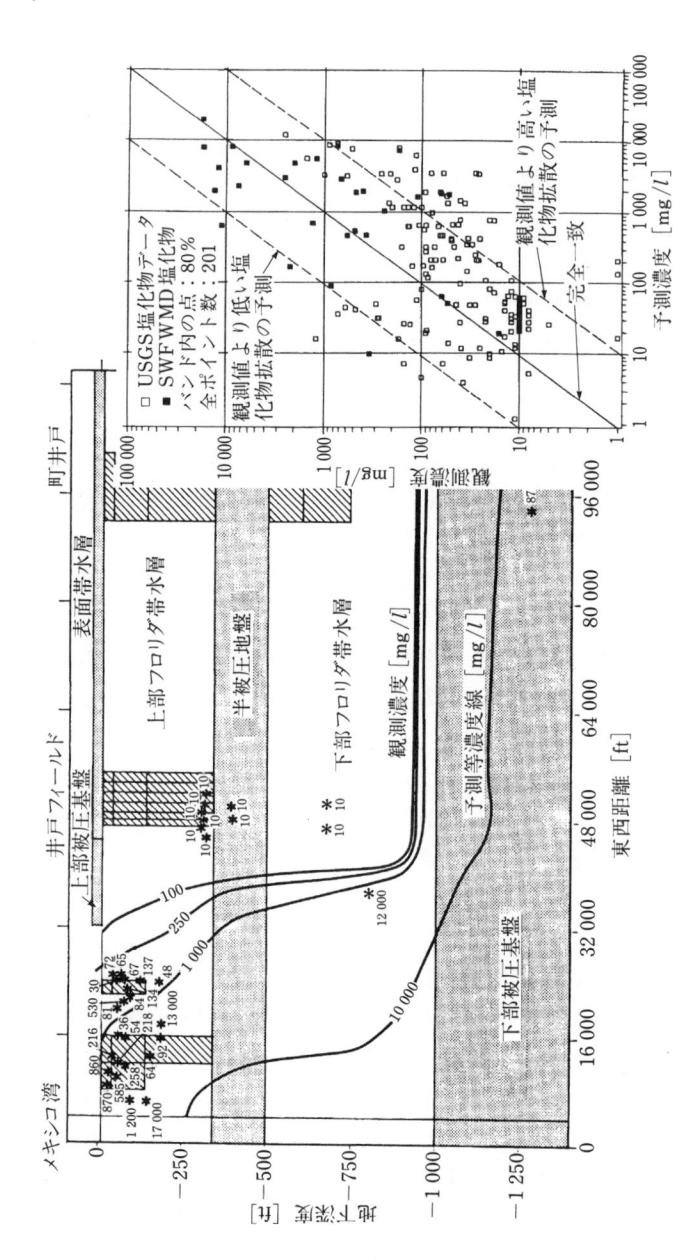

図 A.4.3 塩化物分布の予測

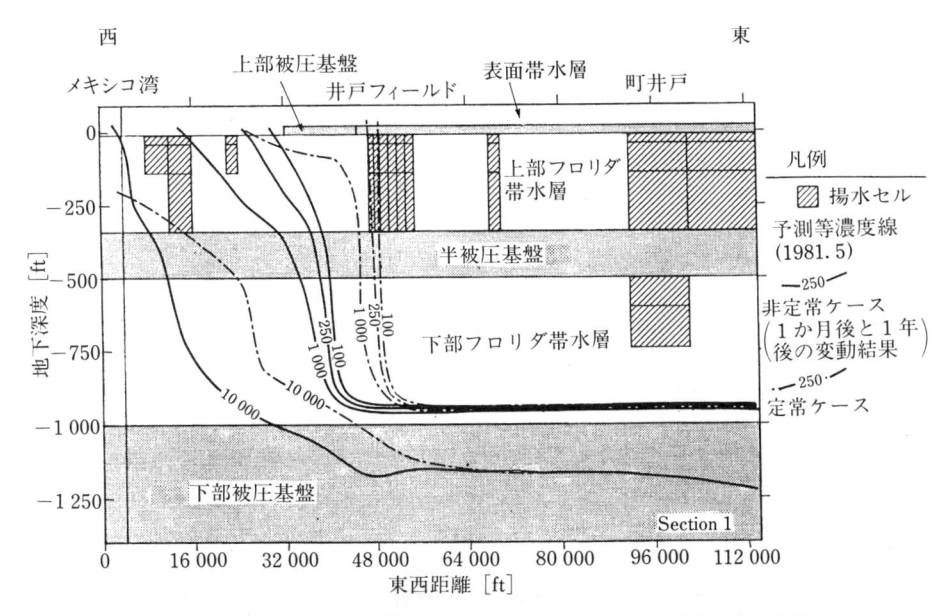

図 **A.4.4** 非定常および定常シミュレーションのための塩化物分布の比較

り一層の使用と将来のデータ収集が推奨された．

A.5 サイトの修復

　このケーススタディでは，地下水解析と乾燥気候のサイトにおける溶剤の浄化について述べる．このケーススタディにおいて述べるデータは，1つのタイムステップにおける解釈である．したがって，それは最終的な結論と異なるかもしれない．溶剤は地下タンクから漏洩し，数年間にわたり乾いた井戸中へ流れ込んだ．周辺地は，当初果樹園として利用されていたが，工場地区と居住地区が混合して発展した．サイトの1マイル四方内に2, 3の個人用灌漑井戸があったが，南向きの公共の供給井戸はより透水性の良い帯水層に配置された．

A.5.1　問題

　汚染物質の主成分はトリクロロエチレン（TCE）であった．TCE は，地下水より重く，粘性が小さいため，地中および岩盤中をより早く移動する．TCE は，地表下において次第に生物分解され，吸着や揮発も起こる．1970年代より前に，このタイプの汚染物の法的規制は，ほとんど整備されていなかった．しかしながら，現在，

帯水層中の TCE の水質基準は，この地域で，5 ppb である（図 3.2 参照）．
　このモデルスタディの主な目的の1つは，汚染した地下水を回収するための有効な方法の設計に役立てることであった．しかしながら，水理状況および汚染プルームの挙動と配置が最初によくわかっていないので，モデルの第1の目的は代表的概念モデルの開発，サイト特性を考慮した井戸配置の選定の補助，汚染範囲の予測となった．

A.5.2　実状態の評価
　プラントサイトは，主要な河川流域の縁に位置する．基盤は，プラントの西側に露出し，主な谷と帯水層は南に位置する．ボーリング調査より6種類の地層が示され，表層はシルト混じり砂か砂混じり礫の沖積層である．沖積層厚は，プラントサイト箇所で 20 ft から，南へ2マイルの箇所で 240 ft までである．そして，5つの基

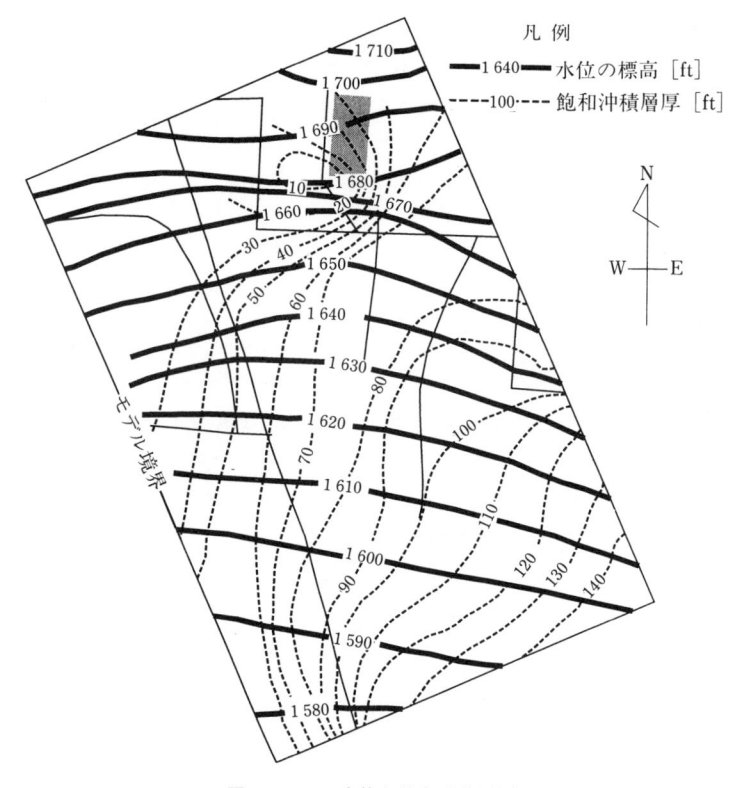

図 A.5.1　水位と飽和沖積層厚

盤層が確認された．基盤層表面は，プラントサイトの南へ向かって高くでこぼこであり，全体的に南西へ向かって傾斜している．基盤は，南西へ延びる断層を含み，風化と亀裂の程度の違いを示す．

水面は，地表面下 100 ft から 130 ft の深さに位置し，沖積層の飽和帯厚さは，10 ft から 140 ft に変化している（図 A.5.1）．沖積層と基盤層の帯水層試験より，各層において不均質性と異方性が示された．全体の流れ系は，復水領域における西への上昇勾配と，流出領域における下降勾配が含まれ，揚水パターンを変化させることによって応答が変化する．

A.5.3　概念モデルの展開

このモデリングを引き受けたとき，沖積層の地下水位状況は大体理解されたが，基盤中の流れの詳細がよくわかっておらず，経時データとソースデータについての詳細情報が不足していたため概念モデルは全域において不正確となった．モデル解析によって示された技術的な論点は，以下のとおりである．
(1) 浄化システムの設計（配置，深さ，揚水井戸の揚水率など）
(2) 濃度分布の長期間の予測（30 年前〜50 年後まで）
(3) 観測された汚染プルームの挙動の解釈

シミュレートにおいて基本となる化学的および物理的過程は，TCE の密度流，TCE 原液から溶液への溶解，基盤中の流れと輸送である．

6 年計画の異なる段階でデータの有効性とモデルの目的が変わるため，2 次元および 3 次元のモデル解析の両方を含む，3 段階のモデリングアプローチが用いられた（図 A.5.2）．2 次元モデルは，予備調査において用いられた．最終的に，3 次元モデルが以下の理由で用いられた．
(1) 地下水汚染は，沖積層と基盤層の両層で観測されたので，両層ともモデル領域に含まれた．
(2) 溶解ソースは，ほとんどの場合点源であった．
(3) 鉛直動水勾配（上昇および下降）は，汚染物質の移動に影響を及ぼす．
(4) 異なる深度にスクリーンを施した浄化井戸のシミュレーションが必要であった．

一般モデルは，地下水流れが非常に異なる速度の 2 層系（沖積層と基盤層）とされたが，両層の溶剤輸送は同程度の速度であり，2 層間の上下置換はモデル領域を横切って生じるものとした．溶剤ソースのための概念モデルは，種々の間接データに基づいて作られた．例えば溶解していない TCE ははじめ水面より上の間隙中にとどまっている．溶解していない TCE が基盤中に確認され（投棄の主領域付近），最も高濃度の TCE が，そのサイトで TCE を使用しなくなってから 20 年後に，ソー

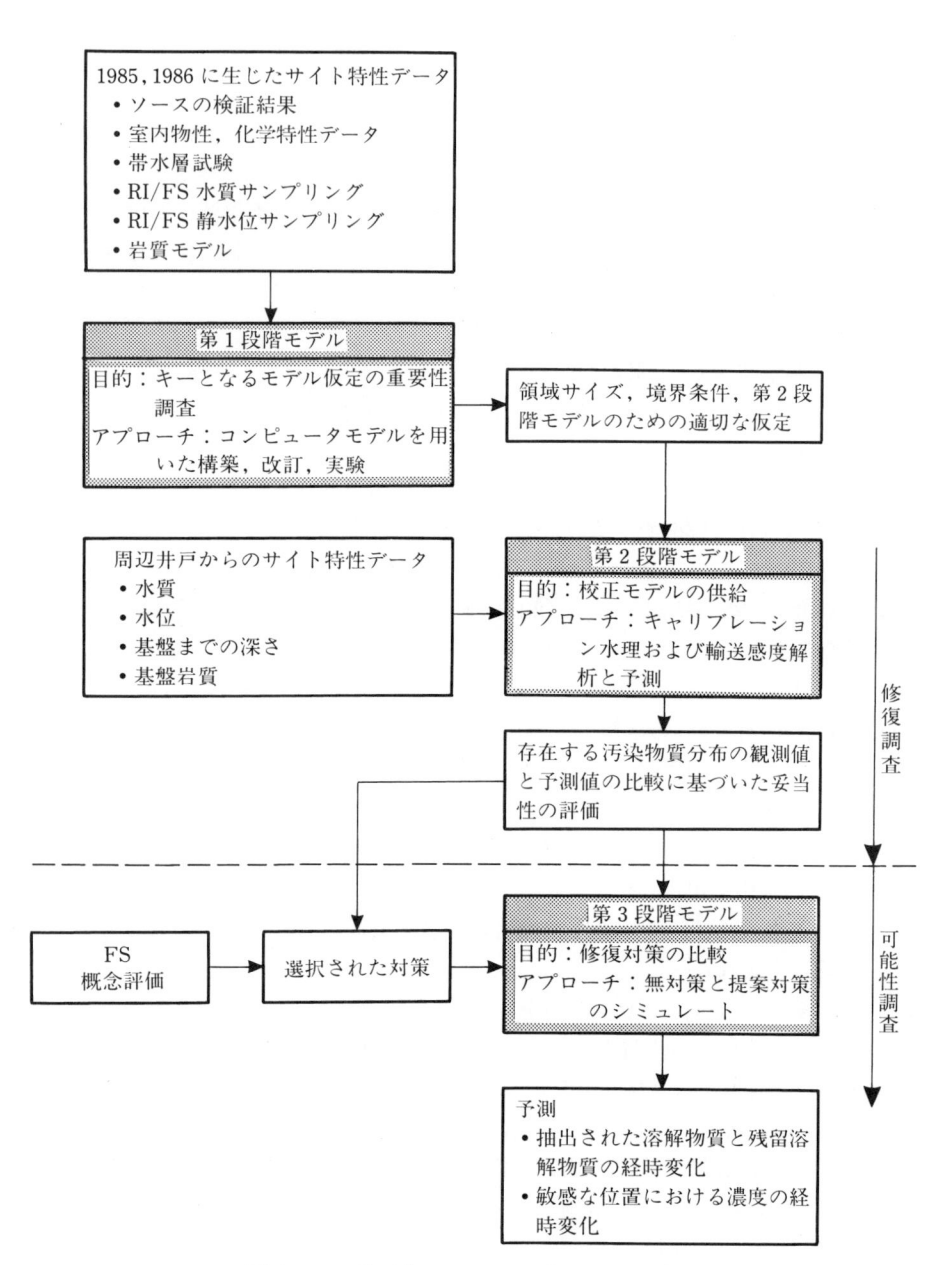

```
┌─────────────────────────────┐
│ 1985, 1986に生じたサイト特性データ │
│ • ソースの検証結果            │
│ • 室内物性,化学特性データ      │
│ • 帯水層試験                  │
│ • RI/FS水質サンプリング       │
│ • RI/FS静水位サンプリング     │
│ • 岩質モデル                  │
└─────────────┬───────────────┘
              ↓
┌─────────────────────────────┐
│       第1段階モデル          │
│ 目的:キーとなるモデル仮定の重要性 │──→ 領域サイズ,境界条件,第2段
│     調査                     │    階モデルのための適切な仮定
│ アプローチ:コンピュータモデルを用 │
│     いた構築,改訂,実験       │
└─────────────────────────────┘
                                         │
┌─────────────────────┐  ┌──────────────↓──────────────┐
│周辺井戸からのサイト特性データ │→ │      第2段階モデル           │
│ • 水質              │  │ 目的:校正モデルの供給         │
│ • 水位              │  │ アプローチ:キャリブレーショ   │
│ • 基盤までの深さ    │  │     ン水理および輸送感度解   │
│ • 基盤岩質          │  │     析と予測                 │
└─────────────────────┘  └──────────────┬──────────────┘
                                         ↓
                         ┌─────────────────────────────┐
                         │ 存在する汚染物質分布の観測値 │
                         │ と予測値の比較に基づいた妥当 │
                         │ 性の評価                     │
                         └──────────┬──────────────────┘
- - - - - - - - - - - - - - - - - - │ - - - - - - - - - - - - - -
                                    ↓
┌──────┐   ┌──────────┐   ┌─────────────────────────────┐
│ FS   │→ │選択された │→ │      第3段階モデル           │
│概念評価│   │ 対策     │   │ 目的:修復対策の比較          │
└──────┘   └──────────┘   │ アプローチ:無対策と提案対策  │
                         │     のシミュレート            │
                         └──────────┬──────────────────┘
                                    ↓
                         ┌─────────────────────────────┐
                         │ 予測                         │
                         │ • 抽出された溶解物質と残留溶 │
                         │   解物質の経時変化           │
                         │ • 敏感な位置における濃度の経 │
                         │   時変化                     │
                         └─────────────────────────────┘
```

修復調査

可能性調査

図 **A.5.2** 地下水モデリングアプローチの3段階

ス領域の近くで観測された．そして観測された地下水濃度は，投棄された全 TCE ボリュームの数パーセントのみを示すものであった．これらのデータに基づいて，TCE の大部分は，その比重が 1.46 であることにより，地下 150 ft の基盤の亀裂中へ下降したと仮定される．そして，高濃度の TCE 領域は，停滞して残り，長い期間をかけて徐々に溶解する．これらの仮定は，モデルにおいてテストされた．

　モデル領域の大きさは，まず解析モデルと，2 次元数値モデルによって推定された将来の汚染プルームの範囲を取り囲むように選択する．モデルの基底は，低透水性基盤（地下約 400 ft）との境界面で得られる．この境界は最初は観測された動水勾配に基づいてフラックス境界として取り扱われた．鉛直境界は，いくつかの鉛直流れをもって，既知水頭境界として仮定された．表面境界は，土地利用・灌漑・水路からの漏洩に基づいた浸透率を合併し設定した．

A.5.4　モデル入力データの選定

　このサイトにおけるフィールドプログラムとして，200 点以上の観測点（いくつかの多層井戸において，鉛直に 20 点まで）の設置とモニタリング，土壌ガス調査，ソース検定調査が実施された．室内プログラムとしては，物理化学分析，生物分解試験，吸着試験が実施された．このモデルは，不正確な基盤層における水頭変化とポテンシャルソースにおける詳細の不足に適用しなければならなかった．ほかのパラメータを，モデルキャリブレーション中に変化させて，それらの精度の影響をモデルの感度解析によって評価した．

　沖積層は，不均質でその水理特性は，揚水試験結果によって判断された．沖積層は，厚さが変化し飽和厚さと透水係数の相関がわかった．この関係は，観測点間の透水係数の内挿に用いられ，1 オーダー以上変化する透水係数の分布となることを示した．基盤層の透水係数は，パッカー試験結果によって計測され，2 オーダー以上変化した．5 つの各基盤層内の透水係数は，各々一定と仮定された．

　定常流解析は，初期流れ場をつくるために用いられた．初期濃度は，領域全域でバックグラウンドレベルと仮定した．

A.5.5　モデルと分割の選定

　モデルの選定は，はじめに高密度な汚染物質の 2 次元流れをシミュレートする必要性に基づいてなされた．しかしながら，後のモデル選定は問題の 3 次元性，複数点浄化井戸のシミュレートの必要性，モデル解析がマイクロコンピュータ上で行われる要求に基づいてなされた．

　モデル領域は，前に述べられたように当面の汚染プルームを取り囲み，約 2 マイ

ル（プルームの中心線に沿って）× 1.5 マイル（流れ方向と直角に）× 400 ft にした．より大きな領域は，フィールドデータの外挿と他の溶剤プルームの結合が必要となる．

　この領域を取る方向は，基盤表面の傾斜（南西のプラントサイト近傍へ）と断層の方向（南東へ）を考慮して選定した．この方向は，高密度なプルームが地下水の流れる方向よりも基盤の形状に従って移動する可能性により選択された．モデル要素の大きさは，密度効果を捕らえるためにソース近傍で最も細かくした．しかしながら，比較的細かい要素が揚水井が位置する場所においても必要となった．モデル分割は数値分散が予測結果に影響しないことを証明するために，より細かいグリッドを用いて同じ輸送ケースを実行することによって検定した．計算に用いた要素は，100 × 100 × 10 ft から 1 000 × 1 200 × 60 ft まで変化し，全要素数は 32 000 であった．

A.5.6　モデルのキャリブレーション

　モデルのキャリブレーションは，モデリングの進行に伴いフィールドプログラムが拡張されるために，数段階において行われた．複雑さの異なる5つのサイトモデルには，調査の6年間以上が費やされた．3次元モデルのキャリブレーションは，54ケースとタイムステップと計算グリッドの検定も含む主な入力パラメータの感度解析を実行することにより行われた．フィールドプログラムの2つの様相は，モデル予測値の信頼性を高めた．

　第1に，観測されたプルーム濃度の中心線は解釈しにくかった．地下水流の方向は南東へ向かっていたが，観測された最も高い濃度はプラントの南側 0.5 マイルの地点で見つかった．モデル予測は，はじめに高密度な TCE 液は基盤の形状に従って南西へ移動する傾向にあり，その後（低濃度で）地下水流に従って南東へ移動したことが示された．この予測されたプルームの形状は，観測値とよく一致している（図 A.5.3 中の 20 000 ppb を超える濃度の井戸を参照）．第2に，モデル予測は地下水汚染が最初のモニタリングネットワークにより外に1マイル以上離れた場所まで存在すると示唆した．その後，プルームの外辺位置に配置された観測井（図 A.5.3 中のボックス内に示される井戸）は，プルームが初期のモニタリングネットワークからのデータに基づいた予測値よりもっと先まで広がっていることを示した．これらのモデル予測値とその後に集められたモニタリングデータの比較によってモデル予測値が確証された．

　キャリブレーションされた流れモデルは，観測点から 1 ft 以内の沖積層における水頭の予測値，基盤中の水頭の予測値と観測値の妥当な一致，飽和帯厚さ，鉛直動水勾配を示した．沖積層における TCE 濃度の予測値と観測値を図 A.5.3 に示す．感

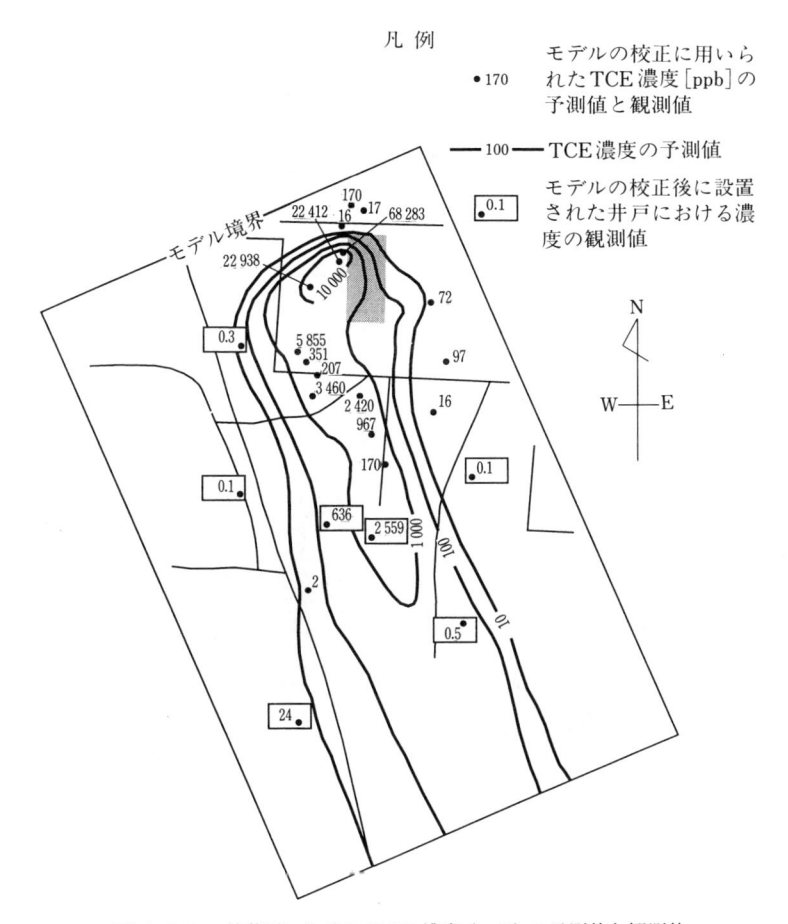

図 A.5.3 沖積層における TCE 濃度 (ppb) の予測値と観測値

度解析は，不正確な入力パラメータの変更が結果の予測値を 1 オーダー上げる可能性があることを示した．多くの井戸において，観測濃度値の標準偏差は平均観測値とオーダーが同じである．結果として，予測濃度値は，オーダーが正確であると考えられ，オーダーより小さい予測値と観測値の差は，考慮しなかった．それにより，輸送の予測値は（200 以上ある）モニター配置の 80％以上の観測値とよく一致した．また，モデル予測値は，水理調査地域の外側と，ソースの上流側ではあまり一致しなかった．

A.5.7 モデルシミュレーションの実行

キャリブレーションされたモデルは，帯水層修復の効果を比較するために可能性

揚水開始後20年

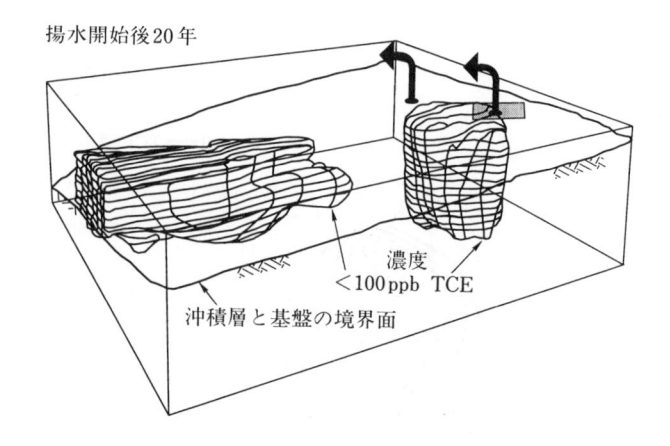

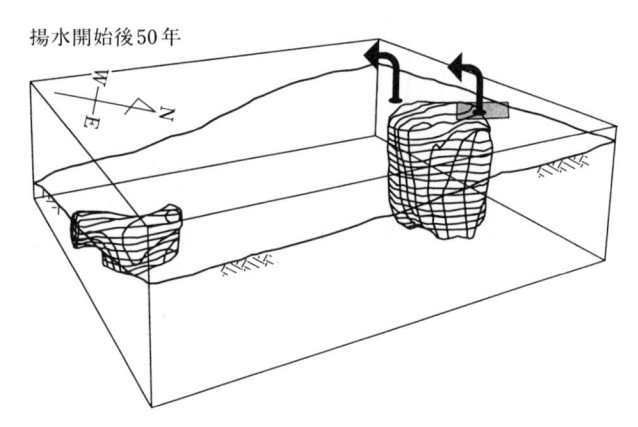

濃度 <100 ppb TCE
沖積層と基盤の境界面

揚水開始後50年

図 **A.5.4** TCE プルーム挙動の予測

のある浄化対策のシミュレートに用いられた．5つの異なる揚水井のネットワーク，いろいろな組合せのバリア，地下水のフラッシング，ソースの処理が評価された．モデルキャリブレーションの間に展開された，TCE ソースが基盤中に高濃度領域として継続的に存在するという仮定は，ソースの除去が帯水層の汚染を防ぐために必要であることを意味する．1986年から50年間の予測は，プラントサイトからのTCE輸送が含まれるが，仮の処置を超えて域外に存在する TCE は希釈されながら南東へ拡散し続けることを示す（図 A.5.4）．予測された浄化井戸内の濃度の時刻歴と汚染プルームの残留質量は，長期にわたる井戸浄化の効果を評価することなどに用いられた．

　モデリングされた浄化対策が行われた数年後，浄化井戸内における濃度の予測値と観測値が比較された．公式検査は行われなかったものの，ソース付近の浄化井戸

における予測値は将来の濃度を（1オーダー以上）過剰に予測したが，汚染プルーム中の浄化井戸内における濃度の予測値はモデルによってよく近似された（2倍以内）．

ソース近傍の濃度の予測値と観測値の不一致についていくつか考察できる．それらのうちの3点を以下に示す．

(1) 将来のソースの寿命，ボリューム，濃度についての仮定がずっと変化しなかった．
(2) ソース付近の浄化井戸が，モデル予測より汚染ソースの収集が効果的であった．
(3) ソース付近のサイト状態が不適当にモデル化された．

付録 B
水理地質学上のパラメータの代表的な値

- 表 B.1　間隙率
- 表 B.2　比産出率
- 表 B.3　水平方向の透水係数
- 表 B.4　鉛直方向の透水係数
- 表 B.5　比貯留係数
- 表 B.6　不飽和透水係数の関係式
- 表 B.7　体積含水率と負の圧力水頭との関係式

表 B.1 間隙率

材料	間隙率 [無次元]	参考文献
無水物	$(5-50)\times10^{-3}$	J
チョーク	0.05–0.20	J
玄武岩	0.03–0.35	A
玄武溶岩および堆積物	0.10	L
チョーク	0.023	L
亀裂性チョーク	0.05	L
粘土	0.34–0.57	A
粘土	0.45–0.55	B
湖成粘土	0.40	D
湖成粘土	0.44	D
海成粘土	0.48	C
氷河期粘土	0.3–0.35	E
シルト質粘土	0.38	F
氷河期海成粘土	0.64	G
白雲石	0.05–0.15	J
白雲石	0.034	J
亀裂性白雲石	0.18	W
亀裂性白雲石	0.12	N
亀裂性白雲石	0.024	O
亀裂性白雲石	0.07–0.11	P
亀裂性白雲石および石灰岩	0.06–0.6	Q
風化はんれい岩	0.42–0.45	A
風化花崗岩	0.34–0.57	A
花崗岩	1×10^{-3}	K
オシアン花崗岩	$(3.1-22)\times10^{-3}$	H
スコットランド低地地方花崗岩	$(2.2-2.7)\times10^{-3}$	H
スキーン合成物花崗岩	$(1.2-4.6)\times10^{-3}$	H
コーンウォールカルンメネリス地方花崗岩	$(6-8.8)\times10^{-4}$	H
スウェーデン花崗岩	$(5-700)\times10^{-4}$	I
亀裂性花崗岩	0.02–0.08	V
礫	0.3–0.4	B
細礫	0.25–0.38	A
粗礫	0.24–0.36	A
砂礫	0.2–0.35	B
石灰岩	0.7–0.56	A
石灰岩	0.01–0.10	B
石灰岩	0.05–0.15	J
石灰岩	0.35	R
石灰岩	0.23	S
石灰岩	0.12	O
亀裂性石灰岩と石灰質砂岩	0.25	T
亀裂性石灰岩	0.01	U

表 B.1　間隙率（つづき）

材料	間隙率 [無次元]	参考文献
岩塩	1×10^{-3}	J
細砂	0.26–0.53	A
細〜中砂	0.30–0.35	B
均質砂	0.3–0.4	B
中〜粗砂	0.35–0.40	B
粗砂	0.31–0.46	A
沖積粗砂	0.41	D
沖積中砂	0.43	D
沖積細砂	0.51	C
海成砂	0.41	C
砂岩	0.14–0.49	A
砂岩	0.10–0.20	B
砂岩	0.05–0.15	J
砂岩	0.32–0.48	X
片岩	0.04–0.49	A
頁岩	0.01–0.1	B
頁岩	0.01–0.1	J
シルト	0.34–0.61	A
シルト	0.40–0.50	B
砂質シルト	0.39	D
粘土質シルト	0.34	D
レスシルト	0.50	C
シルト石	0.21–0.41	A
土	0.5–0.6	B

参考文献
(A) Morris, D. A., and A. I. Johnson. 1967. Summary of hydrological and physical properties of rock and soil materials as analyzed by the hydrologic laboratory of the U.S. Geological Survey. USGS Water Supply Paper 1839-D.
(B) Todd, D. K., 1980. *Ground Water Hydrology*. 2d ed., New York: Wiley, p.535.
(C) MacCary, L. M., and T. W. Lambert, 1962. Reconnaissance of ground-water resources of the Jackson Purchase region, Kentucky. USGS Hydrol. Inv. Atlas HA-13.
(D) Johnson, A. I., and D. A. Morris, 1962. Physical and hydrologic properties of water bearing deposits from core holes in the Las Banos-Kettleman City area, California. Denver, CO, USGS Open File Report.
(E) Grisak, G. E., and J. F. Pickens, 1980. Solute transport through fractured media 1 & 2. *Water Resources Res.* 16(4), 719–739.
(F) Crooks, V. E., and R. M. Quicgley, 1984. Saline leachate migration through clay: A comparative laboratory and field investigation. *Can. Geotech. J.* 21, 349–362.
(G) Desaulniers, D. E., 1986. Groundwater origin, geochemistry, and solute transport in three major glacial clay plains of east-central North America. Ph.D. thesis. Dept. of Earth Sciences, University of Waterloo, Ontario, p.445.
(H) Lever, D. A., and M. H. Bradbury, 1975. Rock-matrix diffusion and its implications for radionuclide migration. *Mineralogical Magazine* 49, 245–254.
(I) Skagius, K., and I. Neretnieks, 1986. Porosities and diffusivities of some nonsorbing species in crystalline rocks. *Water Resources Res.* 22(3), 389–398.

(J) Cross, A. G., T. F. Lomenick, R. S. Lowrie, and S. H. Stow, 1985. Evaluation of five sedimentary rocks other than salt for high level waste repository sitting purposes. Oak Ridge, Tenn., Oak Ridge Nat. Lab. ORNL/CF-85/2N2.
(K) Norton, D., and R. Knapp, 1977. Transport phenomena in hydrothermal systems: Nature of porosity. *Amer. J. Sci.* 27, 913–936.
(L) Grove, D. B., 1977. The use of Galerkin finite-element methods to solve mass transport equations, Rep. USGS/WRD/WRI-78/011. USGS, Denver, CO. (Available as NTIS PB 277-532 from Natl. Tech. Inf. Serv., Springfield. VA)
(M) Halevy, E., and A. Nir, 1962. Determination of aquifer parameters with the aid of radio-active tracers. *J. Geophys. Res.* 67(5), 2403–2409.
(N) Grove, D. B., and W. A. Beetem, 1971. Porosity and dispersion constant calculations for a fractured carbonate aquifer using the two-well tracer method. *Water Resources Res.* 7(1), 128–134.
(O) Kreft, A., A. Lenda, B. Turek, A. Zuber, and K. Czauderna, 1974. Determination of effective porosities by the two-well pulse method. Isot. Tech. Groundwater Hydrol., Proc. Symp., vol.2. pp.295–312.
(P) Walter, G. B., 1983. Convergent flow tracer test at H-6: Waste isolation pilot plant (WIPP), southeast New Mexico (draft). Hydro Geochem. Inc., Tucson. AZ.
(Q) Claasen, H. C., and E. H. Cordes, 1975. Two-well recirculating tracer test in fractured carbonate rock. *Nevada Hydrol. Sci. Bull.* 20(3), 367–382.
(R) Bredehoeft, J. D., and G. F. Pinder, 1973. Mass transport in flowing groundwater. *Water Resources Res.* 9(1), 144–210.
(S) Fenske, P. R., 1973. Hydrology and radionuclide transport, monitoring well HT-2m, Tatum Dome, Mississippi. Proj. Rep. 25. Tech. Rep. NVD-1253-6. Center for Water Resour. Res., Desert Res. Inst., Univ. of Nev. Syst., Reno.
(T) Segol, G., and G. F. Pinder, 1976. Transient simulation of saltwater intrusion in southeastern Florida. *Water Resources Res.* 12(1), 65–70.
(U) Rabinowitz, D. D., and G. W. Gross, 1972. Environmental tritium as a hydrometeorologic tool in the Roswell Basin, New Mexico. Tech. Completion Rep. OWRR:A-037-NMEX, New Mexico. *Water Resources Res. Inst.*, Las Cruces.
(V) Dieulin, A., 1980. Propagation de pollution dans un aquifere alluvial: L'effet de parcours. Doctoral dissertation. Univ. Pierre et Marie Curie-Paris VI and l'Ecole Natl. Super. des Mines de Paris, Fontainebleau, France.
(W) Bentley, H. W., and G. R. Walter, 1983. Two-well recirculating tracer tests at H-2: Waste Isolation Pilot Plant (WIPP), southwest New Mexico. Draft paper, Hydro Geochem., Inc., Tucscon. AZ.
(X) Oakes, D. B., and Edworthy, D. J., 1977. Field measurement of dispersion coefficients in the United Kingdom. *Ground Water Quality, Measurement, Prediction, and Protection*. Reading England: Water Research Centre, pp.327–340.

表 B.2　比産出率

材料	比産出率 [無次元]	参考文献
粘土	0.01–0.18	A
細礫	0.13–0.40	A
中礫	0.17–0.44	A
粗礫	0.18–0.43	A
石灰岩	0.00–0.36	A
レス	0.14–0.22	A
細砂	0.01–0.46	A
中砂	0.16–0.46	A
粗砂	0.18–0.43	A
イオリス砂	0.32–0.47	A
細粒砂岩	0.02–0.40	A
中粒砂岩	0.12–0.41	A
片岩	0.22–0.33	A
風化片岩	0.06–0.21	B
シルト	0.01–0.39	A
シルト岩	0.01–0.33	A
凝灰岩	0.02–0.47	A

参考文献
(A) Morris, D.A., and A I. Johnson, 1967. Summary of hydrological and physicalproperties of rock and soil materials as analyzed by the Hydrologic Laboratory of the U.S, Geological Survey. USGS Water Supply Paper 1839-D.
(B) Stewart, J. W., 1964. Infiltration and permeability of weathered crystalline rocks. Georgia Nuclear Laboratory, Dawson County, Georgia. USGS Bull. 1133-D, p.57.

表 B.3　水平方向の透水係数

材料	水理拡散係数 [m/s]	参考文献
玄武岩	$(1.89\text{--}47\,200) \times 10^{-11}$	A
玄武岩	1.16×10^{-7}	B
玄武岩	$(0.2\text{--}4\,250) \times 10^{-10}$	C
透水性玄武岩	$(4.75\text{--}475\,000) \times 10^{-7}$	B
溶岩性玄武岩および堆積物	$(1.8\text{--}180) \times 10^{-3}$	Q
海浜砂	$(4.72\text{--}18.9) \times 10^{-5}$	A
海浜砂	$(8.10\text{--}19.7) \times 10^{-4}$	B
カルシウムカオリナイト	$(2.08\text{--}11.6) \times 10^{-8}$	B
締め固められたカリーチ	$(4.98\text{--}99.5) \times 10^{-11}$	B
チューブ，トンネル，洞穴によって増大した炭化岩	$(4.76\text{--}11\,400\,000) \times 10^{-10}$	F
チョーク	3.6×10^{-4}	P
亀裂性チョーク	2.2×10^{-4}	P
粘土	$(4.72\text{--}4\,720) \times 10^{-10}$	A
粘土	$(?\text{--}9.95) \times 10^{-10}$	B
粘土	$(0.1\text{--}47) \times 10^{-10}$	D
モンモリロナイト	1.00×10^{-12}	C
カオリナイト	1.00×10^{-10}	C
風化していない海成粘土	$(4.98\text{--}12\,700) \times 10^{-13}$	B
シルト粘土	$(4.75\text{--}9\,380) \times 10^{-10}$	B
砂質粘土	$(2.55\text{--}2\,550\,000) \times 10^{-12}$	B
赤色粘土	$(1.97\text{--}27.8) \times 10^{-11}$	B
ナトリウムボストンブルー粘土	$(1.62\text{--}995) \times 10^{-12}$	B
ビックスブルグ大粒粘土	$(3.01\text{--}11.0) \times 10^{-12}$	B
締め固められたボストンブルー粘土	$(3.59\text{--}30.1) \times 10^{-11}$	B
レス粘土	$(4.05\text{--}4.98) \times 10^{-11}$	B
丸石大の石炭	$>1.89 \times 10^{-2}$	A
白雲石	$(4.25\text{--}9.43) \times 10^{-11}$	A
白雲石	1.16×10^{-8}	B
亀裂性白雲石および石灰岩	$(3\text{--}7) \times 10^{-3}$	H
亀裂性白雲石	$(25\text{--}5) \times 10^{-4}$	I
亀裂性白雲石	1.14×10^{-5}	J
砂丘砂	$(9.43\text{--}28.3) \times 10^{-5}$	A
砂丘砂	$(2.31\text{--}30.1) \times 10^{-4}$	B
風化はんれい岩	2.31×10^{-6}	B
風化はんれい岩	$(0.5\text{--}3.8) \times 10^{-6}$	C
氷礫土	$(9.95\text{--}11\,600\,000) \times 10^{-13}$	B
ほとんど砂の氷礫土	5.67×10^{-6}	B
ほとんど礫の氷礫土	3.47×10^{-4}	B
北東オハイオ氷礫土	$(3.82\text{--}4\,280) \times 10^{-10}$	B
表層氷礫土（オハイオモントゴメリ）	$(4.75\text{--}231) \times 10^{-9}$	B
地中氷礫土（オハイオローラーズ島）	$(1.39\text{--}6.37) \times 10^{-8}$	B
氷礫土（南部イリノイ）	$(3.85\text{--}28.9) \times 10^{-8}$	B

付録 B 水理地質学上のパラメータの代表的な値　297

表 B.3　水平方向の透水係数（つづき）

材料	水理拡散係数 [m/s]	参考文献
氷礫土（南部ダコタ）	$(1.39\text{--}2310)\times 10^{-10}$	B
浸食性氷河堆積物	$(4.98\text{--}?)\times 10^{-4}$	B
氷河堆積物（マサチューセッツ，ウエストフィールド）	$(9.95\text{--}127)\times 10^{-5}$	B
氷河堆積物（デルタ，マサチューセッツ州，チコピー）	$(9.95\text{--}1500)\times 10^{-7}$	B
片麻岩	$(2.36\text{--}236)\times 10^{-10}$	A
片麻岩	$(4.7\text{--}260000)\times 10^{-10}$	G
花崗岩	$(4.25\text{--}23.6)\times 10^{-13}$	A
風化花崗岩	1.62×10^{-5}	B
風化花崗岩	$(3.3\text{--}52)\times 10^{-6}$	D
亀裂性花崗岩	$(3\text{--}9)\times 10^{-4}$	O
亀裂性花崗岩	$(1\text{--}100)\times 10^{-7}$	O
礫	$(4.75\text{--}9950)\times 10^{-4}$	B
礫	$(0.3\text{--}31.2)\times 10^{-3}$	D
礫（非常に粒度がよい）	4.16×10^{-1}	C
細礫（非常に細かい）	$(3.77\text{--}5.19)\times 10^{-3}$	A
細礫	$(5.19\text{--}7.55)\times 10^{-3}$	A
細礫	5.21×10^{-3}	B
中礫	$(7.55\text{--}10.4)\times 10^{-3}$	A
中礫	3.13×10^{-3}	B
粗礫	$(1.04\text{--}1.42)\times 10^{-2}$	A
粗礫	1.74×10^{-3}	B
粗礫（非常に粒径の粗い）	$(1.42\text{--}1.89)\times 10^{-2}$	A
グリーンストーン	$(5.7\text{--}10000)\times 10^{-8}$	G
赤鉱石	$(9.43\text{--}42500)\times 10^{-13}$	A
火成および変成岩	$(9.4\text{--}19000)\times 10^{-10}$	G
粗粒火成岩（花崗岩，閃緑岩，はんれい岩）	$(4.2\text{--}42000)\times 10^{-9}$	G
細粒高密火成岩（流紋岩，安山岩，玄武岩）	$(6.1\text{--}13000)\times 10^{-7}$	G
火成細粒多孔質岩	$(1.16\text{--}81.2)\times 10^{-3}$	F
カルストおよび岩礁石灰岩	$(1.1\text{--}10000)\times 10^{-6}$	C
石灰岩	$(4.72\text{--}943)\times 10^{-12}$	A
石灰岩	1.09×10^{-5}	B
石灰岩（0.16 間隙率）	1.36×10^{-6}	C
カルスト石灰岩	$(2.31\text{--}47500)\times 10^{-6}$	B
粘土質石灰岩	9.68×10^{-10}	C
石灰岩および白雲石	$(5.79\text{--}47500)\times 10^{-10}$	B
石灰岩	$(1.3\text{--}1.7)\times 10^{-8}$	K
石灰岩	4.7×10^{-6}	L
石灰岩	1.1×10^{-6}	I
亀裂性石灰岩	$(1.8\text{--}47.5)\times 10^{-4}$	M
亀裂性石灰岩および石灰質砂岩	1.47×10^{-4}	N
レス	$(4.72\text{--}142)\times 10^{-7}$	A

表 B.3 水平方向の透水係数（つづき）

材料	水理拡散係数 [m/s]	参考文献
ピート	6.60×10^{-5}	B
水晶	$(1.9\text{--}26\,000) \times 10^{-9}$	G
砂	$(4.75\text{--}9\,950) \times 10^{-6}$	B
細砂（非常に細かい）	$(4.72\text{--}47.2) \times 10^{-6}$	A
細砂（非常に細かい）	$(4.75\text{--}13.9) \times 10^{-6}$	B
細砂（非常に細かい）	9.58×10^{-5}	C
細砂（非常に細かいものを含む）	$(9.38\text{--}27.8) \times 10^{-6}$	B
細砂	$(4.72\text{--}47.2) \times 10^{-5}$	A
細砂	$(2.31\text{--}6.60) \times 10^{-5}$	B
細砂	$(0.2\text{--}189) \times 10^{-6}$	C
細砂および中砂	$(4.75\text{--}11.6) \times 10^{-5}$	B
中砂	$(4.72\text{--}21.2) \times 10^{-4}$	A
中砂	$(9.38\text{--}23.1) \times 10^{-5}$	B
中砂	$(0.9\text{--}567) \times 10^{-6}$	D
粒度の良い中砂	2.52×10^{-3}	C
中砂および粗砂	$(1.85\text{--}4.75) \times 10^{-4}$	B
粗砂	$(2.12\text{--}3.07) \times 10^{-3}$	A
粗砂	$(3.82\text{--}9.38) \times 10^{-4}$	B
粗砂	$(0.9\text{--}6\,610) \times 10^{-6}$	C
粗砂（粒度が良い）	3.00×10^{-2}	C
粗砂および非常に粗い粗砂	$(7.06\text{--}18.5) \times 10^{-4}$	B
粗砂（非常に粗い）	$(3.07\text{--}3.77) \times 10^{-3}$	A
粗砂（非常に粗い）	$(1.39\text{--}4.28) \times 10^{-3}$	B
砂礫	$(9.38\text{--}231) \times 10^{-5}$	B
粗砂（非常に粗い）および細礫（非常に細かい）	$(2.78\text{--}7.06) \times 10^{-3}$	B
Scituate 砂	$(4.95\text{--}9.49) \times 10^{-5}$	B
プラム島砂	$(1.85\text{--}2.66) \times 10^{-4}$	B
フォートペック砂	$(1.74\text{--}2.89) \times 10^{-5}$	B
オタワ砂	$(5.56\text{--}8.45) \times 10^{-5}$	B
ユニオンフォールズ砂	$(4.17\text{--}9.95) \times 10^{-4}$	B
フランクリンフォールズ砂	$(9.03\text{--}15.0) \times 10^{-6}$	B
ダムフィルター砂	$(1.50\text{--}99.5) \times 10^{-5}$	B
砂岩	$(3.3\text{--}54\,000) \times 10^{-9}$	G
砂岩	$(1.42\text{--}14\,200) \times 10^{-9}$	A
砂岩	$(4.75\text{--}?) \times 10^{-8}$	B
砂岩（0.29 間隙率）	2.32×10^{-5}	C
砂岩	3.4×10^{-7}	E
細粒組成砂岩	2.31×10^{-6}	B
細砂岩	$(0.5\text{--}2\,270) \times 10^{-8}$	D
中粒組成砂岩	3.59×10^{-5}	B
シルト砂岩	2.52×10^{-8}	C
粗砂岩	1.07×10^{-5}	C

表 B.3 水平方向の透水係数（つづき）

材料	水理拡散係数 [m/s]	参考文献
花崗岩質砂岩，シルト岩，頁岩	$(4.7\text{–}710\,000) \times 10^{-10}$	G
砂岩	$(2.4\text{–}140) \times 10^{-6}$	R
片岩	2.31×10^{-6}	B
片岩	$(0.002\text{–}1\,130) \times 10^{-8}$	D
片岩	$(4.7\text{–}120\,000) \times 10^{-9}$	G
亀裂性片岩および片麻岩，水晶	3.6×10^{-7}	S
頁岩	$(2.4\text{–}26) \times 10^{-6}$	G
頁岩	$(1.16\text{–}475\,000) \times 10^{-13}$	B
頁岩	2.0×10^{-8}	E
シルト	$(4.72\text{–}47.2) \times 10^{-7}$	A
シルト	9.26×10^{-7}	B
シルト	$(0.09\text{–}7\,090) \times 10^{-9}$	D
シルト，レス	$(9.95\text{–}174\,000) \times 10^{-10}$	B
砂質シルト	$(6.94\text{–}30.1) \times 10^{-11}$	B
ボストンシルト	$(9.95\text{–}1\,970) \times 10^{-11}$	B
ノースカロライナシルト	$(5.56\text{–}1\,270) \times 10^{-9}$	B
砂質シルト	$(6.94\text{–}69\,400) \times 10^{-8}$	B
シルト石	$(0.1\text{–}142) \times 10^{-10}$	D
シルト石—頁岩	2.0×10^{-8}	E
シルト石—頁岩	2.8×10^{-7}	E
粘板岩	$(4.72\text{–}14.2) \times 10^{-7}$	A
粘板岩	9.26×10^{-10}	B
ナトリウムモンモリロナイト	1.85×10^{-10}	B
氷礫土	$(1.42\text{–}236) \times 10^{-9}$	A
凝灰岩	$(1.42\text{–}47\,200) \times 10^{-10}$	A
凝灰岩	2.31×10^{-6}	B

注）？は上下限値が有効でなかったことを表す.

参考文献
(A) California Dept. of Water Resources, 1968.
(B) Daly, C., 1982. Evaluation of procedures for determining selected aquifer parameters. Prepared for U.S. Army Toxic Hazardous Materials Agency, CR REL Report 82–41.
(C) Davis, S., and J. M. DeWiest, 1966. *Hydrogeology.* New York: Wiley, p.463.
(D) Morris, D. A., and A. I. Johnson, 1967. Summary of hydrological and physical properties of rock and soil materials as analyzed by the hydrologic laboratory of the U.S. Geological Survey. USGS Water Supply Paper 1839-D.
(E) Golder Associates, 1977. Development of site suitability criteria for a high level waste repository. Lawrence Livermore Laboratory Report, UCRL-13793.
(F) Daly, C., 1982. Evaluation of procedures for determining selected aquifer parameters. Prepared for U.S. Army Toxic Hazardous Materials Agency, CR REL Report 82–41.
(G) Rasmussen, W. C., 1964. Permeability and storage of heterogeneous aquifers in the U.S. *International Association of Scientific Hydrologic Publication 64*, pp.317–325.
(H) Claasen, H. C., and E. H. Cordes, 1975. Two-well recirculating tracer test in fractured carbonate rock. *Nevada, Hydrol. Sci. Bull.* 20(3), 367–382.
(I) Kreft, A., A. Lenda, B. Turek, A. Zuber, and K. Czauderna, 1974. Determination of

effective porosities by the two-well pulse method. *Isot. Tech. Groundwater Hydrol., Proc. Symp.*, vol.2. pp.295–312.
(J) Walter, G. B., 1983. Convergent flow tracer test at H-6: Waste isolation pilot plant (WIPP), southeast New Mexico (draft), Hydro Geochem, Inc., Tucson, AZ.
(K) Bredehoeft, J. D., and G. F. Pinder, 1973. Mass transport in flowing groundwater. *Water Resources Res.*, 9(1), 144–210.
(L) Fenske, P. R., 1973. Hydrology and radionuclide transport, monitoring well HT-2m, Tatum Dome, Mississippi. Proj. Rep. 25. Tech. Rep. NVD-1253-6. Cent. for *Water Resources Res.*, Desert Res. Inst., Univ. of Nev. Syst., Reno.
(M) Rabinowitz, D. D., and G. W. Gross, 1972. Environmental tritiuim as a hydrometeorologic tool in the Roswell Basin, New Mexico. Tech. Completion Rep. OWRR:A-037-NMEX, New Mexico, *Water Resources Res. Inst.*, Las Cruces.
(N) Segol, G., and G. F. Pinder, 1976. Transient simulation of saltwater intrusion in southeastern Florida. *Water Resources Res.* 12(1), 65–70.
(O) Dieulin, A., 1981. Lixiviation in situ d'un gisement d'uranium en milieu granitique, Draft Rep. LHM/RD/81/63. Ecole Natl. Super. des Mines de Paris. Fontainebleau, France.
(P) Ivanovitch, M., and D. B. Smith. Determination of aquifer parameters by a two-well pulsed method using radioactive tracers. *J. Hydrol.* 36(1/2), 35–45.
(Q) Grove, D. B., 1977. The use of Galerkin finite-element methods to solve mass transport equations. Rep. USGS/WRD/WRI-78/011. USGS. Denver. CO. (Available as NTIS PB 277-532 from Natl. Tech. Inf. Serv., Springfield, VA.)
(R) Oakes, D. B., and D. J. Edworthy, 1977. Field measurement of dispersion coefficients in the United Kingdom. *Ground Water Quality, Measurement, and Predicrion*, Reading, England: Water Research Centre, pp.327–340.
(S) Webster, D. S., J. F. Procter, and J. W. Marine, 1970. Two-well tracer test in fractured crystalline rock. USGS. Water Supply Paper, 1544-1.

付録 B　水理地質学上のパラメータの代表的な値　301

表 B.4　鉛直方向の透水係数

材料	水平方向の透水係数 K_h [m/s]	鉛直方向の透水係数 K_v [m/s]	K_v/K_h	参考文献
無水物	$(1.0\text{–}100)\times 10^{-14}$	$(1.0\text{–}100)\times 10^{-15}$	0.1	K
チョーク	$(1.0\text{–}100)\times 10^{-10}$	$(5.0\text{–}100)\times 10^{-11}$	0.5	K
ボストン粘土	—	—	0.3–1.4	B
海成粘土	—	—	0.8	C*
海成粘土	—	—	0.95	D*
軟弱粘土	—	—	0.66	E*
縞状粘土	—	—	0.3–0.66	F*
縞状粘土	—	—	0.66	G*
縞状粘土	—	—	0.025–0.25	H*
縞状粘土	—	—	0.066–0.3	I*
ドロマイト	$(1.0\text{–}100)\times 10^{-9}$	$(5.0\text{–}500)\times 10^{-10}$	0.5	K
石灰岩	$(1.0\text{–}100)\times 10^{-9}$	$(5.0\text{–}500)\times 10^{-10}$	0.5	K
亀裂性石灰岩および炭酸カルシウム砂岩	4.5×10^{-3}	9×10^{-6}	0.002	L
塩	1.0×10^{-14}	1.0×10^{-14}	1.0	K
砂，シルト，粘土	5×10^{-4}	5.1×10^{-5}	0.1	M
砂岩	$(5\text{–}1\,000)\times 10^{-13}$	$(2.5\text{–}500)\times 10^{-13}$	0.5	K
頁岩	$(1\text{–}100)\times 10^{-14}$	$(1\text{–}100)\times 10^{-15}$	0.1	K
砂岩	3.4×10^{-7}	3.4×10^{-7}	1.0	J*
シルト石—頁岩	2.1×10^{-6}	2.1×10^{-7}	0.1	A
有機物シルト	—	—	0.6–0.8	A
シルト石—頁岩	2.8×10^{-7}	3.0×10^{-8}	0.107	A
頁岩	2.0×10^{-8}	1.0×10^{-8}	0.5	A

* R. E. Olsen and D. E. Daniel, 1981, Measurement of the hydrauric conductivity of fine-grained soils, in *Permeability and Groundwater Transport*, ASTM STP 746, edited by T. F. Zimmie and C. O. Riggs, Washington, D. C.：American Society for Testing and Material, pp.18–64. において要約されている。

参考文献
(A) Golder Associates, 1977. Development of site suitability criteria for a high level waste reposistory. Lawrence Livermore Laboratory Report, UCRL-13793.
(B) Haley and Aldrich, 1969. Engineering properties of foundation soils at Long Creek-Fore River areas and back cover. Report no.1, Maine State Highway Commission.
(C) Lumb, P., and J. K. Holt, 1968. *Geotechnique* 18, 25–36.
(D) Subbaraju, B. H., T. K. Natarajan, and R. K. Bhandari, *Proc., 8th International Conference of Soil Mechanics and Foundations Engineers*, Moscow, vol.2.2, pp.217–220.
(E) Bazett, D. J., and A. F. Brodie, 1961. *Ontario Hydro Research News* 13 (4), 1–6.
(F) Chan, H. T., and T. C. Kenney, 1973. *Canadian Geotechnical J.* 10 (3), 453–472.
(G) Kenney, T. C., and H. T. Chan, 1973. *Canadian Geotechnical J.* 10 (3), 473–488.
(H) Casagrande, L., and Poulos, S. J., 1969. *Canadian Geotechnical J.* 6 (3), 287–326.
(I) Wu, T. H., N. Y. Chang, and E. M. Ali, 1978. *J. Geotechnical Engineers Division*, American Society of Chemical Engineers, vol.104, no.GT7, pp.899–905.
(J) Tsien, S. I., 1955. Stabilization of marsh deposit. *Highway Res. Board, Bull.* 115, 15–43.

(K) Domenico, P. A., and F. W. Schwartz, 1990. *Physical and Chemical Hydrogeology*. New York: Wiley, p.824.
(L) Segol, G., and G. F. Pinder, 1976. Transient simulation of saltwater intrusion in southeastern Florida. *Water Resources Res.* 12 (1), 65–70.
(M) Papadopulos, S. S., and S. P. Larson, 1978. Aquifer storage of heated water: II. Numerical simulation of field results. *Groundwater* 16 (4), 242–248.

表 B.5　比貯留係数

材料	比貯留率 [1/m]
塑性粘土	$(2.6\text{–}20) \times 10^{-3}$
硬質粘土	$(1.3\text{–}2.6) \times 10^{-3}$
中程度の硬質粘土	$(9.2\text{–}13) \times 10^{-4}$
密詰め砂礫	$(4.9\text{–}10) \times 10^{-5}$
接合亀裂性岩	$(3.3\text{–}69) \times 10^{-6}$
緩詰め砂	$(4.9\text{–}10) \times 10^{-3}$
密詰め砂	$(1.3\text{–}2.0) \times 10^{-4}$

参考文献
Domenico, P. A., 1972. *Concepts and Models in Groundwater Hydrology*. New York: MaGraw-Hill.

表 B.6　不飽和透水係数の関係式

関係式	参考文献
$K(\theta) = K_s[(\theta - \theta_s)/(\theta_s - \theta_r)]^{3.5}$	A
$K(h) = a\|h\|^{-b}$	B
$K(h) = K_s[\exp(-a\|h\|)]$	C
$K(h) = [(\|h\|/a)^b + 1]^{-1}$	C
$K(h) = a\{\cosh[(h/h_{cr})^b] - 1\}/\{\cosh[(h/h_{cr})^b] + 1\}$	D
$K(h) = \exp[a(\|h\| - \|h_{cr}\|)]$ for $h \geq h_1$	E
$K(h) = K_s(\|h\|/\|h_1\|)^{-b}$ for $h < h_1$	E
$K(h) = (\|h\|/\|h_{cr}\|)^{-b}$	F
$K(h) = K_s(a)/(a + \|h\|^b)$	G
$K(h) = a\theta_s{}^a S_r{}^b$	H
$K(\theta) = a[\exp(b)\theta(h)]$	I
$K(h) = K_s[\exp(bh)]$	I
$K(h) = a[(\theta(h))^b]$	I

注：
K＝水理拡散係数 $[L/T]$
θ＝体積含水率 [無次元]
h＝圧力水頭（間隙水圧）$[L]$
K_s＝飽和水理拡散係数 $[L/T]$
θ_s＝飽和体積含水率 [無次元]
θ_r＝残留体積含水率 [無次元]
S_r＝飽和度 [無次元]
a, b, h_{cr}, h_1＝経験定数

付録 B　水理地質学上のパラメータの代表的な値　303

参考文献
(A) Averjanov, S. F., 1950. About permeability of subsurface sites in case of incomplete saturation. *Engineering Collection*, vol.7, quoted in Polubarinova Kochina, 1962, *The Theory of Groundwater Movement*. Princeton, NJ: Princeton Univ. Press.
(B) Wind, G. P., 1955. Flow of water through plant roots. *Netherlands J. Agricultural Sci.*, 3, 259–264.
(C) Gardner, W. R., 1958. Some steady-state solutions to the unsaturated flow equation with application to evaporation from the water table. *Soil Sci.* 85, 228–232.
(D) King, L. G., 1964. Imbibition of fiuids by porous solids. Ph.D. thesis, Colorado State Univ., Fort Collins, CO.
(E) Rijtema, P. E., 1965. An analysis of actual evapotranspiration. Agricultural Research Report 659. Center for Agricultural Publication and Documentation, Wageningen, The Netherlands.
(F) Brooks, R. H., and A. T. Corey, 1966. Properties of porous media affecting fluid flow. *J. Irrigation Drainage Division, Am. Soc. Civil Engineers* 92(IR2), 61–68.
(G) Haverkamp, R., M. Vauclin, J. Touma, P. J. Wierenga, and G. Vachaud, 1977. A comparison of numerical simulation models for one-dimensional infiltration. *Soil Sci. Soc. of America J.* 41, 285–294.
(H) Pickens, J. F., R. W. Gillham, and D. R. Cameron, 1979. Finite-element analysis of the transport of water and solutes in tile-drained soils. *J. Hydrol.* 40, 243–264.
(I) van Genuchten, M. T,, 1980. A closed form equation for predicting the hydraulic conductivity of unsaturated soils. *Soil Sci. Soc. of America J.* 44, 892–898.

表 B.7　体積含水率と負の圧力水頭との関係式

関係式	参考文献
$\theta(h) = \theta_r + a(\theta_s - \theta_r)/[a + |h|^b]$	A
$\theta(h) = \theta_r + a(\theta_s - \theta_r)/(a + (\ln|h|)^b)^m$	B
$S_r(h) = (\theta_0/\theta_s)\{\cosh[(h/h_{cr})^m + a] - b\}/\{\cosh[(h/h_{cr})^m + a] + b\}$ ここに, $b = (\theta_0 - \theta_r)/(\theta_0 + \theta_r)$	C
$\theta(h) = \theta_r + (\theta_s - \theta_r)/[1 + a(|h|)^b]^m$　ここに, $m = 1 - 1/b$	D

注：
θ=体積含水率 [無次元]
h=圧力水頭（間隙水圧）[L]
θ_r=飽和体積含水率 [無次元]
θ_s=残留体積含水率 [無次元]
a, b, h_{cr}, h_1=経験定数

参考文献
(A) Brutsaert, W., 1966. Probability laws for pore-size distributions. *Soil Sci.* 101, 85–92.
(B) Haverkamp, R., M. Vauclin, J. Touma, P. J. Wierenga, and G. Vachaud, 1977. A comparison of numerical simulation models for one-dimensional infiltration. *Soil Sci. Soc. of America J.* 4, 285–294.
(C) Pickens, J. F., R. W. Gillham, and D. R. Cameron, 1979. Finite-element analysis of the transport of water and solutes in tile-drained soils. *J. Hydrol.* 40, 243–264.
(D) van Genuchten, M. T., 1980. A closed form equation for predicting the hydraulic conductivity of unsaturated soils. *Soil Sci. Soc. of America J.* 44, 892–898.

付録 C
EPA の重要な汚染物質

- 表 C.1　重要な汚染物質の特徴
- 表 C.2　重要な汚染物質の輸送と減衰あるいは分解

表 C.1 重要な汚染物質の特徴（その 1）

重要な汚染物質	(CAS)	化学物質のタイプ	密度 [g/cm³]	動粘性 [cp]	溶解度 [ppm]	log K_{ow} [無次元]	蒸気圧 [mmHg]	ヘンリー係数 [atm.m³/mol]
アセナフテン	83-32-9	芳香族	1.189		3.42	4.33	1E^{-2},$^{-3}$	3.93-9.1E^{-5}
アセナフチレン	208-96-8	芳香族			3.93	4.07	1E^{-2},$^{-3}$	1.9E^{-4}, 1.45E^{-3}
アクロレイン	107-02-8	農薬	0.8427		2.1E^5	−0.09, 1.02	215-220	9.7E^{-5}, 5.7E^{-5}
アクリロニトリル	107-13-1	有機物	0.8004		7.9E^4	−0.92, −0.14	100	6.3E^{-5}, 8.8E^{-5}
アルドリン	309-00-2	農薬			0.01, 27-180	5.3	6E^{-6}	2.1E^{-3}, 1.4E^{-5}
アンスラセン	120-12-7	芳香族	1.25		1.29, 0.075	4.54, 4.45	1.95E^{-4}	8.6E^{-5}
アンチモン	7440-360-0	金属	6.691		6000		0.0	
ヒ素	7440-38-2	金属	5.727		1000		0.0	
石綿・アスベスト	1332-21-4	無機物					0.0	
ベリリウム	7440-41-7	金属	1.848	0.6028		0.0		
ベンゼン（ベンゾール）	71-43-2	芳香族	0.879		820, 1750	1.95-2.13	60.0	2.67-5.3E^{-3}
ベンジジン	92-87-5	置換芳香族	1.250		400	1.81, 1.34	5E^{-4}	3E^{-7}
ベンゾ[a]アントラセン	56-55-3	芳香族			0.01-0.057	5.61	5E^{-9}	1E^{-6}
ベンゾ[b]フルオランテン	205-99-2	芳香族						1.22E^{-5}
ベンゾ[k]フルオランテン	207-08-9	芳香族			4.3E^{-3}	6.84	9.59E^{-11}	3.87E^{-5}
ベンゾ[ghi]ペリレン	191-24-2	芳香族			2.6E^{-4}	7.23	1.3E^{-10}	1.44E^{-7}
ベンゾ[a]ピレン	50-32-8	芳香族			0.38, 3E^{-3}	6.0-6.5	5E^{-9}	5E^{-2}
ビス（2-クロロエトキシ）メタン	111-91-1	塩化エーテル			8.1E^4	1.26	<0.1	2.86E^{-7}
ビス（2-クロロメチル）エーテル	111-44-4	塩化エーテル	1.222	1E^4	1.58	0.71	1.3E^{-5}	2.1E^{-4}
ビス（クロロメチル）エーテル	542-88-1	塩化エーテル	1.271		2.2E^4	−0.38	30	1.1E^{-4}
ビス（2-クロロイソプロピル）エーテル	108-60-1	塩化エーテル	1.1122		1.7E^3	2.58	0.85	3E^{-7}
フタル酸ビス（2-エチルヘキシル）エステル	117-81-7	フタル酸エステル			0.4-1.3	5.3, 8.7	2.0E^{-7}	5.8-6.3E^{-4}
ブロモホルム	75-25-2	塩化アルカン	2.89		3190;3010	2.3	5.6	1E^{-4}
4-ブロモフェニールフェニールエーテル	101-55-3	塩化エーテル	1.423			4.28	1.5E^{-3}	
フタル酸ブチルベンジル	85-68-7	フタル酸エステル			2.9	4.8, 5.8	8.6E^{-6}	8.3E^{-6}
カドミウム	7440-43-9	金属	8.65		1700		0.0	

付録C　EPAの重要な汚染物質　307

表 C.1　重要な汚染物質の特徴（その2）

重要な汚染物質	(CAS)	化学物質のタイプ	密度 [g/cm^3]	動粘性 [cp]	溶解度 [ppm]	log K_{ow} [無次元]	蒸気圧 [mmHg]	ヘンリー係数 [atm.m^3/mol]
四塩化炭素	56-23-5	塩化アルカン	1.59	0.965	1160, 800	2.62-2.95	56	2.5E−5
クロルデン	57-74-9	農薬	1.59	69 poise	1.85	2.78-6.00	1E^{-7}	9.4E^{-5}
クロロベンゼン	108-90-7	塩化芳香族	1.106	0.799	∞500	2.18-3.79	8.8	3.58-4.0E^{-3}
クロロジブロモメタン	124-48-8	塩化アルカン	2.445		4E^3	2.09	15, 76	8.4-9.9E^{-4}
クロロエタン	75-00-3	塩化アルカン	0.917	0.279	5740	1.54, 1.39	1000	0.148
2-クロロエチルビニルエーテル	110-75-8	塩化エーテル			15000	1.28	26.75	2.5E^{-7}
クロロホルム	67-66-3	塩化アルカン	1.489	0.596	8200	1.97	150	2.88-3.4E^{-3}
p-クロロ-m-クレゾール	59-50-7	石炭酸	1.215		3850	2.95, 3.10	0.05	2.5E^{-6}
2-クロロナフタレン	91-58-7	塩化ビフェニール			6.74	4.12	0.017	5.4E^{-4}
2-クロロフェノール	95-57-8	石炭酸	1.241	2.250	28500	2.15, 2.19	2.2	2.1E^{-5}, 7.56E^{-6}
4-クロロフェニルフェニルエーテル	7005-72-3	塩化エーテル			3.3	4.08	0.0027	2.1E^{-4}
クロム	7440-47-3	金属	7.2					
クリセン	218-01-9	芳香族	1.274		0.0015	5.61	1E^{-11},E^{-6}	1.05E^{-6}
銅	7440-50-8	金属	8.96				0.0	
シアン化物	57-12-5	その他	1.52-1.86					
4,4'-ジクロロジフェニルジクロロエタ	72-54-8	農薬			0.02-0.1	5.99, 6.1, 5.1	1.89E^{-6}	2.2E^{-8}
ジクロロジフェニルジクロロエタン	72-55-9	農薬			0.0013	4.3, 4.8, 5.7	6.5E^{-6}	6.8E^{-5}
ジクロロジフェニルトリクロロエタン	50-29-3	農薬	1.54		0.0034	3.98, 5.13, 6.0	1.9E^{-7}	1.6-3.89E^{-5}
ジベンゾ[a,h]アントラセン	53-70-3	塩化芳香族			5E^{-4}	5.97, 6.5	1E^{-10}	7.3E^{-8}
1,2-ジクロロベンゼン	95-50-1	塩化芳香族	1.305	1.324	100, 133	3.38, 3.56	1	1.77-1.9E^{-3}
1,3-ジクロロベンゼン	541-73-19	塩化芳香族	1.288	1.04	69	3.38, 3.56	2.28	2.7-3.61E^{-3}
1,4-ジクロロベンゼン	106-46-7	塩化芳香族	1.458	0.72	49	3.39, 3.53	0.6	2.1-3.0E^{-3}
3,3'-ジクロロベンゼン	91-94-1	置換芳香族			4	3.02		8E^{-7}
ジクロロブロモメタン	75-27-4	塩化アルカン	1.98		4.5E^3	1.88, 2.1	50	2.1E^{-4}, 2.41E^{-3}
ジクロロジフルオロメタン	75-71-8	塩化アルカン	1.329		280	2.16	4250	2.1, 2.98
1,1-ジクロロエタン	75-34-3	塩化アルカン	1.74	0.505	5500	1.79	180	5.1-5.4E^{-3}

表 C.1 重要な汚染物質の特徴 (その 3)

重要な汚染物質	化学物質のタイプ	(CAS)	密度 [g/cm³]	動粘性 [cp]	溶解度 [ppm]	log K_{ow} [無次元]	蒸気圧 [mmHg]	ヘンリー係数 [atm.m³/mol]
1,2-ジクロロエタン	塩化アルカン	107-06-2	1.25	0.887	9200	1.48	60	$9.14\mathrm{E}^{-4}$
1,2-トランスジクロロエチレン	塩化アルカン	540-59-0	1.25	0.4	600	1.48	200	
1,1-ジクロロエチレン	塩化アルカン	75-35-4	1.218	0.44	400	1.48	591	$1.7\mathrm{E}^{-1}$
2,4-ジクロロフェノール	石炭酸	120-83-2	1.383		4600	2.75, 3.23	0.12, 0.059	$4.2\mathrm{E}^{-5}, 2.8\mathrm{E}^{-6}$
1,3-ジクロロプロファン	塩化アルカン	78-87-5	1.16		2700	2.28, 2.02	42	$2\mathrm{E}^{-3}$
1,3-ジクロロプロペン	塩化アルカン	542-75-6	1.217		2700	1.98	25	
ジエルドリン	農薬	60-57-1	1.75		0.1, 186-200	3.69-5.48	$1.8\mathrm{E}^{-7}$	$1.7\text{-}4.57\mathrm{E}^{-7}$
フタル酸ジエチル	フタル酸エステル	84-66-2	1.120		210-896	2.47, 3.22	$3.5\mathrm{E}^{-3}$	$1.2\mathrm{E}^{-6}$
2,4-ジメチルフェノール	石炭酸	105-67-9	1.036		590	2.3, 2.5, 2.42	0.0621	$1.7\mathrm{E}^{-5}$
フタル酸ジメチル	フタル酸エステル	131-11-3	1.19	9.18	5000	1.56, 212	$4.2\mathrm{E}^{-3}$	$2.15\mathrm{E}^{-6}, 4.2\mathrm{E}^{-7}$
フタル酸ジ-n-ブチル	フタル酸エステル	84-74-2	1.046		13	5.2, 5, 56	$1\mathrm{E}^{-5}$	$6.3\mathrm{E}^{-5}, 2.8\mathrm{E}^{-7}$
4,6-ジニトロ-o-クレゾール	石炭酸	534-52-1				2.85	$5\mathrm{E}^{-2}$	$4\mathrm{E}^{-5}$
2,4-ジニトロフェノール	石炭酸	51-28-5	1.683		5600	1.51, 1.54	$1.49\mathrm{E}^{-5}$	$6.45\mathrm{E}^{-10}$
2,4-ジニトロトルエン	置換芳香族	121-14-2	1.521		270	2.01, 1.97	$1.3\mathrm{E}^{-3}$	$1\mathrm{E}^{-5}, 4.5\mathrm{E}^{-6}$
2,6-ジニトロトルエン	置換芳香族	606-20-2				2.05	0.018	$1\mathrm{E}^{-5}, 1\mathrm{E}^{-6}$
フタル酸ジ-n-オクチル	フタル酸エステル	117-84-0			3	9.2, 9.87	$1.4\mathrm{E}^{-4}$	$1.7\mathrm{E}^{-5}$
1,2-ジフェニールヒドラジン	置換芳香族	122-66-7				3.03		$3.4\mathrm{E}^{-9}$
A-エンドスルファン-α	農薬	115-29-7			0.26-0.6	-1.69, 3.55	$1\mathrm{E}^{-5}$	$1\mathrm{E}^{-5}$
B-エンドスルファン-β	農薬	115-29-7			0.06-0.10	-1.69, 3.62	$1\mathrm{E}^{-5}$	$1.91\mathrm{E}^{-5}$
エンドサルファンサルフェート	農薬	1031-07-8			0.117-0.22	-1.3, 3.66	$1\mathrm{E}^{-5}$	$2.6\mathrm{E}^{-5}$
エンドリン	農薬	72-20-8			0.25	3.21-5.6	$1\mathrm{E}^{-7}$	$4\mathrm{E}^{-7}$
エンドリンアルデヒド	農薬	7421-93-4					$2\mathrm{E}^{-7}$	$2\mathrm{E}^{-9}$
エチルベンゼン	芳香族	100-41-4	0.866	0.678	140	3.15-3.24	7	$5.7\text{-}6.6\mathrm{E}^{-3}$
フルオランテン	芳香族	206-44-0	1.252		0.265	5.33, 4.90	$1\mathrm{E}^{-4,-6}$	$6.5\mathrm{E}^{-6}$
フルオレン	芳香族	86-73-7	1.203		1.69-1.98	4.18-4.38	$1\mathrm{E}^{-4,-2}$	$2.1\mathrm{E}^{-4}, 6.4\mathrm{E}^{-5}$
ヘプタクロル	農薬	76-44-8	1.579		0.056	3.87-5.44	$3\mathrm{E}^{-4}$	$2.3\text{-}4.1\mathrm{E}^{-3}$

付録C　EPA の重要な汚染物質　309

表 C.1　重要な汚染物質の特徴（その 4）

重要な汚染物質	(CAS)	化学物質のタイプ	密度 [g/cm^3]	動粘性 [cp]	溶解度 [ppm]	log K_{ow} [無次元]	蒸気圧 [mmHg]	ヘンリー係数 [atm.m^3/mol]
ヘプタクロルエポキシド	1024-57-3	農薬			0.11-0.35		3E^{-4}	3.9E^{-4}
ヘキサクロロベンゼン	118-4-1	塩化芳香族	2.044		0.006-0.11	5.23-6.18	1.09E^{-5}	6.8E^{-4}
ヘキサクロロブタジエン	87-68-3	塩化アルカン	1.675		2	3.74-4.78	0.15	0.0256
ヘキサクロロシクロヘキサン-α	319-84-6	農薬			1.21-2.0	3.81	2.8E^{-7}	4.5E^{-7}, 1.1E^{-2}
ヘキサクロロシクロヘキサン-β	319-86-8	農薬			0.13-0.7	3.78, 3.89	1.7E^{-5}	2E^{-7}
ヘキサクロロシクロヘキサン-γ	58-89-9	農薬			2.15-12	3.72	1.6E^{-4}	7.8E^{-6}
ヘキサクロロエタン	77-47-4	塩化アルカン	1.702		0.8, 1.8	3.99	0.081	0.016
インデン [1,2,3-cd] ピレン	67-72-1	塩化アルカン	2.09		50	3.34-4.62	0.4	
インホロン	193-39-5	芳香族				7.66	1E^{-10}	6.95E^{-8}
鉛	78-59-1	農薬	0.92		12000	1.7	0.38	4.2-5.75E^{-6}
水銀	7439-92-1	金属	11.35		600		0.0	
臭化メチル	7439-97-6	塩化アルカン	13.55		300	1.19	1.6E^{-3}	9.3E^{-2}
塩化メチル	74-83-9	塩化アルカン	1.73		900	0.91	1420	
塩化メチレン	74-87-3	塩化アルカン	0.991	0.45	5300-7250	1.25	3765	2-2.5E^{-3}
ナフタレン	75-09-2	芳香族	1.326	0.78	16700;20200	4.33	362	3.6-4.6E^{-4}
ニッケル	91-20-3	金属	1.145		31, 34		0.0492, 0.23	
ニトロベンゼン	7440-02-0	置換芳香族	8.902		2500	1.85, 2.93	0.0	1.1-1.31E^{-5}
2-ニトロフェノール	98-95-3	芳香族	1.2	1.634	1900	1.76, 2.00	0.15	7.6E^{-5}
4-ニトロフェノール	88-75-5	芳香族	1.657		2100	2.91, 1.91	1.0	2.5E^{-5}
n-ニトロソジメチルアミン	100-02-7	有機物	1.479		1.6E^4	0.06	2.2	2.3E^{-5}
n-ニトロソジ-n-プロピルアミン	62-75-9	有機物				2.57	8.1	6.3E^{-6}
n-ニトロソジフェニルアミン	621-64-7	塩化ビフェニール				>5.58	0.4	
ポリ塩化ビフェニール-1016	86-30-6	塩化ビフェニール	1.33			2.8, 4.09	4E^{-4}	3.3E^{-4}
ポリ塩化ビフェニール-1221	111-042-82	塩化ビフェニール	1.15		15-40		6.7E^{-3}	1.7E^{-4}
ポリ塩化ビフェニール-1232	111-411-65							

表 C.1 重要な汚染物質の特徴（その 5）

重要な汚染物質	(CAS)	化学物質のタイプ	密度 [g/cm³]	動粘性 [cp]	溶解度 [ppm]	$\log K_{ow}$ [無次元]	蒸気圧 [mmHg]	ヘンリー係数 [atm.m³/mol]
ポリ塩化ビフェニール-1242	534-692-19	塩化ビフェニール	1.24		0.13-0.34	4.11, 5.58	4.06E-3	1.13E-5
ポリ塩化ビフェニール-1248	126-722-96	塩化ビフェニール	1.35				4.06E-4	1.98E-3, 5.73E-4
ポリ塩化ビフェニール-1254	110-976-91	塩化ビフェニール	1.41				4.94E-4	3-3.51E-3
ポリ塩化ビフェニール-1260	110-968-25	塩化ビフェニール	1.50		0.012-0.31	6.03, 6.47	7.71E-5	2.3-2.8E-3
ペンタクロロフェノール	87-86-5	石炭酸	1.58		0.0027	6.11, 7.14	4.05E-5	6.1-7.1E-3
フェナントレン	85-01-8	芳香族	1.978		5.0	5.01-5.24	1E-4	2.1-2.8E-6
フェノール	108-95-2	石炭酸	1.025		1.18	4.46	6.8E-4	1.3-2.3E-4
ピレン	129-00-0	芳香族	1.07	4.076	8.2E4		0.2-0.53	2.7-4.54E-7
セレン	7782-49-2	金属	1.277		0.032-0.13	4.88-5.96	6.85E-7	5.1E-6
銀	7440-22-4	金属	4.79				0.0	
2,3,7,8-テトラクロロジベンゾ-p-ダイオキシン (TCDD, Dioxin)	1746-01-6	塩化有機物			0.2, 2E-4	6.84	1E-6	2E-3
1,1,2,2-テトラクロロエタン	630-20-6	塩化アルカン	1.6	1.844	2900, 3000	2.56, 2.39	5, 6.5	3.8-4.0E-4
テトラクロロエチレン	127-18-4	塩化アルカン	1.6	1.93	150-200		14	
タリウム	7440-28-0	金属	11.85				0.0	
トルエン	108-88-3	芳香族	0.867	0.552	470	2.69, 2.89	10	5.7E-3
トキサフェン	8001-35-2	農薬	1.446		0.3-0.74	3.3	1E-6	6.3E-2, 0.21
1,2,4-トリクロロベンゼン	120-82-1	塩化芳香族	1.446		19, 30	4.26, 4.05	0.42, 0.29	2.3E-3
1,1,1-トリクロロエタン	71-55-6	塩化アルカン	1.35	0.903	4400, 5497	2.17-2.51	100	3.6-4.92E-3
1,1,2-トリクロロエタン	79-00-5	塩化アルカン	1.44	0.12	4500, 1100	2.17, 2.07	19	1.2E-2, 7.43E-4
トリクロロエチレン（トリクレン）	79-01-6	塩化アルカン	1.456	0.566	1100	2.29, 2.42	20	1E-2, 9.1E-3
トリクロロフルオロメタン	75-69-4	塩化アルカン	1.494		1100	2.53	667.4	1.1E-1, 5.8E-2
2,4,6-トリクロロフェノール	88-06-2	石炭酸	1.49		800	3.72, 3.61	0.012	4E-6
塩化ビニール	75-01-4	塩化アルカン	0.9121		60	0.6, 1.23	2660	6.4, 8.14E-2
亜鉛	7440-66-6	金属	7.13				0.0	

注：
- ほとんどの物性は約 20°C のものである．
- 表は様々な文献から作られており，実測値や計算値を含む．
- 一方この表は参考のために用意されたものであって，これらのデータの正確性は保証されていない．
- これらの値のほとんどは純水中での測定値であって環境中で調査されたものとしては適当でない．
- 多くのデータや情報は文献によって異なる．詳細な情報は以下に挙げるような化学の引用文献を参考にされたい．

参考文献

Callahan, M. M. et al., 1979. Water-related environmental fate of 129 priority pollutants. NTIS PB80-204381.

Lyman, W. J., W. F. Ruhl, and D. H. Rosenblatt, 1982. *Handbook of Chemical Property Estimation Methods*. New York: McGraw-Hill.

Verschueren, K., 1983. *Handbook of Environmental Data on Organic Chemicals*, 2d ed. New York: Van Nostrand Reinhold.

Weast, R. C., (ed). 1985–1986. *Handbook of Chemistry and Physics*. Cleaveland, OH: CRC Press.

表 C.2　重要な汚染物質の輸送と減衰あるいは分解（その1）

重要な汚染物質	移流	収着	減衰/分解	加水分解	揮発
アセナフテン	?	Y	Y	N	N
アセナフチレン	?	Y	Y	N	N
アクロレイン	?	N	Y	N	?
アクリロニトリル	?	N	?	N	Y
アルドリン	?	Y	Y	N	?
アントラセン	?	Y	Y	N	?
アンチモン	Y	Y	Y	Y	?
ヒ素	Y	Y	Y	Y	Y
石綿・アスベスト	Y	N	N	N	N
ベリリウム	Y	Y	N	N	N
ベンゼン（ベンゾール）	?	?	?	N	Y
ベンジジン	?	Y	?	N	N
ベンゾ[a]アントラセン	?	Y	Y	N	N
ベンゾ[b]フルオランテン	?	Y	Y	N	?
ベンゾ[k]フルオランテン	?	Y	Y	N	?
ベンゾ[ghi]ペリレン	?	Y	?	N	?
ベンゾ[a]ピレン	?	Y	T	N	?
ビス（2-クロロエトキシ）メタン	Y	N	?	?	N
ビス（2-クロロメチル）エーテル	?	N	N	N	Y
ビス（クロロメチル）エーテル	N	N	N	Y	N
ビス（2-クロロイソプロピル）エーテル	?	N	?	?	Y
フタル酸ビス（2-エチルヘキシル）	Y	Y	Y	N	N
ブロモホルム	?	?	?	N	Y
4-ブロモフェニルフェニルエーテル	?	?	?	N	?
フタル酸ブチルベンジル	?	?	Y	N	?
カドミウム	Y	Y	N	Y	N
四塩化炭素	?	N	N	N	Y
クロルデン	?	?	?	N	?
クロロベンゼン	?	?	?	N	Y
クロロジブロモメタン	?	?	?	N	Y
クロロエタン	?	N	N	N	Y
2-クロロエチルビニルエーテル	?	N	?	?	Y
クロロホルム	?	N	N	N	Y
p-クロロ-m-クレゾール	?	N	?	N	N
2-クロロナフタレン	?	?	Y	N	?
2-クロロフェノール	?	N	?	N	N
4-クロロフェニルフェニルエーテル	?	?	?	N	?
クロム	Y	Y	N	Y	N
クリセン	?	Y	Y	N	?
銅	Y	Y	N	Y	N
シアン化物	N	N	Y	?	Y
4,4-ジクロロジフェニルジクロロエタン	?	Y	?	?	Y
ジクロロジフェニルジクロロエタン	?	Y	?	N	Y

付録 C　EPA の重要な汚染物質　313

表 C.2　重要な汚染物質の輸送と減衰あるいは分解（その 2）

重要な汚染物質	移流	収着	減衰/分解	加水分解	揮発
ジクロロジフェニルトリクロロエタン	?	Y	?	?	Y
ジベンゾ [a, h] アントラセン	?	Y	?	N	?
1,2-ジクロロベンゼン	?	?	?	N	Y
1,3-ジクロロベンゼン	?	?	?	N	?
1,4-ジクロロベンゼン	?	?	?	N	?
3,3-ジクロロベンゼン	?	Y	N	N	N
ジクロロブロモメタン	?	?	?	N	?
ジクロロジフルオロメタン	?	?	?	N	Y
1,1-ジクロロエタン	?	N	N	N	Y
1,2-ジクロロエタン	?	N	?	N	Y
1,2-トランスジクロロエチレン	?	N	N	N	Y
1,1-ジクロロエチレン	?	N	N	N	Y
2,4-ジクロロフェノール	?	N	Y	N	N
1,2-ジクロロプロパン	?	?	?	?	Y
1,3-ジクロロプロペン	?	?	?	?	Y
ジエルドリン	?	Y	?	N	?
フタル酸ジエチル	Y	?	?	N	N
2,4-ジメチルフェノール	?	?	?	N	N
フタル酸ジメチル	Y	?	?	?	N
フタル酸ジ-n-ブチル	Y	Y	?	N	N
4,6-ジニトロ-o-クレゾール	?	Y	?	N	N
2,4-ジニトロフェノール	?	Y	?	?	N
2,4-ジニトロトルエン	?	Y	?	N	N
2,6-ジニトロトルエン	?	Y	?	N	N
フタル酸ジ-n-オクチル	?	?	?	N	N
1,2-ジフェニルヒドラジン	?	Y	?	N	N
A-エンドスルファン-α	?	Y	Y	Y	?
B-エンドスルファン-β	?	Y	Y	Y	?
エンドサルファンサルフェート	?	Y	Y	Y	?
エンドリン	?	?	?	N	?
エンドリンアルデヒド	?	?	?	N	?
エチルベンゼン	?	?	?	N	Y
フルオランテン	?	Y	Y	N	N
フルオレン	?	Y	Y	N	N
ヘプタクロル	?	N	N	Y	?
ヘプタクロルエポキシド	?	Y	Y	N	?
ヘキサクロロベンゼン	?	Y	N	N	?
ヘキサクロロブタジエン	N	Y	?	?	?
ヘキサクロロシクロヘキサン-α	?	?	Y	N	?
ヘキサクロロシクロヘキサン-β	?	?	Y	N	?
ヘキサクロロシクロヘキサン-δ	?	?	Y	N	?
ヘキサクロロシクロヘキサン-γ	?	?	Y	N	?
ヘキサクロロシクロペンタジエン	N	Y	N	Y	Y

表 C.2　重要な汚染物質の輸送と減衰あるいは分解（その 3）

重要な汚染物質	移流	収着	減衰/分解	加水分解	揮発
ヘキサクロロエタン	N	?	?	?	?
インデノ [1,2,3-*cd*] ピレン	?	Y	?	N	?
イソホロン	Y	N	?	N	?
鉛	Y	Y	Y	Y	?
水銀	Y	Y	Y	Y	Y
臭化メチル	?	N	N	Y	Y
塩化メチル	?	N	N	N	Y
塩化メチレン	?	N	N	N	Y
ナフタレン	?	?	Y	N	?
ニッケル	Y	Y	N	Y	N
ニトロベンゼン	?	?	?	N	?
2-ニトロフェノール	?	Y	N	?	N
4-ニトロフェノール	?	Y	N	?	N
n-ニトロソジメチルアミン	?	N	N	N	N
n-ニトロソジ-n-プロピルアミン	?	N	N	N	N
n-ニトロソジフェニルアミン	?	?	?	N	N
ポリ塩化ビフェニル-1016	?	Y	N	N	Y
ポリ塩化ビフェニル-1221	?	Y	N	N	Y
ポリ塩化ビフェニル-1232	?	Y	N	N	Y
ポリ塩化ビフェニル-1242	?	Y	N	N	Y
ポリ塩化ビフェニル-1248	?	Y	N	N	Y
ポリ塩化ビフェニル-1254	?	Y	N	N	Y
ポリ塩化ビフェニル-1260	?	Y	N	N	Y
ペンタクロロフェノール	Y	Y	Y	N	N
フェナントレン	?	Y	Y	N	N
フェノール	?	N	Y	N	?
ピレン	?	Y	Y	N	?
セレン	Y	Y	Y	Y	?
銀	Y	Y	N	Y	N
テトラクロロジベンゾ-*p*-ダイオキシン	Y	Y	?	N	?
1,1,2,2-テトラクロロエタン					
テトラクロロエチレン	?	N	N	N	?
タリウム	Y	Y	N	Y	N
トルエン	?	?	?	N	Y
トキサフェン	Y	Y	?	N	?
1,2,4-トリクロロベンゼン	?	?	?	N	?
1,1,1-トリクロロエタン	?	N	N	N	Y
1,1,2-トリクロロエタン	?	N	N	N	Y
トリクロロエチレン（トリクレン）	?	N	?	N	Y
トリクロロフルオロメタン	?	?	?	N	Y
2,4,6-トリクロロフェノール	?	?	?	N	N
塩化ビニル	N	N	N	?	Y
亜鉛	Y	Y	N	Y	N

注：これらのデータは継続して評価されており，表中の情報の一部は，出版され読まれている時点で，すでに有効性や信頼性が失われている可能性あり．

参考文献

Callahan, M. A., et al., 1979. Water-related environmental fate of 129 priority pollutants. EPA Contract No.68-01-3852, 68-01-3867.

付録D
代表的輸送パラメータ

- 表D.1　分子拡散係数
- 表D.2　機械的分散係数
- 表D.3　フィールドスケールでの分散係数
- 表D.4　金属の分配係数 K_d
- 表D.5　有機物の分配係数 K_d
- 表D.6　堆積物中の有機炭素含有量 f_{oc}
- 表D.7　K_{oc} の経験式
- 表D.8　放射性物質の半減期
- 表D.9　有機物の半減期

表 D.1 分子拡散係数

25°C の水中における拡散係数				
陽イオン	D_0 [10^{-10} m^2/s]	陰イオン	D_0 [10^{-10} m^2/s]	参考文献
H^+	93.1	OH^-	52.7	A
Na^+	13.3	F^-	14.6	A
K^+	19.6	Cl^-	20.3	A
Rb^+	20.6	Br^-	20.1	A
Cs^+	20.7	HS^-	17.3	A
		HCO_3^-	11.8	A
Mg^{2+}	7.05			A
Ca^{2+}	7.93	CO_3^{2-}	9.55	A
Sr^{2+}	7.94	SO_4^{2-}	10.7	A
Ba^{2+}	8.48			A
Ra^{2+}	8.89			A
Mn^{2+}	6.88			A
Fe^{2+}	7.19			A
Cr^{2+}	5.94			A
Fe^{2+}	6.07			A

花崗岩中の I^- の拡散係数			
試料	有効拡散係数 (間隙を除外) D_0 [m^2/s]	絶対拡散係数 (間隙を含む) D_0 [m^2/s]	参考文献
オシアン	$(2.9\text{–}51) \times 10^{-11}$	$(6.4\text{–}16) \times 10^{-13}$	B
スコットランド低地	$(1.0\text{–}1.8) \times 10^{-10}$	$(2.7\text{–}4.0) \times 10^{-13}$	B
スキーン合成物	$(6.1\text{–}62) \times 10^{-11}$	$(2.8\text{–}7.4) \times 10^{-13}$	B
コーンウォールのカルンメネリス	$(26\text{–}5.3) \times 10^{-11}$	$(23\text{–}3.2) \times 10^{-14}$	B
スウェーデンの花崗岩	$(1.0\text{–}70) \times 10^{-14}$		C

Cl^-, ^{36}Cl の粘土中での拡散係数		
試料	有効拡散係数 (間隙を除外) D_0 [m^2/s]	参考文献
氷礫粘土	50×10^{-11}	D
シルト性粘土	10.0×10^{-10}	E
	6.0×10^{-10}	
シルト性粘土	$(5.5\text{–}8.0) \times 10^{-10}$	F
	$(7.4\text{–}7.9) \times 10^{-10}$	
シルト性粘土	11.0×10^{-10}	F
シルト性粘土	9.2×10^{-10}	F
氷食湖底粘土	5.8×10^{-10}	F
バーブ氷食湖底粘土とシルト	5.8×10^{-10}	F
氷食海底粘土	2.0×10^{-10}	F

参考文献
(A) Li, Y. H., and S. Gregory, 1974. Diffusion of ions in seawater and in deep-sea sediments. Oxford: Pergamon Press.
(B) Lever, D. A. and M. H. Bradbury, 1985. Rock-matrix diffusion and its implications for radionuclide migration. *Mineralogical Magazine* 49, 245–254.

(C) Skagius, K., and I. Neretnieks, 1986. Porosities and diffusivities of some nonsorbing species in crystalline rocks. *Water Resources Res.* 22 (3), 389–398.
(D) Grisak, G. E., and J. F. Pickens, 1980. Solute transport through fractured media 1 & 2. *Water Resources Res.* 16 (4), 719–739.
(E) Crooks, V. E., and R. M. Quicgley, 1984. Saline leachate migration through clay: A comparative laboratory and field investigation. *Can. Geotech. J.* 21, 349–362.
(F) Desaulniers, D. E., 1986. Groundwater origin, geochemistry and solute transport in three major glacial clay plains of east-central North America. Ph.D. thesis. Dept. of Earth Sciences, Univ. Waterloo, Ontario, p.445.

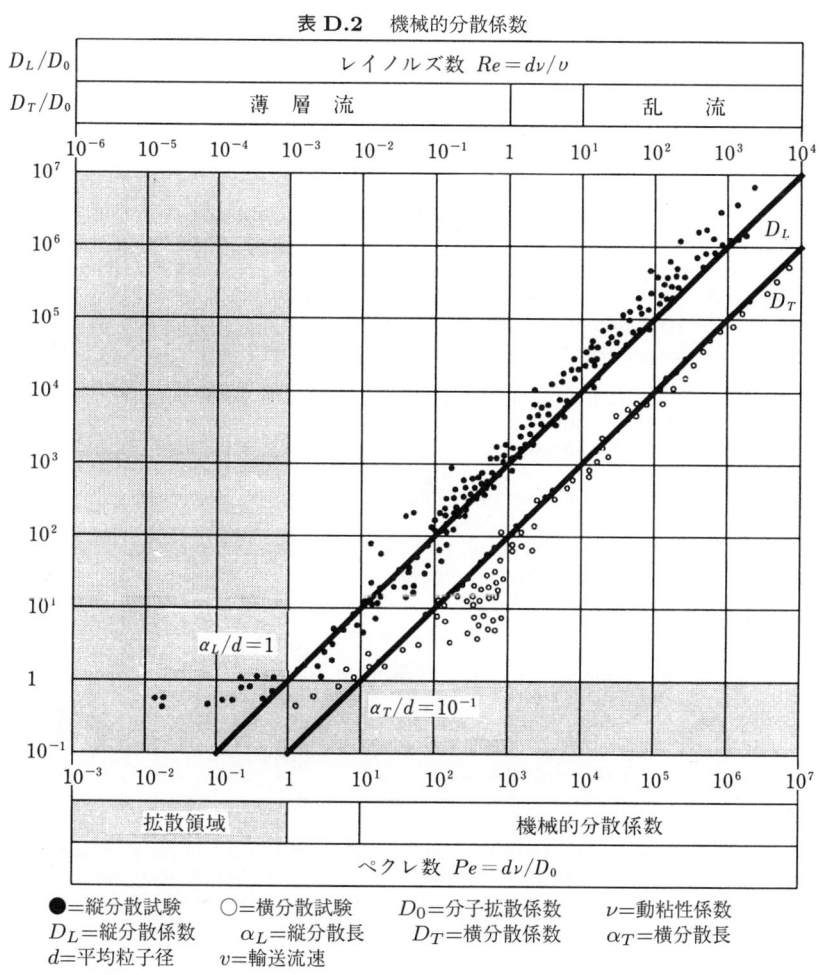

表 D.2 機械的分散係数

●=縦分散試験　〇=横分散試験　D_0=分子拡散係数　ν=動粘性係数
D_L=縦分散係数　α_L=縦分散長　D_T=横分散係数　α_T=横分散長
d=平均粒子径　v=輸送流速

引用元
Bear, J., 1972. Dynamics of fluids in porous media. New York, American Elsevier, 764 p., and Spitz, K., 1985. Dispersion porösen Medien: Einfluß von Inhomogenitäten und Dichteunterschieden. Mitteilungen des Instituts für Wasserbau, Universität Stuttgart, Heft 60.

参考文献

Barovic, G., 1979. Einfluß der Sorption auf Transportvorgänge im Grundwasser. Report of the Instituts für Wasserwirtschaft. Hydrologie und Landwirtschaftlichen Wasserbaus, Universität Hannover, no.6.

Bear, J., 1972. *Dynamics of Fluids in Porous Media.* New York: American Elsevier.

Bernard, R A., and R. H. Wilhelm, 1950. Turbulent diffusion in fixed beds of packed solids. *Chem. Eng. Progress* 46 (5), 233–244.

Blackwell, R. J., J. R. Rayne, and W. M. Terry, 1959. Factors influencing the efficiency of miscible displacement. *Trans. AIME* 216, 1.

Brigham, W. E., J. N. Dew, and P. W. Reed, 1961. Experiments on mixing during miscible displacement in porous media. *Soc. Petrol. Eng. J.*, 1–8.

Carberry, J. J., and R. H. Bretton, 1958. Axial dispersion of mass in now through fixed beds. *Am. Inst. of Chem. Eng. J.* 4 (3), 367–375.

Day, P. R., 1956. Dispersion of a moving salt-water boundary advancing through saturated sand. *Trans. AGU* 37 (5), 595–601.

Ebach, E. A., and R. R. White, 1958. Mixing of liquids nowing through beds of packed solids. *Am. Inst. of Chem. Eng. J.* 4 (2), 161–169.

Grane, F. E., and G. H. F. Gardner, 1961. Measurements of transverse dispersion in granular media. *J. Chem. Eng. Data* 6 (2), 283–287.

Harleman, D. R. F., P. F. Mehlhorn, and R. R. Rumer, Jr., 1963. Dispersion permeability correlation in porous media. *J. Hydraulic Div., ASCE* 89, 67–85.

Hoopes, J. A., and D. R. F. Harleman, 1965. Waste water recharge and dispersion in porous media. MIT Hydrodynamics Lab., no.75, p.166.

Klotz, D., 1973. Untersuchungen zur dispersion in porösen medien, *Z. Deutsch. Geol. Ges.* 124. 523–533.

Li, W. H., and F. H. Lai, 1966. Experiment on lateral dispersion in porous media. *J. Hydraulic Div., ASCE* 92, 141–149.

Liles, A. W., and E. J. Geankoplis, 1957. Axial diffusion of liquids in packed beds and end effects. *Am. Inst. of Chem. Eng. J.* 3 (1), 591–595.

List, E. J., and N. K. Brooks, 1967. Lateral dispersion in saturated porous media. *J. Geophysical Res.* 72 (10), 2531–2541.

Raimondi, P., G. H. G. Gardner, and C. B. Petrick. Effect of pore structure and molecular diffusion on the mixing of miscible liquids nowing in porous media. A.I. Ch. E.—S.P.E. Joint Symp. on Fundamental Concepts of Miscible Fluid Displacement, Part II, San Francisco, Pre-print 43.

Rifai, M. N. E., W. J. Kaufman, and D. K. Todd, 1956. Dispersion phenomenon in laminar flow through porous media. Canal Seepage Research. Progress Report. 2, Univ. of California, Berkeley, p.157.

Rumer, R. R., Jr., 1972. On the derivation of a convective-dispersion equation by spatial averaging. *Developments in Soil Science: 2. Fundamenrals of Transport Phenomena in Porous Media.* Amsterdam: Elsevier.

Simpson, E. S., 1962. Transverse dispersions in liquid now through porous media. Prof. Paper 411-C, USGS, Washington, DC.

Sitz, M., 1985. Dispersion in porösen Medien; Einfluß von Inhomogenitäten und Dichteunterschieden. Report of the Instituts für Wasserbau, Universität Stuttgart, no.60.

van der Poel, C., 1962. Effect of lateral diffusivity on miscible displacement in horizontal reservoirs. *Soc. of Petrol. Eng. J.*, 316–326.

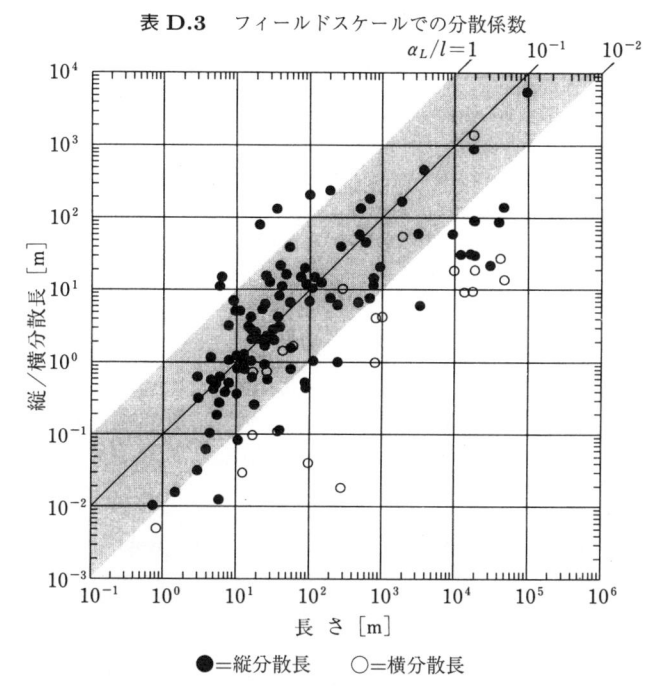

表 D.3 フィールドスケールでの分散係数

引用元
Gelhar et al., 1992. A critical review of data on field-scale dispersion in aqifers. Water Resources Research, Vol.28 (7), pp.1955–1974.

表 **D.3** フィールドスケールでの分散係数（つづき）

材質	移行距離 [m]	分散長 [m]	参考文献
沖積層	40	3	Iris 1980
沖積層	15	3	Dieulin 1980
沖積層	—	0.03–0.5	Pickens et al. 1977
沖積層, 凝灰岩起源	91	10–30	Daniels 1981, 1982
沖積層	18 000	30.5	Konikow and Bredehoeft 1974
沖積層	—	0.1–12	Fried 1975
沖積層	13 000	30.5	Konikow 1976
沖積層	—	30.5	Konikow 1977
沖積層 (礫)	290	41	New Zealand Ministry of Work and Development 1977
沖積層 (礫)	25	0.3–1.5	
沖積層	6.4	15.2	Robson 1974
沖積層	10 000	61	Robson 1974
沖積層	3 200	61	Robson 1978
玄武岩, 角礫岩化した	17.1	0.60	Gelhar 1982
玄武岩, 溶岩層や堆積層	20 000	91	Grove 1977
玄武岩, 溶岩層や堆積層	20 000	910	Robertson 1974
チョーク	8	1.0	Ivanovitch and Smith 1978
チョーク, 亀裂性	8	3.1	Ivanovitch and Smith 1978
結晶質岩, 亀裂性	538	134	Webster el al. 1970
ドロマイト, 亀裂性	23	5.2	Bentley and Walter 1983
ドロマイト, 亀裂性 石灰岩	122	15	Claasen and Cordes 1975
ドロマイト, 亀裂性	21.3	2.1	Kreft et al. 1974
花崗岩, 亀裂性	5	0.5	Dieulin 1981
花崗岩, 亀裂性	17	2	Goblet 1982
礫, 融氷流水による	10	5	Klotz et al. 1980
礫 大礫を伴う	54–9	1.4–11.5	New Zealand Ministry of Work and Development 1977
礫	700	130–234	Webster el al. 1983
石灰岩	2 000	170	Bredehoeft and Pinder 1973
石灰岩	91	11.6	Fenske 1973
石灰岩	41.5	20.8	Kreft et al. 1974
石灰岩, 亀裂性	32 000	23	Rabinowitz and Gross 1972
石灰岩, 亀裂性	490	6.7	Segol and Pinder 1976
砂岩	3–6	0.16–0.6	Oates and Edworthy 1977
砂岩 沖積堆積物	50 000	200	Gupta et al. 1975
砂岩 シルトと粘土層を伴う	28	1.0	Harpaz, 1965
砂, 融氷流水による	90	0.5	Rajarim and Gelhar, 1991
砂	13	1.0	Sauty et al. 1978
砂, 融氷流水による	11	0.08	Sudicky et al. 1983
砂, 融氷流水による	700	7.6	Seykes et al. 1982, 1983
砂	100 000	5 600–40 000	Wood 1981
砂, 融氷流水による	600	30–60	Egboka et al. 1981

表 D.3 フィールドスケールでの分散係数（つづき）

材質	移行距離 [m]	分散長 [m]	参考文献
砂, 融氷流水による	90	0.43	Freyberg 1986
砂, 中程度から粗い	250	0.96	Garabedian et al. 1988
砂, 中程度, 層状の	38.3	4.0	Huyakan et al. 1986
砂, 河成	25	1.6	Kies 1981
砂	6	0.18	Kreft et al. 1974
砂	6	0.01	Lee et al. 1980
砂, 細かく氷礫を伴う	4	0.06	Leland and Hittel 1981
砂	2–8	0.01–0.42	Meyer et al. 1981
砂, 河成	40	0.06–0.16	Moltyaner and Peaudecerf 1977
砂, 中程度から細かい	57.3	1.5	Papadopulos and Larson 1978
砂	3	0.03	Pickens and Grisak 1981
砂	8	0.5	Pickens and Grisak 1981
砂, 礫とシルト	11–43	2–11	Roberts et al. 1981
砂と礫	25–150	11–25	Sauty 1977
砂礫	—	2–3	Lau et al. 1957
砂, シルトと粘土	57.3	0.76	Seykes et al. 1983
砂と礫	43 400	91.4	Vaccaro and Bolke 1983
砂, シルトと礫	16	1	Valocchi et al. 1981
砂と礫	18.3	0.26	Wiebenga et al. 1967
砂, シルトと礫	79.2	15.2	Wilson 1971
砂と礫	1.52	0.015	Wood and Ehrlich 1978
砂と礫, 非常に不均質	200	7.5	Adams and Gelhar 1991
砂と礫, 融氷流水による	20 000	30.5	Ahlstran et al. 1977
砂と礫, 融氷流水による	3 500	6	Bierschenk 1959
砂と礫, 融氷流水による	4 000	460	Cole 1972
砂, 融氷流水による	600	30–60	Eghoka et al. 1981
砂, 融氷流水による	90	0.43	Freyberg 1986
砂と礫 大礫を含む	6	11	Fried and Ungemach 1971
砂と礫 沖積性でレンズ状の粘土を含む	800	15	Fried 1975
砂と礫 沖積性でレンズ状の粘土を含む	1 000	12	Fried 1975
砂と礫, 層状でシルト質な	10.4	0.7	Hoehn 1983
砂と礫, 層状でシルト質な	100	6.7	Hoehn and Santschi 1987
砂と礫, 層状でシルト質な	100	10.0	Hoehn and Santschi 1987
砂と礫, 層状でシルト質な	500	58.0	Hoehn and Santschi 1987
砂と礫 レンズ状の粘土を含む	19	2–3	Lan et al. 1957
砂と礫	16.4	2.13–3.35	Naymik and Barcelona 1981
片岩質の片麻岩, 亀裂性	—	134.1	Webster et al. 1970
氷礫土	—	3.0–6.1	Schwartz 1977

参考文献

Ahlstrom, S. W., H. P. Foote, R. C. Amett, C. P. Cole, and R. J. Serne, 1977. Multicomponent mass transport model: Theory and numerical implementations (discrete-particle-random-walk-version). Report. BNWL-2127. Battelle Pac. Northwest Lab., Richland, WA.

Bentley, H. W., and G. R. Walter, 1983. Two-well recirculating tracer tests at H-2: Waste Isolation Pilot Plant (WIPP), southwest New Mexico. Draft paper, Hydro Geochem., Inc., Tucson, AZ.

Bierschenk, W. H., 1959. Aquifer characteristics and ground-water movement at Hanford. Report HW-60601, Hanford At. Products Oper., Richland, WA.

Bredehoeft, J. D., and G. F. Pinder, 1973. Mass transport in flowing groundwater. *Water Resources Res.*, 9(1), 144-210.

Claasen, H. C., and E. H. Cordes, 1975. Two-well recirculating tracer test in fractured carbonate rock. *Nevada, Hydrol. Sci. Bull.* 20(3), 367-382.

Daniels, W. R. (ed.), 1981. Laboratory field studies related to the radionuclide migration project. Progress Report LA-8670-PR Los Alamos Sci. Lab., Los Alamos, NM.

Daniels, W. R. (ed.), 1982. Laboratory field studies related to the radionuclide migration project. Draft. Progress Report LA-9192-PR. Los Alamos Sci. Lab., Los Alamos, NM.

Dieulin, A., 1980. Propagation de pollution dans un aquifere alluvial: L'effet de parcours. Doctoral dissertation. Univ. Pierre et Marie Curie-Paris VI and l'Ecole Natl. Super. des Mines de Paris, Fontainebleau, France.

Dieulin, A., 1981. Lixiviation in situ d'un gisement d'uranium en milieu granitique. Draft Report LHM/RD/81/63. Ecole Natl. Super. des Mines de Paris. Fontainebleau, France.

Egboka, B. C. E., J. A. Cherry, R. N. Farvolden, and E. O. Frind, 1983. Migration of contaminants in groundwater at a landfill: A case study. 3. Tritium as an indicator of dispersion and recharge. *Hydrol.*, 63, 51-80.

Fenske, P. R., 1973. Hydrology and radionuclide transport. monitoring well HT-2m. Tatum Dome, Mississippi, Proj. Report 25, Tech. Report NVD-1253-6. Cent. for Water Resour. Res., Desert Res. Inst., Univ. of Nevada Syst., Reno.

Freyberg, D. L., 1986. A natural gradient experiment on solute transport in a sand aquifer: 2. Spatial movements and the advection and dispersion of nonreactive racers. *Water Resources Res.* 22(13), 2031-2046.

Fried, J. J., 1975. *Groundwater Pollution*, New York: Elsevier.

Fried, J. J., and P. Ungemach, 1971. Determination in situ du coefficient de dispersion longitudinale d'un milieu poreux naturel. *C.R. Acad. Sci.*, Ser. 2, 272, 1327-1329.

Garabedian, S. P., L. W. Gelhar, and M. A. Celia, 1988. Large-scale dispersive transport in aquifers: Field experiments and reactive transport theory. Report 315, Ralph M. Parsons Lab. for Water Resour. and Hydrodyn., MIT, Cambridge.

Gelhar, L. W., 1982. Analysis of two-well tracer tests with a pulse input. Report RHO-BW-CR-131 P, Rockwell Intl., Richland, WA.

Goblet, P., 1982. Interpretation d'experiences de tracage en milieu granitique (site B). Report LHM/RD/82/11. Cent. d'Inf Geol., Ecole Natl. Super. des Mines de Paris. Fontainebleau, France.

Grove, D. B., 1977. The use of Galerkin finite-element methods to solve mass transport equations. Report USGS/WRD WRI-78/011. USGS, Denver, CO. (Available as NTIS PB 277-532 from Natl. Tech. Inf. Serv., Springfield, VA.)

Grove, D. B., and W. A. Beetem, 1971. Porosity and dispersion constant calculations for a fractured carbonate aquifer using the two-well tracer method. *Water Resources Res.* 7(1), 128-134.

Gupta, S. K., K. K. Tanji, and J. N. Luthin, 1975. A three-dimensional finite element groundwater model. Report UCAL-WRC-C-152, California Water Resour. Cent., Univ. of California, Davis. (Available as NTIS PB 248-925 from Natl. Tech. Inf. Serv., Springfield, VA.)

Halevy, E., and A. Nir, 1962. Determination of aquifer parameters with the aid of radioactive

tracers. *J. Geophys. Res.* 67(5), 2403-2409.
Harpaz, Y., 1965. Field experiments in recharge and mixing through wells. Underground Water Storage Study Tech. Report 17. Publ. 483, Tahal-Water Plann. for Isr., Tel Aviv.
Helweg, O. J., and J. W. Labadie, 1977. Linked models for managing river basin salt balance. *Water Resources Res.* 13(2), 329-336.
Hoehn, E., 1983. Geological interpretation of local-scale tracer observations in a river-ground water infiltration system. Draft report. Swiss Fed. Inst. Reactor Res. (EIR), Würenlingen, Switzerland.
Hoehn, E., and P. H. Santschi, 1987. Interpretation of tracer displacement during infiltration of river water to groundwater. *Water Resources Res.* 23(4), 633-640.
Huyakorn, P. S., P. F. Anderson, F. J. Motz, O. Guven, and J. G. Melville, 1986. Simulations of two-well tracer tests in stratified aquifers at the Chalk River and the Mobile sites. *Water Resources Res.* 22(7), 1016-1030.
Iris, P., 1980. Contribution a l'étude de la valorisation energetique des aquifères peu profonds, thèse de docteur-ingenieur. Ecole des Mines de Paris, Fontainebleau, France.
Ivanovitch, M., and D. B. Smith, 1978. Determination of aquifer parameters by a two-well pulsed method using radioactive tracers. *J. Hydrol.* 36(1/2), 35-45.
Kies, B., 1981. Solute transport in unsaturated field soil and in groundwater. Ph.D. dissertation. Dept. of Agron, New Mexico, State Univ., Las Cruces.
Klotz, D., K. P. Seiler, H. Moser, and F. Neumaier, 1980. Dispersivity and velocity relationship from laboratory and field experiments, *J. Hydrol.* 45(3/4), 169-184.
Konikow, L. F., 1977. Modeling chloride movement in the alluvial aquifer at the Rocky Mountain Arsenal, Colorado. USGS Water-Supply Paper 2044.
Konikow, L. F., and J. D. Bredehoeft, 1974. Modeling flow and chemical quality changes in an irrigated stream-aquifer system. *Water Resources Res.*, 10(3), 546-562.
Kreft A., A. Lenda, B. Turek, A. Zuber, and K. Czauderna, 1974. Determination of effective porosities by the two-well pulse method. Isot. Tech. Groundwater Hydrol., Proc. Symp., 2, pp.295-312.
Lau, L. K., W. J. Kaufman, and D. K. Todd, 1957. Studies of dispersion in a radial now system. Canal Seepage Research: Dispersion phenomena in now through porous media. Progress Report 3. I.E.R. Ser. 93. Issue 3, Sanit. Eng. Res. Lab., Dept. of Eng. and School of Public Health, Univ. of California, Berkeley.
Lau, L. K., W. J. Kaufman, and D. K. Todd, 1957. Dispersion phenomena in flow through porous media. Sanit. Eng. Res. Lab. Progress Report 3, Univ. of California, Berkeley.
Lee, D. R., J. A. Cherry, and J. F. Pickens, 1980. Groundwater transport of a salt tracer through a sandy lakebed, *Limnol. Oceanogr.* 25(1), 46-61.
Leland, D. F., and D. Hillel, 1981. Scale effects on measurement of dispersivity in a shallow, unconfined aquifer, paper presented at Chapman Conference on Spatial Variability in Hydrologic Modeling. AGU, Fort Collins, CO., July 21-23.
Lenda, A., and Zuber, A., 1970. Tracer dispersion in groundwater experiments. Isot. Hydrol. Proc. Symp. 1970. pp.619-641.
Mercado, A., 1966. Recharge and mining tests at Yavne 20 well field. Underground Water Storage Study Tech. Report 12. Publ. 611, Tahal-Water Plann. for Isr., Tel Aviv.
Meyer, B. R., C. A. R. Bain, A. S. M. DeJesus, and D. Stephenson, 1981. Radiotracer evaluation of groundwater dispersion in a multilayered aquifer. *J. Hydrol.* 50(1/3), 259-271.
Molinari, J., and P. Peaudecerf, 1977. Essais conjoints en laboratoire et sur le terrain en vue d'une approach simplefiee de la prévision des propagations de substances miscibles dans les aquifères réels. Paper presented at Symposium on Hydrodynamic Diffusion and Dispersion in Porous Media. Int. Assoc. for Hydraul. Res., Pavis. Italy.
Moltyaner, G. L., and R. W. D. Killey, 1988a. Twin Lake tracer tests: Longitudinal dispersion. *Water Resources Res.* 24(10), 1613-1627.
Moltyaner, G. L., and R. W. D. Killey, 1988b. Twin Lake tracer tests: Transverse dispersion.

Water Resources Res. 24(10), 1628-1637.
Naymik, T. G., and M. J. Barcelona, 1981. Characterization of a contaminant plume in ground water, Meredosia, Illinois. *Groundwater* 19(5), 517-526.
New Zealand Ministry of Works and Development, Water and Soil Division, 1977. Movement of contaminants into and through the Heretaunga Plains aquifer. Report. Wellington.
Oakes, D. B., and D. J. Edworthy, 1977. Field measurement of dispersion coefficients in the United Kingdom. *Ground Water Quality, Measurement, Prediction, and Protection.* Reading, England: Water Research Centre, pp.327–340.
Papadopulos, S. S., and S. P. Larson, 1978. Aquifer storage of heated water: II. Numerical simulation of field results. *Groundwater* 16(4), 242-248.
Pickens, J. F., and G. E. Grisak, 1981. Scale dependent dispersion in a stratified granular aquifer. *Water Resource Res.* 17(4), 1191-1211.
Pickens, J. F., W. F. Merritt, and J. A. Cherry, 1977. Field determination of the physical contaminant-transport parameters in a sandy aquifer. Proc. IAEA Advisory Group Meeting on the Use of Nuclear Techniques in Water Pollution Studies, Vienna, Austria.
Pinder, G. F., 1973. A Galerkin-finite element simulation of groundwater contamination on Long Island. *Water Resources Res.* 9(6), 1657-1669.
Rabinowitz, D. D., and G. W. Gross, 1972. Environmental tritium as a hydrometeorologic tool in the Roswell Basin. New Mexico. Tech. Completion Report OWRR: A-037-NMEX, New Mexico Water Resources Res. Inst., Las Cruces.
Rajaram, H., and L. W. Gelhar, 1991. Three-dimensional spatial moments analysis of the Borden tracer test. *Water Resources Res.* 27(6), 1239-1251.
Roberts, P. V., M. Reinhard, G. D. Hopkins, and R. S. Summers, 1981. Advection-dispersion-sorption models for simulating the transport of organic contaminants. Paper presented at International Conference on Ground Water Quality Research. Rice Univ., Houston, TX.
Robertson, J. B., 1974. Digital modeling of radioactive and chemical waste transport in the Snake River Plain aquifer of the National Reactor Testing Station, Idaho. USGS Open File Report, IDO-22054.
Robertson, J. B., and J. T. Barraclough, 1973. Radioactive and chemical waste transport in groundwater of National Reactor Testing Station: 20-year case history and digital model. Underground Waste Manage. Artif. Recharge Prepr. Pap. Int. Symp. 2nd, 1, pp.291–322.
Robson, S. G., 1974. Feasibility of digital waste quality modeling illustrated by application at Barstow, California. USGS Water Resources Investigations, pp.46–73.
Robson, S. G., 1978. Application of digital profile modeling techniques to ground water solute transport at Barstow, California. USGS Water Supply Pap., 2050.
Rousselot, D., J. P. Sauty, and B. Gaillard, 1977. Etude hydrogéologique de la zone indurtrielle de Blyes-Saint-Vulbas, rapport préliminaire no.5: Caracteristiques hydrodynamiques du systeme aquifère. Rep. Jal 77/33. Bur. de Rech. Geol. et Mtn., Orleans, France.
Sauty, J. P., 1977. Contribution à l'identification des paramèters de dispersion dans les aquifères par interprétation des experiences de tracage, dissertation. Univ. Sci. et Med. et Inst. Natl. Polytech. de Grenoble, Grenoble, France.
Schwartz, F. W., 1977. Macroscopic dispersion in porous media: The controiling factors. *Water Resources Res.* 13(4), p.743–752.
Segol, G., and G. F. Pinder, 1976. Transient simulation of saltwater intrusion in southeastern Florida. *Water Resources Res.* 12(1), 65-70.
Sudicky, E. A., J. A. Cherry, and E. O. Frind, 1983. Migration of contaminants in groundwater at a landfill: A case study, 4, a natural-gradient dispersion test. *J. Hydrol.* 63, 81-108.
Sykes, J. F., S. B. Pahwa, R. B. Lantz, and D. S. Ward, 1982. Numerical simulation of flow and contaminant migration at an expensively monitored landfill. *Water Resources Res.* 18(6), 1687-1704.
Sykes, J. F., S. B. Pahwa, D. S. Ward, and Lantz, D.S., 1983. The validation of SWENT, a geosphere transport model. *Scientific Computing.* ed. R. Stapleman et al., Amsterdam:

IMAES/North-Holland, pp.351–361.

Vaccaro, J. J., and E. L. Bolke, 1983. Evaluation of water quality characteristics of part of the Spokane aquifer, Washington and Idaho, using a solute transport digital model, USGS Open File Report, pp.82–769.

Walter, G. B., 1983. Convergent flow tracer test at H-6: Waste isolation pilot plant (WIPP), south-east New Mexico. Draft. Hydro Geochem. Inc., Tucson, AZ.

Webster, D. S., J. F. Procter, and I. W. Marine, 1970. Two-well tracer test in fractured crystalline rock. USGS Water Supply, Paper, 1544-I.

Werner, A. et al., 1983. Nutzung von Grundwasser für Wärmepumpen, Versickerimgstest Aefligen, Versuch 2, 1982/83. Water and Energy Management Agency of the State of Bern, Switzerland.

Wiebenga, W. A., et al., 1967. Radioisotopes as groundwater tracers. *J. Geophys. Res.* 72(16), 4081-4091

Wilson, L. G., 1971. Investigations on the subsurface disposal of waste effluents at inland sites. Res. Develop. Progress Report 650. U.S. Dept. of Interior, Washington DC.

Wood, W., 1981. A geochemical method of determining dispersivity in regional groundwater systems. *J. Hydrol.* 54(1/3), 209-224.

Wood, W. W., and G. G. Ehrlich, 1978. Use of baker's yeast to trace microbial movement in ground water. *Groundwater* 16(6), 398-403.

表 D.4 金属の分配係数 K_d（その1）

元素	材質	K_d [ml/g]	コメント	参考文献
アメリシウム	粘土	50 000	pH=5〜8	Van Dalen et al. 1975
	砂	400	pH=5〜8	Van Dalen et al. 1975
	シルト ローム	971〜4 830		Sheppard et al. 1976
	ローム質な砂	714		Sheppard et al. 1976
	砂	249〜476		Sheppard et al. 1976
	玄武岩	50	バッチ試験	Moody 1982
	花崗岩	200	バッチ試験	Moody 1982
	岩塩	300	バッチ試験	Moody 1982
	凝灰岩	50	バッチ試験	Moody 1982
アンチモン	砂	0		Batelle Pacific NW Labs. 1978
ヒ素	玄武岩	1.4		Essington and Nork 1969
	ローム	0.14		Batelle Pacific NW Labs. 1978
	砂	>39		Radion Corp. 1975
	ローム	>78		Radion Corp. 1975
	ローム	15	石灰質	Dames & Moore, 1980
	粘土	>39		Radion Corp. 1975
	粘土	0.1〜1.6	pH=5.0	Griffin et al. 1977
カドミウム	砂	0.68	非石灰質	Dames & Moore, 1980
	ローム	0.8	石灰質	Dames & Moore, 1980
	ローム	4.5	石灰質	Dames & Moore, 1980
	粘土	0.17	pH =5.0	Griffin et al. 1977
セシウム	沖積土	121〜3 165		Nork et at. 1962
	凝灰岩	12 100〜17 800		Goldberg et al. 1962
	炭酸塩岩	13.5		Nork and Fenske 1970
	花崗閃緑岩	8〜1 810		Angelo et al. 1962
	花崗岩	34.3		Essington and Nork 1969
	玄武岩	792〜9 520		Nork and Fenske 1970
	玄武岩	6.5〜280		Nork and Fenske 1970
	シルト岩	309		Berak 1963
	砂岩	102		Berak 1963
	流紋岩	4〜100 000		Berak 1963
	黒曜石	6〜84		Berak 1963
	流紋岩	41〜96		Berak 1963
	石英班岩	32〜730		Berak 1963
	粗面岩	16〜89		Berak 1963
	安山岩	52〜54		Berak 1963
	粗粒玄武岩	14〜800		Berak 1963
	ピクライト	30〜1 300		Berak 1963
	Periodotite	96		Berak 1963
	輝岩	<2.0		Berak 1963

表 D.4　金属の分配係数 K_d (その 2)

元素	材質	K_d [ml/g]	コメント	参考文献
	カンラン石 玄武岩	75～1685		Berak 1963
	フォノライト	34～1600		Berak 1963
	Leucitite	398～3746		Berak 1963
	Yermiculite	52000	蒸留水	Jackson and Inch 1980
	イライト	26000	蒸留水	Jackson and Inch 1980
	カオリナイト	2500	蒸留水	Jackson and Inch 1980
	シルト質粘土	3000		Wilding and Rhodes 1963
	砂岩岩	102～389	密	Sokol 1970
	シルト岩	309～541	黒い頁岩状	Sokol 1970
	砂岩	346～630	非常に密, シルト質	Sokol 1970
	砂岩	613～10300	カルサイト セメント	Janzer et al. 1962
	シルト岩	1034～13400	砂質	Janzer et al. 1962
	シルト岩	27～170	石こう質	Janzer et al. 1962
	ドロマイト	51～6657		Janzer et al. 1962
	石膏石	419～3600		Janzer et al. 1962
	シルト岩	661～8250	ドロマイト セメント	Janzer et al. 1962
	玄武岩	300	バッチ試験	Moody 1982
	花崗岩	300	バッチ試験	Moody 1982
	ドーム状の岩塩	1	バッチ試験	Moody 1982
	層状の岩塩	800	バッチ試験	Moody 1982
	凝灰岩	100	バッチ試験	Moody 1982
クロム	砂	1.3		Radion Corp. 1975
	ローム	2.6		Radion Corp. 1975
	粘土	2.6		Radion Corp. 1975
	粘土	30.2	pH=5.0	Griffin et al. 1977
	粘土	6.2	pH=5.0	Griffin et al. 1977
炭素	玄武岩	0	バッチ試験	Moody 1982
	花崗岩	0	バッチ試験	Moody 1982
	岩塩	0	バッチ試験	Moody 1982
	凝灰岩	0	バッチ試験	Moody 1982
クロム 3	粘土		高密度	Versar 1979
クロム 6	粘土		低密度	Versar 1979
キュリウム	シルト ローム	704～1130		Sheppard et al. 1976
	ローム質な砂	106		Sheppard et al. 1976
	砂	1240～1850		Sheppard et al. 1976
	粘土 ローム	73.7～97.7	pH=1.2	Nishita et al. 1976

表 **D.4**　金属の分配係数 K_d（その 3）

元素	材質	K_d [ml/g]	コメント	参考文献
	粘土 ローム	90 000～110 000	pH=5.5	Nishita et al. 1976
	粘土 ローム	61 225～81 633	pH=7.08	Nishita et al. 1976
	粘土 ローム	1 634～1 918	pH=9.43	Nishita et al. 1976
	粘土 ローム	355～361	pH=11.25	Nishita et al. 1976
	玄武岩	50	バッチ試験	Moody 1982
	花崗岩	200	バッチ試験	Moody 1982
	岩塩	300	バッチ試験	Moody 1982
	凝灰岩	50	バッチ試験	Moody 1982
ユーロビウム	石英 砂	228～705	pH=7.7	Baetsle and Dejonghe 1962
	玄武岩	50	バッチ試験	Moody 1982
	花崗岩	100	バッチ試験	Moody 1982
	岩塩	50	バッチ試験	Moody 1982
	凝灰岩	50	バッチ試験	Moody 1982
ヨウ素	凝灰岩	1.1		Goldberg et al. 1962
	玄武岩	0	バッチ試験	Moody 1982
	花崗岩	0	バッチ試験	Moody 1982
	岩塩	0	バッチ試験	Moody 1982
	凝灰岩	0	バッチ試験	Moody 1982
鉛	砂	190	非石灰質	Dames & Moore, 1980
	ローム	314	石灰質	Dames & Moore, 1980
	ローム	323	石灰質	Dames & Moore, 1980
	粘土	15.2	pH=5.0	Griffin et al. 1977
	玄武岩	25	バッチ試験	Moody 1982
	花崗岩	5	バッチ試験	Moody 1982
	岩塩	2	バッチ試験	Moody 1982
	凝灰岩	25	バッチ試験	Moody 1982
水銀	砂	5.2		Radion Corp. 1975
	ローム	130		Radion Corp. 1975
	粘土	>65		Radion Corp. 1975
モリブデン	玄武岩	4～100	バッチ試験	Moody 1982
	花崗岩	1～25	バッチ試験	Moody 1982
	岩塩	1, 25, 0	バッチ試験	Moody 1982
	凝灰岩	4～100	バッチ試験	Moody 1982
ネプツニウム	シルト ローム	20.2～127		Sheppard et al. 1976
	ローム質 砂	15.4		Sheppard et al. 1976
	砂	32.4～37.2		Sheppard et al. 1976
	玄武岩	3～500	バッチ試験	Moody 1982
	花崗岩	1～500	バッチ試験	Moody 1982
	岩塩	7～300	バッチ試験	Moody 1982
	凝灰岩	3～500	バッチ試験	Moody 1982

表 D.4　金属の分配係数 K_d（その 4）

元素	材質	K_d [ml/g]	コメント	参考文献
ニッケル	—		低密度	Versar 1979
	玄武岩	50	バッチ試験	Moody 1982
	花崗岩	10	バッチ試験	Moody 1982
	岩塩	6	バッチ試験	Moody 1982
	凝灰岩	50	バッチ試験	Moody 1982
				Moody 1982
ニオビウム	玄武岩	100	バッチ試験	Moody 1982
	花崗岩	100	バッチ試験	Moody 1982
	岩塩	50	バッチ試験	Moody 1982
	凝灰岩	100	バッチ試験	Moody 1982
パラジウム	玄武岩	50	バッチ試験	Moody 1982
	花崗岩	10	バッチ試験	Moody 1982
	岩塩	3	バッチ試験	Moody 1982
	凝灰岩	50	バッチ試験	Moody 1982
プロトアクチニウム	玄武岩	100	バッチ試験	Moody 1982
	花崗岩	100	バッチ試験	Moody 1982
	岩塩	50	バッチ試験	Moody 1982
	凝灰岩	100	バッチ試験	Moody 1982
プルトニウム	砂	2～3	pH < 3	Knoll 1969
	粗い砂	5.6		Evans 1956
	細砂	10		Evans 1956
	粗いシルト	11.3		Evans 1956
	中程度のシルト	33.5		Evans 1956
	細かなシルト	48.8		Evans 1956
	粗い粘土	80.9		Evans 1956
	粘土 ローム	386～474	pH=1.21	Nishita et al. 1976
	粘土 ローム	3 067～3 105	pH=7.08	Nishita et al. 1976
	粘土 ローム	1.4～4.6	pH=10.31	Nishita et al. 1976
	玄武岩	100～20 000	バッチ試験	Moody 1982
	花崗岩	100～50 000	バッチ試験	Moody 1982
	岩塩	50～50 000	バッチ試験	Moody 1982
	凝灰岩	0～100	バッチ試験	Moody 1982
ラジウム	凝灰岩	6 700	バッチ試験	Stead 1964
	玄武岩	50	バッチ試験	Moody 1982
	花崗岩	50	バッチ試験	Moody 1982
	岩塩	5	バッチ試験	Moody 1982
	凝灰岩	200		Moody 1982
サマリウム	玄武岩	50	バッチ試験	Moody 1982
	花崗岩	100	バッチ試験	Moody 1982
	岩塩	50	バッチ試験	Moody 1982
	凝灰岩	50	バッチ試験	Moody 1982

表 D.4　金属の分配係数 K_d（その 5）

元素	材質	K_d [ml/g]	コメント	参考文献
セレニウム	砂	3.2		Versar 1979
	砂	15.6	非石灰質	Dames & Moore, 1980
	ローム	16		Radion Corp. 1975
	ローム	1088	石灰質	Dames & Moore, 1980
	粘土	29		Radion Corp. 1975
	粘土	1.4	pH=7.0	Griffin et al. 1977
	粘土	0.56	pH=7.0	Griffin et al. 1977
	玄武岩	5～20	バッチ試験	Moody 1982
	花崗岩	2	バッチ試験	Moody 1982
	岩塩	20, 100, 20	バッチ試験	Moody 1982
	凝灰岩	2	バッチ試験	Moody 1982
ストロンチウム	玄武岩	16～135		Angelo et al. 1962
	石英 砂	1.7～38	pH=7.7	Baetsle et al. 1963
	花崗閃緑岩	11～23		Baetsle et al. 1962
	ドロマイト	5～14	TDS=4250	Stead 1963
	沖積土	48～2454		Nork et at. 1971
	シルト質 粘土	220～240		Wilding and Rhodes 1963
	砂岩	1.13～2.08	密	Sokol 1970
	シルト岩	8.32～9.56	黒い頁岩状	Sokol 1970
	砂岩	7.76～9.79	非常に密，シルト質	Sokol 1970
	石灰岩	8.32	頁岩状	Nork and Fenske 1970
	砂岩	1.37		Nork and Fenske 1970
	凝灰岩	260		Nork and Fenske 1970
	凝灰岩	1700～4300		Kaufman 1963
	石灰岩	0.19		Nork and Fenske 1970
	花崗閃緑岩	4～23		Beetem et al. 1962
	花崗岩	1.7		Nork and Fenske 1970
	玄武岩	16～135		Angelo et al. 1962
	玄武岩	220		Essington and Nork 1969
	流紋岩	<56.0		Berak 1963
	黒曜石	3～32		Berak 1963
	Rhyodacite 石英	11～27		Berak 1963
	Porophy	6～47		Berak 1963
	粗面岩	12～39		Berak 1963
	安山岩	11～50		Berak 1963
	Spillite	8		Berak 1963
	粗粒玄武岩	<45		Berak 1963
	玄武岩	6～187		Berak 1963
	ピクライト	0～108		Berak 1963

表 D.4　金属の分配係数 K_d（その 6）

元素	材質	K_d [ml/g]	コメント	参考文献
	テッシェナイト	22～74		Berak 1963
	Peridotite	35		Berak 1963
	輝岩	0		Berak 1963
	カンラン石玄武岩	321～334		Berak 1963
	Phonelite	7～140		Berak 1963
	テフライト	26～143		Berak 1963
	ベイサナイト	<59		Berak 1963
	カスミ岩	5～60		Berak 1963
	Leucitite	16～82		Berak 1963
	メリライト	29		Berak 1963
	モンモリロナイト	506	pH=7.5	Jackson and Inch 1980
	イライト	117 (760)	pH=7.5(10)	Jackson and Inch 1980
	カオリナイト	55 (257)	pH=7.5(10)	Jackson and Inch 1980
	アルミナ	2 100 (34 000)	pH=7.5(10)	Jackson and Inch 1980
	白雲母	82	pH=7.5	Jackson and Inch 1980
	黒雲母	48	pH=7.5	Jackson and Inch 1980
	石英	0	pH=7.5	Jackson and Inch 1980
	玄武岩	100	バッチ試験	Moody 1982
	花崗岩	12	バッチ試験	Moody 1982
	岩塩	5	バッチ試験	Moody 1982
	凝灰岩	100	バッチ試験	Moody 1982
テクネチウム	玄武岩	0～20	バッチ試験	Moody 1982
	花崗岩	4	バッチ試験	Moody 1982
	岩塩	2	バッチ試験	Moody 1982
	凝灰岩	0～10	バッチ試験	Moody 1982
トリウム	玄武岩	500	バッチ試験	Moody 1982
	花崗岩	500	バッチ試験	Moody 1982
	ドーム状の岩塩	50	バッチ試験	Moody 1982
	層状の岩塩	100	バッチ試験	Moody 1982
	凝灰岩	500	バッチ試験	Moody 1982
スズ	玄武岩	100～10	バッチ試験	Moody 1982
	花崗岩	500～10	バッチ試験	Moody 1982
	岩塩	1～50	バッチ試験	Moody 1982
	凝灰岩	500～50	バッチ試験	Moody 1982
ウラン	粘土	39	河床堆積物	Racon 1973
	River peat	33		Racon 1973
	粘土	16		Racon 1973
	変質片岩	270		Racon 1973

表 D.4　金属の分配係数 K_d（その 7）

元素	材質	K_d [ml/g]	コメント	参考文献
ジルコニウム	石英	0		Racon 1973
	カルサイト	7		Racon 1973
	イライト	139		Racon 1973
	玄武岩	6	バッチ試験	Moody 1982
	花崗岩	4	バッチ試験	Moody 1982
	岩塩	1	バッチ試験	Moody 1982
	凝灰岩	4	バッチ試験	Moody 1982
	凝灰岩	260〜350		Dlouhy 1967
	玄武岩	500	バッチ試験	Moody 1982
	花崗岩	500	バッチ試験	Moody 1982
	岩塩	500	バッチ試験	Moody 1982
	凝灰岩	500	バッチ試験	Moody 1982

参考文献

Angelo, C. G., et al., 1962. Summary of K_d's for fission products between groundwater and basaltic rocks, in Geology of the Ul8a site, Buckboard Mesa. NTS Part VI, USGS Report project Danny Boy, WT 1828, pp.66–81.

Baetsle, L., and P. Pejonghe, 1962. Investigations on the movement of radioactive substances in the ground: III. Practical aspects of the program and physiochemical considerations. *Ground Disposal of Radioactive Wastes.* TID-7128, pp.198–210.

Baetsle, L., et al., 1963. Present status of the study program on the movement of radioelements in the soil at Mol. EURAEC 416.

Batelle Pacific NW Labs., 1978. Radionuclide interactions with soil and rock media. Report EPA 520/6-78-007.

Beetem, W. A., et al., 1962. Summary of distribution coefficients for fission products between groundwater and granitic rocks. Climax Stock. NTS, USGS Tech. Letter NTS-13.

Berak, L., 1963. The sorption of microstrontium and microcaesium on the silicate minerals and rocks. UTV-528-63.

Chiou, C. T., L. J. Peters, and V. H. Freed, 1979. A physical concept of soil-water equilibria for nonionic organic compounds. *Science* 206, 831-832.

Dames & Moore, 1980. Unpublished collection of data from attenuation study conducted for Exxon Corporation. Job number 08837-090-007.

Dlouhy, Z., 1967. Movement of radionuclides in the aerated zone. *Disposal of Radioactive Wastes in the Ground.* IAEA-SM 93/18.

DOE, 1993. Track 2 sites: Guidance for assessing low probability hazard site at the INEL. Draft. DOE/ID-10389.

Essington, E. H., and W. E. Nork, 1969. Radionuclide contamination evaluation—Milrow event. NVO-1229-117.

Evans, E. J., 1956. Plutonium retention in Chalk River soil. CRHP 660.

Goldberg, M. C., et al., 1962. The effect of sodium ion concentration on distribution coefficients for tuffs from NTS. USGS Tech. letter NTS-16.

Griffin, R. A., et al., 1977. Attenuation of pollutants in municipal landfill leachate by clay minerals: 2. Heavy metal adsorption. Environmental Geology Notes series.

Jackson, R. E., and K. F. Inch, 1980. Hydrogeochemical processes affecting the migration of radionuclides in a fluvial sand aquifer at the Chalk River Nuclear Laboratories. NHRI Paper no.7.

Janzer, V. J., et al., 1962. Summary of distribution coefficients for fission products between groundwater and rocks from Project Gnome. Hydrologic and Geologic Studies for Project Gnome, part IV., USGS.

Kaufman, W. J., 1963. An appraisal of the distribution coefficient for estimating underground movement of radioisotopcs. HNS 1229-21.

Karickhoff, S. W., et al., 1979. Sorption of hydrophobic pollutants on natural sediments. *Water Resources Res.* 13, 241-248.

Kenega, E. E., 1980. Predicted bioconcentration factors and soil sorption coefficients of pesticides and other chemicals. *Ecotoxicol. Environ. Saf.* 4, 26-38.

Knoll, K. C., 1969. Reactions for organic wastes in soils. BNWL-860.

Mehran, M., et al., 1987. Distribution coefficient of trichloroethylene in soil-water systems. *Groundwater* 25, 275-282.

Moody, J. B., 1982. Radionuclide migration/retardation: Research and development technology status report. Office of Nuclear Waste Isolation, Battelle Memorial Inst., ONWI-321.

Nishita, H., et al., 1976. Extractability of 238Pu and 242Cm from a contaminated soil as a function of pH and certain soil components. HNO_3-NaOH system. Presented at annual meeting of Soil Science Society of America, Houston, TX

Nork, W. E., and P. R. Fenske, 1970. Radioactivity in water—Project Rulison. NVO-1229-131.

Nork, W. E., et al., 1971. Radioactivity in water. Central Nevada test area. NVO-1229-175.

Racon, D., 1973. The behaviour in underground environments of uranium and thorium discharged by the nuclear industry. *Environmental Behaviour of Radionuclides Released by the Nuclear Industry.* Vienna, Austria: IAEA-SM-172/55, pp.333–346.

Radian Corp., 1975. The environmental effects of trace elements in the pond disposal of ash and flue gas desulphurization sludge. Report prepared for the Electric Power Research Institute, Research Project 202.

Sheppard, J. C., et al., 1976. Determination of distribution ratios and diffusion coefficients of neptunium, americium and curium in soil-aquatic environments. RLO-2221-T-12-2.

Sokol, D., 1970. Groundwater safety evaluation—Project Gasbuggy. PNE-1009.

Stead, F. W., 1963. Tritium distribution in groundwater around large underground fusion explosions. *Science* 142, 1163-1165.

Stead, F. W., 1964. Distribution in groundwater of radionuclides from underground nuclear explosions. Proc. Third Plowshare Symp. Engineering with Nuclear Explosives, April 21-23. TID-7965, pp.127–138.

Van Dalen, A. ot al., 1975. Distribution coefficients for some radionuclides between saline water and clays, sandstones and other samples from the Dutch sub-soil. Reactor Centrum Nederland, pp.75–109.

Versar, Inc., 1979. Water related environmental fate of 129 priority pollutants. EPA-440/4-79-029, Versar Inc., Springfield, VA.

Wilding, M. W., and D. W. Rhodes, 1963. Removal of radioisotopes from solution by earth materials from eastern Idaho. IDO-14624.

表 D.5　有機物の分配係数 K_d

混入物	物質/備考	K_d [ml/g]	参考文献
ベンゼン	中粒砂, 融氷流水による (f_{oc}=0.00017)	0.031	D
	細粒～中粒の粗砂, 融氷流水による (f_{oc}=0.00023)	0.079	D
	細粒砂, 融氷流水による (f_{oc}=0.00026)	0.051	D
	細粒～中粒砂, 融氷流水による (f_{oc}=0.00028)	0.07	D
	細粒～中粒砂, 氷河期の氷河作用 (f_{oc}=0.0006)	0.885	D
	中粒砂, 融氷流水による (f_{oc}=0.00065)	0.15	D
	細粒粗砂, 氷河期の湖沼堆積物 (f_{oc}=0.00102)	1.8	D
	シルト, 湖底性 (f_{oc}=0.00108)	0.092	D
ブロモホルム	細粒～中粒砂, 融氷流水による	1.9～2.8	B
	砂, 礫, シルト	6	C
四塩化炭素	細粒～中粒砂, 融氷流水による	1.8～2.5	B
クロロベンゼン	砂, 礫, シルト	33	C
クロロホルム	砂, 礫, シルト	2.5～3.8	C
ジブロムクロロメタン	砂, 礫, シルト	6	C
ジクロルベンゼン,1,2	砂, 礫, シルト	100	C
	細粒～中粒砂, 融氷流水による	3.9～9.0	B
ヘキサクロロエタン	細粒～中粒砂, 融氷流水による	5.1	B
ナフタリン	中粒砂, 融氷流水による (f_{oc}=0.00017)	0.12	D
	細粒～中粒粗砂, 融氷流水による (f_{oc}=0.00023)	0.648	D
	細粒砂, 融氷流水による (f_{oc}=0.00026)	0.28	D
	細粒～中粒粗砂, 融氷流水による (f_{oc}=0.00028)	0.353	D
	細粒～中粒砂, 氷河期の氷河作用 (f_{oc}=0.0006)	9.03	D
	中粒砂, 融氷流水による (f_{oc}=0.00065)	2.01	D
	細粒粗砂, 氷河期の湖沼堆積物 (f_{oc}=0.00102)	21.8	D
	シルト, 湖底堆積物 (f_{oc}=0.00108)	1.57	D
テトラクロロエチレン	細粒～中粒砂	23～5.9	B
トルエン	中粒砂, 融氷流水による (f_{oc}=0.00017)	0.057	D
	細粒～中粒粗砂, 融氷流水による (f_{oc}=0.00023)	0.157	D
	細粒砂, 融氷流水による (f_{oc}=0.00026)	0.072	D
	細粒～中粒粗砂, 融氷流水による (f_{oc}=0.00026)	0.072	D
	細粒～中粒粗砂, 融氷流水による (f_{oc}=0.0006)	4.152	D
	中粒砂, 融氷流水による (f_{oc}=0.00065)	0.289	D
	細粒粗砂, 氷河期の湖沼堆積物 (f_{oc}=0.00102)	8.296	D
	シルト, 湖底堆積物 (f_{oc}=0.00108)	0.199	D

表 D.5 有機物の分配係数 K_d (つづき)

混入物	物質/備考	K_d [ml/g]	参考文献
トリクロロエチレン	粘土	0.01〜0.18	A
	シルト	0.03	A
	砂質シルト	0.01〜3.2	A
	粘土	0.02	A
	シルト質砂	0.12〜0.51	A
	砂質粘土	0.09〜0.17	A
	細粒砂	0.07〜0.7	A
	砂質礫	0.15	A
	礫質砂	0.57	A
	平均	0.18	A
トリクロロエタン,1,1,1	砂, 礫, シルト	12	C
キシレン, -P	中粒砂, 融氷流水による (f_{oc}=0.00017)	0.119	D
	細粒〜中粒粗砂, 融氷流水による (f_{oc}=0.00023)	0.383	D
	細粒砂, 融氷流水による (f_{oc}=0.00026)	0.19	D
	細粒〜中粒粗砂, 融氷流水による (f_{oc}=0.00028)	0.261	D
	細粒〜中粒粗砂, 氷河期の氷河作用による (f_{oc}=0.0006)	7.536	D
	中粒砂, 融氷流水による (f_{oc}=0.00065)	0.805	D
	細粒粗砂, 氷河期の湖底堆積物 (f_{oc}=0.00102)	11.976	D
	シルト, 湖底堆積物 (f_{oc}=0.00108)	0.569	D

注) K_d 値は付録 D.7 の式からも推定される.

参考文献
(A) Mehran, M., et al., 1987. Distribution coefficient of trichloroethylene in soil water systems. *Groundwater* 25, 275-282.
(B) Roberts, P. V., et al., 1986. *Water Resources Research*, vol.22. Washington, DC: AGU, p.2047-2058.
(C) Roberts, P. V., M. Reinhard, G. D. Hopkins, and R. Scott Summers, 1985. Advection-dispersion-sorption models for simulating the transport of organic contaminants. *Groundwater Quality* eds. C. H. Ward, W. Giger, and P. L. McCarty. New York: Wiley.
(D) Gillham, R. W., S. F. O'Hannesin, C. J. Ptacek, and J. F. Barker, 1987. Evaluation of small scale retardation tests for BTX in groundwater. Pace Report No.87-2. Inst. for Groundwater Res. University of Waterloo, Ontario (unpublished).

表 D.6　堆積物中の有機炭素含有量 f_{oc}

物質	有機炭素含有量 [g/g]	参考文献
中粒砂, 融氷流水による (North Bay)	0.0017	A
細粒〜中粒粗砂, 融氷流水による (Woolwich)	0.0023	A
細粒砂, 融氷流水による (Chalk River)	0.0026	A
細粒〜中粒砂, 融氷流水による (Borden)	0.0028	A
細粒〜中粒砂, 融氷流水による (Ottawa-Gloucester)	0.006	A
中粒砂, 融氷流水による	0.0065	A
細粒粗砂, 氷河期の湖沼堆積物	0.00102	A
シルト, 湖沼堆積物 (Wildwood)	0.00108	A
砂, 礫 (Glatt Valley)	0.0004〜0.0073	B
砂, 礫 (Aare Valley)	0.0023	B
富栄養湖の堆積物	0.019〜0.058	B

参考文献
(A) Gillham, R. W., S. F. O'Hannesin, C. J. Ptacek, and J. F. Barker, 1987. Evaluation of small scale retardation tests for BTX in groundwater. Pace Report 87-2. Inst. for Groundwater Res., University of Waterloo, Ontario (unpublished).
(B) Schwarzenbach, R. P., and J. Westall, 1981. Transport of nonpolar organic compounds from surface water to groundwater-laboratory studies. *Environ. Sci. Technol.* 15, 1360-1367.

表 D.7　K_{oc} の経験式

K_{ow} から推定した K_{oc} の経験式	参考文献
$\log(K_{oc}) = 1.000 \log K_{ow} - 0.21$	Karichhoff, et al. 1979
$\log(K_{oc}) = 0.544 \log K_{ow} + 1.377$	Kenaga and Goring 1980
$\log(K_{oc}) = 1.029 \log K_{ow} - 0.18$	Roa and Davidson 1980
$\log(K_{oc}) = 0.940 \log K_{ow} + 0.22$	Roa and Davidson 1980
$\log(K_{oc}) = 0.989 \log K_{ow} - 0.346$	Karickhoff 1981
$\log(K_{oc}) = 0.937 \log K_{ow} - 0.006$	Lyman 1982
$\log(K_{oc}) = 0.720 \log K_{ow} + 0.49$	Schwarzenbach and Westall 1981
$\log(K_{oc}) = 1.000 \log K_{ow} - 0.317$	Hassett et al. 1980
$\log(K_{oc}) = 0.524 \log K_{ow} + 0.618$	Briggs 1973
$\log(K_{oc}) = 0.830 \log K_{ow} + 0.3$	Matthes et al. 1985
$\ln(K_{oc}) = \ln K_{ow} - 0.7301$	McCall et al. 1983
$K_{oc} = 0.63 K_{ow}$	Karickhoff et al. 1979
S から推定した K_{oc} の経験式	参考文献
$\log(K_{oc}) = 3.803 - 0.557 \log(S_1)$	Chiou et al. 1979
$\log(K_{oc}) = 0.440 - 0.540 \log(S_2)$	Karickhoff et al. 1979
$\log(K_{oc}) = 3.640 - 0.550 \log(S_3)$	Kenaga 1980
$\log(K_{oc}) = 4.273 - 0.686 \log(S_3)$	Means et al. 1980
$\log(K_{oc}) = 3.950 - 0.620 \log(S_3)$	Hassett et al. 1983
K_{oc} から推定した K_d の経験式	
$K_d = K_{oc} f_{oc}$	

ここに,
K_{oc}=土中の有機炭素と水における有機炭素分配係数
K_{ow}=オクタノールと水の分配係数
S_1=水に対する成分の溶解性 [micromoles/l]
S_2=水に対する成分の溶解性 [mole fraction]
S_3=水に対する成分の溶解性 [mg/l]
K_d=吸着分配係数 [ml/g]
f_{oc}=土中の有機炭素率 [g/g]

参考文献

Briggs, G. G., 1973. Molecular structure of herbicides and their sorption by soils. *Nature*, 223, 1288.

Chiou, C. T., L. J. Peters, and V. H. Freed, 1979. A physical concept of soil-water equilibria for non-ionic organic compounds. *Science* 206 (16), 831-832.

Hassett, J. J., J. C. Means, W. L. Banwart, and S. G. Wood, 1980. Sorption properties of sdediments and energy-related pollutants. U.S. Environmental Protection Agency, EPA-600/3-80-041.

Hassett, J. J., W. L. Banwart, and R. A. Griffin, 1983. Correlation of compound properties with sorption characteristics of nonpolar compounds by soils and sediments: Concepts and limitations. *Environment and Solid Wastes: Characterization, Treatment and Disposal*, eds. C. W. Francis and S. I. Auerback. Boston: Butterworth, pp.161–178.

Karickhoff, S. W., 1981. Semi-empirical estimation of sorption of hydrophobic pollutants on natural sediments and soils. *Chemosphere* 10, 833-846.

Karickhoff, S. W., D. S. Brown, and T. A. Scott, 1979. Sorption of hydrophobic pollutants on natural sediments. *Warer Res.* 13, 241-248.

Kenaga, E. E., 1980. Predicted bioconcentration factors and soil sorption coefficients of pesticides and other chemicals. *Ecotoxicology and Environ. Saf.* 4, 26-38.

Kenaga, E. E., and C. A. I. Goring, 1980. Relationship between water solubility, soil sorption, octanol-water partitioning and bioconcentration of chemicals in biota. Third Aquatic Toxicology Symposium, Proc. American Society of Testing and Materials, No.STP 707, pp.78–115.

Lyman, W. J., 1982. Adsorption coefficient for soils and sediment. *Handbook of Chemical Property Estimation Methods.* eds. W. J. Lyman et al., New York: McGraw-Hill, pp.4.1-4.33.

Matthes, G., M. Isenbeck, A. Pekdeger, D. Schenk, and J. Schröter, 1985. Der Stofftransport im Grundwasser und die Wasserschutzgebietsrichtlinie W101. Statusbericht und Problemanalyse. Umwelthundesamt Ber., 7/85, p.181.

McCall, P. J., R. L. Swann, and D. A. Laskowski, 1983. Partition models for equilibrium distribution of chemicals in environmental compartments. In: Fate of chemicals in the environment, eds., R. L. Swann and A. Eschenroder. Washington, DC: American Chemical Society, pp.105–123.

Means, J. C., S. G. Wood, J. J. Hassett, and W. L. Banwart, 1980. Sorption of polynuclear aromatic hydrocarbons by sediments and soils. *Environ. Sci. Technol.* 14 (12), 1524-1528.

Rao, P. S. C., and J. M. Davidson, 1980. Estimation of pesticide retention and transformation parameters required in nonpoint source pollution models. *Environmental Impact of Nonpoint Source Pollution*, eds. M. R. Overcash and J. M. Davidson. Ann. Arbor. MI: Ann Arbor Science Publishers, pp.23–26.

Schwarzenbach, R. P., and J. Westall, 1981. Transport of nonpolar organic compounds from surface water to groundwater: Laboratory sorption studies. *Environ. Sci. Technol.* 15(11), 1360-1367.

表 D.8　放射性物質の半減期

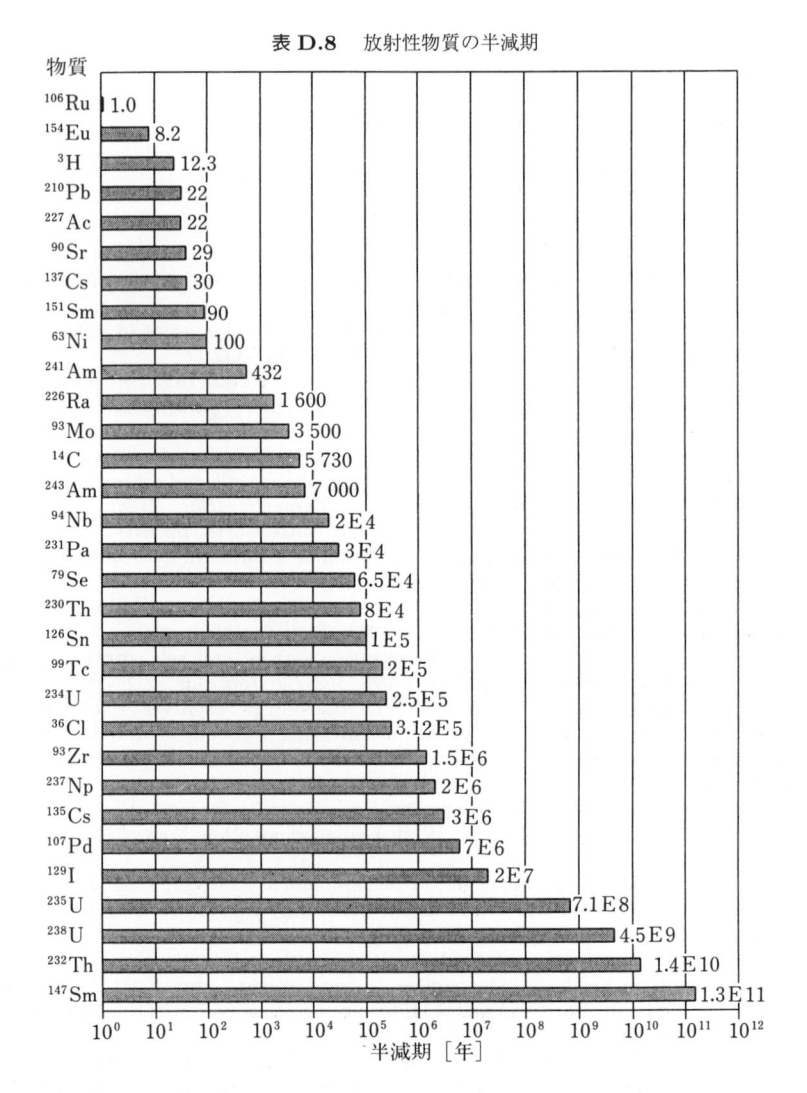

物質	半減期 [年]
^{106}Ru	1.0
^{154}Eu	8.2
^{3}H	12.3
^{210}Pb	22
^{227}Ac	22
^{90}Sr	29
^{137}Cs	30
^{151}Sm	90
^{63}Ni	100
^{241}Am	432
^{226}Ra	1 600
^{93}Mo	3 500
^{14}C	5 730
^{243}Am	7 000
^{94}Nb	2E4
^{231}Pa	3E4
^{79}Se	6.5E4
^{230}Th	8E4
^{126}Sn	1E5
^{99}Tc	2E5
^{234}U	2.5E5
^{36}Cl	3.12E5
^{93}Zr	1.5E6
^{237}Np	2E6
^{135}Cs	3E6
^{107}Pd	7E6
^{129}I	2E7
^{235}U	7.1E8
^{238}U	4.5E9
^{232}Th	1.4E10
^{147}Sm	1.3E11

Moody, J. B., 1982. Radionuclide migration retardation: Research and development technology status report. Office of nuclear Waste Isolation, Battele Memorial Institute, ONWI-321, 61p. を修正

表 D.9　有機物の半減期（その 1）

化合物	半減期 [日] または [年]	コメント	参考文献
アセナフテン	25～204 日	推定値	Howard et al. 1991
アセナフチレン	85～120 日	推定値	Howard et al. 1991
Acidic acid t-butyl ester	140 年		Mabey and Mill 1978
Acidic acid ethyl ester	2 年		Mabey and Mill 1978
Acidic acid phenyl ester	38 日		Mabey and Mill 1978
アセトアミド	3950 年		Mabey and Mill 1978
アクロレイン	7～24 日	推定値	Howard et al. 1991
アクリロニトリル	2.5～46 日	推定値	Howard et al. 1991
アルドリン (HHDN)	1 日～3.2 年	推定値	Howard et al. 1991
アントラセン	100 日～2.5 年	推定値	Howard et al. 1991
ベンゼン（ベンゾール）	long	原位置試験	Piet and Smeenk 1985
	10 日～2 年	推定値	Howard et al. 1991
	8.6 日	土壌培養試験	Tabak et al. 1981
	120 日	静的培養フラスコの生物腐食のテスト	Zoeteman et al. 1981
	68 日	原位置試験	Baker et al. 1985
	48 日	原位置試験	Baker et al. 1985
	24～248 日	土壌培養試験	Baker et al. 1985
ベンジジン	4～16 日	推定値	Howard et al. 1991
ベンゾ[a]アントラセン	204 日～3.73 年	推定値	Howard et al. 1991
ベンゾ[b]フルオランテン (B[b]F)	1.97～3.34 年	推定値	Howard et al. 1991
ベンゾ[k]フルオランテン (B[k]F)	5～11.7 年	推定値	Howard et al. 1991
ベンゾ[ghi]ペリレン	3.2～3.6 年	土壌減衰試験	Coover and Sims 1987
ベンゾ[a]ピレン (B[a]P)	114～2.9 年	推定値	Howard et al. 1991
ビス (2-クロロエチル) エーテル (Chlorex)	56～365 日	推定値	Howard et al. 1991
ビス (クロロメチル) エーテル (BCME)	0.1 時間	推定値	Howard et al. 1991

表 D.9 有機物の半減期（その 2）

化合物	半減期 [日] または [年]	コメント	参考文献
ビス (2-クロロイソプロピル) エーテル	50 日	原位置試験	Piet and Smeenk 1985
	36～365 日		Howard et al. 1991
ビス (2-クロロプロピル) エーテル	50 日	原位置試験	Piet and Smeenk 1985
ビス (2-エチルヘキシル) フタラート (DEHP)	10～389 日	推定値	Howard et al. 1991
	10～389 日		Howard et al. 1991
	686 年		Mabey and Mill 1978
ブロモホルム	58 日	静的培養フラスコの生物腐食のテスト	Tabak et al. 1981
	0.3 日	ガラスビーズカラムを使用したテスト	Bower et al. 1983
	56～365 日		Howard et al. 1991
ブチルベンジルフタラート (BBP)	2～180 日	推定値	Howard et al. 1991
四塩化炭素 (CTET)	3～360 日	推定値	Howard et al. 1991
	2.6 日	静的培養フラスコの生物腐食のテスト	Tabak et al. 1981
	0.3 日	ガラスビーズカラムを使用したテスト	Bouwer et al. 1983
	7000 年		Vogel 1987
	14 日	室内試験	Wood et al. 1985
クロルデン	1.5～7.6 年	推定値	Howard et al. 1991
クロロベンゼン	136～300 日	推定値	Howard et al. 1991
	5.3 日	静的培養フラスコの生物腐食のテスト	Tabak et al. 1981
	37 日	原位置試験	Zoeteman et al. 1981
	118 日	土壌培養試験	Wilson et al. 1983
	240 日	土壌培養試験	Wilson et al. 1982
	37 日	水中で	Zoeteman et al. 1981
クロロジブロモメタン	14～180 日	推定値	Howard et al. 1991
	274 年		Mabey and Mill 1978

表 D.9　有機物の半減期（その 3）

化合物	半減期 [日] または [年]	コメント	参考文献
クロロクレゾール	1 日	推定値	Piet and Smeenk 1985
クロロエタン	14〜56 日	室内試験	Howard et al. 1991
クロロホルム	10 日	推定値	Wood et al. 1985
	56 日	グラフによる採取データ	Howard et al. 1991
	5 年	静的培養フラスコの生物腐食のテスト	Wilson, J. T. et al. 1983
	7.4 日	土ノ沈殿物または土ノ水の培養試験	Tabak et al. 1981
	16.4 日	ガラスビーズカラムを使用したテスト	Parson et al. 1984
	0.4 日	土壌培養試験	Bouwer et al. 1983
	113.7 日		Bouwer et al. 1986
	3 500 年		Mabey and Mill 1978
	1.3 年	室内試験	Vogel et al. 1987
	236 日		Wood et al. 1985
p-クロロ-m-クレゾール			
2-クロロナフタレン	2.5 日	静的培養フラスコの生物腐食のテスト	Tabak et al. 1981
2-クロロフェノール		推定値	Howard et al. 1991
4-クロロフェニルフェニルエーテル	2.04〜5.48 年	フィールド条件下での土のテスト	Lichtenstein and Schuliz 1959
クリセン			Stewart and Chisholm 1971
シアン化物	70 日〜31.3 年	フィールド条件下での土のテスト	Lichtenstein and Schuliz 1959
4,4-DDD (TDE)	16 日〜31.3 年		Stewart and Chisholm 1971
4,4-DDE	16 日〜31.3 年	原位置試験	Lichtenstein and Schuliz 1959
4,4-DDT	1.98〜5.15 年		Stewart and Chisholm 1971
ジベンズ[a,h]アントラセン (DBA)	7.8 日	推定値	Howard et al. 1991
ジクロロベンゼン	110 日	静的培養フラスコの生物腐食のテスト	Tabak et al. 1981
1,2-ジクロロベンゼン (DCB)			

表 D.9 有機物の半減期 (その 4)

化合物	半減期 [日] または [年]	コメント	参考文献
1,3-ジクロロベンゼン (DCB)	56〜365 日	原位置試験	Zoeteman et al. 1981
1,4-ジクロロベンゼン (DCB)	56〜365 日	推定値	Howard et al. 1991
3,3-ジクロロベンジデン	5〜365 日	推定値	Howard et al. 1991
ジクロロブロモメタン	11.3 日	推定値	Howard et al. 1991
	137 年	静的培養フラスコの生物腐食のテスト	Tabak et al. 1981
ジクロロジフルオロメタン	56〜365 日		Mabey and Mill 1978
ジクロロメタン		推定値	Howard et al. 1991
1,1-ジクロロエタン (DCA,1,1)	64〜144 日	グラフによる採取データ	Henson et al. 1989
		静的培養フラスコの生物腐食のテスト	Wilson et al. 1983
	9.5 日		Tabak et al. 1981
	159 日	土壌培養試験	Wilson et al. 1982
1,2-ジクロロエタン (DCA,1,2)	100〜365 日	グラフによる採取データ	Henson et al. 1989
			Wilson et al. 1983
	18.5 日	静的培養フラスコの生物腐食のテスト	Tabak et al. 1981
	0.3 日	ガラスビーズカラムを使用したテスト	Bouwer et al. 1983
	<60 日		Wood et al. 1985
1,2-トランスジクロロエチレン	long	室内試験	Wood et al. 1985
	55〜266 日	室内試験	Wood et al. 1985
	55〜266 日		Howard et al. 1991
	6.2 日		
	76.8 日	静的培養フラスコの生物腐食のテスト	Tabak et al. 1981
	139 日	土壌培養試験	Wilson et al. 1982

表 D.9 有機物の半減期（その 5）

化合物	半減期 [日] または [年]	コメント		参考文献
1,1-ジクロロエチレン (DCE-1,1)	53 日		土／沈殿物または土／水の培養試験	Barrio-Lage et al. 1986
1,2-ジクロロエチレン	56～132 日		グラブによる採取データ	Wilson et al. 1986
	5 日		静的培養フラスコの生物腐食のテスト	Tabak et al. 1981
	2.4 日		土／沈殿物または土／水の培養試験	Fogel et al. 1986
	76.8 日		土壌培養試験	Wilson et al. 1986
1,2-シスジクロロエチレン	110 日		土／沈殿物または土／水の培養試験	Barrio-Lage et al. 1986
	7.2 日		静的培養フラスコの生物腐食のテスト	Tabak et al. 1981
	140 日		土／沈殿物または土／水の培養試験	Barrio-Lage et al. 1986
2,4-ジクロロフェノール (DCP-2.4)	5.5～43 日	推定値		Howard et al. 1991
1,2-ジクロロプロパン	0.9～7.1 年	推定値		Howard et al. 1991
1,3-ジクロロプロペン		推定値		Howard et al. 1991
1,2-ジクロロプロピレン	5.5～11.3 日	観測値		Howard et al. 1991
ジエルドリン (HEOD)	1 日～6 年	推定値		Howard et al. 1991
フタル酸ジエチル (DEP)	6～112 日	推定値		Howard et al. 1991
	long	原位置試験		Piet and Smeenk 1985
2,4-ジメチルフェノール (2,4-キシレノール)	2～14 日	推定値		Howard et al. 1991
フタル酸ジメチル (DMP)	2～14 日	推定値		Howard et al. 1991
4,6-ジニトロ-o-クレゾール (DNOC)	2.8～42 日	推定値		Howard et al. 1991
2,4-ジニトロフェノール (DNP-2.4)	2.8～17.5 日	推定値		Howard et al. 1991
2,4-ジニトロトルエン (DNT)	2 日～1 年	推定値		Howard et al. 1991
2,6-ジニトロトルエン	2 日～1 年	推定値		Howard et al. 1991
Di-n-ブチルフタラート	long			Piet and Smeenk 1985

表 D.9 有機物の半減期（その 6）

化合物	半減期 [日] または [年]	コメント	参考文献
Di-n-オクチルフタラート (DOP)	14〜365 日	推定値	Howard et al. 1991
A-エンドスルファン-α	<9.1 日	推定値	Howard et al. 1991
B-エンドスルファン-β	<9.1 日	推定値	Howard et al. 1991
エチルベンゼン	6〜228 日	推定値	Howard et al. 1991
	2.6 日	静的培養フラスコの生物腐食のテスト	Tabak et al. 1981
	37 日	自然地下水状態	Zoeteman et al. 1981
	126 日	土壌培養試験	Wilson et al. 1986
	37 日	水中で	Zoeteman et al. 1981
	long	原位置試験	Piet and Smeenk 1985
エチルブロマイド	26 日		Mabey and Mill 1978
エチルメチル	1 日	原位置試験	Piet and Smeenk 1985
フルオランテン	0.8〜2.4 年	推定値	Howard et al. 1991
フルオレン	64〜120 日	推定値	Howard et al. 1991
ヘプタクロル (E 3314)	1〜5.4 日	推定値	Howard et al. 1991
ヘプタクロルエポキシド	1 日〜3 年	推定値	Howard et al. 1991
ヘキサクロロベンゼン (HCB)	5.3〜11.4 年	推定値	Howard et al. 1991
	9.8 日	静的培養フラスコの生物腐食のテスト	Tabak et al. 1981
ヘキサクロロブタジエン (HCBD)	56〜365 日	推定値	Howard et al. 1991
e-BHC-α	13.8〜240 日	土壌減衰試験	Macrae et al. 1984
b-BHC-β	13.8〜248 日	土壌減衰試験	Macrae et al. 1984
r-BHC (lindane)-γ	5.9〜240 日	土壌減衰試験	Macrae et al. 1984
g-BHC-δ	13.8〜248 日	土壌減衰試験	Macrae et al. 1984
ヘキサクロロシクロペンタジェン (HC-CPD)	5.9〜240 日	推定値	Howard et al. 1991
ヘキサクロロエタン (HCE)	13.8〜200 日	推定値	Howard et al. 1991
インデン[1,2,3-cd]ピレン	7.2〜56 日	推定値	Howard et al. 1991
インホロン	56〜365 日	推定値	Howard et al. 1991

表 D.9　有機物の半減期（その 7）

化合物	半減期 [日] または [年]	コメント	参考文献
インプロピルブロマイド	3.29～4.0 年	推定値	Howard et al. 1991
メチルブロマイド	14～56 日		Howard et al. 1991
	2 日	推定値	Howard et al. 1991
	14～38 日		Mabey and Mill 1978
	20 日	推定値	Howard et al. 1991
	36 日	静的培養フラスコの生物腐食のテスト	Tabak et al. 1981
メチルクロライド	14～56 日		Vogel et al. 1987
	1 日	実験室テスト	Wood et al. 1985
	<11 日		Mabey and Mill 1978
	334 日		Mabey and Mill 1978
メチレンクロライド	704 年	実験室テスト	Wood et al. 1985
	11 日	原位置試験	Piet and Smeenk 1985
メチルチアベンゾチアゾール, 2	3 日	推定値	Howard et al. 1991
	1～258 日	静的培養フラスコの生物腐食のテスト	Tabak et al. 1981
ナフタレン	1 日	地下水バッチテスト	Kappeler et al. 1978
	0.9 日	自然地下水状態	Zoeteman et al. 1981
	110 日		
	1 日	土壌培養試験	Wilson et al. 1985
	1 日	土壌パーコレーション試験	Kappeler et al. 1978
	1～14 日	土壌マイクロコズム	U.S. EPA 1988
	long	原位置試験	Piet and Smeenk 1985
N-エチルアセトアミド	70 000 年		Mabey and Mill 1978
ニトロベンゼン	2 日～1.08 年	推定値	Howard et al. 1991
2-ニトロフェノール	14～28 日	推定値	Howard et al. 1991
4-ニトロフェノール	1.5～9.8 日	土壌減衰試験	Paris et al. 1983
n-ニトロジメチルアミン	42～365 日	推定値	Howard et al. 1991

表 D.9 有機物の半減期（その 8）

化合物	半減期 [日] または [年]	コメント	参考文献
n-ニトロソジ-n-プロピルアミン	42～365 日	推定値	Howard et al. 1991
n-ニトロソジフェニルアミン	20～68 日	推定値	Howard et al. 1991
パラチオン	130 日		Tinsley 1979
ペンタクロロフェノール (PCP)	46 日～4.2 年	水と沈殿物のクラフによる採取データ	Baker and Mayfield 1980
	21～1087 日		Delaune et al. 1983
	14～26 日	土壌マイクロコズム	U.S. EPA 1988
	11 日	土壌マイクロコズム	Lamar et al. 1990
	13.7 日	土壌マイクロコズム	Lamar et al. 1990
	6.5～8 日	原位置試験	Lamar et al. 1990
		嫌気性の汚泥	Mikesell et al. 1988
フェナントレン	32 日～1.1 年	推定値	Howard et al. 1991
フェノール	0.5～7 日		
	1.4 日	静的培養フラスコの生物腐食のテスト	Tabak et al. 1981
プロピルブロマイド	26 日		Mabey and Mill 1978
ピレン	1.15～10.4 年	推定値	Howard et al. 1991
2,3,7,8-テトラクロロジベンゾ-p-ダイオキシン (TCDD)	2.29～3.23 年	推定値	Howard et al. 1991
1,1,2,3-テトラクロロエタン	0.6～66.8 日		
テトラクロロエチレン (PCE, PER)	1～2 年	推定値	Howard et al. 1991
	10.1 日	推定値	Howard et al. 1991
	300 日	静的培養フラスコの生物腐食のテスト	Roberts et al. 1982
	0.2～1.8 日	自然地下水状態	Vogel et al. 1985
	0.7 日	ガラスビーズカラムを使うテスト	Bouwer et al. 1983
	12.8 日	ガラスビーズカラムを使うテスト	
	34 日	土/沈殿物または土/水の培養試験	Parson et al. 1984

表 D.9 有機物の半減期 (その 9)

化合物	半減期 [日] または [年]	コメント	参考文献
トルエン	0.7 年	実験室テスト	Wood et al. 1985
	long		Vogel et al. 1987
	7〜28 日		Piet and Smeenk 1985
	37 日	グラブによる採取データ	Wilson et al. 1983
	1 日		Swindoll et al. 1987
	39 日	原位置試験	Zoeteman et al. 1981
	37 日	地下水バッチテスト	Kappeler et al. 1978
		原位置試験	Baker et al. 1985
	8 日	地下水状態	Baker et al. 1985
	126 日	原位置試験	Baker et al. 1987
		土壌培養試験	Wilson et al. 1986
トキサフェン (PCC)	83 日	推定値	Mabey and Mill 1978
トリクロロアセトアミド	56〜365 日		Howard et al. 1991
1,2,4-トリクロロベンゼン (TCB)	140〜545 日	グラブによる採取データ	Wilson et al. 1983
1,1,1-トリクロロエタン (TCA)	17 年		Vogel et al. 1987
	230 日	静的培養フラスコの生物腐食のテスト	Roberts et al. 1982
	27.8 日	原位置試験	Tabak et al. 1981
	300 日	ガラスビーズカラムを使用したテスト	Roberts et al. 1982
	0.35 日	静的培養フラスコの生物腐食のテスト	Bouwer et al. 1983
	12.1 日		Tabak et al. 1981
	24 日	実験室テスト	Wood et al. 1985
	0.5, 1.7, 2.5 年		Vogel et al. 1987
	16 日		Wood et al. 1985
1,1,2-トリクロロエタン	0.37〜2 年	地下水中減衰試験	Wilson et al. 1984
	170 年		Vogel et al. 1987

表 D.9 有機物の半減期（その10）

化合物	半減期 [日] または [年]	コメント	参考文献
トリクロロエチレン (TCE)	24 日	実験室テスト	Wood et al. 1985
	230 日		Roberts et al. 1982
	33 日		Barrio-Lage et al. 1986
	43 日		Wood et al. 1985
	6.8 日	静的培養フラスコの生物腐食のテスト	Tabak et al. 1981
	2.4 日	土／沈殿物または土／水の培養試験	Fogel et al. 1986
	300 日	原位置試験	Roberts et al. 1982
	88 日	土壌培養試験	Wilson et al. 1986
	0.9 年		Vogel et al. 1987
	43 日		Wood et al. 1985
	100～1640 日		Vogel et al. 1987
			Dilling et al. 1975
			Barrio-Lage et al. 1986
トリクロロフルオロメタン (Freon 11)	1～2 年	推定値	Howard et al. 1991
2,4,6-トリクロロフェノール	14 日～5 年	推定値	Howard et al. 1991
トリメチルフォスフェート	1.2 年		Mabey and Mill 1978
塩化ビニル (MVC)	56 日～7.92 年	推定値	Howard et al. 1991
	2.3 日	土／沈殿物または土／水の培養試験	Fogel et al. 1986
	long	原位置試験	Wood et al. 1985
	long	原位置試験	Piet and Smeenk 1985
キシレン-m/p	1.2 日	地下水バッチテスト	Kappeler et al. 1978
キシレン-o	11 日	原位置試験	Zoeteman et al. 1981
	32 日	原位置試験	Baker et al. 1985
	31 日	地下水状態	Baker et al. 1985
	30 日	原位置試験	Baker et al. 1987
	126 日	土壌培養試験	Wilson et al. 1982

注：
- これらの多くのデータは，Howard et al. (1991) と Dragun (1988) が編集したものである．
- 半減期の概算値は，文献に記載されている有機物の消滅率から計算されている．
- 土中や地下水中における有機物の実際の半減期は，地域的な要素に依存する．このため，与えた図表は，必ずしも帯水層中における実際の有機成分分解の代表値ではない．
- 有機物の半減期が "long" と示されているものは，観測中に濃度の減少が観測されなかったもの．

参考文献

Baker, J. F., and G. C. Patrick, 1985. Natural attenuation of aromatic hydrocarbons in shallow sand aquifer. Proc. NWWA/API Conference on Petroleum Hydrocarbons and Organic Chemicals in Groundwater—Prevention, Detection, and Restoration., November 13-15, 1985, Houston, TX., Dublin, OH: National Water Well Association.

Baker, J. F., G. C. Patrick, and D. Major, 1987. Natural attentuation of aromatic hydrocarbons in a shallow sand aquifer. *Ground Water Monitor. Rev.* 7, 64-71.

Baker, M. D., and C. I. Mayfield, 1980. Microbial and non-biological decomposition of chlorophenols and phenols in soil. *Water Air Soil Poll.* 13, 411.

Barrio-Lage, G., F. Z. Parson, R. S. Nassar, and P. A. Lorenzo, 1986. Sequential dehalogenation of chlorinated ethenes. *Environ. Sci. Technol.* 20, 96-99.

Bouwer, E. J., and P. L. McCarty, 1983. Transformation of 1- and 2- carbon halogenated aliphatic organic compounds under methanogenic conditions. *Appl. Environ. Microb.* 45, 1286-1294.

Coover, M. P., and R. C. C. Sims, 1987. The effects of temperature on polycyclic aromatic hydrocarbon persistence in a unacclimated agricultural soil. *Haz. Waste Haz Mat.* 4, 69-82.

DeLaune, R. D., R. P. Gambrell, and K. S. Reddy, 1983. Fate of pentachlorophenol in estuarine sediment. *Environ. Poll.* Series B. 6, 297-308.

Dilling, W. L., N. B. Tefertiller, and G. J. Kallos, 1975. Evaporation rates and reactivities of methylene chloride, chloroform, 1,1,1-trichloroethane, trichloroethylene, tetrachloroethylene and other chlorinated compounds in dilute aqueous solutions. *Environ. Sci. Techol.* 9, 833-838.

Dragun, J., 1988. Microbial degradation of petroleum products in soil. Proc. Conference on Environmental and Public Health Effects of Soils Contaminated with Petroleum Products, October 30-31, 1985, Amherst, MA. New York: Wiley.

Fogel, M. M., A. R. Taddeo, and S. S. Fogel, 1986. Biodegradation of chlorinated ethenes by a methane-utilizing mixed culture. *Appl. Environ. Microb.* 52, 720-724.

Henson, J. M., M. V. Yates, and J. W. Cochran, 1989. Metabolism of chlorinated methanes, ethanes and ethylenes by a mixed bacterial culture growing of methane. *J. Industrl. Microb.* 4, 29-35.

Howard, P. H., R. S. Boethling, W. F. Jarvis, W. M. Meylan, and E. M. Michalenko, 1991. *Handbook of Environmental Degradation Rates.* Chelsea, MI: Lewis Publishers, p.725.

Kappeler, T., and L. Wuhrmann, 1978. Microbial degradation of the water soluble fraction of gas-oil-II. Bioassays with pure strains. *Water Resources Res.* 12, 335-342.

Kappeler, T., and Wuhrmann, L., 1978. Microbial degradation of the water soluble fraction of gas-oil-I. *Water Resources Res.* 12, 327-333.

Lamar, R. T., M. J. Larsen, and T. K. Kirk, 1990. Sensitivity to and degradation of pentachlorophenol by phanerochaete spp. *Appl. Environ. Microb.* 56, 3519-3526.

Lamar, R. T., J. A. Glaser, and T. K. Kirk, 1990. Fate of pentachlorophenol (PCP) in sterile soils inoculated with the white-rot basidiomycete phanerochaete chrysosporium: Mineralization, volatilization and depletion of PCP. *Soil Biol. Biochem.* 4, 433-440.

Lamar, R. T., and D. M. Dietrich, 1990. In situ depletion of pentachlorophenol from contaminated soil by phanerochaete spp. *Appl. Environ. Microb.* 56, 3093-3100.

Lichtenstein, E. P., and K. R. Schultz, 1959. Persistence of some chlorinated hydrocarbon insecticides influenced by soil types, rates of application and temperature. *J. Econ. Entomol.*

52, 124-131.

Mabey, W., and T. Mill, 1978. Critical review of hydrolysis of organic compounds in water under environmental conditions. *J. Phys. Chem. Ref. Data.* 7, 383-415.

Mikesell, M. D., and S. A. Boyd, 1988. Enhancement of pentachlorophenol degradation in soil through induced anaerobiosis and bioaugmentation with anaerobic sewage sludge. *Environ. Sci. Technol.* 22, 1411-1414.

Parson, F., P. R. Wood, and J. DeMarco, 1984. Transformations of tetrachloroethene and trichloroethene in microcosoms and groundwater. *J. AWWA* 76 56-59.

Piet, G. J., and J. G. M. M. Smeenk, 1985. Behavior of organic pollutants in pretreated Rhine water during dune infiltration. *Ground Water Quality*, eds. by C. H. Ward et al. New York: Wiley, pp.122-144.

Roberts, P. V., J. E. Schreiner, and G. D. Hopkins, 1982. Field study of organic water quality changes during groundwater recharge in the Palo Alto baylands. *Water Res.* 16, 1025-1035.

Stewart, D. K. R., and D. Chrisholm, 1971. Long-term persistence of BHC, DDT and chlordane in a sandy loam clay. *Can. J. Soil Sci.* 61, 379-383.

Strand, S. E., and L. Shippert, 1986. Oxidation of chloroform in an aerobic soil exposed to natural gas. *Appl. Environmental Microb.* 52, 203-205.

Swindoll, C. M., C. M. Aelion, and F. K. Pfaender, 1987. Inorganic and organic amendment effects of the biodegradation of organic pollutants by groundwater microorganisms. *Amer. Soc. Microb. Abstr.*, 87th Annl. Mtg., Atlanta, GA., p.298.

Tabak, H. H., S. A. Quave, C. I. Mashni, and E. F. Barth, 1981. Biodegradability studies with organic priority pollutant compounds. *J. Water Poll. Control Fed.* 53, 1503-1518.

Tinsley, I. J., 1979. *Chemical Concepts in Pollutant Behaviour*. New York: Wiley-Interscience.

U.S. EPA, 1988. Characterization and laboratory soil treatability studies for creosote and pentachlorophenol sludges and contaminated soil. EPA/600/2-88/055, Washington, DC.

Vogel, T. M., and P. L. McCarty, 1985. Biotransformation of tetrachloroethylene to trichloroethylene, dichloroethylene, vinyl chloride, and carbon dioxide under mathanogenic conditions. *Appl. and Environ. Microb.* 49, 1080-1083.

Vogel, T. M., and P. L. McCarty, 1987. Abiotic and biotic transformations of 1,1,1-trichloroethane under methanogenic conditions. *Environ. Sci. Technol.* 12, 1208-1213.

Vogel, T. M., C. S. Criddle, and P. L. McCarty, 1987. Transformations of halogenated aliphatic compounds. *Environ. Sci. and Technol.* 21, 722-736.

Wilson, B. H., G. B. Smith, and J. F. Rees, 1986. Biotransformations of selected alkylbenzenes and halogenated aliphatic hydrocarbons in methanogenic aquifer materials: A microcosom study. *Environ. Sci. Technol.* 20, 997-1002.

Wilson, J. T., J. F. McNabb, D. L. Balkwill, and W. C. Ghiorse, 1983. Enumeration and characterization of bacteria indigenous to a shallow water-table aquifer. *Ground Water* 21, 134-142.

Wilson, J. T., J. F. McNabb, B. H. Wilson, and M. J. Noonan, 1982. Biotransformation of selected organic pollutants in groundwater. *Dev. Indust. Microb.* 24, 225-233.

Wilson, J. T., J. F. McNabb, J. W. Cochran, T. H. Wang, M. B. Tomson, and P. B. Bedient, 1985. Influence of microbial adaptation on the fate of organic pollutants in groundwater. *Environ. Toxi. Chem.* 4, 721-726.

Wood, P. R., R. F. Land, and I. L. Payan, 1985. Anaerobic transformation, transport, and removal of volatile chlorinated organics in ground water. *Ground Water Qualily*, eds. C. H. Ward et al. New York: Wiley, pp.493-511.

Zoeteman, B. C. J., E. De Greef, and F. J. J. Brinkmann, 1981. Persistency of organic contaminants in groundwater, lessons from soil pollution incidents in the Netherlands. *Sci. Total Environ.* 21, 187-202.

付録E
EPA飲料水規準

表 E.1　U.S. EPA Drinking Water Standards (March, 1998)

化学物質	最大汚染基準 (MCL) [mg/l]
アラクロール	0.002
アルディカーブ	0.007
アルディカーブスルファン	0.007
アルディカーブスルフォキシド	0.007
アトラジン	0.003
アンチモン	0.006
ヒ素	0.05
石綿 (fibers/l)	7×10^{-3}
バリウム	2
ベンゼン	0.005
ベンゾ (α) ピレン	0.0002
ベリリウム	0.004
臭素酸塩	0.01
ブロモジクロロメタン	0.1
ブロモホルム	0.1
カドミウム	0.005
カーボフラン	0.04
四塩化炭素	0.005
泡水クロラール	0.06
クロラミン	4
クロルデーン	0.002
塩素	4
二酸化塩素	0.8
亜塩素酸塩	1
クロロ (ダイ) ブロムメタン	0.1
クロロホルム	0.1
クロム	0.1
銅	1.3
シアン化物	0.2
ジクロロフェノキシ酢酸	0.07
DPA (2,2-ジクロプロピオン酸)	0.2
アジピン酸ジ (2-エチルヘキシル)	0.4

表 E.1　（つづき）

化学物質	最大汚染基準 (MCL) [mg/l]
ジブロモクロロプロパン	0.0002
ジクロロ酢酸	0.06
ジクロロベンゼン p-	0.075
ジクロロベンゼン m-	0.6
ジクロロベンゼン o-	0.6
1,2-ジクロロエタン	0.005
1,1-ジクロロエチレン	0.007
シス-1,2 ジクロロエチレン	0.07
トランス-1,2-ジクロロエチレン	0.1
ジクロロメタン	0.005
1,2-ジクロロプロパン	0.005
フタル酸ジエチルヘキチル	0.006
DNBP（2,4-ジニトロ-6-フェノール）	0.007
ジクワット	0.02
エンドタール	0.1
エンドリン	0.002
エチルベンゼン	0.7
二臭化エチレン	0.00005
フッ化物	4
グリホサート	0.7
ヘプタクロル	0.0004
ヘプタクロルエポキシド	0.0002
ヘプタクロロベンゼン	0.001
ヘキサクロロシクロペンタジエン	0.05
鉛	0.015
リンデン	0.0002
水銀	0.002
メトキシクロール	0.04
モノクロロベンゼン	0.1
ニッケル	0.14
硝酸塩（N として）	10
亜硝酸塩（N として）	1
硝酸塩＋亜硝酸塩（N として）	10
オキサミル	0.2
ペンタクロロフェノール	0.001
ピクロラム	0.05
ポリクロルビフェニル PCB	0.0005
セレン	0.05
シマジン	0.004
スチレン	0.1
硫酸塩	500

表 E.1　（つづき）

化学物質	最大汚染基準 (MCL) [mg/l]
2,3,7,8-TCDD(ダイオキシン)	3×10^{-8}
テトラクロロエチレン	0.005
タリウム	0.002
トルエン	1
トキサフェン	0.03
2,4,5-トリクロロフェノキシ酢酸	0.05
トリクロロ酢酸	0.06
1,2,4-トリクロロベンゼン	0.07
1,1,1-トリクロロエタン	0.2
1,1,2-トリクロロエタン	0.005
トリクロロエチレン	0.005
塩化ビニール	0.002
キシレン	10
放射性物質	
線と光子活動（ラジウム 228 を除く）	4 mrem ede/year
全線（ラジウム 226，ウランとラドン 222 を除く）	15 pCi/L
ラジウム 226/228	20 pCi/L
ラドン 222	300 pCi/L
ウラン	20 μg/l

注：U.S. EPA safe drinking water ホットライン：
　日本からかける場合には，米国の国番号 1 のあと 800-426-4791 をダイヤルしてください．

用語集（Glossary）

実質移動速度（**Actual transport velocity**）：間隙中を溶質が移動する真の速度．
吸着（**Adsorption**）：粒子表面の分子やイオンの付着作用．
吸着等温式（**Adsorption isotherm**）：吸着相と溶質濃度との間における溶質濃度の平衡関係．
移流（**Advection**）：地下水の流れの大きさの変化による物質の輸送．
移流-分散モデル（**Advection-dispersion model**）：移流と分散を考慮した物質移動モデル．
アナログモデル（**Analog model**）：地下水流の物理的過程の類似性をもとにした地下水モデル（デジタルモデルに対比したモデル）．
解析モデル（**Analytical model**）：浸透または物質移行問題のための理論解析解（数値解析に対比したモデル）．
難透水層（**Aquiclude**）：水の移動が自由に生じない非常に低い透水性を持つ層（粘性土層等）．
帯水層（**Aquifer**）：井戸からの利水が可能なだけの量の水をもたらす透水性の層．
帯水層近似（**Aquifer approach**）：深さ方向の積分（depth-integration）の所を参照．
帯水層特性試験（**Aquifer performance test**）：未知帯水層パラメータ，すなわち透水量係数や貯留係数を同定するための試験．
半透水層（**Aquitard**）：帯水層よりも低い透水性を持ち，難透水層よりも高い透水性を持つ比較的低い透水性を持つ層．井戸を通しての水の供給はほとんどないが，その流れは隣接する帯水層へ必要十分な量の供給を与える．
地域的水源（**Areal source**）：広大な領域において，水もしくは汚染物質を生じさせる農地，産業地域，鉱山を含む任意水源．
人工涵養（**Artificial recharge**）：地下水系への人為的な水の補給（注入）．
アスペクト比（**Aspect ratio**）：要素の最大寸法と最小寸法の比．
自動的なキャリブレーション（**Automated calibration**）：逆解析モデルを用いたモデルのキャリブレーション．
平均移動速度（**Average transport velocity**）：ダルシー速度を有効間隙率で割った値．

用語集（Glossary）

バンド幅（**Bandwidth**）：係数マトリックスの列に沿った最初と最後の0でない成分の間のカラムの最大幅．

後退差分（**Backward differences**）：陰解法モデル（implicit model）を参照．

基底関数（**Basis function**）：要素の基本的な値を決定するためのFEモデルに用いられる内挿関数．

遮水境界（**Barrier boundary**）：不透水境界（no-flux boudary）を参照．

ベンチスケールモデル（**Bench-scale model**）：多孔質体モデル（porous media model）を参照．

生物分解（**Biodegradation**）：酵素触媒作用による変質によって生じる溶質の減少．

ブラックボックスモデル（**Black box model**）：質量平衡モデル（mass-balance model）を参照．

中央ブロックモデル（**Block-centered model**）：モデルブロックの中央の節点で解が計算される差分法の解法．

境界（**Boundary**）：モデル領域とその周囲の環境との境界面．

境界条件（**Boudary condition**）：モデル境界での流れや物質移動の条件．

解析メッシュセルサイズ（**Calculation-mesh cell size**）：数値解析に基礎を置いたFDモデルの空間の分割サイズ．

キャリブレーション（**Calibration**）：解析値と観測値（水頭または濃度）を任意の許容誤差内にフィッティングするまでモデルの入力データを繰り返して修正すること．

集水域（**Catchment area**）：井戸，貯水池，池，湖，川などに降雨が浸透する領域．

コーシーの条件（**Cauchy's condition**）：半透水性境界（semipermeable boudary），もしくは混合境界条件（mixed boundary condition）を参照．

セル（**Cell**）：FDモデルの分割要素．

セル比（**Cell aspect ratio**）：セル要素の長さと幅の比．

コード（**Code**）：コンピュータで方程式を解くために用いる命令（インストラクション）の集合．

係数マトリックス（**Coefficient matrix**）：帯水層特性の離散化によるすべての情報を含む数値マトリックス式の中のマトリックス．

コンパイラー（**Compiler**）：コードを実行可能なファイルに変換するプログラム．

コンピュータプログラム（**Computer program**）：コード（code）を参照．

概念モデル（**Conceptual model**）：近似解を探すための探求した地下水システムの簡易表示．

用語集（Glossary）　359

被圧帯水層（Confined aquifer）：上下の難透水層で被圧された帯水層．被圧帯水層中の水は，大気圧より大きな圧力下に置かれている．

保存溶質（Conservative solute）：物理的，生物的，化学的過程により変化せず，安定して残存する溶質．

汚染物質（Contaminant）：地下水汚染の原因となる溶質．

汚染（Contamination）：地下水を地域的な利用に適さないものにする，地下水の質における好ましくない変化．

収束（Convergence）：繰り返し計算の間や時間経過における数値解の挙動．

収束基準（Convergence criterion）：解の収束の判定に用いられる基準．

クーラン基準（Courant criterion）：数値解の安定を制御するためのクーラン数の限界．

クーラン数（Courant number）：輸送方程式における時間の依存項に対する伝達性の比率．輸送速度に時間ステップを掛けた値に対する分割長さの比で表すことができる．

Crank-Nicholson スキーム（Crank-Nicholson scheme）：初期時間ステップの既知の水頭または濃度と数値解の最後の未知量との代数平均を用いる数値スキーム．

断面モデル（Cross-sectional model）：鉛直-平面モデル（vertical-plane model）を参照．

ダルシーの法則（Darcy's law）：巨視的なスケールで地下水の挙動を描写する経験的な法則．

核種崩壊（Decay）：濃度の定常的な減少による最初の段階での反応（例えば，放射性核種崩壊）．

密度依存流（Density-dependent flow）：密度の相違によって生じるか影響を受ける地下水の流れ．

層状密度流（Density-stratified flow）：安定した密度差で層を成して流れる地下水の流れ（塩水上の淡水等）．

深さ方向の積分（Depth-integration）：流れや輸送の3次元方程式の鉛直方向の平均を取ることで水平2次元の支配方程式に変換すること．

脱着（Desorption）：岩や土粒子の表面から分子やイオンが離れること．

拡散（Diffusion）：高濃度領域から低濃度領域への溶液の真の流速．

ディレクレの条件（Dirichlet's condition）：既知水頭境界（prescribed head boundary），もしくは既知濃度境界（prescribed concentration boundary）を参照．

揚水節点（Discharge node）：FD モデルにおける揚水井もしくはその他の排水条件を表す節点.

不連続亀裂モデル（Discrete fracture model）：亀裂内での流れと輸送，または流れもしくは輸送を明白に評価するための亀裂網での流れや輸送のシミュレーションモデル.

分割（Discretization）：空間分割（space discretization）と時間分割（time discretization）を参照.

分散（Dispersion）：間隙や土粒子における帯水層の不均一（機械的分散），もしくは場のスケールにおける帯水層の不均一（巨視的分散）による溶液の不規則な広がり.

分散係数（Dispersion coefficient）：分散を表す Fick の法則で用いられる経験的な係数.

分散性（Dispersivity）：分散の程度を制限する経験的な帯水層の特性.

DNAPL：重い非溶解性の液体.

二重間隙（Dual porosity）：全間隙が 2 つの要素で構成されている帯水層, すなわち亀裂の間隙と土粒子や岩盤そのものの間隙空間.

二重間隙モデル（Dual porosity model）：透水係数や間隙率において 2 つのモードの分布をもつ帯水層での輸送をシミュレートするためのモデル.

デュピーの仮定（Dupuit assumption）：流れを水平とする仮定.

有効間隙率（Effective porosity）：水が自由に移動できる全間隙率.

電気アナログモデル（Electrical analog model）：電気の流れと水の流れの類似性に基礎を置いたモデル.

要素（Element）：FD モデルの分割領域.

経験モデル（Empirical model）：一般化, もしくは簡易化による物理的, もしくは化学的過程の表現.

等価多孔質媒体モデル（Equivalent porous medium model）：亀裂性岩盤のような不均一な帯水層を巨視的に等価な特性の多孔質媒体に近似したモデル.

誤差基準（Error criterion）：数値計算の収束の判断に用いられる基準.

演算時間（Execution time）：数値モデルの演算実行に必要とされる時間.

陽解法モデル（Explicit model）：数値解析において, 初期タイムステップの水頭や濃度の既知量を用いることができるようにするモデル.

Fick の法則（Fick's law）：溶質の拡散挙動もしくは分散挙動を表現する経験的な法則.

原位置スケール分散（**Field-scale dispersion**）：巨視的分散（macrodispersion）を参照．

差分モデル（**Finite-difference (FD) model**）：テイラー級数を用いて展開された支配方程式の数値近似．

有限要素モデル（**Finite-element (FE) model**）：微分というよりもむしろ積分による支配方程式の数値近似．

第1種（型）境界条件（**First-kind (or type) boudary condition**）：既知水頭境界，もしくは既知濃度境界．

流線（**Flow line**）：流線網における定常浸透の溶質の通り道を表す線．

流線網（**Flow net**）：等ポテンシャル線と流線が直角で交差する網状の図．

流路（**Flow path**）：地下水やその中に含まれる任意の汚染物質の移動方向．

前進差分（**Forward differences**）：陽解法モデル（explicit model）を参照．

フーリエの条件（**Fourier's condition**）：半透水性境界（semipermeable boundary），もしくは混合境界条件（mixed boundary condition）を参照．

フーリエ数（**Fourier number**）：輸送式の時間項に対する分散率．ペクレ数に対するクーラン数の比率．分割した長さの2乗に対する分散係数と時間ステップの積の比として表すことができる．

ガラーキン法（**Galerkin method**）：重み関数として形状関数を用いるFEモデルでの重み付け法．

幾何学モデル（**Geometrical model**）：流れと輸送もしくは流れか輸送を間隙-土粒子スケールに近似した地下水モデル．

Gigoルール（**Gigo rulc**）：くずを入れるとくずしか結果は得られない．モデルの入力データの精度以上の良い精度の結果は得られないことの注意．

グリッド（**Grid**）：モデル領域の細分化のためのブロック（FDモデル）や要素（FEモデル）の分割図．

地下水分水嶺（**Groundwater divide**）：集水域の境界となる流線とその反対方向への地下水面の下向きの傾斜の部分で地下水の尾根の部分に沿った最大高さの線．

地下水モデル（**Groundwater model**）：自然の地下水システムの反応の情報を得るために取り扱われる地下水システムのモデル．数値モデルが地下水のモデルに最も一般的に用いられる．

半減期（**Half-life**）：放射性同位体や溶質の濃度が放射性崩壊や第一次生物分解により，初期の値から半分の濃度に減少するのに要する時間．

水頭（**Head**）：位置水頭と圧力水頭の合計（不圧帯水層では地下水位に等しい）．

水頭依存境界（もしくは条件）（**Head-dependent boundary (or condition)**）：半透水性境界（semipermeable boundary）を参照．

Hele-Shaw モデル（**Hele-Shaw model**）：粘性流体モデル（viscous fluid model）を参照．

Henry の法則定数（**Henry's law constant**）：水と蒸気の相の間の平衡な分配ファクターを表す係数．

水平平面モデル（**Horizontal-plane model**）：2次元で深さ方向に積分されたモデル．

水理学的近似（**Hydraulic approach**）：深さ方向の積分（depth-integration）を参照．

水理モデル（**Hydraulic model**）：多孔質媒体，もしくは粘性流体モデル．

水収支（**Hydrologic budget**）：質量平衡モデル（mass-balance model）を参照．

加水分解（**Hydrolysis**）：水に溶解する溶質の反応で，普通，溶質の化学的構造へのハイドロキシル基（OH）グループの導入を伴う．また，一般的に反応後に残されたグループ（非混合液体，水と混合しない液体）の減少を伴う．

非混合性液体（**Immiscible liquids**）：水に溶けない液体．

不動水（**Immobile water**）：鉱物に含まれる結晶水で，静電力やファンデルワールス力によって土粒子の周りに拘束された吸湿水と呼ばれる吸着水や，不連続な間隙中に取り囲まれた水のこと．

不透水境界（**Impermeable boundary**）：不透水境界（no-flux boundary）を参照．

陰解法モデル（**Implicit model**）：数値解析の過程でタイムステップの後の未知の水頭や濃度を利用するモデル．

初期条件（**Initial condition**）：初期状態におけるモデル領域内の水頭や濃度のことで，普通 $t=0$ を意味する．

初期推定（**Initial guess**）：解析の初期近似．

不安定（**Instability**）：数値解析が非現実的な解や，不安定な水頭もしくは濃度を導くこと．

内部境界（**Internal boundary**）：モデル領域内の川や湖，断層のような境界．

内部節点速度（**Internodal velocity**）：FDモデルにおいて，2つの節点間の線に沿った速度．

逆モデル（**Inverse model**）：既知の水頭や濃度から地下水システムの特性を決定するモデル．

不規則グリッド（**Irregular grid**）：ブロックや要素がそれぞれ異なっているグ

リッド.

反復（**Iteration**）：マトリックス式における未知数に対して，古い値を最も新しい値に置き換えて繰り返し計算を行う過程.

反復残差（**Iteration residual error**）：反復計算が明示された誤差基準によって終了されるときの，マトリックス式の反復計算の解にある残差.

動的反応（**Kinetic reaction**）：局所的な平衡が仮定できない反応.

クリッギング（**Kriging**）：問題の変数の空間的構造を計算する統計学的な内挿法.

漏水（**Leakage**）：半透水層を通る地下水の流れ.

漏水要因（**Leakage factor**）：漏水量の程度を表すファクター.

漏水原理（**Leakage principle**）：半透水層を通る流速のように，モデルに流出源や流入源を導入すること.

漏水帯水層（**Leaky aquifer**）：半被圧帯水層（semiconfined aquifer）を参照.

線形等温線（**Linear isotherm**）：吸着された濃度が水相中の濃度に比例すると仮定したことによる，平衡吸着等温線.

線状の水源（**Line source**）：広い領域にわたって水や汚染物質が排水される排水溝か運河や川を含む水源.

縦分散係数（**Longitudinal dispersion coefficient**）：流れ方向の分散係数.

縦分散率（**Longitudinal dispersivity**）：流れ方向の分散率.

ランプドパラメータモデル（**Lumped parameter model**）：経験モデル（empirical model）を参照.

巨視的分散（**Macrodispersion**）：原位置スケールでの地下水流の不規則性によって生じる分散.

質量平衡モデル（**Mass-balance model**）：地下水システムの大きな体積において地下水あるいは溶液のどちらかの物質流速を平衡に保つモデル.

数学モデル（**Mathematical model**）：数学的な表現による支配的な流れや輸送の定式化.

力学的分散（**Mechanical dispersion**）：間隙や粒子スケールでの地下水流の不規則性によって生じる分散.

メンブランモデル（**Membrane model**）：地下水の揚水による水面の変形と不連続な点での鉛直変位によるメンブラン（薄膜）の変形との類似性を用いる地下水モデル.

メッシュ（**Mesh**）：グリッド（grid）を参照.

中間メッシュモデル（**Mesh-centered model**）：モデルブロックの表面と一致する節点で解が計算されるようなFDモデル.

特性曲線法（Method of characteristics (MOC)）：流れ場を通って均一に分布した粒子のトレーシングによる輸送の解析．

フラグメント法（Method of fragments）：真直ぐな等ポテンシャル線を用いて個々の断片に流れシステムを細分化することによって地下水流を解析する方法．

虚像法（Method of images）：モデル領域に対する種々の境界条件を導入するために重ね合わせの原理と対称を結合して用いる方法．

混合液体（Miscible liquids）：水に溶ける液体．

混合境界条件（Mixed boundary condition）：流れの半透水境界（semipermeable boundary）を参照．輸送モデルにおいて，混合境界は移流と分散を結合する．

流動水（Mobile water）：相互に連続した空隙を満たしたり，岩や土の隙間や岩盤の亀裂を自由に移動する水．

モデルの精度（Model accuracy）：実際のシステムに近似するためのモデルの能力．

モデル領域（Model area）：あるモデルを用いて得られる近似解に対する地下水システムの対象領域．

モデル検査（Model audit）：モデルの予測結果と将来変化する原位置データの状態との比較．

モデル誤差（Model errors）：コンピュータの限界精度や数値近似や，モデルに導入される自然システムの簡易化に起因する予測と実際の状態との誤差．

モデリングレポート（Modeling report）：モデリング過程とその予測結果の表示．

モデルの入力データ（Model input data）：近似解を得るために数値モデルによって要求される調査される地下水システムに関する情報．

モデルの出力データ（Model output data）：モデル計算結果の数値表示，または図化表示．

モデルの量的な信頼度（Model quality assurance）：適切なモデル解析が行われることを保証するために用いられる過程．

モデル選択（Model selection）：調査された地下水問題に一致するモデルの選択．

観測井（Monitoring well）：地下水位の測定や，水質解析のためのサンプリングに用いられる井戸．

変動境界（Moving boundary）：鉛直-平面モデルにおける自由水面（地下水面）の変動．

多層モデル（Multi-layer model）：2次元の積み重ねから成る疑似3次元モデルで，深さ方向に積分したモデルが水源と排水点によってお互いに繋がっている．

多相流（Multiphase flow）：間隙内を複数の流体が移動すること．不飽和領域（水

と空気），油の貯蔵地（油，ガス，水）内や，混和しない汚染物質の地下水汚染源に近いところにおける2種類の流体以上の同時に起こる流れ．

多孔井戸流（Multi-well flow）：複数の井戸の作用により引き起こされる地下水の流れ．

ノイマンの条件（Neumann's condition）：既知フラックス境界（prescribed flux boundary）を参照．

ノイマンの基準（Neumann criterion）：空間の分割と分散流速に関係する安定基準．

節点（Node）：セルの中央を表すFDモデル内の点．

不透水境界（No-flux boundary）：流れが零という既知流速境界の特別な場合．

非線形性（Nonlinearity）：未知解に依存する項を持つ数学的関係．

非一様解（Nonunique solution）：モデルの入力データが異なる組合せにもかかわらず，等しい水頭や濃度の分布を計算する状況．

数値分散（Numerical dispersion）：分散的な輸送のようなシミュレーションをする際に現れる数的モデル内の数値誤差．

数値誤差（Numerical error）：截頭誤差，丸め誤差，数値分散や振動のような数値解における誤差．

数値モデル（Numerical model）：流れの数値近似や輸送方程式に基づくコンピュータプログラム．

オクタノール-水の分配係数（Octanol-water partition coefficient）：有機相（オクタノール）と水相間における有機体の混合物の平衡を表す係数．

1次元モデル（One-dimensional model）：1次元空間を説明するモデル．

有機質（Organic）：生きているかそうでない有機体から得られる．特に水素が炭素に付着した炭素化合物そのもの，またはそれを含有するもの，あるいは関係するもの．普通は無機性物質または鉱物と区別される．

有機性炭素分配係数（Organic carbon partiton coefficient）：水相内の溶質の濃度に対するオクタノール相の溶質の濃度率．つまり，土壌中に現れる固体有機相に対し水相から離散した疎水性有機物を優先した測定結果．

有機性炭素重み留分（Organic carbon weight fraction）：有機性炭素の割合として定義された土壌物質内の有機性炭素の重み留分を表す係数．

振動（Oscillations）：オーバーシュート（overshoot）とアンダーシュート（undershoot）を参照．

オーバーリラクゼーション（Overrelaxation）：外挿法による反復解法において最近算定された値を修正すること．

オーバーシュート（**Overshoot**）：実際の値より大きく計算された水頭または濃度の値．

平行板モデル（**Parallel plate model**）：粘性流体モデル（viscous fluid model）を参照．

パラメータの推定（**Parameter estimation**）：キャリブレーション（calibration）を参照．

粒子追跡（**Particle tracking**）：流れ場内に粒子を配列したり，流れ過程を数値積分することにより輸送のシミュレーションを行う数値解法．

ポストプロセッサー（**Postprocessor**）：モデルの出力データを処理したり表したりするためのソフトウェアパッケージを作るようなソフト．

ペクレ基準（**Peclet criterion**）：数値分散を制御するペクレ数の限界．

ペクレ数（**Peclet number**）：分散過程に対する移流の比較的重要度の基準．輸送方程式における分散項に対する移流の割合として表される．

実行モデル化（**Phased modeling**）：連続的により複雑なモデルが続けて使われるようにモデル化すること．

自由水面帯水層（**Phreatic aquifer**）：不圧帯水層（unconfined aquifer）を参照．

面対称（**Plane symmetry**）：縦平面に関して対称的なシステム．

プルーム（**Plume**）：溶けた汚染物質を含む汚染した地下水塊．

点源（**Point source**）：水や，または汚染物質が別々の点で揚水されるタンクや井戸や漏洩を含むすべてのソース．

汚染物質（**Pollutant**）：地下水汚染を引き起こす溶質．

汚染（**Pollution**）：地域の利用に不適切な地下水にするような有害な地下水の水質に変えること．

多孔質体モデル（**Porous media model**）：調査された地下水システムの小さな規模の模型を表す多孔質体やあるいは現場スケールモデル．

プリプロセッサー（**Preprocessor**）：モデルの入力データを処理したり準備したりするためのソフト．

既知濃度境界（**Prescribed concentration boundary**）：濃度が既知の境界．

既知フラックス境界（**Prescribed flux boundary**）：流速や溶質の流れが既知である境界．

既知水頭境界（**Prescribed head boundary**）：水頭が既知の境界．

プロファイルモデル（**Profile model**）：鉛直-平面モデル（vertical-plane model）を参照．

プログラム（**Program**）：コード（code）を参照．

品質の保証ラベル（**Quality assurance label**）：物質のバランスのようなキーとなるモデルの項目を検査するためにモデルの結果やプリントアウトやプロットに付くラベル．

放射収束流（**Radial converging flow**）：鉛直軸に関して軸対称の流れの仕組み．

ランダムウォークモデル（**Random walk (RW) model**）：流れ場を通して多くの粒子のランダムな軌道により計算される輸送モデル．

復水境界（**Recharge boundary**）：既知フラックス境界（prescribed flux boundary）を参照．

復水節点（**Recharge node**）：復水井や復水境界を表す FD モデル内の節点．

反射境界（**Reflective boundary**）：不透水境界（no-flux boundary）を参照．

リラクゼーションファクター（**Relaxation factor**）：繰り返し計算において，古い値に最も新しく計算された値を使う前に，未知量に対してこれらの値を修正するファクター．

代表要素体積（**Representative element volume (REV)**）：巨視的な法則が，巨視的な規模で流れや輸送の様子を表現するのに使われる代表的な連続体であり，実際の帯水層のシミュレーションが許される，帯水層の代表体積．

減衰率（**Retardation factor**）：溶質の輸送速度に対する無反応なトレーサーの輸送速度の割合．

河川節点（**River node**）：モデルにおいて河川を表す節点．

丸め誤差（**Roundoff error**）：コンピュータにある計算上の取り除くことのできる誤差．

第 2 種（型）条件（**Second-kind (or type) condition**）：既知フラックス境界（prescribed flux boundary）を参照．

準解析モデル（**Semianalytical model**）：速度が解析的に決定され，そして流線が数値的に計算される輸送モデル．

半被圧帯水層（**Semiconfined aquifer**）：半透水層を通して近隣の帯水層に水を受け渡しする帯水層．

半透水性境界（**Semipermeable boundary**）：帯水層と表面水の境界にある水の変動が水頭差の影響や，表面水と地下水の境界に介在する層の浸透特性に依存するところで，表面水からの漏出を表すモデルの境界．

感度解析（**Sensitivity analysis**）：モデルの入力データの変化に対するモデルの反応を論証するモデル解析．

シングルセルモデル（**Single-cell model**）：質量平衡モデル（mass-balance model）を参照．

単相流(Single-phase flow):地下水や溶解した汚染物質の流れ.
汚染(Smearing):数値分散(numerical dispersion)を参照.
溶解度(Solubility):純粋液相と水との間の平衡分配.
溶質のつり合い(Solute balance):組織内に流出入する全溶質の計算.
収着(Sorption):土壌または岩盤の表面上の分子やイオンの粘着または解放.
空間分割(Space discretization):モデル領域の細分割.
比流量(Specific discharge):単位面積単位時間あたりの流量.
安定性(Stability):計算中に起こる数値誤差の挙動.誤差が経時的に減少する解は安定であると考えられる.
統計モデル(Statistical model):統計理論を用いた溶質のランダムな挙動を表現するモデル.
定常状態(Steady state):経時的に変化しない浸透または輸送状態.
流線(Streamline):流線(flow line)を参照.
確率過程モデリング(Stochastic modeling):ランダム変数のようなモデルの入力データの導入による,モデルの取扱いにおける不確定物の処理法.
重ね合わせの原理(Superposition principle):それぞれの線形の解が全体の解に加算できる原理.
第3種(型)条件(Third-kind (or type) condition):半透水性境界(semipermeable boundary)または混合境条件界(mixed boundary condition)を参照.
Thomas演算法(Thomas algorithm):三角形のマトリックスを解くときに使用される演算法.
3次元モデル(Three-dimensional model):3次元空間を説明するモデル.
時間分割(Time discretization):時間領域を時間ステップに再分割すること.
タイムステップ(Time step):ステップ機能によって連続事象を分割した時間間隔.
タイムステッピング(Time stepping):時間間隔により時間を分割する.そして,初期条件より出発してそれぞれの時間に対する浸透や輸送の解析を行う.
トレーサー(Tracer):地下水の粘度や濃度に影響を及ぼさず,水の動きの跡をたどることに使用する保存性のある溶液.
非定常(Transient):経時的に変化する浸透や輸送の状態.
輸送モデル(Transport modeling):数値モデルによって溶質輸送を表現したもの.
輸送過程(Transport processes):移流または分散のような物理過程と,地中の溶質輸送に影響する生物学的分解のような化学的,生物学的過程.

横分散係数（Transverse dispersion coefficient）：流動方向を横切る方向の分散係数.

横分散率（Transverse dispersivity）：流動方向を横切る方向の分散率.

試行錯誤による方法（Trial-and-error method）：地下水システムを観測した結果と一致するように試行錯誤することによって手動でモデル入力データを修正する方法.

截頭誤差（Truncation error）：テイラー展開において無視した高次の項によるFDモデルにおける誤差.

2次元モデル（Two-dimensional model）：2次元空間を説明するモデル.

不圧帯水層（Unconfined aquifer）：自由水面を持つ帯水層.

アンダーリラクゼーション（Underrelaxation）：1回前の反復計算からの値で重みを付けることによって反復計算手法の最も新しい算定値を修正すること.

アンダーシュート（Undershoot）：実際の値より小さい水頭や濃度を算出すること.

均質な地下水流（Uniform groundwater flow）：すべての点において，比流量が同じ大きさで同じ方向の地下水流.

不安定解（Unstable solution）：不安定（instability）を参照.

風上差分（Upwind difference）：解を流れの方向の勾配の値が支配する移流輸送の差分近似値.

ユーザー・フレンドリー（User friendly）：もし入出力データモデルの操作が比較的簡単であるか，またはプリプロセッサーやポストプロセッサーによって使いやすくされていれば，そのモデルはユーザー・フレンドリーと呼ばれる.

検証（Validation）：キャリブレーションによらないデータセットによる数値モデル結果の比較.

照合（Verification）：検証（validation）を参照（ときどき照合は解析的または実験的結果と数値モデルの結果との比較を述べるのに使われる）.

鉛直-平面モデル（Vertical-plane model）：2次元鉛直モデル.

粘性流体モデル（Viscous fluid model）：2枚の狭い間の平行平板の間をグリセリンのような粘性流体の挙動と2次元地下水流の類似性を基礎にした地下水モデル.

揮発（Volatization）：汚染物質の蒸発.

水収支（Water balance）：体系間へ流出入するすべての水の計算.

水蒸気（Water vapor）：不飽和地下水帯に分布する気体の水.

零次元モデル（Zero-dimensional model）：質量平衡モデル（mass-balance model）を参照.

文　献

Abramowitz, M., and I. A. Stegun, 1970. *Handbook of Mathematical Functions*, 9th ed., New York: Dover, p.1046.

Abriola, L. M., 1988. Multiphase flow and transport models for organic chemicals: A review and assessment. EA-5976, Electric Power Res. Inst., Palo Alto, CA.

Anderson, M. P., and W. W. Woessner, 1992. *Applied Groundwater Modeling— Simulation of Flow and Advective Transport*, San Diego: Academic Press.

Aris, R., 1956. On the dispersion of a solute in a fluid flowing through a tube, *Proc. Roy. Soc. Ser. A* 235, 67.

ASTM, 1984. Standard practice for evaluating environmental fate models of chemicals. Am. Soc. Test, Mater., Philadelphia, E978-84.

ASTM, 1993. *Standard Guide for Application of a Ground-Water Flow Model to a Site-Specific problem.* ASTM D 5447-93.

Atkinson, R., T. P. Cherrill, A. W. Herbert, D. P. Hodgkinson, C. P. Jackson, J. Rae, and P. C. Robinson, 1984. Review of the groundwater flow and radionuclide transport modeling in KBS-3. Harwell Report AERE-R. 11140, HMSO, London.

Baca, R. G., J. C. Walton, A. S. Rood, and M. D. Otis, 1988. Organic contaminant release from a mixed waste disposal site: A computer simulation study of transport through the vadose zone and site remediation. Paper presented at Tenth Annual Low-Level Waste Management Forum DOE, Denver, CO, August.

Bachmat, Y., and J. Bear, 1964. The general equations of hydrodynamic dispersion in homogeneous, isotropic porous mediums. *J. Geophys. Res.* 69.

Baetsle, L. H., 1969. Migration of radionuclides in porous media. *Progress in Nuclear Energy.* Series XII, Health Physics, ed. A. M. F. Duhamel. Elmsford, NY: Pergamon Press, pp.707–730.

Ball, J. W., E. A. Jenne, and M. W. Cantrell, 1981. WATEQ3—A geochemical model with uranium added. USGS Open File Report, 81-1183, p.84.

Ball, J. W., D. K. Nordstrom, and D. W. Zachmann, 1987. WATEQ4F—A personal computer FORTRAN translation of the geochemical model WATEQ2 with revised database. USGS Open File Report, 87-50.

Barker, J. F., G. C. Patrick, and D. Major, 1987. Natural attenuation of aromatic hydrocarbons in a shallow sand aquifer. *Groundwater Monitoring Review.* Winter.

Baveye, P., and A. Valocchi, 1989. An evaluation of mathematical models of the transport of biologically reacting solutes in saturated soils. *Water Resources Res.* 25(6), 1413-1421.

Bear, J., 1961a. Some experiments in dispersion. *J. Geophys. Res.* 66(8), 2427-2455.

Bear, J., 1961b. On the tensor form of dispersion in porous media. *J. Geophys. Res.* 66(4), 1185-1198.

Bear, J., 1972. *Dynamics of Fluids in Porous Media.* New York: American Elsevier, p.764.

Bear, J., 1979. *Hydraulics of Groundwater.* McGraw-Hill Series in Water Resources and Environmental Engineering, New York: McGraw-Hill, p.569.

Bear, J., and Verruijt, A., 1987. Modeling groundwater flow and pollution. Reidel. Boston.

Beljian, M. S., 1988. Representation of individual wells in two-dimensional ground water modeling. *Proc., Solving Ground Water Problems with Models.* February 10-12. Denver.

Birdsell, K. H., P. G. Stringer, L. F. Brown, G. A. Cederberg, B. J. Travis, and A. E. Norris, 1988. Modeling tracer diffusion in fractured and unfractured, unsaturated, porous media. *J. Contam. Hydrol.* 3(2-4), 145-170.

Bond, F., and S. Hwang, 1988. Selection criteria for mathematical models used in exposure assessments: Ground-Water Models. EPA/600/8-88/075, U.S. EPA.

Boonstra, J., 1989. *SATEM: Selected Aquifer Test Evaluation Methods. A Microcomputer Program.* ILRI publication 48. The Netherlands: ILRI, p.80.

Boonstra, J., and N. A. de Ridder, 1981. *Numerical Modeling of Groundwater Basins: A User-Oriented Manual.* ILRI publication 29. The Netherlands: ILRI.

Boulton, N. S., 1954. The drawdown of the water table under non-steady conditions near a pumped well in an unconfined formation. *Proc. Inst. Civil Engrs.* 3, 564-579.

Boulton, N. S., 1963. Analysis of data from nonequilibrium pumping tests allowing for delayed yield from storage. *Proc. Inst. Civil Engrs.* 26, 469-482.

Bradley, M. D., 1983. *The Scientist and Engineer in Court.* Washington, DC: American Geophysical Union.

Bredehoeft, J. D., and W. L. F. Konikow, 1993. Groundwater models: Validate or invalidate. Editorial. *Groundwater* 31(2), 178-179.

Carslaw, H. S., and J. C. Jaeger, 1959. *Conduction of Heat in Solids.* 2d ed. Oxford: Oxford University Press, p.510.

CH2M Hill 1990. VLEACH, A one-dimensional finite difference vadose zone leaching model, version 1.02. Prepared for the U.S. Environmental Protection Agency. Region 9, San Francisco, CA.

Chan, T., V. Guvanasen, and J. A. K. Reid, 1987. Numerical modeling of coupled fluid, heat and solute transport in deformable fractured rock. *Coupled Processes Associated with Nuclear Waste Repositories. Proc. Int. Symp.*, Berkeley, CA ed. C. F. Tsang. San Diego: Academic Press, 605-625.

Chan, T., and N. W. Scheier, 1987. Finite element simulation of groundwater flow and heat and radionuclide transport in a plutonic rock mass. *Proc. 6th Int. Congress on Rock Mechanics*, Montreal, August 30-September 3, pp.41–46. Balkema Press.

Chan, T., 1988. An overview of groundwater flow and radionuclide transport modeling in the Canadian nuclear fuel waste management program. *Proc. Conference on Geostatistical, Sensitivity and Uncertainty Methods for Groundwater Flow and Radionuclide Transport Modeling*, September 15-17, San Francisco. pp.39–61. Battelle Press.

Chandrasekhar, S., 1943. Stochastic problems in physics and astronomy. *Rev. of Modern Physics*, ISCIS, pp.1–90.

Chemical Rubber Company, 1985. *CRC Handbook of Chemistry and Physics.* 66th ed., Boca Raton, FL: CRC Press.

Chemical Rubber Company, 1986. *Handbook of Chemistry and Physics.* Boca Raton,

FL: CRC Press.

Cherry, J. A., 1990. Short course: Dense, immiscible phase liquid contaminants (DNAPLs) in porous and fractured media. Waterloo Centre for Groundwater Research, Kitchener, Ontario, November 26-29.

Chiou, C. T., L. J. Peters, and V. H. Freed, 1979. A physical concept of soil-water equilibrium for nonionic organic compounds. *Science* 206, 831-832.

Chow, V. T., 1952. On the determination of transmissivity and storage coefficients from pumping test data. *Am. Geophys. Union Trans.* 33, 397-404.

Chu, W., E. W. Strecker, and D. P. Lettenmaier, 1987. An evaluaton of data requirements for groundwater contaminant transport modeling. *Water Resources Res.* 23(13), 408-424.

Cleary, R. W., and M. J. Ungs, 1994. PRINCE user guide version 3.0. Princeton analytical models of flow and mass transport. Waterloo Hydrogeologic Software, Waterloo, Ontario.

Coats, K. H., and B. D. Smith, 1964. Dead-end pore volume and dispersion in porous media. Pet. Trans AIME, 231, SPEJ 73.

Cohen, R. M., and W. J. Miller, 1983. Use of analytical models for evaluating corrective actions at hazardous waste disposal facilities. *Proc., Third National Symposium on Aquifer Restoration and Groundwater Monitoring.* National Water Well Association, Worthington, OH, pp.85-97.

Cooper, H. H., and C. E. Jacob, 1946. A generalised graphical method for evaluation formation constants and summarizing well field history. *Am. Geophys. Union Trans.* 27, 526-534.

Crank, J., 1956. *Mathematics of Diffusion.* New York: Oxford University Press, p.347.

Custodio, E., A. Gurgui, J. Ferreira, and P. Lobo (eds.), 1988. Groundwater flow and quality modeling, NATO ASI Ser. C. 224.

Dacosta, J. A. and R. R. Bennet, 1960. The pattern of flow in the vicinity of a recharging and discharging pair of wells in an aquifer having areal parallel flow. *Internationaler Kongreß für wissenschaftliche Hydrologie.* Helsinki, vols. 51-52, 1-2.

Dagan, G. 1982. Stochastic modeling of groundwater flow by unconditional and conditional probabilities. The solute transport. *Water Resources Res.* 18, 835-848.

Dale, T., and P. A Domenico, 1990. The Aggie Solution Technique to the Contaminant Transport Problem. *User's Manual.* College Station: Texas A & M University.

Dames & Moore, 1995. TARGET: Mathematical model for ground-water flow and solute transport. Code documentation.

Darcy, H., 1856. *Les Fontaines Publiques de la Ville de Dijon.* Paris: V. Dalmont, p.647.

Davis, L. A., and G. Segol, 1985. Documentation and user's guide; GS2 and GS3— Variably saturated flow and mass transport models. Report NUREG/CR-3901 and WWL/TM-1791-2, U.S. Nucl. Reg. Comm., Washington, DC.

Davis, S. N., and R. J. M. De Wiest, 1966. Hydrogeology. New York: Wiley, p.463.

De Glee, G. J., 1930. Over grondwaterstromingen bij wateronttrekking door middel van putten. Thesis. Delft, The Netherlands: J. Waltman, p.175.

De Glee, G. J., 1951. Berekeningsmethoden voor de winning van grondwater. *Drink-*

watervoorziening, 3e Vacantie cursus. The Hague, The Netherlands. Moorman's periodieke pers, pp.38–80.

De Josselin de Jong, G., 1958. Longitudinal and transverse diffusion in granular deposits. *Am. Geophys. Union Trans.* 39, 67-74.

Desaulniers, D., J. A. Cherry, and P. Fritz, 1981. Origin, age and movement of pore water in argillaceous quaternary deposits at four sites in southwestern Ontario. *J. of Hydrol.* 150, 231-257.

Domenico, P. A. and G. A. Robbins, 1985. A new method of contaminant plume and analysis. *Groundwater* 23(4), 476-485.

Driscoll, F. G., 1986. *Groundwater and Wells.* 2d ed., Johnson Division, St. Paul, Minnesota, p.1089.

Duguid, J. O., and M. Reeves, 1976. Material transport in porous media: A finite element Galerkin model. Report ORNL-4928, Oak Ridge Natl. Lab., Oak Ridge, TN.

Dupuit, J. 1863. Études théoriques et pratiques sur le mouvement des eaux dans les canaux découverts et à travers les terrains perméables. 2d ed. Paris: Dunot, p.304.

Evans, D. D., and T. J. Nicholson, 1987. *Flow and Transport Through Unsaturated Fractured Rock,* eds. D. D. Evans and T. J. Nicholson. Geophysical Monograph 42. Washington, DC: American Geophysical Union.

Faust, C. R., 1985. Transport of immiscible fluids within and below the unsaturated zone: A numerical model. *Water Resources Res.* 21, 587-596.

Faust, C. R., J. H. Guswa, and J. W. Mercer, 1989. Simulation of three-dimensional flow of immiscible fluids within and below the unsaturated zone: *Water Resources Res.* 25(12), 2449-2464.

Faust, C. R., P. N. Sims, C. P. Spalding, P. F. Andersen, and D. E. Stephenson, 1990. FTWORK: A three-dimensional groundwater flow and solute transport code. Westinghouse Savannah River Company Report WSRC-RP-89-1085, Aiken, SC.

Felmy, A. R., D. Girvin, and E. A. Jenne, 1983. MINTEQ: A computer program for calculating aqueous geochemical equilibria. Report U.S. Environmental Protection Agency, Washington, DC.

Franke, O. L., T. E. Reilly, and G. D. Bennett, 1987. Definition of boundary and initial conditions in the analysis of saturated groundwater flow systems—An introduction. USGS Techniques of Water Resources Investigations, bk. 3, ch. B5. USGS, Reston, VA.

FAZ, 1994. *Frankfurter Allgemeine Zeitung,* June 1, 1994.

Franz, T., and N. Guiger, 1994. FLOWPATH version 4. Steady state two-dimensional horizontal aquifer simulation model. Waterloo Hydrogeologic Software, Waterloo, Ontario.

Freeze, R. A., and J. A Cherry, 1979. *Groundwater.* Englewood Cliffs, NJ: Prentice-Hall, p.604.

Freeze, R. A., J. Massmann, L. Smith, T. Sperling, and B. James, 1990. Hydrogeologic decision analysis: 1. A framework. *Groundwater* 28(5), 738-766.

Freyberg, D. L., 1986. A natural gradient experiment on solute transport in a sand aquifer: 2. Spatial movements and the advection and dispersion of nonreactive tracers. *Water Resources Res.* 22(13), p.2031–2047.

Freyburg, D. L., 1988. An exercise in ground-water model calibration and prediction.

Groundwater 26(3), 350-360.

Frind, E. O., and G. E. Hokkanen, 1987. Simulation of the borden plume using the alternating direction Galerkin technique. *Water Resources Res.* 23(5), 918-930.

Frind, E. O., and G. B. Montanga, 1985. The dual formulation of flow for contaminant transport modeling: 1. Review of theory and accuracy aspects. *Water Resources Res.* 21, 159-169.

Frind, E. O., G. B. Matanga, and J. A. Cherry, 1985. The dual formulation of flow for contaminant transport modeling: 2. The Borden aquifer. *Water Resources Res.* 21, p.170.

Frind, E. O., and G. F. Pinder, 1982. The principal direction technique for solution of the advection-dispersion equation. *Proc. Tenth World Congress of the International Association for Mathematics and Computers in Simulation* (IMACS), Concordia University, Montreal.

Frind, E. O., E. A. Sudicky, and S. L. Schellenberg, 1987. Micro-scale modeling in the study of plume evolution in heterogenous media. *Stochastic Hydrol. Hydraul.* 1, p.263–279.

Garven, G., and R. A. Freeze, 1984a. Theoretical analysis of the role of groundwater flow in the genesis of stratabound ore deposits: 1. Mathematical and numerical model. *Am. J. Sci.* 284(10), 1085-1124.

Garven, G., and R. A. Freeze, 1984b. Theoretical analysis of the role of groundwater flow in the genesis of stratabound ore deposits: 2. Quantitative results. *Am. J. Sci.* 284(10), 1125-1174.

Gelhar, L. W., and C. L. Axness, 1983. Three-dimensional stochastic analysis of macrodispersion in aquifers. *Water Resources Res.*, 19(1), 161-180.

Gelhar, L. W., C. Welty, and K. R. Rehfeldt, 1992. A critical review of data on field-scale dispersion in aquifers. *Water Resources Res.* 28(7), 1955-1974.

Germain, D. M., 1988. Contaminant migration in fractured porous media: Modeling and analysis of advective-diffusive interaction. Ph. D. thesis. Univ. of Waterloo, Ontario, p.166.

Gomez-Hernandez, J. J., and S. M. Gorelick, 1989. Effective ground water parameter values: Influence of spatial variability of hydraulic conductivity, leakage and recharge. *Water Resources Res.* 25(3), 405-419.

Grove, D. B., 1977. The use of Galerkin finite element methods to solve mass transport equations. USGS Water Resource Investigations 77-49, p.55. (Available as PB-277 532 from Natl. Tech. Inf. Serv., Springfield, VA).

Guiger, N., J. Molson, T. Franz, and E. Frind, 1994. FLOTRANS user guide version 2.2, two-dimensional steady-state flownet and advective-dispersive contaminant transport model. Waterloo Hydrogeologic Software/Waterloo Centre for Groundwater Research, Waterloo, Ontario.

Gupta, S. K., C. T. Kincaid, P. R. Meyer, C. A. Newbill, and C. R. Cole, 1982. A multi-dimensional finite element code for the analysis of coupled fluid, energy and solute transport (CFEST). Report PNL-4260. Pac. Northwest Lab., Richland, WA.

Guvanasen, V., J. A. K. Reid, and B. W. Nakka, 1985. Predictions of hydrogeological perturbations due to the construction of the underground research laboratory. Atomic Energy of Canada Limited Technical Record. TR-344 (5000, AECL, Chalk River, Ontario K0J1J0).

Hall, R. C., M. A. Jones, and C. S. Mawbey, 1990. A review of computer programs for modeling the effects of saline intrusion in groundwater flow systems. U.K. DOE Report DOE/RW/90.013.
Hansen, V. E., 1949. Evaluation of unconfined flow to multiple wells by membrane analysis. Thesis. Iowa State Univ., Ames.
Hantush, M. S., and C. E. Jacob, 1955. Non-steady radial flow in an infinite leaky aquifer. *Am. Geophys. Union Trans.* 36, 95-100.
Harleman, D. R. F., and R. R. Rumer, 1963. The analytical solution for the injection of a tracer slug in a plane. *Fluid Mechanics*, 16.
Hem, J. D., 1970. Study and interpretation of the chemical characteristics of natural water, 2d ed. USGS Water-Supply Paper 1473, p.363.
Herbert, A. W., C. P. Jackson, and D. A. Lever, 1987. Coupled groundwater flow and solute transport with fluid density strongly dependent upon concentration. Harwell Report TP. 1207, Harwell Laboratory.
Herr, M., 1985. Grundlagen der hydraulischen Sanierung verunreinigter Porengrundwasserleiter. Mitteilungen des Institut für Wasserbau, Universität Stuttgart. No.63, p.174.
Hill, M, C., 1993. MODFLOWP. U.S. Geological Survey code documentation.
Hornbeck, R. W., 1975. *Numerical Methods*. Englewood Cliffs. NJ: Prentice-Hall, p.310.
Hostetler, C. J., and R. L. Erikson, 1989. FASTCHEM Package, vol.5. User's guide to the EICM coupled geohydrochemical transport code. Report EA-5870-CCM. Elec. Power Res. Inst., Palo Alto, CA.
Huyakorn, P. S., J. W. Mercer, and P. F. Andersen, 1984. SWICHA: A three-dimensional finite-element code for analyzing seawater intrusion in coastal aquifers. GeoTrans code documentation.
Intera Environmental Consultants, 1983a. PHREEQE: A geochemical speciation and mass transfer code suitable for nuclear waste performance assessment. Report ONWI-435. Prepared for Off. of Nucl. Waste Isol., Battelle Mem. Inst., Columbus, OH.
Intera Environmental Consultants, 1983b. SWENT: A three-dimensional finite-different code for the simulation of fluid, energy, and solute radionuclide transport. Report ONWI-457. Prepared for Off. of Nucl. Waste Isol., Battelle Mem. Inst., Columbus, OH.
Intera Environmental Consultants, 1983d. Geochemical models suitable for performance assessment of nuclear waste storage: Comparison of PHREEQE and EQ3/EQ6. Report ONWI-473. Prepared for Off. of Nucl. Waste Isol., Battelle Mem. Inst., Columbus, OH.
Isherwood, D. J., 1984. Application of the ruthenium and technetium thermodynamic data bases used in the EQ3/6 geochemical codes. Report UCRL-53594. Laurence Livermore Natl. Lab., Livermore, CA.
Ito, K., 1951. *On Stochastic Differential Equations*. New York: Am. Math. Soc.
Jacob, C. E., 1950. Flow of groundwater. *Engineering Hydraulics*. ed. H. Rouse. New York: Wiley, pp.321-386.
Javandel, I., C. Doughty, and C. Tsang, 1984. *Groundwater Transport: Handbook of Mathematical Models*. Water Resources Monograph Series 10. Washington, DC:

American Geophysical Union, p.288.
Karickhoff, S. W., D. S. Brown, and T. A. Scott, 1979. Sorption of hydrophobic pollutants on natural sediments. *Water Res.*, 13, 241-248.
Kauch, E. P., 1982. Zur Situierung von Brunnen im Grundwasserstrom. Österreichische Wasserwirtschaft. No.7/8.
Kerrisk, J. 1984. Reaction-path calculations of groundwater chemistry and mineral formation of Rainier mesa, Nevada. Report LANL-9912-MS, Los Alamos Natl. Lab., Los Alamos, NM.
Kincaid, C. T., and J. R. Morrey, 1984. Geochemical models for solute migration: Vol.2. Preliminary evaluation of selected computer codes. Report EA-3417. Elec. Power Res. Inst., Palo Alto, CA.
Kincaid, C. T., J. R. Morrey, and J. E. Rogers, 1984. Geohydrochemical models for solute migration: 1. Process description and computer code selection. Report EA-3417, Power Res. Inst., Palo Alto, CA.
Kinzelbach, W., 1985. Numerische Modellierung des Transports von Schadstoffen im Grundwasser. Report of the Institut für Wasserbau. Universität Stuttgart.
Kinzelbach, W., and P. Ackerer, 1986. Modélisation du transport de d'écoulement non-permanent. *Hydrogéologie* 2, 192-206.
Kinzelbach, W., 1986. *Groundwater Modeling: An Introduction with Sample Programs in BASIC*. New York: Elsevier Science.
Kipp, K. L., Jr., 1986. Adaptation of the Carter-Tracy water influx calculation to groundwater flow simulation: *Water Resources Res.* 22 (3), 423-428.
Kipp, K. L., Jr., 1987. HST3D; A computer code for simulation of heat and solute transport in three dimensional groundwater systems. USGS Water Resources Investigations, 86-4095.
Konikow, L. F., and J. D. Bredehoeft, 1978. Computer model of two-dimensional solute transport and dispersion in groundwater. *USGS Techniques of Water-Resources Investigations*, bk. 7, ch. C2. Washington, DC: GPO, p.90.
Konikow, L. F., 1986. Predictive accuracy of a groundwater model—Lessons from a post-audit. *Groundwater* 24(2), 677-690.
Krupka, K. M., and E. A. Jenne, 1982. WATEQ3 geochemical model: Thermodynamic data for several additional solids. Report PNL-4276, p.58. Pac, Northwest Lab., Richland, WA.
Krupka, K. M., and J. K. Morrey, 1985. MINTEQ geochemical reaction code: Status and applications, Proc. Conference on the Application of Geochemical Models to High-Level Nuclealr Waste Repository Assessnlent. Oak Ridge, TN, October 2-5, 1984, eds. G. K. Jacobs and S. K. Whatley, Report NUREG/CP-0062 and ORNL/TM-9585, pp.46–53, U.S. Nucl. Regul. Comm., Washington, DC.
Kruseman, G. P., and N. A. de Ridder, 1970. Analysis and evaluation of pumping test data. *Intern. Inst. Land Reclamation and Improvement Bull.* (Wageningen, The Netherlands), (11), 200.
Kueper, B. H., and E. O. Frind, 1991a. Two-phase flow in heterogenous porous media: 1. Model development. *Water Resources Res.* 27(7), 1049-1057.
Kueper, B. H., and E. O. Frind, 1991b. Two-phase flow in heterogenous porous media: 2. Model application. *Water Resources Res.* 27(6), 1059-1070.
Lee, D. R., and J. A. Cherry, 1978. A field exercise on groundwater flow using seepage

meters and mini-piezometers. *J. Geolog. Educ.* 27, 6-10.
Lehr, J. H., 1990. The scientific process, part II: Can we learn it? Editorial. *Groundwater.* 28(6), 850-855.
Leppert, S. C., and T. O. Bengsston, 1990. Comparison of density-coupled transport codes for a saltwater intrusion study in Coastal West-Central Florida. *EOS* 71(71).
List, E. J., 1965. The stability and mixing in a density-stratified horizontal flow in a saturated porous medium. W. Keck Laboratory of Hydraulics and Water Resources Dept. kH-R-11, Calif. Inst. of Tech., Pasadena.
Loague, K., and R. E. Green, 1991. Statistical and graphical methods for evaluating solute transport models: overview and application. *J. Contam. Hydrol.* 7, 51-73.
Mackay, D. M., P. V. Roberts, and J. A. Cherry, 1985. Transport of organic contaminants in groundwater. *Environ. Sci. Technol.* 19(5), 15-23.
MacQuarrie, K. T. B., and E. A. Sudicky, 1990. Simulation of biodegradable organic contaminants in groundwater: 2. Plume behaviour in uniform and random flow fields. *Water Resources Res.*, 26 (2), 223-239.
Mabey, W. R., and T. Mill, 1978. Critical review of hydrolysis of organic compounds in water under environmental conditions. *J. Phys. Chem. Ref. Data* 7, 383.
Mambert, W. A., 1985. *Effective Presentation.* 2d ed. New York: Wiley.
Mangold, D. C., and C. F. Tsang, 1983. A study of nonisothermal chemical transport in geothermal systems by a three-dimensional coupled thermal and hydrologic parcel model. *Trans. Geotherm. Resour. Counc.* 7, 455-459.
Mangold, D. C., and C. F. Tsang, 1991. A summary of subsurface hydrological and hydrochemcial models. *Rev. of Geophysics* 29(1), 51-79.
Marlon-Lambert, J., 1978. Computer programs for groundwater flow and solute transport analysis. Report N25090, Golder Assoc., Vancouver, BC.
Massmann, J., and R. A. Freeze, 1989. Updating random hydraulic conductivity fields: A two-step procedure. *Water Resources Res.* 25(7), 1763-1765.
Massmann, J., R. A. Freeze, L. Smith, T. Sperling, and B. James, 1991. Hydrogeologic decision analysis: 2. Applications to groundwater contamination. *Groundwater* 29(4), 536-548.
McDonald, G., and A. W. Harbaugh, 1989. A modular three-dimensional finite difference groundwater flow model. *USGS Techniques of Water Resource Investigations,* bk. 6, ch. A1. Washington, DC:GPO.
Mehlhorn, H., K. Spitz, and H. Kobus, 1981. Kurzschlußströmung zwischen Schluck- und Entnahmebrunnen—Kritischer Abstand und Rückströmrate. *Wasser und Boden* 4.
Mehlhorn, H., and D. Flinsbach, 1983. Der Großpumpversuch des Zweckverbandes Landesversorgung im Erolzheimer Feld-Illertal. *Wasserwirtschaft* 73(12).
Mercer, J. W., and R. M. Cohen, 1990. A review of immiscible fluids in the subsurface: Properties, models, characterization and remediation. *J. Contam. Hydrol.* 6, 107-163.
Melchior, D. C., and R. L. Bassett, (eds.), 1990. *Chemical Modeling of Aqueous Systems II.* Washington, DC: American Chemical Society.
Molson, J., 1988. Three-dimensional numerical simulation of groundwater flow and contaminant transport at the Borden Landfill. M. Sc. thesis. Univ. of Waterloo, Ontario.

Montgomery, J. H., 1991. *Groundwater Chemicals Desk Reference*, vol.2. Chelsea, MI: Lewis Publishers.
Montgomery, J. H., and L. M. Welkom, 1989. *Groundwater Chemicals Desk Reference*, vol.1. Chelsea, MI: Lewis Publishers.
Moreno, J. L., 1989. Three-dimensional simulation of the migration and cleanup of trichloroethylene. Proc. Fourth International Conference on Solving Groundwater Problems with Models, Indianapolis, IN.
Moreno, J. L., and P. O. Sinton, 1994. Are density effects of dissolved contaminants important? Proc. Ground Water Modeling Conference, Colorado State Univ., Fort Collins.
Morrey, J. R., C. R. Kincaid, and C. J. Hostetler, 1986. Geohydrochemical models for solute migration, vol.3, Evaluation of selected computer codes. Report EA-3417, Elec. Power Res. Inst. Palo Alto, CA.
Munson, L. S., 1984. *How to Conduct Training Seminars*. New York: McGraw-Hill.
Muskat, M., 1949. *Physical Principles of Oil Production*. New York: McGraw-Hill.
Naff, R., 1984. Definition of global dispersion coefficients. Bericht PSE-No.83/4B. Projekt Sicherheitstudien Entsorgung. TU Berlin. Hahn-Meitner-Institut.
Narasimhan, T.N., and M. Alavi, 1986. A technique for handling tensorial quantities in the integral finite difference method. Earth Sciences Division Annual Report 1985, pp.111–113. Lawrence Berkeley Lab., Berkeley, CA.
Narasimhan, T. N., A. F. White, and T. Tokunaga, 1985. Hydrology and geochemistry of the uranium mill tailings pile at Riverton, Wyoming: II. History matching. Report LBL-18526. Lawrence Berkeley Lab., Berkeley, CA.
Narasimhan, T. N., A. F. White, and T. Tokunaga, 1986. Groundwater contamination from an inactive uranium mill tailings pile: 2. Application of a dynamic mixing model. *Water Resources Res.* 22, 1820-1834.
National Research Council, 1990. *Ground Water Models: Scientific and Regulatory Applications*. Washington, DC: National Academy Press.
Nea/Ski, 1988. The International HYDROCOIN Project: Level 1 code verification, organization for economic cooperation and development. Paris: France.
Niederer, U., 1988. Perception of safety in waste disposal: The review of the Swiss project GEWAHR 1985. Proc. GEOVAL 1987 Symposium in Stockholm, April 7-9, 1987, pp.11–26. The Swedish Nuclear Power Inspectorate, Stockholm.
Nielsen, D. R., M. Th. Genuchten, and J. W. Biggar, 1986. Water flow and solute transport processes in the unsaturated zone. *Water Resources Res.* 22(9), 89S-108S.
Nofzinger, D. L., K. Rajender, S. K. Nagudu, and P. Su, 1989. CHEMFLO: One-dimensional water and chemical movement in saturated soils. EPA/600/8-89/076. Robert S. Kerr Environmental Research Laboratory, Ada, OK.
Nordstrom, D. K., L. N. Plummer, D. Langmuir, E. Busenberg, H. M. May, B. F. Jones, and D. L. Parkhurst, 1990. Revised chemical equilibrium data for major water-mineral reactions and their limitations. *Chemical Modeling of Aqueous Systems II*, eds. D. C. Melchior and R. L. Bassett. Washington, DC: American Chemical Society, pp.398–413.
Ogata, A., and R. B. Banks, 1961. A solution of the differential equation of longitudinal dispersion in porous media. USGS, Professional Paper Nr. 411-A.
Parker, J. C., 1989. Multiphase flow and transport in porous media. *Rev. Geophys.*

27, 311-328.

Parkhurst, D. L., D. C. Thorstenson, and L. N. Plummer, 1980. PHREEQE—A computer program for geochemical calculations. Report USGS/WRI-80-96. USGS. Water Resources Division, Reston, VA.

Parkhurst, D. L., L. M. Plummer, and D. C. Thorstenson, 1982. BALANCE—A computer program for calculating mass transfer for geochemical reactions in groundwater. USGS, Water Resources Division, Reston, VA.

Paulousky, N. N., 1956. *Collected Works.* Leningrad: Akad, Nauk USSR.

Peterson, S. R., A. R. Felmy, R. J. Serne, and G. W. Gee, 1983. Predictive geochemical modeling of interactions between uranium mill tailings solutions and sediments in a flow-through system: Model formulations and preliminary results. Report NUREG/CR-4782 (PNL-4782). Pac. Northwest Lab., Richland, WA.

Pinder, G. F., and W. G. Gray, 1977. *Finite Element Simulation in Surface and Subsurface Hydrology.* New York: Academic Press, p.295.

Pinder, G. F., 1990. *Princeton Transport Code Class.* Princeton, NJ: Princeton Univ.

Plummer, L. N., B. F. Jones, and A. H. Truesdell, 1976. WATEQF—A FORTRAN IV version of WATEQ, a computer program for calculating chemical equilibrium of natural waters. USGS. Reston, VA. Water Resources Investigations 76-13. (Revised January 1984).

Plummer, L. N., and D. L. Parkhurst, 1985. PHREEQE: Status and applications in Proceedings of the conference on the application of geochemical models to high-level nuclear waste repository assessment. Oak Ridge, TN, October 2-5, 1984, eds. G. K. Jacobs and S. K. Whatley. Reports NUREG/CP-0062 and ORNL/TM-9585, pp.37–45, U.S. Nucl. Regul. Comm., Washington, DC.

Plummer, L. N., and D. L. Parkhurst, 1990. Application of the Pitzer equations to the PHREEQE geochemical model. *Chemical Modeling of Aqueous Systems II.* eds., D. C. Melchior and R. L. Bassett, Washington, DC: American Chemical Society, pp.128–137.

Plummer, L. N., D. L. Parkhurst, and D. C. Thorstenson, 1983. Development of reaction models for groundwater systems. *Geochim. Cosmochim. Acta* 47, 665-686.

Pollock, D. W., 1989. Documentation of computer programs to compute and display pathlines using results from the U.S. geological survey modular three-dimensional finite-difference groundwater flow model. USGS Open File Report 89-381.

Polubarinova-Kochina, P. Ya., 1952. *Theoy of Groundwater Movement* (in Russian). Moscow: Gostekhizdat. English transl. R. J. M. de Wiest. Princeton, NJ: Princeton Univ. Press, 1962.

Prickett, T. A., and G. Lonnquist, 1971. Selected digital computer techniques for groundwater resource evaluation. Illinois State Water Survey, Bull. 55, Dept. of Registration and Education, p.62.

Prickett, T. A., T. G. Naymik, and C. G. Lonnquist, 1981. A "random walk" solute transport model for selected groundwater quality evaluations. Illinois State Water Survey, Bull. 65, Dept. of Registration and Education, p.103.

Pruess, K., 1983. Development of the general purpose simulator MULKOM. Earth Sciences Division Annual Report 1982, Report LBL-15500, pp.133–134. Lawrence Berkeley Lab., Berkeley, CA.

Pruess, K., 1986. TOUGH User's Guide, Rep. NUREG/CR-4645 and SAND 86-7104.

Prepared for Div. of Waste Manage., Off. of Nucl. Mater. Safety and Safeguards, U.S. Nucl., Regul. Comm., Washington, DC. (Also available as Report LBL-20700, Lawrence Berkeley Lab., Berkeley, CA.)

Pruess, K., and T. N. Narasimhan, 1985. A practical method for modeling fluid and heat flow in fractured porous media. *SPEJ.*, 41(2), 14-21.

Pruess, K., and J. S. Y. Wang, 1984. TOUGH—A numerical model for nonisothermal unsaturated flow to study waste canister heating effects. Scientific Basis for Nuclear Waste Management VII, Mater. Res. Soc. Symp. Proc., 26, 1031-1038.

Pruess, K., Y. W. Tsang, and J. S. Y. Wang, 1985. Modeling of strongly heat driven flow in partially saturated fractured porous media. Proc., IAH 17th International Congress on the Hydrogeology of Rocks of Low Permeability, Tucson: Univ. of Arizona Press, p.486–497.

Pruess, K., and J. S. Y. Wang, 1987. Numerical modeling of isothermal and nonisothermal flow in unsaturated fractured rock—A review. In *Flow and Transport through Unsaturated Fractured Rock*. Washington, DC: American Geophysical Union.

Reeves, M., and R. M. Cranwell, 1981. User's manual for the Sandia waste-isolation flow and transport model. Report SAND81-2516 and NUREG/CR-2324, Sandia Natl. Lab., Albuquerque, NM.

Reeves, M., D. S. Ward, P. A. Davis, and E. J. Bonano, 1986. Theory and implementation for SWIFT II. Release 4.84, Report NUREG/CR-3328 and SAND83-1159, Sandia Natl. Lab., Albuquerque, NM.

Remson, I., G. M. Hornberger, and F. J. Malz, 1971. *Numerical Methods in Subsurface Hydrology*. New York: Wiley-Interscience.

Reid, J. A. K., and T. Chan, 1987. Sensitivity of Whiteshell geosphere modeling results to dimensionality of the computer simulations employed. Proc. Conference on Geostatistical Sensitivity and Uncertainty Methods for Groundwater Flow and Radionuclide Transport Modeling, San Francisco, CA, September 15-17.

Rifau, H. S., P. B. Bedient, R. C. Borden, and J. F. Haasbeek, 1989. Bioplume II—Computer model of two-dimensional contaminant transport under the influence of oxygen limited biodegradation in groundwater (User's Manual Version 1.0, Preprocessor Service Code Version 1.0, Source Code Version 1.0) EPA/600/8-88/093, NTIS PB 89-151 120/AS.

Roberts, P. V., M. N. Goltz, and D. A. MacKay, 1986. A natural gradient experiment on solute transport in a sand aquifer: 3. Retardation estimates and mass balances for organic solutes. *Water Resources Res.* 22(13), 2047-2059.

Robinson, P. C., C. P. Jackson, A. W. Herbert, and R. Atkinson, 1986. Review of the groundwater flow modeling of the Swiss Project Gewahr. Harwell Report AERER.11929, HMSO, London.

Rulon, J., G. S. Bodvarsson, and P. Montazer, 1986. Preliminary numerical simulations of groundwater flow in the unsaturated zone. Yucca Mountain. NV. Report LBL-20553. Lawrence Berkeley Lab., Berkeley, CA.

Runchal, A. K., 1985. PORFLOW: A general purpose model for fluid flow, heat transfer and mass transport in anisotropic, inhomogeneous, equivalent porous media. Tech. Note TN-011, Anal. and Comput. Res., Inc., Los Angeles, CA.

Runchal, A. K., 1987. Theory and application of the PORFLOW model for analysis of coupled flow heat and radionuclide transport in porous media. *Coupled Pocesses Associated with Nuclear Waste Repositories*, ed. C. F. Tsang, Berkeley, CA: Lawrence Berkeley Laboratory, pp.495–516.

Runchal, A. K., J. Treger, and G. Segal, 1979. Program EP21 (GWTHERM): Two-dimensional fluid flow, heat and mass transport in porous media. Tech. Note TN-LA-34, Adv. Technol. Group, Dames & Moore, Los Angeles, CA.

Saffman, P. G., 1960. Dispersion due to molecular diffusion and macroscopic mixing in flow through a network of capillaries. *Fluid Mechanics*. 2(7), 194-208.

Sanford, W. E., and L. F. Konikow, 1989. A two-constituent solute-transport model for groundwater having variable density. Holcomb Research Institute. TNO-QGV Institute. Golden, CO: IGWMC-FOS36.

Sauty, J., 1978. Identification des parameters du transport hydrodispersif dans les aquiferes par interpretation de tracages en ecoulement cyclindrique convergent ou divergent. *J. of Hydrol.* 39(3/4), 69-103.

Sauty, J., 1980. An analysis of hydrodispersive transfer in aquifers. *Water Resources Res.* 24(1), 145-158.

Savinskii, I. D., 1965. *Probabilty Tables for Locating Elliptical Underground Masses with Rectilinear Grid*. Consultants Bureau. New York: Plenum Press, p.100.

Sayre, W. W., 1968. Dispersion of mass in open channel flow. Hydraulics Paper, Nr.3, 73, Colorado State Univ.

Sayre, W. W., 1973. Natural mixing processes in rivers. *Environmental Impact on Rivers*, ed. H. W. Shen. Fort Collins, CO, ch. 6.

Scheiddegger, A. E., 1954. Statistical hydrodynamics in porous media. *J. Appl. Phys.* 25(8), 994-1001.

Schroeder, P. R., C. M. Lloyd and P. A. Zappi, 1994. Users guide for HELP Version 3 for experienced users. EPA/600/R-94/168a. Washington, DC: U.S. Environmental Protection Agency, Office of Research and Development.

Schwartz, F. W., 1977. Macroscopic dispersion in porous media: The controlling factors. *Water Resources Res.*, 13(4), 743-752.

Schwarzenbach, R. P., and J. Westfall, 1981. Transport of non polar organic compounds from surface water to groundwater. *Env. Sci. and Techn.* 15(11).

Schwille, F., 1988. Dense chlorinated solvents in porous and fractured media: Model experiments. Transl. from German by J. F. Pankow. Chelsea, MI: Lewis Publishers, p.146.

Segol, G. A., 1976. A three-dimensional Galerkin finite element model for the analysis of contaminant transport in variably saturated porous media: User's guide. Report, Dept. of Earth Sci., Univ. of Waterloo, Ontario.

Sharma, D., 1981. Some applications of a novel computational procedure for solving the Richards equation. Proc., AGU Fall Meeting, San Francisco, CA.

Sharma, D., M. I. Asgian, W. R. Highland, and J. L. Moreno, 1983. Analysis of complex seepage problems with the disposal of uranium tailings: Selected case studies. *Mineral and Energy Resources* (Colorado School of Mines), 26(1).

Smith, L. T., T. Clemo, and M. D. Robertson, 1990. New approaches to the simulation of field-scale solute transport in fractured rocks. Paper presented at 5th Canadian/American Conference on Hydrogeology, National Groundwater Assoc., Calgary, Canada.

Spitz, K., 1985. Dispersion in porösen Medien: Einfluß von Inhomogenitäten und Dichteunterschieden. Report of the Institut für Wasserbau no.60, p.131, Universität Stuttgart.

Spitz, K., 1989. Groundwater flow modeling—Course manual for the Directorate of Environmental Geology, Indonesia (unpublished).

Strack, O., 1989. *Groundwater Mechanics.* Englewood Cliffs, NJ: Prentice Hall, p.732.

Sudicky, E. A., J. A. Cherry, and E. O. Frind, 1983. Migration of contaminants in groundwater at a landfill: A case study, 4, a natural-gradient dispersion test. *J. Hydrol.* 63, 81-08.

Sudicky, E. A., 1986. A natural gradient experiment on solute transport in a sand aquifer: Spatial variability of hydraulic conductivity and its role in the dispersion process. *Water Resources Res.* 22, p.2069–2082.

Sykes, J. F., R. B. Lantz, S. B. Pahwa, and D. S. Ward, 1982a. Numerical simulation of thermal energy storage experiment conducted by Auburn University. *Groundwater* 20, 569-576.

Sykes, J. F., S. B. Pahwa, R. B. Lantz, and D. S. Ward, 1982b. Numerical simulation of flow and contaminant migration at an extensively monitored landfill. *Water Resources Res.* 18, 1687-1704.

Taylor, G., 1954. Conditions under which dispersion of a solute in a stream of solvent can be used to measure molecular diffusion. *Proc. Roy. Soc.* Ser. A 225, 473-477.

Theis, C. V., 1935. The relation between the lowering of the piezometric surface and the rate and duration of discharge of a well using groundwater storage. *Am. Geophys. Union Trans.* 16, 519-524.

Thiem, G. 1906. *Hydrologische Methoden.* Leipzig: Gebhardt, p.56.

Thomas, S. D., B. Ross, and J. W. Mercer, 1982. A summary of repository siting models. Report NUREG/CR-2782, U.S. Nucl. Regul. Comm., Washington, DC.

Thomas, T. R., 1988. Modeling hypothetical groundwater transport of nitrates, chromium, and cadmium at the Idaho chemical processing plant. Report WlNCO-1060, Westinghouse Idaho Nucl. Co., Idaho Falls.

Travis, B. J., 1984. TRACR3D: A model of flow and transport in porous/fractured media. Report LA-9667-MS, Los Alamos Natl. Lab., Los Alamos, NM.

Travis, B. J., and H. E. Nuttall, 1987. Analysis of colloid transport. *Coupled Processes Associated with Nuclear Waste Repositories,* ed. C. F. Tsang. San Diego: Academic Press, pp.517–528.

Tsang, C. F., and C. Doughty, 1985. Detailed validation of a liquid and heat flow code against field performance. Proc. Eighth SPE Symposium on Reservoir Simulation, Dallas, February 10-13, 1985. Report SPE-13503, Soc. of Pet. Eng., Richardson, TX, 1985. (Also available as Rep. LBL-18833, Lawrence Berkeley Laboratory, Berkeley, CA).

Uffink, G. J. M., 1985. Macrodispersie in gelaagde pakketten—Deel 1: Een rekenmodel. Laboratorium voor Bodem- en Grondwateronderzoek, RIVM, Leidschendam, The Netherlands.

U.S. Department of the Interior, Bureau of Land Management and Bureau of Indian Affairs, 1986. Final Jackpile-Paguate Uranium Mine Reclamation Project, Environmental Impact Statement, vol.1, BLM-NM-ES-86-018-4134.

USEPA, 1989. Drinking water regulations and health advisories. Washington, DC: U.S. Environmental Protection Agency.

Van den Berg, R., and J. M. Roels, 1991. Beurteilung der Gefährdung des Menschen und der Umwelt durch Exposition gegenüber Bodenverunreinigungen—Integration der Teilaspekte. Leitraad Bodemsanering (revised draft). Reichsinstitut fur Volksgesundheit und Umwelthygiene (Bilthoven): Bericht Nr. 725201007.

van der Heijde, P. K. M., 1987. Quality assurance in computer simulations of groundwater contamination. *Environmental Software* 2(1) 19-28.

van der Heijde, P. K. M., and R. A. Park, 1986. U.S. EPA Groundwater Modeling Policy Study Group. Report of findings and discussion of selected groundwater modeling issues. International Ground Water Modeling Center, Holcomb Res. Inst., Butler Univ., Indianapolis.

Vassilios, Kaleris, 1986. Erfassung des Austausches von Oberflächen-und Grundwasser in horizontalebenen Grundwassermodellen. Report of the Institut für Wasserbau, no.62, p.137, Universität Stuttgart.

Verschueren, K., 1983. *Handbook of Environmental Data on Organic Chemicals*, 2d ed., New York: Van Nostrand Reinhold.

Voss, C. I., 1984. Saturated-unsaturated transport (SUTRA), USGS Water Resource Investigations 84-4369.

Walton, W. C., 1970. *Groundwater Resource Evaluation*. New York: McGraw-Hill, p.664.

Ward, D. S., M. Reeves, and L. E. Duda, 1984. Verification and field comparison of the Sandia waste-isolation flow and transport model (SWIFT), Report SAND83-1154 and NUREG/CR-3316. Sandia Natl. Lab., Albuquerque, NM.

Ward, D. S., D. R. Buss, J. W. Mercer, and S. S. Hughes, 1987a. Evaluation of a groundwater corrective action at the Chem-Dyne hazardous waste site using a telescopic mesh refinement modeling approach. *Water Resources Res.* 23, 603-617.

Ward, D. S., D. R. Buss, D. W. Morganwalp, and T. D. Wadsworth, 1987b. Waste confinement performance of deep injection wells. Paper presented at Solving Ground Water Problems with Models, Natl. Water Well Assoc., February 10-12, Denver, CO.

Wolery, T. J., 1979. Calculation of chemical equilibrium between aqueous solution and minerals: The EQ3/6 software package. Report UCRL-52658, Lawrence Livermore Natl. Lab., Livermore, CA.

Yeh, G. T., and D. S. Ward, 1979. FEMWATER: A finite-element model of water flow through saturated-unsaturated porous media. Report ORNL-5567. Oak Ridge Natl. Lab. Oak Ridge, TN.

Yeh, G. T., and D. S. Ward, 1981. FEMWASTE: A finite-element model of waste transport through saturated-unsaturated porous media. Report ORNL-5601. Oak Ridge Natl. Lab., Oak Ridge, TN.

Zheng, C., 1992. MT3D: A modular three-dimensional transport model. version 1.5. S.S. Papadopulos & Associates, Inc., Bethesda, MD. Code Documentation.

索　引

【あ】

REV (代表要素体積)　99
RC ネットワーク　11
RW(ランダムウォーク) 法　138
RW(ランダムウォーク) モデル　126
アンダーシュート　132

【い】

イオン交換性　61
意思決定・リスク解析　234
1,1,1-トリクロロエタン (TCA)　44
1 次元モデル　148
一時的点源　89
位置水頭　39
一様流　83, 89
移動性水　19
井戸関数　78
異方性　26
移流　49, 51
移流フラックス　70
移流プルーム　53
移流分散方程式　54, 59, 89
移流輸送　88, 139
移流輸送速度　82
陰解法　116, 123
インタラクティブモデル　256
インディケータークリッギング　201

【え】

永久点源　89
ADI　117
液体相　45, 65
エチレン　49
NAPL　202
FE モデル　120, 136, 138
FD モデル　117, 120, 136, 138
MOC　126, 138
L-R-分解　117
塩化物　67
塩化物イオン　49
塩化溶剤　46
塩水遡上　26, 43, 67
鉛直断面モデル　156
鉛直分散長　153
塩分濃度　43

【お】

オーバーシューティング　138
オーバーシュート　70, 132, 133
オクタノール-水の分配係数　61
遅れ排水　78
汚染　43, 44
汚染速度　164
汚染物質の解放　66
汚染物質輸送　41
汚染物質輸送方程式　66
汚染プルーム　53
重み付き残差法　122, 123
温水注入　26

【か】

解釈の誤差　208
解析モデル　3, 73
概念上の誤差　208
概念モデル　2, 95, 163, 177, 178
解法　2
ガウス関数　90
ガウス・ザイデルの反復法　117
ガウス分布　93, 142
化学的反応　64
化学的プロセス　178
化学反応　255
拡散　49, 52, 57, 66
拡散係数　52
拡散による質量変換　20
核種崩壊　49, 59, 62
核種崩壊定数　63
確率モデル　127
確率論的モデリング　234
確率論的モデル　144, 256
風上差分　134
重ね合わせ法　81, 83
過剰圧力　39
加水分解　49, 64
ガス流　255
可変セルサイズ　185
ガラーキン法　123
カルスト質石灰岩　29
カルスト性亀裂　20
間隙システム　66
間隙とマトリックスのスケール　54
間隙と粒子　54
間隙率　20, 27, 83
完全 3 次元モデル　161
完全飽和モデル　156
感度解析　163
涵養　114

【き】

幾何学モデル　55
基質間隙　20
気相輸送　255
既知水頭境界　31
既知フラックス境界　33
基底関数　122
揮発　49, 64, 65
義務違反　231
逆モデル　198
逆問題　95
キャリブレーション　161, 183

キャリブレーションパラメータ　157
吸湿水　19
吸着　46, 49
吸着 (adsorption)　59
吸着等温式　59
吸着平衡　59
境界条件　31, 68
鏡像法　81, 88
行列解法　117
亀裂性空隙　20
亀裂性砂岩　30
亀裂-多孔質地下水システム　71
亀裂中における不飽和流　255
亀裂や石灰岩の地下水システム　71
亀裂流　255
均質　26

【く】

空間離散　138
クーラン基準　134, 135, 138
くさび形モデル　158
Crank-Nicholson 法　117
クリッギング　188, 200
クロマトグラフ効果　49
群井　83
群井流れ　81

【け】

経験モデル　10
決定係数　210
減衰　159
減衰率　60
検定　2

【こ】

高汚染地下水の移動　26
格子　110
格子の縦横比　135
後退差分　116, 123
光分解　64
コーシー (Cauchy) 境界　36, 70
小型ピエゾメーター　107

誤差関数　90
誤差全体の係数　210
固体有機相　61
混合境界　36
混合性液体　46
混合もしくはフラックスタイプ条件　70
コントロールボリューム　29, 101
コンパートメントモデル　151

【さ】

サーチセオリー　201
採鉱探査理論　234
最大誤差 (ME)　210
差分 (FD)　126
差分式　117, 130
差分 (FD) 法　110, 130
差分モデル (FDM)　101, 125
酸化　64
三角対角行列　117
残差　122
残差誤差　132
3 次元モデル　161, 165
3 セルモデル　101
酵素-触媒成分置換　65

【し】

四塩化炭素 (CTET)　44, 49
時間重み付け　117
試行錯誤法　199
自然システム　2, 13
自然地下水涵養　111
実行水準　235
湿潤化　156
実証　2
実流速　25
質量平衡モデル　11
質量保存　127, 130
質量保存則　29, 70, 178
シミュレーション　2
重金属濃度　43
自由水面　156
自由水面帯水層　24
収着 (sorption)　59
主方向法　136
遵守点　235

浄化　44
浄化計画　88
蒸気圧　65
蒸気水　20
初期条件　36, 68, 114, 115
触媒反応　64
シングルセルモデル　11
人工浸透　78
振動　132
浸透ピット　79, 80
浸透・輸送問題　156
深度方向積分モデル　152

【す】

吸い込み　109, 114, 156
水頭境界　108
水平 2 次元地下水流　154
水平方向透水係数　27
水理境界条件　31
水理抵抗　75
水理モデル　55
数学モデル　2
数学モデル誤差　207
数学モデルの解　73
数値 FD モデル　113
数値近似　96
数値誤差　130, 207
数値分散　126, 131, 133
数値モデル　11
数値理論　131
スケーリング要素　9
砂箱モデル　99
スライスモデル　156
スラグテスト　27

【せ】

生体間蓄積　64
生体内変化　64, 65
生物学的プロセスによる化学反応　255
生物化学的変質　49
生物分解　64, 65
石灰岩層　29
絶対収束条件　132
截頭誤差　131
セミバリオグラム　188
セルアスペクト比　135, 188
セルクーラン数　191
セルサイズ　186
ゼロ次元　151
線形重ね合わせ　68

線形重ね合わせの法則　　81
線形等温式　　59, 60
線形方程式　　114
前進差分　　115, 123

【そ】

総間隙率　　23
相対収束条件　　133
疎水性吸着　　61
損害　　231

【た】

第1種境界　　31
第1種の境界条件　　68
第1種零次修正ベッセル関数　　77
第3種境界　　36
第3種の境界条件　　70
帯水層　　23
タイスの式　　96
第2種境界　　33
第2種の境界条件　　70
第2種零次修正ベッセル関数　　77
代表要素体積 (REV)　　53
タイムステップ　　189
多孔質岩盤　　66
多孔質媒体　　24
多孔質モデル　　4, 6
多孔質 (粒状) 地下水システム　　71
多セルモデル　　101
多層モデル　　148, 159
多相流　　37, 46, 255
脱着　　59
縦分散　　144
縦分散係数　　56
縦分散長　　188
ダルシー則　　6, 10, 24, 27, 53
ダルシーの法則　　109
ダルシー流速　　25, 51, 83
単一セル　　101, 110
単一セルモデル　　102, 103, 127
段階的修正モデル　　162
段階的修正モデル法　　163
炭化水素　　46
単相流　　46

【ち】

地下水位低下量　　78
地下水汚染　　42, 44
地下水管理　　147
地下水コード　　236
地下水浄化対策　　82
地下水モデル　　12
地下水流方程式　　66
地質統計学　　200
中央差分法　　123
潮位　　97
直接解法　　117
貯留係数　　18, 30, 78, 95, 185

【て】

ティエムの式　　77
抵抗因子　　108
低透水性地下水システム　　71
テイラー展開　　130, 208
ディラク関数　　92
ディレクレ (Dirichlet) 条件　　31, 68
テーリングパイル　　163, 167
テトラクロロエチレン　　49
デュピー (Deupit) の仮定　　77, 152
デュピーの式　　77
デュピーの水面　　160
電気アナログモデル　　9
点吸い込み　　156
電導紙モデル　　11

【と】

同位体　　109
透過係数　　26
統計学的経験則　　89
統計モデル　　55, 56
透水係数　　27
動水勾配　　36, 109
透水量係数　　30, 76, 88, 95, 111, 114, 185
等方性　　26
等ポテンシャル線　　81
特性曲線法　　125, 138
トリクロロエチレン (TCE)　　44
トルエン　　49, 50
トレーサー　　47, 93, 98, 99

【な】

内挿関数　　122, 123
難透水性層　　23
難透水層　　160
ナンバリング　　189

【に】

2次元流れモデル　　109
2次元モデル　　148
二重空隙　　20
二重間隙モデル　　66
二乗誤差の平方根 (RMSE)　　210
入力データの誤差　　208

【ぬ】

ぬれ特性　　39

【ね】

熱輸送カップリング問題　　156
粘性流体モデル　　6, 8

【の】

ノイマン (Neumann) 基準　　135
ノイマン境界　　33, 70
濃度　　128
濃度既知境界　　68
濃度勾配　　52, 70
濃度前線　　94, 138
濃度フラックス　　196
濃度分布　　62, 92

【は】

バイオレメディエーション　　255
賠償責任　　231
媒体分散性　　56
パイモデル　　158
破過曲線　　53, 62
バクテリア　　65
バクテリア密度　　180
パラメータ推定モデル　　219

388　索引

パラメータの感度　164
半解析的　88
半解析モデル　87, 88, 89
半確率法　200
半揮発性　155
半減期　64
ハンタッシュ (Hantush) の井戸関数　78
半透水性境界　36
半透水性層　23
半透水層　76
バンド幅　138, 189
半被圧　74
半被圧条件　97
半被圧帯水層　24
反復解法　117
半無限カラム　93

【ひ】

被圧　74
被圧帯水層　24
PCE(テトラクロロエチレン)　49
非移動性水　19
非混合性液体　46
比産出率　29
比産出量　18, 21, 23, 105
非水溶性流　255
ヒステリシス　39, 72
非線形吸着等温　62
非線形性　108
非線形等温式　62
比貯留係数　29, 105, 185
比貯留性　30
非定常井戸流　78
非定常流れ　105
ひび割れ土　72
非溶解性汚染物質　68
比揚水量　4

【ふ】

不圧　74
不圧帯水層　24, 156
不安定　132
フィールドスケール　54
Fick の仮定　99
Fick の法則　10, 52, 53, 99
フーリエ条件　36
不均質性　161
復水境界　33

物質輸送現象　125
不透水性　27
不飽和層　155
不飽和帯　20, 72
不飽和透水係数　39
不飽和輸送　255
不飽和流　37, 255
浮遊物　46
浮遊粒子　41, 46
ブラウン運動　52, 56
ブラウン運動理論　141
フラグメント法　76
フラックス　108
フラックス既知境界　70
フラックス境界　194
ブラックボックス　11
ブラックボックスモデル　101, 103, 151
プリプロセッサー　161
プルーム　45, 48, 49, 68, 70, 82, 88, 136, 138
Freundlich 型の式　62
フローネット　137
フローメーター　107
分解　64
分解過程　64
分散　49, 53
分散係数　58, 170, 188
分散試験　49, 97
分散シミュレーション　170
分散長　97, 217
分散のテンソル特性　136
分散広がり　99
分散フラックス　70
分散輸送　89, 139
分子引力　28
分子拡散　153
分配係数　60, 61

【へ】

平均移流流速　83
平均化　130
平均濃度　127
平均予測濃度　144
平衡分配　65
ベイズ統計学　234
ペクレ基準　134, 135, 138
ペクレ数　187, 188
Hele-Shaw モデル　6, 8
ベンゼン　49
Henry 定数　65

Henry の法則　65

【ほ】

放射性核種崩壊　64
放射性同位体　64
放射能濃度　43
法的義務　231
飽和帯　20
飽和地下水流れ　29
飽和度　38
飽和流　39
ポストプロセッサー　161
保存性　46
ポテンシャル線　33
ポテンシャル面　20, 112
Poiseuille の式　6

【ま】

前処理付共役勾配法　117
マッチング　97
丸め誤差　131, 135, 208

【み】

水収支　11
密度依存　68
密度誘導型プルーム　170
密度流カップリング　156, 162

【め】

目詰まり　108
メンブランモデル　8

【も】

毛管上昇　4
モデリング解析　250
モデル　1
モデル化効率　210
モデルグリッド　186
モデル入力データ　173
モデルのキャリブレーション　204
モデルレビュー　252
モニタリング　99
モニタリングネットワーク　181, 235
盛土解析モデル HELP　10

モンテカルロ法モデル　144

【や】

Jacobi　117

【ゆ】

有機浸出水モデル　10
有機性炭素含有量　61
有機性炭素の重量　61
有機地下水汚染物質　44
有限要素 (FE)　126
有限要素モデル (FEM)
　101, 120, 125, 136
有効拡散係数　52
有効間隙率　21, 51, 105

【よ】

溶解　64
溶解成分　41
溶解性空洞　20
溶解相　59
陽解法　115, 123, 162
陽解法カップリング　162
溶質収支　11

溶質輸送モデル　149
揚水試験　27, 73, 95
揚水試験結果の解析　73
要素　120
余誤差関数　91
横分散係数　56

【ら】

ライシメーター　107
Raoult の法則　195
ラプラス (Laplace) の式
　81
ランダムウォーク (RW) モデル
　125, 140
ランダムウォーク (RW) 理論
　56
ランダム変数　142
ランプドパラメータモデル
　10

【り】

力学的分散性　58
離散　131
離散化　130
リスク要素　256

粒状多孔質性　20
流線　4, 33, 81, 82, 83, 88
流線粒子　88
理論曲線　97

【る】

Runge-Kutta 式　88

【れ】

連続式　110, 114

【ろ】

漏洩　86, 128
漏洩原理　109
漏洩構造　68
漏洩成分　103
漏水因子　75, 76, 78, 108
漏水性　24
漏水性帯水層　74
漏水抵抗　36
漏水フラックス　113
濾過　64
露出評価モデル　10

訳者あとがき

　地盤汚染の定量的な取扱いのために，数値解析手法が極めて有効である．そのための本を数人の研究者が集まって執筆しようと考えた．その執筆のために，何か勉強しようとして，本書の "A Practical Guide to Groundwater and Solute Transport Modeling" の勉強をはじめた．著者の一人である Karlheinz Spitz 氏は大学での研究者ではない．常に実際にいろいろなソフトを利用してどのような判断をするかについて検討している技術者である．

　今日では，わが国でも予測のためのソフトの整備はなされつつある．したがって，そのソフトを使用するにあたって，どのような入力データが必要であるか，また，初期条件をどのように取り扱うべきか，境界条件をどのように設定すべきかが大きな課題になってきている．

　いくら良い解析ソフトでも入力データがゴミであれば，結果はゴミであることは，古くから言われている言葉である．そのためにも調査が必要であると言われている．しかし，調査技術がどんなに進歩しても，解析技術が十分でないと結果は同様にゴミである．高等な数学で行っている数値解析であるから誤りはないと信じられていることが多い．しかし，数万ステップの中の1か所が誤っていても，それらしい結果になることがある．やはり，解析手法の精度の問題や，その解析を行っているかぎりの限界については使用する技術者が十分に理解しておくべきである．最近は解析ソフトが高度化して，プログラム全体を理解する技術者が少なくなってきた．また，技術系の研究者であっても数学的取扱いが苦手な研究者が増えてきている．数値解析は理論解析と比較するとそれほど高度な数学を用いていないが，中身を理解して使用しないで，ただ，利用するだけの技術者も多くなっているのは，まことに残念である．解析の原理を理解し，その限界を知って，それを考慮して，モデリングのための調査を行うことを願う．

　目的意識が明確であると効率の良い調査になる．これは調査のための調査で終わっていることが多い現行の調査と比較すると，格段の進歩になる．汚染がわかると詳細な調査をする．しかし，その調査のときに常にその調査結果を用いて解析を行うと考えながら調査することは極めて重要である．その解析結果から，将来の予測やリスク評価が可能になる．

本書は，このような立場より執筆された極めて有益な著書である．翻訳に対しては，地盤工学において第一線で活躍している研究者，技術者が担当してくれた．また，全体の精読をしていただいた幹事諸君にはまことに感謝している．本書が，土壌・地下水汚染に関係している技術者，研究者のリスク評価に何かの役に立てることができればと，訳者一同願っている．

　また，本書の日本語訳の出版にあたって著者が特別のはしがきを書いてくれた．本当にうれしいことである．世界がグローバル化された中で，日本の中だけを考えているだけでなく世界の環境問題を考え，そのような日本語の出版物が逆に英語に翻訳されて世界に発信できるようになるべきだ．

　海外のパックされた解析ソフトを使っているだけの若者達は特に反省をしてほしい．資源も何もない日本では，せめて頭と体を使って，世界の人々が使用してくれる役に立つ解析コードをどんどん生み出してほしい．人の時間を食い，人をバカにする，麻薬のようなゲームソフトで国益を得ていては，世界の笑いものになるだけだ．研究とか科学は人類の平和や人を幸せにするためにあることを忘れないでほしい．人々が最も安心していられる場を創造することが環境の課題である．

訳者代表　西垣　誠
世界遺産の桜花満開の姫路城にて
2003年4月

「岡山地下水研究会」訳者プロフィール

● 監訳者（岡山地下水研究会代表）

西垣　誠（にしがき　まこと）（岡山大学環境理工学部教授）

1977 年	京都大学大学院工学研究科博士課程単位取得後退学
同　年	岡山大学助手（工学部土木工学科）
1981 年	岡山大学講師（同上）
1984 年	岡山大学助教授（同上）
1994 年	岡山大学教授（環境理工学部環境デザイン工学科），工学博士，現在に至る
2003 年	日本地下水学会副会長

［主な専門分野］
地下水の調査・解析（有限要素法による飽和–不飽和浸透流解析），多孔質媒体中の多相流および物質移行解析，地下水浸透特性に関する試験法の開発．
・地下水の飽和不飽和浸透流特性に関する室内，原位置試験法の開発
・放射性廃棄物（高・中・低・極低を含む）の地層処分プロジェクト
・地下水の流動保全
・亀裂性岩盤内の浸透解析
・汚染計測技術の発展
・砂質地盤へのセメントの動的注入による地盤改良

● 訳者兼編集幹事

進士　喜英（しんし　よしひで）（株式会社 鴻池組土木本部技術部，主任）

1986 年	岡山大学大学院工学研究科修了
同　年	株式会社 鴻池組入社，現在に至る
1993 年から 2 年間	アリゾナ州立大学留学ノイマン教授に師事
2003 年	技術士（建設部門）

［主な専門分野］
地下水調査，解析，設計の技術開発および実務適用

田中　尚人（たなか　なおと）（株式会社 日建設計シビル 地盤環境対策室 主管）

1990 年	神戸大学工学部工学研究科土木工学専攻修了
1991 年	カナダ/マニトバ大学工学部土木・地質工学専攻博士課程入学（Ph.D）
1995 年	株式会社 日建設計 入社
1996 年	Ph.D 取得
1999 年	技術士（建設部門）
2001 年	APEC 技術士登録
2002 年	株式会社 日建設計シビル

現在，日建設計シビル 地盤環境対策室にて環境分野の業務に従事
［主な専門分野］
土質・地下水調査，解析，設計，環境アセスメント
土木・建築構造物の設計コンサルティング

「岡山地下水研究会」訳者プロフィール

菱谷　智幸（株式会社 ダイヤコンサルタント ジオエンジニアリング事業部地盤物性グループ地盤解析チーム 課長）

1984 年　室蘭工業大学大学院工学研究科開発工学修了
同　年　株式会社 ダイヤコンサルタント入社
1996 年　岡山大学大学院後期博士課程単位取得後退学
2000 年　工学博士（岡山大学）
2001 年　移流分散解析プログラム DTRANSU-3D 公開
現在に至る

［主な専門分野］地下水流動解析，物質移行解析

淵ノ上英樹（京都大学大学院経済学研究科組織経営分析専攻 博士後期課程学生）

1995 年　ミシガン州立大学マーケティング学科卒
1999 年　京都大学大学院経済学研究科経済動態分析専攻修了
2001 年　京都大学大学院経済学研究科経済動態分析専攻博士後期課程進学

［主な専門分野］中央アジアの安全保障・資源・環境・経済

●訳者

久保　博（株式会社 大林組 技術研究所 土壌・水域環境研究室 室長）

1973 年　九州大学農学部 修士課程卒業
同　年　株式会社 大林組 入社
2000 年　同社 化学研究室 主席研究員
2001 年　同社 化学研究室 室長
2002 年　同社 土壌・水域環境研究室 室長

［主な専門分野］土壌学，汚染土壌対策，廃棄物有効利用

清水　孝昭（株式会社 竹中工務店技術ソリューション本部 建設技術開発部 地盤・基礎部門 研究員）

1993 年　岡山大学大学院工学研究科修了
同　年　株式会社 竹中工務店入社，現在に至る
2000 年　技術士（建設部門）

［主な専門分野］
地下水調査，解析，設計，施工の技術開発及び実務適用

下村　雅則（大成建設株式会社 技術センター，係長）

1992 年　岡山大学大学院工学研究科修了
同　年　大成建設株式会社入社，現在に至る
2000 年から 1 年間 ドイツシュツットガルト大学 VEGAS 客員研究員
2001 年　工学博士（岡山大学）

［主な専門分野］
土壌地下水汚染対策に関する技術開発および実務適用，地下水工学

「岡山地下水研究会」訳者プロフィール

杉田 文（すぎた あや）（千葉商科大学商経学部助教授）

- 1991 年　Waterloo 大学大学院博士課程地球科学科修了（Ph.D.）
　　　　　筑波大学地球科学系準研究員,
　　　　　科学技術庁防災科学技術研究所特別研究員を経て
- 1995 年　千葉商科大学商学部専任講師
- 1998 年より現職
- 1999–2000 年　Waterloo 大学地球科学科客員研究員

棚橋 秀行（たなはし ひでゆき）（大同工業大学都市環境デザイン学科 講師）

- 1991 年　岐阜大学工学部土木工学科 卒業
- 1993 年　岐阜大学大学院工学研究科土木工学専攻 修了
- 1996 年　岐阜大学大学院工学研究科生産開発システム工学専攻　修了 工学博士（岐阜大学）
- 同　年　信州大学工学部社会開発工学科 助手
- 2000 年より現職

［研究内容］
不飽和帯における溶質の分散特性，NAPL の不飽和帯における挙動，界面活性剤・揚水による NAPL の除去

西田 憲司（にしだ けんじ）（株式会社 大林組 技術研究所土木基礎・耐震研究室 副主任研究員）

- 1989 年　徳島大学工学部建設工学科卒業
- 1991 年　徳島大学大学院工学研究科修士課程修了
- 同　年　株式会社 大林組入社
- 2000 年　技術士（建設部門）
- 2001 年　徳島大学大学院工学研究科博士後期課程（社会人コース）修了，工学博士

［主な専門分野］
地下水工学，環境保全工学

西村 伸一（にしむら しんいち）（岡山大学大学院自然科学研究科助教授）

- 1987 年　京都大学大学院農学研究科修士課程修了
- 同　年　岡山大学農学部助手
- 1993 年　京都大学博士（農学）
- 1994 年　岡山大学環境理工学部講師
- 2001 年より現職

［主な専門分野］
地盤工学（特に，軟弱地盤の挙動予測，確率・統計理論の地盤工学問題への応用）

長谷川琢磨（はせがわ たくま）（(財) 電力中央研究所 高レベル廃棄物処分研究プロジェクト 主任研究員）

- 1994 年　岡山大学大学院工学研究科修了
- 同　年　財団法人 電力中央研究所 入所現在に至る
- 1998–1999 年　スウェーデン SKB エスポ地下研究施設客員研究員

［主な専門分野］
地下水流動・物質移行解析、地下水調査の技術開発および適用

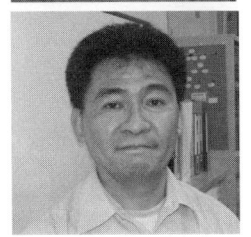

実務者のための
地下水環境モデリング　　　　　　　　　定価はカバーに表示してあります

2003年8月15日　1版1刷　発行　　　　　ISBN 4-7655-1624-5 C3051

	編　者　岡山地下水研究会
	代表　西垣　誠
	発行者　長　　祥　隆
	発行所　技報堂出版株式会社
	〒102-0075　東京都千代田区三番町8-7
	（第25興和ビル）

日本書籍出版協会会員　　　　　　　　　電　話　営業　(03) (5215) 3165
自然科学書協会会員　　　　　　　　　　　　　　編集　(03) (5215) 3161
工学書協会会員　　　　　　　　　　　　ＦＡＸ　　　　(03) (5215) 3233
土木・建築書協会会員　　　　　　　　　振替口座　　　00140-4-10
　　　　　　　　　　　　　　　　　　　http://www.gihodoshuppan.co.jp
Printed in Japan

　Ⓒ Okayama ground water research group, 2003　　　装幀　大森一郎
　　　　　　　　　　　　　　　　　　　　　　　　　　印刷・製本　日経印刷

落丁・乱丁はお取り替えいたします。
本書の無断複写は，著作権法上での例外を除き，禁じられています。

● 小社刊行図書のご案内 ●

土木用語大辞典	土木学会編 B5・1678頁
土木工学ハンドブック（第四版）	土木学会編 B5・3000頁
地盤環境工学の新しい視点—建設発生土類の有効活用	松尾稔監修 A5・388頁
地盤環境の汚染と浄化修復システム	木暮敬二著 A5・260頁
環境安全な廃棄物埋立処分場の建設と管理	田中信壽著 A5・250頁
新土木実験指導書・土質編	木村孟・日下部治編 A5・280頁
水環境の基礎科学	E.A.Laws著／神田穣太ほか訳 A5・722頁
水資源マネジメントと水環境—原理・規制・事例研究	N.S.Grigg著／浅野孝監訳 A5・670頁
水をはぐくむ—21世紀の水環境	大槻均ほか編著 A5・208頁
自然の浄化機構の強化と制御	楠田哲也編著 A5・254頁
地下水の微生物汚染	S.D.Pillai著／金子光美監訳 A5・158頁
名水を科学する	日本地下水学会編 A5・314頁
続名水を科学する	日本地下水学会編 A5・266頁

●土質基礎シリーズ

土質解析法	山口柏樹著 A5・182頁
砂地盤の液状化（第二版）	吉見吉昭著 A5・182頁
バーチカルドレーン工法の設計と施工管理	吉国洋著 A5・216頁

技報堂出版　TEL 編集03(5215)3161 営業03(5215)3165　FAX 03(5215)3233